专用于国家职业技能鉴定

国家职业资格培训教程

核燃料元件性能测试工

（物理性能测试中级技能　高级技能
技师技能　高级技师技能）

中国核工业集团有限公司人力资源部
中国原子能工业有限公司
组织编写

中国原子能出版社

图书在版编目(CIP)数据

核燃料元件性能测试工:物理性能测试中级技能、高级技能、技师技能、高级技师技能/中国核工业集团有限公司人力资源部,中国原子能工业有限公司组织编写.—北京:中国原子能出版社,2019.12

国家职业资格培训教程

ISBN 978-7-5022-7017-9

Ⅰ.①核… Ⅱ.①中…②中… Ⅲ.①燃料元件—物理性能—测试—技术培训—教材 Ⅳ.①TL352

中国版本图书馆 CIP 数据核字(2016)第 002189 号

核燃料元件性能测试工(物理性能测试中级技能 高级技能 技师技能 高级技师技能)

出版发行 中国原子能出版社(北京市海淀区阜成路 43 号 100048)
责任编辑 刘 岩
装帧设计 赵 杰
责任校对 冯莲凤
责任印制 潘玉玲
印 刷 保定市中画美凯印刷有限公司
经 销 全国新华书店
开 本 787 mm×1092 mm 1/16
印 张 25
字 数 624 千字
版 次 2019 年 12 月第 1 版 2019 年 12 月第 1 次印刷
书 号 ISBN 978-7-5022-7017-9 **定 价** **112.00 元**

网址:http://www.aep.com.cn **E-mail:atomep123@126.com**
发行电话:010-68452845

国家职业资格培训教程

核燃料元件性能测试工(物理性能测试中级技能 高级技能　技师技能　高级技师技能)

编审委员会

主　编　韩　承

编　者　范绍华　夏健文　尤亚飞　廖　强

陈　琳　曹　伟

主　审　廖　琪

审　者　韩　承　高玉娟

前　言

为推动核行业特有职业技能培训和职业技能鉴定工作的开展，在核行业特有职业从业人员中推行国家职业资格证书制度，在人力资源和社会保障部的指导下，中国核工业集团有限公司组织有关专家编写了《国家职业资格培训教程——核燃料元件性能测试工》(以下简称《教程》)。

《教程》以国家职业标准为依据，内容上力求体现"以职业活动为导向，以职业技能为核心"的指导思想，紧密结合实际工作需要，注重突出职业培训特色；结构上针对本职业活动的领域，按照模块化的方式，分为中级、高级、技师和高级技师四个等级进行编写。本《教程》的章对应于职业标准的"工作内容"；每节包括"检验准备""样品制备""分析检测""数据处理"和"测后工作"，涵盖了职业标准中的"技能要求"和"相关知识"的基本内容。此外，针对职业标准中的"基本要求"，还专门编写了《核燃料元件性能测试工(基础知识)》一书，内容涉及：职业道德；相关法律法规知识；安全及辐射防护知识；测试项目及测试基本原理；计算机应用基本知识。

本《教程》适用于核燃料元件性能测试工(物理性能测试)的中级、高级、技师和高级技师的培训，是核燃料元件性能测试工(物理性能测试)职业技能鉴定的指定辅导用书。

本《教程》由韩承、范绍华、夏健文、尤亚飞、廖强、陈琳、曹伟等编写，由廖琪、韩承、高玉娟审核。中核建中核燃料元件有限公司承担了本《教程》的组织编写工作。

由于编者水平有限，时间仓促，加之科学技术的发展，教材中不足与错误之处在所难免，欢迎提出宝贵意见和建议。

中国核工业集团有限公司人力资源部

中国原子能工业有限公司

目　录

第一部分　核燃料元件性能测试工中级技能

第二部分　核燃料元件性能测试工高级技能

第三部分　核燃料元件性能测试技师技能

第四部分　核燃料元件性能测试高级技师技能

第一部分　核燃料元件性能测试工中级技能

第一章　检验准备

第一节　样品的接收登记及暂存

学习目标：通过学习实验室样品管理，了解实验室样品接收的基本要求，掌握核材料样品的交接、使用、存放方法，会正确填写样品接收记录和样品使用记录。

一、样品的接收

实验室在接收样品时，应了解要求分析测试项目的具体内容、指定的分析测试方法，并应对照样品实物，核对委托单上提供的信息，诸如：样品名称、样品数量、样品标识(编号)、样品形态、特殊性能(富集度、主要基体等相关特征)；若样品用容器盛放，需注意盛放样品的容器是否符合规定的要求；包装容器外是否存在沾污。有时还需检查包装容器的密合性是否良好。一些用来测试物理性能的样品委托方还应提供工艺加工的相关信息，如是否经过热处理等。

如果随意接收样品，比如对委托方要求不清楚，样品提供的信息不全面，则会对下一步的样品处理及分析测试带来影响。同样盛放样品的容器不符合要求，送检前的样品制备不符合规定，也会对分析测试的最终结果评估带来不确定因素。

接收样品的同时，要做好样品接收登记记录，尽可能登记好了解核实的一切信息，记下样品委托单位名称，接收样品日期。

接收样品后，要做到样品在测试前保证样品的物理性能、化学性能不发生变化，即使在样品保管、再加工制备过程中，也要确保样品被测试的主要性能特征不被破坏，或不被丢失，或不被沾污。

二、样品的暂存

样品验收、登记后，将样品按顺序妥善存放于样品间，做到分类存放、标识清楚。样品所处的状态按“待检”“已检”分区存放。对于二氧化铀芯块或二氧化铀粉末，应按其富集度存放及回收。对于已经完成检验的破坏性样品，如金相及腐蚀检验样品，应及时清理归档；如对于需要返回生产线的样品,在完成检验后应妥善保管,按要求返回生产车间,如成品芯块、燃料棒弹簧。

三、核物料的交接、使用和存放管理

在核燃料元件生产中,需要对含铀核材料和产品进行理化性能的检测,燃料组件中使用的核物料包括:UF_6、UO_2F_2、$UO_2(NO_3)_2$、ADU、U_3O_8、UO_2粉末、UO_2芯块和含钆 UO_2芯块等。

1. 核物料的交接

(1) 核物料领用单位,需填报核材料领用申请报告,经审批后方可领用。

(2) 外单位送检样品需要有检验委托单,物料员负责样品的接收,交接时双方签字确认。

(3) 物料容器或物料卡片上必须注明富集度、批号、容器号、重量(毛重、皮重、净重)等内容。

(4) 所有样品交接必须记录规范,做到有据可查。

2. 核物料的使用

(1) 物料员制备样品并将样品分发至检验岗位,样品瓶标签上应详细填写送样时间、富集度、样品编号、数量、分析检测项目等信息。

(2) 检验员核查样品瓶标签与检验任务单是否一致。

(3) 待检和已检样品必须分开,标识清楚。样品分析完成后,检验员负责将剩余物料(连同样品瓶标签)放到已检物料存放区。

(4) 含钆样品的分析应在指定的专门场所进行。

3. 核物料的存放

(1) 不同富集度分析样品应隔离存放,并标识清楚。

(2) 物料员负责按照样品的不同形态、不同富集度进行分类收集、称重,并粘贴标签,标签上要有富集度、物料名称、重量、回收日期。登记入账,做好退料工作。

(3) 含钆物料必须贮存在带钆标识的容器中。

(4) 物料存放区内禁止水源(包括上下水源),避免由于管道腐蚀、房屋漏雨、洪水等因素造成存放区进水。

(5) 物料存放量应符合岗位临界安全操作细则的规定。

第二节 物资准备

学习目标:通过学习本节,了解物资准备知识,为检验做好充分准备。

检验前,应备齐检验所需的材料、试剂、标准物质及工具等。检验人员进入岗位进行检验前,应对这些进行检查,满足检验要求可按规程进行检验工作,不符合要求时应先准备好再进行检验,避免实验中断影响检验结果,主要有以下内容。

一、材料

检查其规格及数量。以金相检验为例，在进行金相检验时，准备好必备的制样材料，如环氧树脂、热镶粉末等金相镶样材料，磨样用的各种规格金相砂纸，抛光用的抛光布及抛光剂，定性滤纸，各种办公文具及耗材等。

二、试剂

理化检验前，应备齐各种必备化学试剂，检查试剂的纯度、浓度、数量及有效期。如腐蚀检验及金相检验时使用无水乙醇及丙酮，对金属材料及焊缝表面的沾污及有机物清除，配制酸洗液对材料表面进行加工。金相检验时需要根据实验目的配制各种化学浸蚀液、电解液，用于显示材料组织。

三、标准物质

标准物质用于校准设备，或确认设备是否处于有效状态。使用前检查标准物质的标识、等级及有效期。

金相检验时采用标准刻线尺对显微镜进行校准及核查，根据需要按相应标准采用各种评级图谱对组织进行评级。采用缺陷图谱对各种缺陷进行判定。

腐蚀检验时采用增重标样确认试验的有效性，采用腐蚀外观标样评定焊缝的质量。

材料力学性能测试时采用标准硬度块确认试验的准确性，采用焊缝外观标样或图谱参考评定焊缝爆破性能是否符合产品质量要求。

密度检验时使用已知密度标样标定，粒度分布检验时使用标样核查粒度测定仪。

四、工器具

根据检验内容检查工器具是否齐全。

如力学性能检验时使用的工装夹具、腐蚀试验时使用的高压釜盖拆装工具。

五、检验环境

检查水、电、气等是否满足安全要求。

按要求检查水、电、气等是否满足使用性能及安全要求，在检验放射性样品时检查废液桶是否装满等等。

第三节　试剂配制方法

学习目标：通过学习实验室常用试剂基本知识，应掌握实验室常用试剂的分类、标识、用法及溶液的配置方法，并在测试活动中能够正确、安全地使用试剂。

一、化学试剂的名称、规格

化学试剂是理化检验中不可缺少的物质。试剂选择与用量是否恰当，将直接影响检验结果的好坏。对于检验工作者来说，了解试剂的性质、分类、规格及使用常识是非常必要的。

对于试剂质量,我国有国家标准或部颁标准,规定了各级化学试剂的纯度及杂质含量,并规定了标准分析方法。我国生产的试剂质量分为四级,表 1-1 列出了我国化学试剂的分级。

表 1-1　我国化学试剂的分级

级别	中文标志	英文标志	标签颜色	附　注
一级	保证试剂,优级纯	GR	深绿色	纯度很高,适用于精确分析和研究工作,有的可作为基准物
二级	分析试剂,分析纯	AR	红色	纯度较高,适用于一般分析及科研用
三级	化学试剂,化学纯	CP	蓝色	适用于工业分析与化学试验
四级	实验试剂	LR	棕色	只适用于一般化学实验用

此外,还有光谱纯试剂(符号 S. P.)、基准试剂、色谱纯试剂等。光谱纯试剂的杂质含量用光谱分析法已测不出来,已低于某一限度。这种试剂用来作为光谱分析中的标准物质。其准试剂的纯度相当于或高于保证试剂。用基准试剂作为滴定分析中的基准物质是非常方便的,也可用于直接配制标准滴定溶液。

国外试剂规格有的和我国相同,有的不一致,可根据标签上所列杂质的含量对照加以判断。如常用的 ACS(American Chemical Society)为美国化学协会分析试剂规格。Spacpure 为英国 Johnson Malthey 出品的超纯试剂。德国的 E. Merck 生产有 Suprapur(超纯试剂)。美国 G. T. Baker 有 Ultex 等。

化学试剂包装单位的大小是根据化学试剂的性质、用途和经济价值决定的。

我国化学试剂规定以下列五类包装单位包装:

第一类:0. 1 g、0. 25 g、0. 5 g、5 g 或 0. 5 ml、1 ml;

第二类:5 g、10 g、25 g 或 5 ml、10 ml、25 ml;

第三类:25 g、50 g、100 g 或 20 ml、25 ml、50 ml、100 ml;

第四类:100 g、250 g、500 g 或 100 ml、250 ml、500 ml;

第五类:500 g、1 000 g 至 5 000 g(每 500 g 为一间隔)或 500 ml、1 L、2. 5 L、5 L。

根据实际工作中对某种试剂的需要量决定采购化学试剂的量。如一般无机盐类以 500 g,有机溶剂以 500 ml 包装的较多。而指示剂、有机试剂多购买小包装,如 5 g、10 g、25 g 等。高纯试剂、贵金属、稀有元素等多采用小包装。

二、溶液配制基本知识

溶液浓度常用的方法有百分浓度、体积比浓度、滴定度、相对密度、物质的量浓度、质量浓度、质量摩尔浓度等。在物理性能检验过程中,主要使用到质量分数、体积分数及体积比浓度。表 1-2 为分析化学中溶液浓度的一般表示方法。

表 1-2　分析化学中溶液浓度的一般表示方法

量的名称和符号	定义	常用单位	应用实例	备　注
物质B的浓度，物质B的物质的量浓度 c_B	物质B的物质的量除以混合物的体积 $c_B=\frac{n_B}{V}$	mol/L mmol/L	$c(H_2SO_4)=0.1003$ mol/L	一般用于标准滴定液，基准溶液
物质B的质量浓度 ρ_B	物质B的质量除以混合物的体积 $\rho_B=\frac{m_B}{V}$	g/L mg/L mg/ml μg/ml	$\rho(Cu)=2$ mg/ml $\rho(NaCl)=50$ g/L $\rho(Au)=1$ ng/ml	一般用于元素标准溶液及基准溶液，亦可用于一般溶液
滴定度 $T_{B/A}$	单位体积的标准溶液A，相当于被测物质B的质量	g/ml mg/ml	$T_{Ca/EDTA}=3$ mg/ml，即 1 ml EDTA 标准溶液可定量滴定 3 mg Ca	用于标准滴定液
物质B的质量分数 ω_B	物质B的质量与混合物的质量之比 $\omega_B=\frac{m_B}{m}$	无量纲量	$\omega(KNO_3)=10\%$，即表示 100 g 该溶液中含有 10 g KNO_3	常用于一般溶液
物质B的体积分数 φ_B	对于液体来说则为物质B的体积除以混合物的体积	无量纲量	$\varphi(HCl)=5\%$，即表示 100 ml 该溶液中含有浓 HCl 5 ml	常用于溶质为液体的一般溶液
体积比浓度 V_1+V_2	两种溶液分别 V_1 体积与 V_2 体积相混，或 V_1 体积的特定溶液与 V_2 体积的水相混	无量纲量	HCl(1+2)，即 1 体积浓盐酸与 2 体积的水相混，$HCl+NHO_3=3+1$，即表示 3 体积的浓盐酸与 1 体积的浓硝酸相混	常用于溶质为液体的一般溶液，或两种一般溶液相混时的浓度表示

1. 物质B的质量分数

物质B的质量分数是指B的质量与混合物的质量之比。以 W_B 表示。它是无量纲量，可以用“%”符号表示。如 $W_{KCl}=0.67$，也可用“百分数”表示，即 $W_{HCl}=67\%$。市售浓酸、浓碱大多用这种浓度表示。如果分子、分母两个质量单位不同，则质量分数应写上单位，如 mg/g、μg/g 等。不能使用 ppm、ppb 和 ppt 这类缩写。

质量分数还常用来表示被测组分在试样中的含量，如二氧化铀粉末中铀含量 $W_U=0.877$，即 $W_U=87.7\%$；二氧化铀粉末中碳含量 $W_U=13\mu g/g$。

过去我们用质量百分浓度表示一般溶液浓度的方法应该废弃，改为质量分数。实际上质量百分浓度可以理解为百分数(%)表示的质量分数。而后者是正规和科学的表示方法。

市售液体试剂一般都以质量分数表示。例如，市售硫酸标签上标明 98%，表示此硫酸溶液 100 g 含 98 g H_2SO_4 和 2 g 水。

溶质为固体物质的溶液配制方法如欲配 15%NaCl 溶液 500 g，如何配制？

配制此液需要溶质的克数 $m_1=500\times15\%=75(g)$

配制此液需要溶剂的克数 $m_2=500-75=425(g)$

称取 75 g NaCl,加 425 g 水,混匀即成。

溶质为浓溶液的溶液配制方法由于浓溶液取用量以量取体积较为方便,故通常需查酸、碱溶液浓度与密度关系表,用查得的密度计算出体积,然后进行配制。表 1-3 列出常用酸、碱试剂的密度与浓度。

表 1-3 常用酸、碱试剂的密度与浓度

试剂名称	化学式	相对分子量	相对密度 ρ	质量分数/%	物质的量浓度[1] c_B
浓硫酸	H_2SO_4	98.08	1.84	96	18
浓盐酸	HCl	36.46	1.19	37	12
浓硝酸	HNO_3	63	1.42	70	16
浓磷酸	H_3PO_4	98.00	1.69	85	15
冰乙酸	CH_3COOH	60.05	1.05	99	17
高氯酸	$HClO_4$	100.46	1.67	70	12
浓氢氧化钠	NaOH	40.00	1.43	40	14
浓氨水	NH_3	17.03	0.90	28	15

注:1) c_B以化学式为基本单元。

计算的依据是溶质的总量在稀释前后不变,即:

$$\rho_0 V_0 W_0 = \rho V W$$

则有:

$$V_0 = \frac{\rho V W}{\rho_0 W_0}\frac{n_B}{V} \tag{1-1}$$

式中:V_0——浓溶液的体积,ml;

ρ_0——浓溶液的密度,g/ml;

W_0——浓溶体的质量分数,%;

V——欲配溶液的体积,ml;

ρ——欲配溶液的密度,g/ml;

W——欲配溶液的质量分数,%。

例 1-1:欲配 30% H_2SO_4溶液($\rho=1.22$)500 ml,如何配制? 由表 1-3 查出市售硫酸 $\rho=1.84$,96%(质量分数)。

解:$V_0=\dfrac{\rho V(P\%)}{\rho_0(P_0\%)}=\dfrac{1.22\times500\times30\%}{1.84\times96\%}=103.6(ml)$

配法:量取市售硫酸 103.6 ml,在不断搅拌下慢慢倒入适量水中,冷却后用水稀释至 500 ml,混匀即可(切不可将水往浓硫酸中倒)。

2. 体积分数

物质 B 的体积分数(φ_B)通常用于表示溶质为液体的溶液浓度。

$$物质B的体积分数(\varphi_B)=\frac{溶质B的体积(V_1)}{溶液的体积(V)} \tag{1-2}$$

物质B的体积分数(φ_B)为无量纲量，常以"%"符号来表示其浓度值，如 $\varphi(HCl)=5\%$，即表示100 ml溶液中含有5 ml浓HCl。

体积分数也常用于表示气体中某一组分的含量，如氮气中氧含量 $\varphi_{O_2}=2.0\%$，表示氧气的体积占总体积的2.0%。

3. 体积比浓度

体积比浓度是指A体积溶液溶质和B体积溶剂相混的体积比，以(V_A+V_B)表示。如(1+5)HCl溶液表示1体积市售盐酸与5体积水相混合而成的溶液。

4. 滴定度

滴定度是指单位体积的标准溶液A，相当于被测物质B的质量，常以 $T_{B/A}$ 符号表示。常用单位为g/ml、mg/ml。

比如 $T_{Ca/EDTA}=3$ mg/ml，即1 ml EDTA标准溶液可定量滴定3 mg Ca。

三、物质的量浓度

1. 定义

物质的量浓度是指单位体积溶液中含溶质B的物质的量，或1 L溶液中含溶质B的物质的量(mol)。

$$c_B=\frac{n_B}{V} \tag{1-3}$$

式中：c_B——物质的量浓度，mol/L；

n_B——物质B的物质的量，mol；

V——溶液的体积，L。

凡涉及物质的量 n_B 时，必须用元素符号或化学式指明基本单元，例如 $c(H_2SO_4)=1$ mol/L H_2SO_4溶液，表示1 L溶液中含 H_2SO_4 1 mol，即98.08 g。

物质B的摩尔质量 M_B、质量 m 与物质的量 n_B 之间存在关系为：

$$m=n_BM_B$$

所以

$$m=c_BVM_B \tag{1-4}$$

2. 计算方法

(1) 溶质为固体物质时

例1-2：欲配制 $c(Na_2CO_3)=0.5$ mol/L溶液500 ml，如何配制？

解：$m=c_BV\times M_B$，$M_B=106$

$$m(Na_2CO_3)=0.5\times0.500\times106=26.5(g)$$

配法：称取 Na_2CO_3 26.5 g，溶于适量水中，并稀释至500 ml混匀。

(2) 溶质为溶液时

例1-3：欲配制 $c(H_3PO_4)=0.5$ mol/L溶液500 ml，如何配制？(浓 H_3PO_4 密度 $\rho=1.69$ g/ml，质量分数为85%，浓度为15 mol/L)。

解:算法一,溶液在稀释前后,其中溶质的量不会改变,因而可用下式计算:

$$\text{溶质的量}=c_{\text{浓}}V_{\text{浓}}=c_{\text{稀}}V_{\text{稀}}$$

$$V_{\text{浓}}=\frac{c_{\text{稀}}V_{\text{稀}}}{c_{\text{浓}}}=\frac{0.5\times 500}{15}\approx 17(\text{ml})$$

算法二,根据下式:

$$m=c_{\text{B}}V_{\text{B}}M_{\text{B}}$$

其中 B 为 H_3PO_4,上式写成:

$$m(H_3PO_4)=c(H_3PO_4)\times V(H_3PO_4)\times M(H_3PO_4)=0.5\times 0.500\times 98.00=24.5(\text{g})$$

$$V_0=\frac{m}{\rho_0(P_0\%)}=\frac{24.5}{1.69\times 85\%}\approx 17(\text{ml})$$

配法:量取浓 H_3PO_4 17 ml,加水稀释至 500 ml,混匀即成 $c(H_3PO_4)=0.5$ mol/L 溶液。

四、质量浓度

物质 B 的质量浓度是 1 L 溶液中所含物质 B 的质量(g)。即

$$\rho_{\text{B}}=m_{\text{B}}/V \tag{1-5}$$

式中:ρ_{B}——物质 B 的质量浓度,g/L;

m_{B}——溶质的质量,g;

V——溶质的体积,L。

物质 B 的质量浓度的符号为 ρ_{B},常用单位为 g/L、mg/L、μg/L。

$\rho_{\text{B}}=50$ g/L 的 NH_4Cl 浓度,为 1 L NH_4Cl 溶液中含 NH_4Cl 50 g。

五、溶液配制注意事项

配制试剂时主要使用到天平及量筒。

天平一般用于称取一定质量的固态物质,现阶段多数实验室使用电子天平,在称取试剂前,通过“除皮”(TARE)功能或清零功能将试剂称量纸或其他容器的质量刨除,然后添加试剂,此时电子天平的读数就是其实际质量。

量筒用于量取一定体积的液态物质。读数时,使量筒水平放置,在量筒中的溶液由于附着力和内聚力的作用,形成一个弯液面,即待测容量的液体与空气之间的界面。读数时,使弯液面的最低点与分度线上边缘的水平面相切,视线与分度线上边缘在同一水平面上,以防止视差。因为液面是球面,改变眼睛的位置会得到不同读数,见图 1-1。

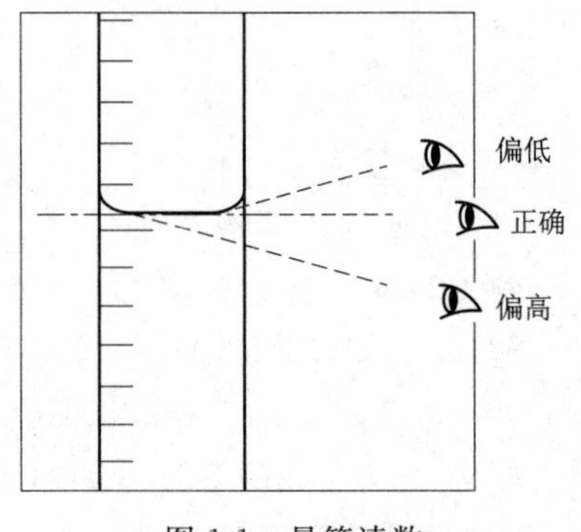

图 1-1　量筒读数

配制试剂时,应注意添加顺序,特别应注意浓硫酸的稀释。由于浓硫酸有强烈的腐蚀性,溶于水时又放出大量热,易使水沸腾而引起浓硫酸飞溅至皮肤和衣物上导致严重的后果,所以使用和稀释浓硫酸必须严格按要求进行:稀释浓硫酸时,必须将浓硫酸缓缓地沿器壁注入水中、乙醇中、硝酸中,同时

要搅动液体，以使热量及时地扩散。

第四节　常用玻璃器皿的洗涤

学习目标：通过学习实验室常用玻璃器皿洗涤基本知识，应掌握实验室常用玻璃器皿的类型、用途和使用要求。掌握玻璃器皿的清洗及干燥的方法，会正确玻璃仪器。

一、仪器玻璃

玻璃的化学组成主要是：SiO_2、Al_2O_3、B_2O_3、Na_2O、K_2O、CaO 等，化学稳定性较好，不易受酸、碱、盐的侵蚀，特硬玻璃和硬质玻璃含有较高的 SiO_2 和 B_2O_3 成分，属于高硼硅酸盐玻璃，具有较好的热稳定性、化学稳定性、受热不易发生破裂，常用于生产烧器类耐热产品和各种玻璃仪器。

石英玻璃是一种只含二氧化硅（SiO_2）单一成分的高纯特种工业技术玻璃。由于原料不同，石英玻璃可分为"透明石英玻璃"和半透明、不透明"熔融石英"玻璃，前者的理化性能优于后者。主要用于制造实验室玻璃仪器和光学仪器等。

氢氟酸对玻璃有很强的腐蚀作用，故不能使用玻璃仪器进行含有氢氟酸的实验；碱液，特别是浓的或热的碱液对玻璃有明显的腐蚀。因此玻璃容器不能用于长时间存放碱液，更不能使用磨口玻璃容器存放碱液，会使磨口粘在一起无法打开。

二、物理性能测试常用的玻璃仪器

实验室所用到的玻璃仪器种类很多，下面介绍一些物理性能测试常用玻璃仪器。

1. 量筒（量杯）

用途：用于粗略量取液体体积的一种玻璃仪器。向量筒里注入液体时，应用左手拿住量筒，使量筒略倾斜，右手拿试剂瓶，使瓶口紧挨着量筒口，使液体缓缓流入。待注入的量比所需要的量稍少时，把量筒放平，改用胶头滴管滴加到所需要的量。

规格：量出式、量入式。容量：5 ml、10 ml、25 ml、50 ml、100 ml、1 000 ml、2 000 ml。

使用要求：

（1）量筒不能加热，也不能用于量取过热的液体，更不能在量筒中进行化学反应或配制溶液。

（2）应根据所取溶液的体积，尽量选用能一次量取的最小规格的量筒。如量取 70 ml 液体，应选用 100 ml 量筒。

（3）注入液体后，等待 1～2 min，使附着在内壁上的液体流下来，再读出刻度值。否则，读出的数值偏小。

（4）观察刻度时，应把量筒放在平整的桌面上，视线与量筒内液体的凹液面的最低处保持水平，读数时应将刻度面对着操作人，再读出所取液体的体积数。否则，读数会偏高或偏低。

2. 烧瓶

用途:

(1) 用于当作液体和固体或液体间的反应器;

(2) 用于装配气体反应发生器(常温、加热);

(3) 可与胶塞、导管、冷凝器组成蒸馏或分馏玻璃仪器装置,用于蒸馏或分馏液体(用带支管烧瓶又称蒸馏烧瓶)。

规格:分为圆底(平底)烧瓶和圆底蒸馏烧瓶。常用容量:30 ml、60 ml、125 ml、250 ml、500 ml、1 000 ml。

使用要求:

(1) 平底烧瓶不能长时间用来加热,注入的液体不超过其容积的 2/3。

(2) 加热时使用石棉网,使均匀受热。可进行加热浴加热。

(3) 不加热时,若用平底烧瓶作反应容器,需用铁架台固定。

3. 烧杯

用途:

(1) 用于当作物质的反应器、确定燃烧产物;

(2) 用于溶解、结晶某物质;

(3) 用于盛取、蒸发浓缩或加热溶液。

规格: 10 ml, 15 ml, 25 ml, 50 ml, 100 ml, 250 ml, 400 ml, 500 ml, 600 ml, 1 000 ml,2 000 ml。

注意事项:

(1) 给烧杯加热时要垫上石棉网。不能用火焰直接加热烧杯。因为烧杯底面大,用火焰直接加热,只可烧到局部,使玻璃受热不均而引起炸裂。

(2) 用烧杯加热液体时,不要超过烧杯容积的 2/3,一般以烧杯容积的 1/2 为宜,以防沸腾时液体外溢。加热时,烧杯外壁须擦干。

(3) 加热腐蚀性药品时,可将一表面皿盖在烧杯口上,以免液体溅出。

(4) 不可用烧杯长期盛放化学药品,以免落入尘土和使溶液中的水分蒸发。

(5) 溶解或稀释过程中,用玻璃棒搅拌时,不要触及杯底或杯壁。

4. 冷凝管

用途:利用热交换原理使冷凝性气体冷却凝结为液体的一种玻璃仪器。蛇形管适用于低沸点液体蒸汽,空气冷凝管适用冷凝沸点 150 ℃以上的液体蒸汽。

规格:分为直形、球形、蛇形和空气冷凝管等。全长:320 mm、370 mm、490 mm。

注意事项:

(1) 不可骤冷骤热,注意从下口进水、上口出水;

(2) 滴定分析中,应正确使用滴定管、容量瓶和移液管等仪器,是滴定分析中最重要的基本操作。

三、玻璃器皿的洗涤

洗涤仪器是一项很重要的操作。不仅是一个实验前必须做的准备工作,也是一个技术性的工作。仪器洗得是否合格,器皿是否干净,直接影响实验结果的可靠性与准确度。不同的分析任务对仪器洁净程度的要求不同,但至少都应达到倾去水后器壁上不挂水珠的程度。

1. 水刷洗

可除去可溶物和其他不溶性杂质、附着在器皿上的尘土,但洗不去油污和有机物。

2. 合成洗涤剂水刷洗

去污粉是由碳酸钠、白土和细沙混合而成。细沙有损玻璃,一般不使用。市售的餐具洗涤灵是以非离子表面活性剂为主要成分的中性洗液,可配成(1～2)%的水溶液,(也可用5%的洗衣粉水溶液)刷洗仪器,温热的洗涤液去污能力更强,必要时可短时间浸泡。

3. 铬酸洗液(因毒性较大尽可能不用)

配制:8 g 重铬酸钾用少量水润湿,慢慢加入 180 ml 浓硫酸,搅拌以加速溶解,冷却后储存于磨口小口棕色试剂瓶中。

或称 20 g 工业重铬酸钾,加 40 ml 水,加热溶解。冷却后,将 360 ml 浓硫酸沿玻璃棒慢慢加入上述溶液中,边加边搅。冷却,转入棕色细口瓶备用。(如呈绿色,可加入浓硫酸将三价铬氧化后继续使用。)

铬酸洗液有很强的氧化性和酸性,对有机物和油垢的去污能力特别强。洗涤时,被洗涤器皿尽量保持干燥,倒少许洗液于器皿中,转动器皿使其内壁被洗液浸润(必要时可用洗液浸泡),然后将洗液倒回洗液瓶以备再用(颜色变绿即失效,可加入固体高锰酸钾使其再生。这样,实际消耗的是高锰酸钾,可减少六价铬对环境的污染),再用水冲洗器皿内残留的洗液,直至洗净为止。

不论用上述哪种方法洗涤器皿,最后都必须用自来水冲洗,当倾去水后,内壁只留下均匀一薄层水,如壁上挂着水珠,说明没有洗净,必须重洗。直到器壁上不挂水珠,再用蒸馏水或去离子水清洗三次。

洗液对皮肤、衣服、桌面、橡皮等有腐蚀性,使用时要特别小心。六价铬对人体有害,又污染环境,应尽量少用。

4. 碱性高锰酸钾洗液

4 g 高锰酸钾溶于少量水,加入 10 g 氢氧化钠,在加水至 100 ml。主要洗涤油污、有机物,浸泡。浸泡后器壁上会留下二氧化锰棕色污迹,可用盐酸洗去。

四、玻璃仪器的干燥

不同的化验操作,对仪器是否干燥及干燥程度要求不同。有些可以是湿的,有的则要求是干燥的。应根据实验要求来干燥仪器。

1. 晾干

仪器洗净后倒置,控去水分,自然晾干或可用带有透气孔的柜子放置仪器。

2. 烘干

将洗净后的仪器放入烘箱中烘干,烘箱温度为(110～120) ℃条件下烘 1 h 左右。玻璃量器的烘干温度不得超过 150 ℃。

3. 吹干

急需干燥或不便于烘干的玻璃仪器,可以使用电吹风吹干。用少量乙醇、丙酮(或最后用乙醚)等有机试剂倒入仪器润湿,然后流净溶剂,再用吹风机吹干。开始先用冷风,然后吹入热风至干燥,再用冷风吹去残余的溶剂蒸汽。此法要防止中毒,要求通风良好,并避免接触明火。

第五节 计量器具受控状态的确认方法

学习目标:通过学习,掌握计量器具的标识,学会计量器具确认方法。

计量器具是指能用于以直接或间接测出被测对象量值的装置、仪器仪表、量具。单独地或连同辅助设备一起用以进行测量的器具称为计量器具。实质上是指所需实现测量同一的测量器具和装置,包括计量基准、计量标准和需要量值溯源的工作用计量器具。

在核燃料元件理化性能检测工作中,所用到的计量器具必须是检定合格的,因此需要对计量器具是否处于受控状态进行识别。需要时,应对各种计量器具进行检查确认,所有计量器具或检测设备应有同一格式的标志,标明仪器的校准状态。标志分“合格”“准用”“停用”等,标志内容包含:仪器编号、检定结论、检定日期、检定单位和下次检定日期等,可拆卸的检测仪表组合成的一起,每个仪表应有独立的标志;不可拆卸仪表组合成的一仪器,可以只有一个标志。对于不出数据的设备经检查后,也应分别贴上“合格”“准用”“停用”的状态标志。

一、计量彩色标志使用说明

1.“合格”标志(绿色)

表示该计量器具符合国家检定/校准系统或公司内部相关要求。

2.“限用证”标志(浅蓝色)

表示该计量器具定范围定点使用。检定时也只定期检定和校验某一特定测量范围或测量点,应标明限用范围和限用点。

3.“禁用”标志(红色)

出现故障暂时不能修好或超过检定周期以及抽检不合格的计量器具在生产、管理中停止使用。

4.“封存”标志(深蓝色)

用于长期闲置或暂时不投入使用,也不进行周期检定的计量器具,使用“封存”标志,防止流入生产和管理中使用。

5.“报废”标志(红色)

表示该计量器具不符合国家检定/校准系统或公司内部相关要求。

二、测量设备标志的管理

现场使用的测量设备应有有效的彩色标志。

计量彩色标志上应注明该测量设备A、B、C分类的类别,使用彩色标志时应与检定原始记录或检定证书相符,标志应粘贴在计量器具(不妨碍工作)的明显位置上或计量器具的盒子上。

暂时不用或经检定不合格的计量器具应撤离现场，无法撤离的或暂时不投入使用也不进行周期检定的计量器具，计量室应在其明显位置粘贴“封存”标志。

第六节　标准物质的使用方法

学习目标：通过学习，掌握标准物质的特点，学会标准物质使用注意事项。

一、标准物质的特点与性质

（1）标准物质可用于校准仪器。分析仪器的校准是获得准确的测定结果的关键步骤。仪器分析几乎全是相对分析，绝对准确度无法确定，而标准物质可以校准实验仪器。

（2）标准物质用于评价分析方法的准确度。

（3）标准物质当作工作标准使用，制作标准曲线。仪器分析大多是通过工作曲线来建立物理量与被测组分浓度之间的线性关系。分析人员习惯于用自己配制的标准溶液做工作曲线。若采用标准物质做工作曲线，不但能使分析结果成立在同一基础上，还能提高工作效率。

（4）标准物质作为质控标样。若标准物质的分析结果与标准值一致，表明分析测定过程处于质量控制之中，从而说明未知样品的测定结果是可靠的。

（5）标准物质还可用于分析化学质量保证工作。分析质量保证责任人可以用标准物质考核、评价化验人员和整个分析实验室的工作质量。具体作法是：用标准物质做质量控制图，长期监视测量过程是否处于控制之中。

二、使用标准物质应注意

（1）选用标准物质时，标准物质的基体组成与被测试样接近。这样可以消除基体效应引起的系统误差。但如果没有与被测试样的基体组成相近的标准物质，也可以选用与被测组分含量相当的其他基体的标准物质

（2）要注意标准物质有效期。许多标准物质都规定了有效期，使用时应检查生产日期和有效期，当然由于保存不当，而使标准物质变质，就不能再使用了。

（3）标准物质的化学成分应尽可能地与被测样品相同。

（4）标准物质一般应存放在干燥、阴凉的环境中，用密封性好的容器贮存。具体贮存方法应严格按照标准物质证书上规定的执行。否则，可能由于物理、化学和生物等作用的影响，使得标准物质发生变化，引起标准物质失效。

第七节　辅助设备、装置的检查确认

学习目标：通过学习，掌握物理性能测试辅助装置的检查确认内容。

物理性能分析检验过程中的辅助设备、装置主要有以下类型，检验前应保证需要的设施功能正常，使用安全。

一、供气装置

钢制气瓶应按要求安装或存放于固定的位置,对钢制气瓶应标明使用状态(使用中、满瓶、空瓶、检修等)。

压缩机可提供压缩空气,驱动设备工作。扫描电镜分析中的真空泵能确保检验条件。

二、供水装置

纯水净化装置:如高压腐蚀检验对实验用水有严格的要求,岗位应有纯水净化设备或装置及电导率检测计,确保检验用水的质量。

循环冷却水装置:如在进行晶间腐蚀实验时,可用循环冷却水装置保证冷凝功能,防止实验试剂水分的散失,并确保实验的安全。

三、电热装置

电热装置有马弗炉、电炉、烘箱等。应保证设备功能正常,安全可控。

第八节　基本测量器具及仪表

学习目标:通过学习测量仪器设备基本知识,应掌握测量仪器设备的分类、基本工作原理、精度、维护方法等,并能够在测试活动中正确地选择和使用测量仪器设备。

一、概述

在检验过程中,为了正确地指导检验操作、保证生产安全、保证产品质量和数据准确无误报出,一项必不可少的工作是准确而及时地检测出检验过程中的各个有关参数,例如压力、流量及温度等。用来检测这些参数的技术工具称为检测仪表。用来将这些参数转换为一定的便于传送的信号(例如电信号或气压信号)的仪表通常称为传感器。当传感器的输出为单元组合仪表中规定的标准信号时,通常称为变送器。本部分将主要介绍有关压力、流量、温度等参数的检测方法、检测仪表、相应的传感器或变送器及显示仪表。

测量仪器又称计量器具,是一种用于测"量"的器具或设备。测量仪器在质量检验工作中具有相当重要的作用,全国量值的统一首先反映在测量仪器的准确和一致上,所以测量仪器是确保全国量值统一的重要手段,是计量部门加强监督管理的主要对象,也是质量检验部门提供计量保证的技术基础。

测量仪器又是可以单独或连同辅助设备一起用以进行测量的器具,是用于测定被测对象量值的。为了达到测量的预定要求,测量仪器必须具有符合规范的计量学特性。

测量仪器是将被测量值转换成可直接观测的示值或等效信息。如示值、数字、脉冲信号、声音。在结构上有测量接收器、指示器和可活动的测量零部件,如测头、传感器、指针、光标、数码和各种声、光、电信号等,它可以直接或间接测量出被测对象的量值。

二、测量仪器仪表分类

测量仪器可以按仪器输出方式进行分类,也可以按测量仪器的结构原理进行分类。

1. 按测量仪器仪表输出方式分类

显示式测量仪器也称指示测量仪器。如千分尺、千分表、电子天平等。

记录式测量仪器如温度记录仪等。

累计式测量仪器如电子轨道衡。

成分式测量仪器如测量表面粗糙度的触针式电动轮廓仪等。

模拟式测量仪器如玻璃水银温度计，其输出是作为被测量温度值连续函数的水银柱高度（长度）值。

数字式测量仪器也称数字式指示仪器。例如数显测微仪，数显工具显微镜等。

2. 按测量仪器的结构原理进行分类

机械式量仪用机械方法实现计量原始信号放大和转换的测量仪器。如杠杆式量仪、齿轮式量仪、扭簧式量仪等。

光学量仪以光学方法为主，将计量原始信号转换放大的测量仪器。如工具显微镜、投影仪、干法仪、激光、光栅原理的光学量仪等。

电动量仪将原始信号变化转换成电信号的测量仪器。如电感式量仪、电容式量仪、电压式量仪等。

气动量仪气动量仪是以压缩空气为介质，把被测量的变化转换成空气压力或流量的变化量，通过各种形式的压力计或流量计进行指示和读数。如薄膜式气动量仪、浮标式气动量仪等。

三、仪表的性能指标

一台仪表性能的优劣，可用精确度、变差、灵敏度与灵敏限、分辨力、线性度、反应时间等指标来测量。

1. 精确度

精确度简称精度。任何测量过程都存在一定的误差，因此使用测量仪表时必须知道该仪表的精确程度，以便估计测量结果与真实值的差距，即估计测量值的误差大小。

仪表的测量误差可以用绝对误差 Δ 来表示，常说的“绝对误差”指的是绝对误差中的最大值（Δ_{max}）。事实上，仪表的精确度不仅与绝对误差有关，而且还与仪表的测量范围有关。例如，两台测量范围不同的仪表，如果它们的绝对误差相等的话，测量范围大的仪表精确度较测量范围小的为高。因此，工业上经常将绝对误差折合成仪表测量范围的百分数表示，称为相对百分误差 δ，即

$$\delta=\frac{\Delta_{max}}{\text{测量范围上限值}-\text{测量范围下限值}}\times 100\% \tag{1-6}$$

仪表的测量范围上限值与下限值之差，称为该仪表的量程。

根据仪表的使用要求，规定一个在正常情况下允许的最大误差，这个允许的最大误差就叫允许误差。允许误差一般用相对百分误差来表示，即某一台仪表的允许误差是指在规定的正常情况下允许的相对百分误差的最大值，即

$$\delta_{允}=\pm\frac{\text{仪表允许的最大绝对误差值}}{\text{测量范围上限值}-\text{测量范围下限值}}\times 100\% \tag{1-7}$$

仪表的$\delta_{允}$越大,表示它的精确度越低;反之,仪表的$\delta_{允}$越小,表示仪表的精确度越高。允许相对百分误差去掉"±"号及"%"号,便可以用来确定仪表的精确度等级。目前,我国生产的仪表常用的精确度等级有0.005,0.02,0.05,0.1,0.2,0.4,0.5,1.0,1.5,2.5,4.0等。如果某台测温仪表的允许误差为±1.5%,则认为该仪表的精确度等级符合1.5级。为了进一步说明如何确定仪表的精确度等级,下面举两个例子。

例1-4:S某台测温仪表的测温范围为(200~700)℃,校验该表时得到的最大误差为+4 ℃,试确定该仪表的精确度等级。

解:该仪表的相对百分误差为:

$$\delta=\frac{+4}{700-200}\times100\%=+0.8\%$$

如果将该仪表的δ去掉"±"号与"%"号,其数值为0.8。由于国家规定的精度等级中没有0.8级仪表,同时,该仪表的误差超过了0.5级仪表所允许的最大误差,所以,这台测温仪表的精度等级为1.0级。

例1-5:某台测温仪表的测温范围为(0~1 000)℃。根据工艺要求,温度指示值的误差不允许超过±7 ℃,试问应如何选择仪表的精度等级才能满足以上要求。

解:根据工艺上的要求,仪表的允许误差为:

$$\delta_{允}=\frac{\pm7}{1\ 000-0}\times100\%=\pm0.7\%$$

如果将仪表的允许误差去掉"±"号与"%"号,其数值介于0.5~1.0之间,如果选择精度等级为1.0级的仪表,其允许的误差为±1.0%,超过了工艺上允许的数值,故应选择0.5级仪表才能满足工艺要求。

由以上两个例子可以看出,根据仪表效验数据来确定仪表精度等级和根据工艺要求来选择仪表精度等级,情况是不一样的。根据仪表效验数据来确定仪表精度等级时,仪表的允许误差应该大于(至少等于)仪表校验所得的相对百分误差;根据工艺要求来选择仪表精度等级时,仪表的允许误差应该小于(至少等于)工艺上所允许的最大相对百分误差。

仪表的精度等级是衡量仪表质量优劣的重要指标之一。精度等级数值越小,就表征该仪表的精确度等级越高,也说明该仪表的精确度越高。0.05级以上的仪表,常用来作为标准表;工业现场用的测量仪表,其精度大多是0.5级以下的。

仪表的精度等级一般可用不同的符号形式标志在仪表面板上。

2. 变差

变差是指在外界条件不变的情况下,用同一仪表对被测量在仪表全部测量范围内进行正反行程(即被测参数逐渐由小到大和逐渐由大到小)测量时,被测量值正行和反行所得到的两条特性曲线之间的最大偏差。

造成变差的原因很多,例如传动机构间存在的间隙和摩擦力、弹性元件的弹性滞后等等。变差的大小,用在同一被测参数值下,正反行程间仪表指示值的最大绝对误差值与仪表量程之比的百分数表示,即

$$变差=\frac{最大绝对差值}{测量范围上限值-测量范围下限值}\times100\% \tag{1-8}$$

必须注意,仪表的变差不能超出仪表的允许误差,否则,应及时维修。

3. 灵敏度与灵敏限

仪表指针的线位移或角位移，与引起这个位移的被测参数变化量之比值称为仪表的灵敏度，用公式表示如下：

$$S=\frac{\Delta\alpha}{\Delta x} \tag{1-9}$$

式中：S——仪表的灵敏度；

$\Delta\alpha$——指针的线位移或角位移；

Δx——引起 $\Delta\alpha$ 所需的被测参数变化量。

所以仪表的灵敏度，在数值上就等于单位被测参数变化量所引起的仪表指针移动的距离（或转角）。

所谓仪表的灵敏限，是指能引起仪表指针发生动作的被测参数的最小变化量。通常仪表灵敏限的数值应不大于仪表允许绝对误差的一半。

值得注意的是，上述指标仅适用于指针式仪表。在数字式仪表中，往往用分辨力来表示仪表灵敏度（或灵敏限）大小。

4. 分辨力

对于数字式仪表，分辨力是指数字显示器的最末位数字间隔所代表的被测参数变化量。如数字电压表显示器末位一个数字所代表的输入电压值。显然，不同量程的分辨力是不同的，相应于最低量程的分辨力称为该表的最高分辨力，也叫灵敏度。通常以最高分辨力作为数字电压表的分辨力指标。例如，某表的最低量程是（0～1.000 0）V，五位数字显示，末位一个数字的等效电压为 10 μV，便可说该表的分辨力为 10 μV。当数字式仪表的灵敏度用它与量程的相对值表示时，便是分辨率。分辨率与仪表的有效数字位数有关，如一台仪表的有效数字位数为三位，其分辨率便为千分之一。

5. 线性度

线性度是表征线性刻度仪表的输出量与输入量的实际校准曲线与理论直线的吻合程度。通常总是希望测量仪表的输出与输入之间呈线性关系。因为在线性情况下，模拟式仪表的刻度就可以做成均匀刻度，而数字式仪表就可以不必采取线性化措施。

线性度通常用实际测得的输入－输出特性曲线（称为标准曲线）与理论直线之间的最大偏差与测量仪表量程之比的百分数表示，即

$$\delta_{\mathrm{f}}=\frac{\Delta f_{\max}}{\text{仪表量程}}\times 100\% \tag{1-10}$$

式中：δ_{f}——线性度（又称非线性误差）；

$\Delta f_{\max}$——标准曲线对于理论直线的最大偏差（以仪表示值的单位计算）。

6. 反应时间

当用仪表对被测量进行测量时，被测量突然变化以后，仪表指示值总是要经过一段时间后才能准确地显示出来。反应时间就是用来衡量仪表能不能尽快反映出参数变化的品质指标。反应时间长，说明仪表需要较长时间才能给出准确的指示值，参数本身却早已改变了，使仪表始终指示不出参数瞬时值的真实情况。所以，仪表反应时间的长短，实际上反映了仪表动态特性的好坏。

四、长度测量

1. 钢直尺

(1) 结构

钢直尺主要用于测量尺寸精度要求不高的物件。有 0.5 mm 刻线的,可准确读出 0.5 mm 的测量值;没有 0.5 mm 刻线的,只能准确读出 1 mm,其小数部分只能估读,如图 1-2、图 1-3 所示。

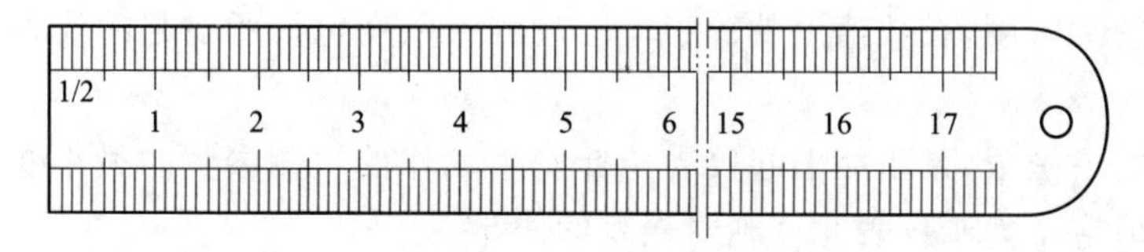

图 1-2　钢直尺的型式

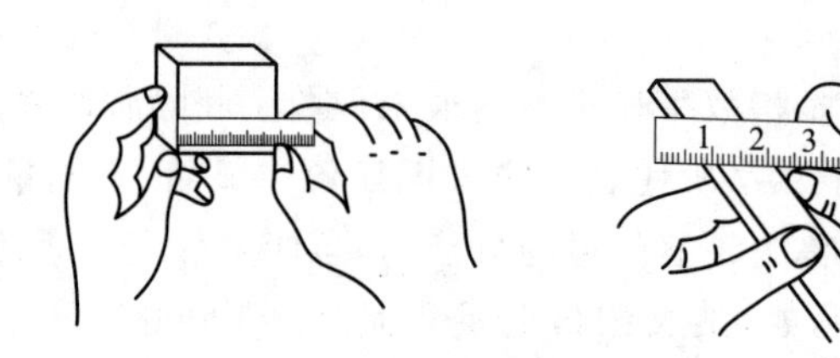

图 1-3　钢直尺的使用

(2) 使用注意事项

使用前,应将钢直尺和被测表面擦干净。

使用时,钢直尺应与被测尺寸平行。

使用后,应将钢直尺挂起来或平放好,尽量避免弯曲。

2. 钢卷尺

钢卷尺又称盒尺或卷尺。主要用于测量长度、高度或深度。

使用时注意事项:使用时,千万注意不要折损,用后卷起存放好。

3. 游标卡尺

游标卡尺主要用于机械加工中测量工件内外尺寸、宽度、厚度和孔距等。其外形结构种类较多,常用的类型结构如表 1-4 所示。

(1) 游标卡尺的刻线原理和读数方法

游标量具的读数部分由尺身与游标组成,其原理是利用尺身刻线间距与游标刻线间距差来进行小数的读数。通常尺身刻线间距 a 为 1 mm,尺身刻线 $(n-1)$ 格的宽度等于游标刻线 n 格的宽度,常用 $n=10$、$n=20$ 和 $n=50$ 三种。而游标的刻线间距 $b=(n-1)/n\times a$,b 分别为 0.90 mm、0.95 mm、0.98 mm 三种。此时 I 分别为 0.10 mm、0.05 mm、0.02 mm。根据这个道理,游标沿尺身移动,即可使尺身和游标上的某一刻线对齐,得出被测长度尺寸的整数和小数部分(图 1-4)。

表 1-4　常用的游标卡尺类型结构

种类	结构图	用　途	测量范围	游标读数值
Ⅰ型卡尺	尺身、刀口内测量爪、尺框、紧固螺钉、游标、深度尺、外测量爪	可测内、外尺寸深度孔距环形壁厚沟槽	0～150	0.02 0.05
Ⅱ型卡尺	尺身、刀口外测量爪、尺框、游标、紧固螺钉、内外测量爪、微动装置、b	可测内、外尺寸孔距环形壁厚沟槽	0～200 0～300	0.02 0.05
Ⅲ型卡尺	尺身、尺框、游标、紧固螺钉、内外测量爪、微动装置、b	可测内、外尺寸孔距	0～200 0～300	0.02 0.05
			0～500	0.02 0.05 0.1
			0～1 000	0.05 0.1

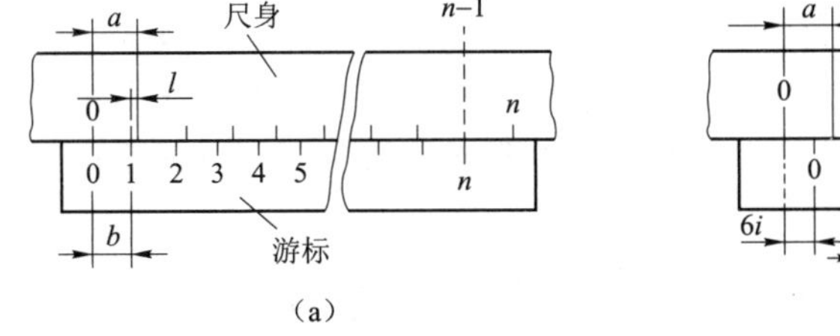

(a)

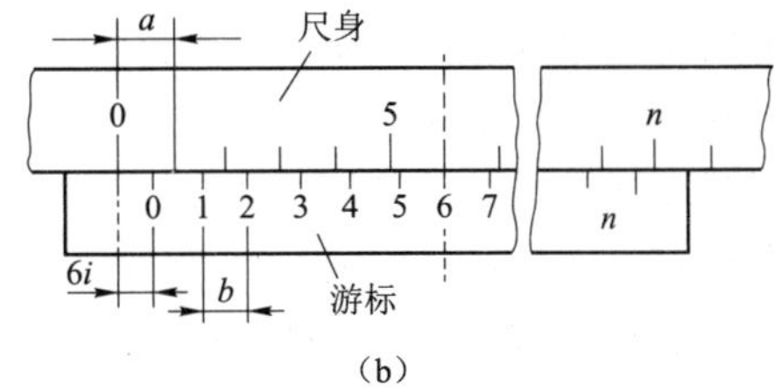

(b)

图 1-4　游标刻线原理

(2) 游标卡尺的使用与注意事项

1) 使用前,应先把量爪和被测工件表面的灰尘和油污等擦干净,以免碰伤量爪面和影响测量精度,同时检查各部件的相互作用,如尺框和微动装置移动是否灵活,紧固螺钉是否能起作用等。

使用前,还应检查游标卡尺零位,使游标卡尺两量爪紧密贴合,用眼睛观察时应无明显的光隙,同时观察游标零刻线与尺身的相应刻线是否对准。最好把量爪闭合三次,观察各次读数是否一致。如果三次读数虽然不是“零”,但却一样,可把这一数值记下来,在测量时,加以修正。

2) 使用时,要掌握好量爪面同工件表面接触时的压力,做到既不太大,也不太小,刚好使测量面与工件接触,同时量爪还能沿着工件表面自由滑动。有微动装置的游标卡尺,应使用微动装置。

3) 读数时,应把游标卡尺水平地拿着朝光亮的方向,使视线尽可能地和尺上所读刻线垂直,以免由于视线的歪斜而引起读数误差(即视差)。必要时,可用 3 倍至 5 倍的放大镜帮助读数。最好在工件的同一位置上多测量几次,取其平均读数,以减小读数误差。

4) 测量外尺寸读数后,切不可从被测工件上猛力抽下游标卡尺,否则会使量爪的测量面加磨损。测量内尺寸读数后,要使量爪沿着孔的中心线滑出,防歪斜,否则将使量爪扭伤、变形或使尺框走动,影响测量精度。

5) 不用游标卡尺测量运动中的工件,否则容易使游标卡尺受到严重磨损,也容易发生事故。

6) 使用游标卡尺时不可用力同工件撞击,以防损坏游标卡尺。

7) 游标卡尺不要放在强磁场附近(如磨床的工作台上),以免使游标卡尺感受磁性,影响使用。

8) 使用后,应当注意把游标卡尺平放,尤其是大尺寸的游标卡尺,否则会使主尺弯曲变形。

9) 用完毕之后,应安放在专盒内,注意不要使它弄脏或生锈。

(3) 其他游标尺

其他游标量具有深度游标卡尺、高度游标卡尺和齿厚游标卡尺,其刻线原理和使用与注意事项基本上同游标卡尺。近来有的游标卡尺装有百分表和数显装置,成为带表卡尺和数显卡尺,这更便于读数。

4. 千分尺

(1) 结构与原理

千分尺由尺架、测砧、测微螺杆、测力装置和锁紧装置等组成,按照测量数据读取的方式可以分为机械式和数显式。数显式千分尺除具备以上结构外还具有数字显示器。这两种千分尺都是基于螺旋副原理。

利用螺旋副原理,对尺架上两测量面间分隔的距离在固定套筒和微分筒锥面上的刻线进行读数的称为机械式外径千分尺。

利用电子测量、数字显示及螺旋副原理,对尺架上两侧两面间分隔的距离进行读数的外径千分尺,简称数显式外径千分尺。

数显式外径千分尺具备如下特点:

1）可进行相对测量和绝对测量；

2）可预置绝对测量初始值；

3）可进行公制和英制转换；

4）可寻找最大值、最小值；

5）可储存数据等；

6）有数据输出接口，可与计算机、打印机等连接，进行数据处理。

千分尺外形结构如图 1-5 所示。

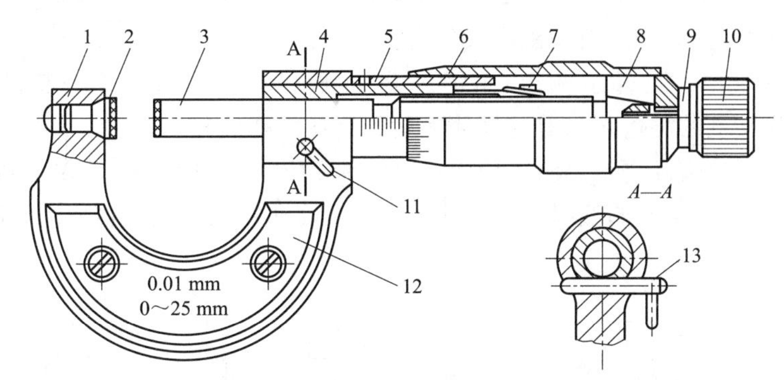

图 1-5　螺旋副、微分头结构示意图

1—尺架；2—固定测头；3—测微螺杆；4—螺纹轴套；

5—固定套管；6—微分筒 7—调节螺母；8—弹簧套；9—垫圈；

10—测力装置；11—缩紧手柄；12—护板；13—缩紧销

螺旋副原理是千分尺的基础。由螺旋副原理构成测微头，利用测微头构成各式各样的千分尺。测微头分为机械式和数显式两大类。所谓测微头是利用螺旋副原理，对测微螺杆轴向位移量进行读数并备有安装部位的测量器具，测微头又称微分头，测微螺杆又称为螺杆、测杆。

螺旋副原理是将测微螺杆的旋转运动变成直线位移，测微螺杆在轴心线方向上移动的距离与螺杆的转角成正比：

$$L = P\theta / 2\pi \tag{1-11}$$

式中：L——测杆直线位移的距离，mm；

P——测杆的螺距，mm；

θ——测杆的转角，rad；

π——圆周率，$\pi = 3.141\,59$。

（2）外径千分尺的正确使用

在使用外径千分尺测量中，只有正确操作千分尺，才能保证测量效率和测量结果的精度以及确保千分尺不受损。应按下列程序进行使用：

1）正确选择外径千分尺。一是根据被测尺寸公差大小，二是根据被测工件尺寸大小来进行选择。

2）检查外径千分表的外观质量和各部位的相互作用。

3）检查是否有周期检定合格证，并确定是在检定有效周期内，方能使用。

4）校对千分尺“0”位，(0～25)mm 的千分尺可直接校对“0”位，方法是：擦干净千分尺两个测量面，左手拿住千分尺的隔垫板。右手的拇指、食指和中指旋转微分筒，当两个测量面块要接触时，改为轻轻旋转测力装置(棘轮)，使两个测量面轻轻地接触，当发出“咔咔”的响声后即可进行清零，如此反复 2～3 次即可。

5）正确操作千分尺。要正确使用微分筒和测力装置，当千分表的两个测量面与被测表面快要接触时，就不要旋转微分筒，而要旋转测力装置，当两侧两面与被测面接触后，并发出“咔咔”声的同时，要轻轻晃动尺架，凭手感判断两测量面与被测表面的接触是否良好。在测量芯块直径时，当两侧两面与被测表面接触后，要在右侧(沿轴心线方向)晃动尺架找出最小值，前后(沿径向方向)晃动尺架找出最大值，为避免测量一次所得结果可能不准确，可以在第一次测量后，在原位置再重复测量一两次。为了测量某些芯块是否产生椭圆和锥度，更需要对不同部位作反复的测量。只有这样才能达到测量的精确和可靠。

不允许用测量的边缘进行测量。用千分尺测量面的边缘去测量，不仅会造成测量面的局部磨损，而且得不出正确的测量结果。图 1-6 是正确和错误使用测量面的情况。

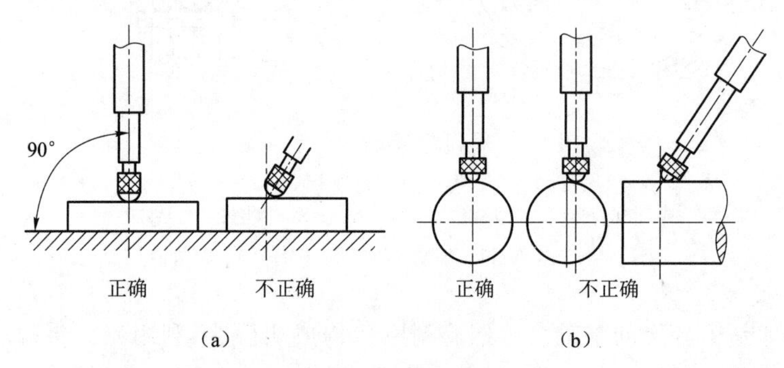

图 1-6　测量方法

五、压力测量及仪表

1. 压强单位及测压仪表

压强是指均匀垂直作用在单位面积上的力，故可用下式表示：

$$p=\frac{F}{S} \tag{1-12}$$

式中，p 表示压强，F 表示垂直作用力，S 表示受力面积。

根据国际单位制(SI)规定，压强的单位为帕斯卡，简称帕(Pa)，1 帕为 1 牛顿每平方米，即

$$1\ \text{Pa}=1\ \text{N/m}^2$$

工程上经常使用兆帕(MPa)。帕与兆帕之间的关系为：

$$1\ \text{MPa}=1\times10^6\ \text{Pa}$$

国际单位制中的压强单位(Pa 或 MPa)与几种单位之间的换算关系见表 1-5。

表 1-5 各种压强单位换算

压强单位	帕/Pa	兆帕/MPa	工程大气压/(kgf/cm^2)	物理大气压/atm	汞柱/mmHg	水柱/mmH_2O	巴/bar
帕	1	1×10^{-6}	$1.019\ 7\times10^{-5}$	9.869×10^{-6}	7.501×10^{-3}	$1.019\ 7\times10^{-4}$	1×10^{-5}
兆帕	1×10^{6}	1	10.197	9.869	7.501×10	$1.019\ 7\times10^{2}$	10
工程大气压	9.807×10^{4}	9.807×10^{-2}	1	0.967 8	735.6	10.00	0.980 7
物理大气压	$1.013\ 3\times10^{5}$	0.101 33	1.033 2	1	760	10.33	1.013 3
汞柱	$1.333\ 2\times10^{2}$	$1.333\ 2\times10^{-4}$	$1.359\ 5\times10^{-3}$	$1.315\ 8\times10^{-3}$	1	0.013 6	$1.333\ 210^{-3}$
水柱	9.806×10^{3}	9.806×10^{-3}	0.100 0	0.096 78	73.55	1	0.098 06
巴	1×10^{5}	0.1	1.019 7	0.986 9	750.1	10.197	1

在压力测量中，常有表压、绝对压力、负压或真空度之分，其关系见图 1-7。

工程上所用的压强指示值，大多为表压（绝对压力计的指示值除外）。表压是绝对压强和大气压强之差，即 $p_{表压}=p_{绝对压强}-p_{大气压强}$。

当被测压力低于大气压力时，一般用负压或真空度来表示，它是大气压强与绝对压强之差，即 $p_{真空度}=p_{大气压强}-p_{绝对压强}$。

各种设备和测量仪表通常是处于大气之中，本身就承受着大气压力。所以，工程上经常用表压或真空度来表示压力的大小。

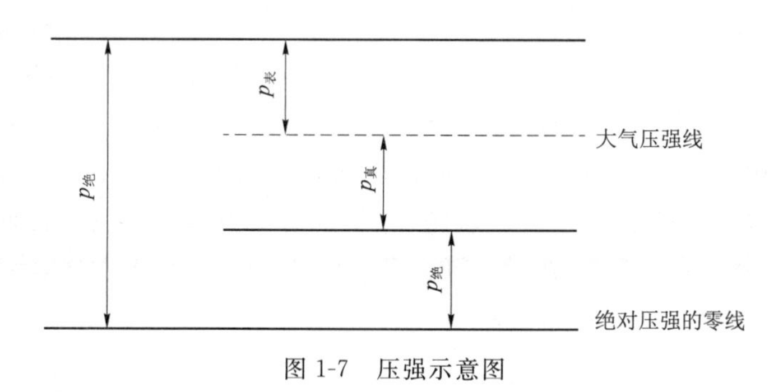

图 1-7 压强示意图

2. 测压仪表及原理

测量压力或真空度的仪表很多，按照其转换原理的不同，大致可分为四大类。分别是液柱式压力计、弹性式压力计、电气式压力计与活塞式压力计。

3. 液柱式压力计

它是根据流体静力学原理，将被测压力转换成液拄高度进行测量的。按其结构形式的不同，有 U 形管压力计、单压力计和斜压力计等，一般用来测量较低压力、真空度或压力差。

4. 弹性式压力计

它是将被测压力转换成弹性元件变形的位移进行测量的。即利用各种形式的弹性元件，如图 1-8 所示，在被测介质压力的作用下，使弹性元件受压后产生弹性变形的原理而制成的测压仪表。若增加附加装置，如记录机构、电气变换装置等，则可以实现压力的记录、远传、信号报警、自动控制等。弹性式压力计可以用来测量几百帕到数千兆帕范围内的压力，因此在工业上是应用最为广泛的一种测压仪表。

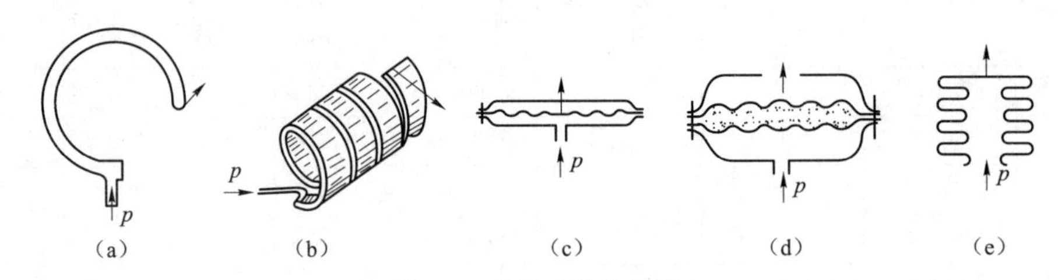

图 1-8　弹性元件示意图

(a) 单管弹簧管；(b) 多圈弹簧管；(c) 膜片式；(d) 膜盒式；(e) 波纹管式

5. 电气式压力计

它是通过机械和电气元件将被测压力转换成电量（电压、电流、频率等）来进行测量的仪表，是一种能将压力转换成电信号进行传输及显示的仪表。这种仪表的测量范围较广，分别可测 7×10^{-5} Pa～5×10^{2} MPa 的压力，可以远距离传送信号，实现压力自动控制和报警及工业控制机联用。

6. 活塞式压力计

活塞式压力计是根据水压机液体传送压力的原理，将被测压力转换成活塞上所加平衡砝码的质量来进行测量的。活塞式压力计的测量精度较高，一般作为标准型压力测量仪表，来检验其他类型的压力计。

7. 常用类型压力计

(1) U 形管压力计

适用于测量低压、负压或压力差。一般常用充有水或水银等液体的玻璃 U 形管、单管进行测压的。当一端通大气，而另一端接被测压力时，U 形管两边管内液面便会产生高度差，U 形管内两边液面高度差与被测压力的表压成正比，因此已知工作液高度 h 的毫米数，由此液柱差就可以知道被测压力 p（表压）的数值。

(2) 弹簧管压力表

弹簧管压力表的测量范围极广，品种规格繁多。按其所使用的测压元件不同，可有单圈弹簧管压力表和多圈弹簧管压力表。按其用途不同，除普通弹簧管压力表外，还有耐腐蚀的氨用压力表、禁油的氧气、氢气压力表等。它们的外形与结构基本上是相同的，只是所用的材料有所不同。在实际测量时，直接读取表盘上指针的指示值，即为压力数值。

(3) 数字式显示压力表

是将压力转换成电信号进行显示及传输的仪表。

六、流量检测及仪表

1. 流量计的原理及分类

经常需要测量检验过程中各种介质（液体、气体和蒸汽等）的流量，以便为操作和控制提供依据，是控制检验过程准确和可靠的一个重要参数。流量大小是指单位时间内流过管道某一截面的流体数量的大小，即瞬时流量。而在某一段时间内流过管道的流体流量的总和，即瞬时流量在某一段时间内的累计值，称为总量。

流量和总量，可以用质量表示，也可以用体积表示。单位时间内流过的流体以质量表示的称为质量流量，常用符号 M 表示。以体积表示的称为体积流量，常用符号 Q 表示。若流体的密度是 ρ，则体积流量与质量流量之间的关系是：

$$M = Q\rho \tag{1-13}$$

测量流体流量的仪表一般叫流量计；测量流体总量的仪表参称为计量表。然而两者并不是截然分明的，在流量计上配以积累机构，也可以读出总量。

常用的流量单位有吨每小时(t/h)、千克每小时(kg/h)、千克每秒(kg/s)、立方米每小时(m^3/h)、升每小时(L/h)、升每分(L/min)等。

测量流量的方法很多，其测量原理和所应用的仪表结构形式各不相同。目前有许多流量测量的分类方法，本节仅举一种大致的分类法，简介如下。

(1) 速度流量计

这是一种以测量流体在管道内的流速作为测量依据来计算流量的仪表。例如差压式流量计、转子流量计、电磁流量计、涡轮流量计、堰式流量计等。

(2) 容积式流量计

这是一种以单位时间内所排出的流体的固定容积的数目作为测量依据来计算流量的仪表。例如椭圆齿轮流量计、活塞式流量计等。

(3) 质量流量计

这是一种以测量流体流过的质量 M 为依据的流量计。质量流量计分直接式和间接式两种。直接式质量流量计直接测量质量流量。例如量热式、角动量式、陀螺式和科里奥利力式等质量流量计。间接式质量流量计是用密度与容积流量经过运算求得质量流量的。质量流量计具有测量精度不受流体的温度、压力、黏度等变化影响的优点，是一种发展中的流量测量仪表。

2. 实验室常用类型

(1) 差压式流量计

差压式(也称节流式)流量计是基于流体流动的节流原理，利用流体流经节流装置时产生的压力差而实现流体测量的。它是目前生产中测量流量最成熟、最常用的方法之一。通常是由能将被测流量转换成压差信号的节流装置和能将此压差转换成对应的流量值显示出来的差压计以及显示仪表所组成。在单元组合仪表中，由节流装置产生的压差信号，经常通过差压变送器转换成相应的标准信号(电的或气的)，以供显示、记录或控制用。

(2) 转子流量计

在实验室经常遇到小流量的测量，因其流体的流速低，这就要求测量仪表有较高的灵敏度，才能保证一定的精度。而转子流量计则特别适宜于测量管径 50 mm 以下管道的流量，测量的流量可小到每小时几升。

转子流量计与前面所讲的差压式流量计在工作原理上是不相同的。差压式流量计，是在节流面积(如孔板流通面积)不变的条件下，以差压变化来反映流量的大小。而转子流量计，却是以压降不变，利用节流面积的变化来测量流量的大小，即转子流量计采用的是恒压降、变节流面积的流量测量方法。

图 1-9 是指示式转子流量计的原理图，它基本上由两个部分组成，一个是由下往上逐渐

扩大的锥形管(通常用玻璃制成,锥度为 40′～3°);另一个是放在锥形管内可自由运动的转子。工作时,被测流体(气体或液体)由锥形管下端进入,沿着锥形管向上运动,流过转子与锥形管之间的环隙,再从锥形管上端流出。当液体流过锥形管时,位于锥形管中的转子受到向上的一个力,使转子浮起。当这个力正好等于浸没在流体里的转子重力(即等于转子总量减去流体对转子的浮力)时,则作用在转子上的上下两个力达到平衡,此时转子就停浮在一定的高度上。假如被测流体的流量突然由小变大时,作用在转子上的向上的力就加大。因为转子在流体中受的重力是不变的,即作用在转子上的向下力是不变的,所以转子就上升。由于转子在锥形管中位置的升高,造成转子与锥形管间的环隙增大,即流通面积增大。随着环隙的增大,流过此环隙的流体流速变慢,因而,流体作用在转子上的向上力也就变小。当流体作用在转子上的力再次等于转子在流体中的重力时,转子又稳定在一个新的高度上。这样,转子在锥形管中的平衡位置的高低与被测介质的流量大小相对应。如果在锥形管外沿其高度刻上对应的流量值,那么根据转子平衡位置的高低就可以直接读出流量的大小。这就是转子流量计的基本原理。

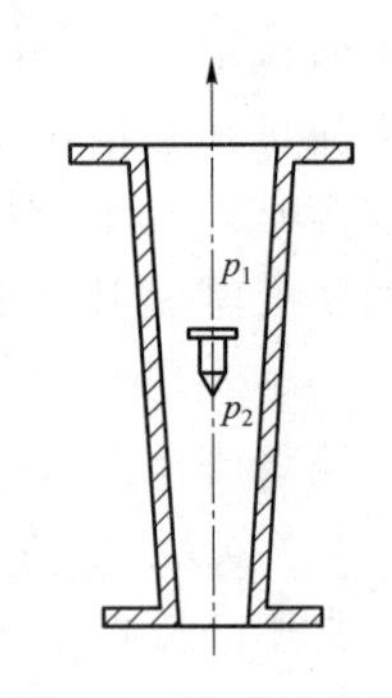

图 1-9 转子流量计

七、温度检测及仪表

1. 温度检测方法

温度不能直接加以测量,只能借助于冷热不同的物体之间的热交换,以及物体的某些物理性质随冷热程度不同而变化的特性,来加以间接的测量。

任意两个冷热程度不同的物体相接触,必然要发生热交换现象,热量将由受热程度高的物体传到受热程度低的物体,直到两物体的冷热程度完全一致,即达到热平衡状态为止。接触法测温就是利用这一原理,选择某一物体同被测物体相接触,并进行热交换。当两者达到热平衡状态时,选择物体与被测物体温度相等,于是,可以通过测量选择物体的某一物理量(例如液体的体积、导体的电阻等),得出被测物体的温度数值。当然,为了得到温度的精确测量,要求用于测温的物体的物理性质必须是连续、单值地随着温度变化,并且要复现性好。

温度测量范围甚广,有的处于接近绝对零度的低温,有的要在几千摄氏度的高温下进行,这样宽的测量范围,需用各种不同的测量方法和测量仪表。若按使用的测量范围分,常把测量 600 ℃以上的测量仪表叫高温计,把测量 600 ℃以下的测量仪表叫温度计。若按用途分,可分为标准仪表、实用仪表。若按工作原理分,则分为膨胀式温度计、压力式温度计、热电偶温度计、热电阻温度计和辐射高温度计五类。若按测量方式分,则可分为接触式与非接触式两大类。

接触法测温简单、可靠、测量精度高。但由于测温元件与被测介质需要进行充分的热交换,所以对运动状态的固体测温困难较大。由于测温元件与被测介质需要一定的时间才能达到热平衡,因而产生了测温的滞后现象。另外测温元件容易破坏被测对象温度场,且有可能与被测介质产生化学反应。

非接触法测温时,测温元件是不与被测物体直接接触的。其测温范围很广,原理上不受温度上限的限制。由于它是通过热辐射来测量温度,所以不会破坏被测物体的温度场,反应速度一般也比较快。但受到物体的发射率、对象到仪表之间的距离、烟尘和水蒸气等其他介质的影响，其测温误差较大。

温度的数值表示是温标。它规定了温度的读数起点(零点)和测量温度的基本单位。各种温度计的刻度数值均由温标确定。在国际上，温标的种类很多，如摄氏温标(℃)、华氏温标(℉)和热力学温标(K)等。现按测量方式分类如表 1-6 所示。

表 1-6　采用温度计的种类及优缺点

<table>
<tr><th>测温方式</th><th colspan="2">温度计种类</th><th>测温范围/℃</th><th>优　点</th><th>缺　点</th></tr>
<tr><td rowspan="6">接触式测温</td><td rowspan="2">膨胀式</td><td>玻璃-液体</td><td>−50～600</td><td>结构简单，使用方便，测量准确，价格低廉</td><td>测量上限和精度受玻璃质量的限制，易碎，不能记录远传</td></tr>
<tr><td>双金属</td><td>−80～600</td><td>结构简单，牢固可靠</td><td>精度低，量程和使用范围有限</td></tr>
<tr><td>压力式</td><td>液体
气体
蒸汽</td><td>−30～600
−20～350
0～250</td><td>结构简单，耐震，防爆，能记录、报警，价格低廉</td><td>精度低，测温距离短，滞后大</td></tr>
<tr><td>热电偶</td><td>铂铑-铂
镍铬-镍硅
镍铬-考铜</td><td>0～1 600
−50～1 000
−50～600</td><td>测温范围广，精度高，便于远距离、多点、集中测量和自动控制</td><td>需冷端温度补偿，在低温段测量精度较低</td></tr>
<tr><td>热电阻</td><td>铂
铜</td><td>−200～600
−50～150</td><td>测量精度高，便于远距离、多点、集中测量和自动控制</td><td>不能测高温，须注意环境温度的影响</td></tr>
<tr><td rowspan="2">非接触式测温</td><td>辐射式</td><td>辐射式
光学式
比色式</td><td>400～2 000
700～3 200
900～1 700</td><td>测温时，不破坏被测温度场</td><td>低温段测量不准，环境条件会影响测温准确度</td></tr>
<tr><td>红外线</td><td>光电探测
热电探测</td><td>0～3 500
200～2 000</td><td>测量范围大，适于测温度分布，不破坏被测温度场，响应快</td><td>易受外界干扰，标定困难</td></tr>
</table>

2. 常用温度计

(1) 膨胀式温度计

膨胀式温度计是基于物体受热时体积膨胀的性质而制成的。玻璃液体温度计属于液体膨胀式温度计，双金属温度计属于固体膨胀式温度计。

最常见的玻璃温度计就是应用体积膨胀原理制造的。液体的膨胀系数值越大，有利于提高温度测量的精度。一般是采用水银和酒精做工作液，实际测量中，按刻度直接读出相应的温度值。

双金属温度计中的感温元件是用二片线膨胀系数不同的金属片叠焊在一起而制成的。双金属片受热后，由于两金属片的膨胀长度不同而产生弯曲，如图 1-10 所示。当温度变化时，自由端便围绕着中心轴旋转，同时带动指针在刻度盘上指示出相应的温度数值。

(2) 压力式温度计

应用压力随温度的变化来测温的仪表叫压力式温度计。它是根据在密封系统中的液体、气体或低沸点液体的饱和蒸汽受热后体积膨胀或压力变化原理制成的,并用压力表来测量这种变化,从而测得温度。压力式温度计主要由温包、毛细管、弹簧管三部分组成,如图 1-11 所示。

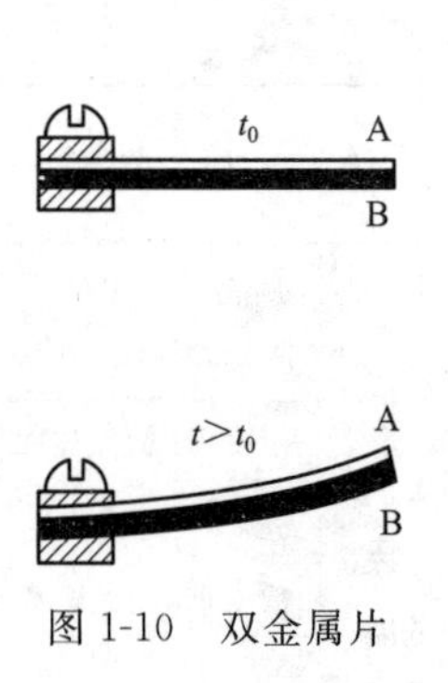

图 1-10　双金属片

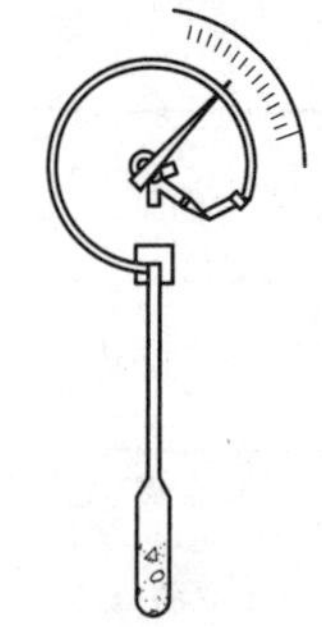

图 1-11　压力式温度计构造原理

(3) 热电偶温度计

热电偶温度计是以热电效应为基础的测温仪表。由三部分组成:热电偶(感温元件);测量仪表(动圈仪表或电位差计);连接热电偶和测量仪表的导线(铜导线及补偿导线)。

热电偶是最常用的一种测温元件(感温元件)。它是由两根不同的导体或半导体材料 A 和 B 焊接或铰接而成。焊接的一端称作热电偶的热端(或工作端);和导线连接的一端称作冷端。把热电偶的热端插入需要测温的生产设备中,冷端置于生产设备的外面,如果两端所处的温度不同(譬如,热端温度为 T,冷端温度为 T_0),则在热电偶的回路中便会产生热电势 E,该热电势 E 与热电偶两端的温度 T 和 T_0 均有关。如果保持 T_0 不变,则热电势 E 便只与 T 有关。换言之,在热电偶材料已定的情况下,它的热电势 E 只是被测温度 T 的函数,用动圈仪表或电位差计测得 E 的数值后,便可知道被测温度的大小(见图 1-12、图 1-13)。

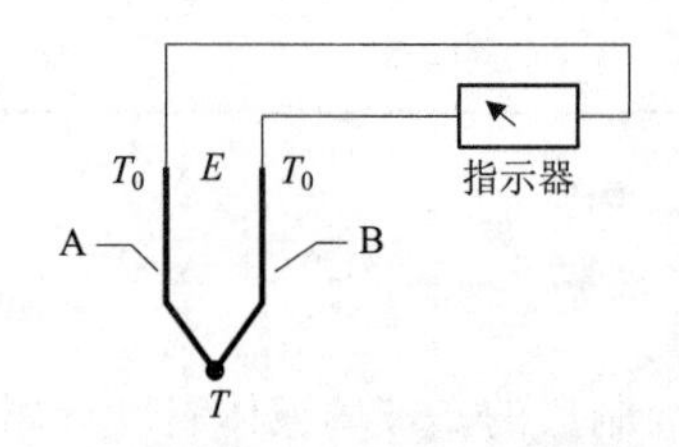

图 1-12　最简单的热电偶测温系统

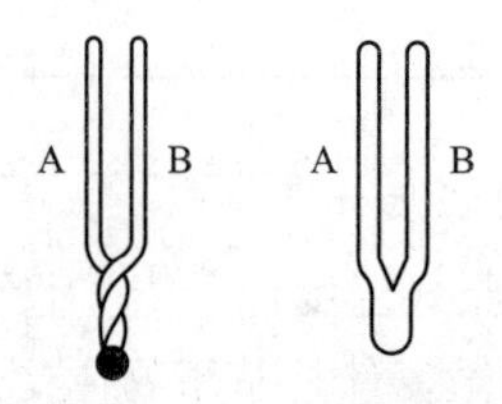

图 1-13　热电偶示意图

必须注意,如果组成热电偶回路的两种导体材料相同,则无论热电偶两端温度如何,热电偶回路内的总热电势为零;如果热电偶两端温度相同,则尽管两热电偶丝的材料不同,热电偶回路内的总热电势亦为零;热电偶 AB 的热电势与 A、B 材料的中间温度无关,而只与端点温度有关;在热电偶回路中接入第三种材料的导线,只要第三种导线的两端温度相同,第三种导线的引入不会影响热电偶的热电势。

3. 热电偶的冷端温度补偿

由热电偶测温的原理知道,只有当热电偶的冷端温度保持不变时,热电势才是被测温度的单值函数。在应用时,由于热电偶的工作端(热端)与冷端离得很近,冷端又暴露于空气中,容易受到周围环境温度波动的影响,因而冷端温度难以保持恒定。为此常采用下述几种方法处理:补偿导线法、冷端温度修正法、冰浴法、校正仪表零点法、补偿电桥法等,使热电偶的冷端温度保持恒定。

在使用热电偶补偿导线时,要注意型号相配,极性不能接错,连接端所处的温度不应超过补偿导线规定的温度。

例如,某一设备的实际温度为 t,其冷端温度为 t_1,这时测得的热电势为 $E(t,t_1)$。

$$E(t,0)=E(t,t_1)+E(t_1,0)$$

由此可知,冷端温度的修正方法是把测得的热电势 $E(t,t_1)$,加上热端为室温 t_1,冷端为 0 ℃时的热电偶的热电势 $E(t_1,0)$,才能得到实际温度下的热电势 $E(t,0)$。

例 1-6:用镍铬-铜镍热电偶测量某加热炉的温度。测得的热电势 $E(t,t_1)=66\ 982\ \mu V$,而自由端的温度 $t_1=30$ ℃,求被测的实际温度。

解:由镍铬－铜镍热电偶分度表,可以查得:$E(30,0)=1\ 801\ \mu V$

则 $E(t,0)=E(t,30)+E(30,0)=66\ 982+1\ 801=68\ 783\ \mu V$

再查分度表可以查得 68 783 μV 对应的温度为 900 ℃。

由于热电偶所产生的热电势与温度之间的关系都是非线性的(当然各种热电偶的非线性程度不同),因此在自由端的温度不为零时,将所测得热电势对应的温度值加上自由端的温度,并不等于实际的被测温度。譬如在上例中,测得的热电势为 66 982 μV,由分度表可查得对应温度为 876.6 ℃,如果再加上自由端温度 30 ℃,则为 906.6 ℃,这与实际被测温度有一定误差。其实际热电势与温度之间的非线性程度越严重,则误差就越大。

应当指出,用计算的方法来修正冷端温度,是指冷端温度内恒定值时对测温的影响。该方法只适用于实验室或临时测温,在连续测量中显然是不实用的。

4. 常用热电偶材料和种类

组成热电偶的两根热偶丝称作热电极,根据热电效应的基本原理,任意两种不同性质的导体或半导体都可作为热电极组成热电偶。但实际情况并非如此,对它们还必须进行严格的选择。要求热电偶物理、化学稳定性要高;电阻温度系数要小、导电率要高、组成热电偶后产生的热电势要大;热电势与温度要有线性关系,或有简单的函数关系;复现性好;便于加工成丝等。

但是,在目前采用的热电极材料中还难以完全满足上述要求,所以在不同的测温条件下要用不同的热电极材料。目前在国际上被公认为有代表性的或者比较普遍采用的热电偶只有几种,这些热电偶的热电极材料都是被精选过的,而且也已标准化了。它们分别被应用在各温度范围内,测量效果良好。

目前,在实验室被广泛使用的热电偶有下列几种:

(1) 铂铑$_{30}$-铂铑$_6$热电偶(也称双铂铑热电偶)。此种热电偶(分度号为 B)以铂铑$_{30}$丝为正极,铂铑$_6$丝为负极;其测量范围为 300～1 600 ℃,短期可测 1 800 ℃。其热电特性在高温下更为稳定,适于在氧化性和中性介质中使用。但它产生的热电势小,价格贵。在低温时热电势极小,因此当冷端温度在 40 ℃以下范围使用时,一般可不需要进行冷端温度修正。

(2) 铂铑$_{10}$-铂热电偶。在铂铑$_{10}$-铂热电偶(分度号为 S)中,铂铑$_{10}$丝为正极,纯铂丝为负极;测量范围为－20～1 300 ℃,在良好的使用环境下可短期测量 1 600 ℃;适于在氧化性或中性介质中使用。其优点是耐高温,不易氧化;有较好的化学稳定性;具有较高测量精度,可好于精密温度测量和作基准热电偶。

(3) 镍铬-镍硅(镍铬-镍铝)热电偶。该热电偶(分度号为K)中镍铬为正极,镍硅(镍铝)为负极;测量范围为−50～1 000 ℃,短期可测量1 200 ℃;在氧化性和中性介质中使用,500 ℃以下低温范围内,也可用于还原性介质中测量。此种热电偶其热电势大,线性好,测温范围较宽,造价低,因而应用很广。

镍铬-镍铝热电偶与镍铬-镍硅热电偶的热电特性几乎完全一致。但是,镍铝合金在高温下易氧化变质,引起热电特性变化。镍硅合金在抗氧化及热电势稳定性方面都比镍铝合金好。目前,我国基本上已用镍铬-镍硅热电偶取代了镍铬-镍铝热电偶。

(4) 镍铬-考铜热电偶。该热电偶(分度号为XK)中镍铬为正极,考铜为负极;适宜于还原性或中性介质中使用;测量范围为−50～600 ℃,短期可测800 ℃;这种热电偶的热电势较大,比镍铬-镍硅热电偶高一倍左右;价格便宜。

它的缺点是测温上限不高。在不少情况下不能适应。另外,考铜合金易氧化变质,由于材料的质地坚硬而不易得到均匀的线径。此种热电偶将被国际所淘汰。国内用镍铬-铜镍(分度号为E)热电偶取代此热电偶。

(5) 钨铼3/25热电偶。该热电偶是目前一种较好的超高温热电偶材料,一般可用到2 300 ℃。热电偶使用范围为300～2 000 ℃;以钨铼3丝为正极,钨铼25丝为负极;适用于真空、氢气、惰性气体及还原性气氛中使用。如能解决有效的可耐更高温的绝缘材料,则该热电偶可在更高温度范围内使用。

各种热电偶热电势与温度的对应关系都可以从标准数据表中查到,这种表称为热电偶的分度表。

此外,用于各种特殊用途的热电偶还很多。如红外线接收热电偶;用于超低温测量的镍铬-金铁热电偶;非金属热电偶等。

现将我国已定型生产的几种热电偶列表比较,如表1-7所示。

表1-7 工业用热电偶

热电偶名称	代号	分度号		热电极材料		测温范围/℃	
		新	旧	正热电极	负热电极	长期使用	短期使用
铂铑$_{30}$-铂铑$_{6}$	WRR	B	LL-2	铂铑$_{30}$合金	铂铑$_{6}$合金	300～1 600	1 800
铂铑$_{10}$-铂	WRP	S	LB-3	铂铑$_{10}$合金	纯铂	−20～1 300	1 600
镍铬-镍硅	WRN	K	EU-2	镍铬合金	镍硅合金	−50～1 000	1 200
镍铬-铜镍	WRE	E	—	镍铬合金	铜镍合金	−40～800	900
铁-铜镍	WRF	J	—	铁	铜镍合金	−40～700	750
铜-铜镍	WRC	T	CK	铜	铜镍合金	−400～300	350
钨铼$_{3}$-钨铼$_{25}$				钨铼3	钨铼25	0～2 000	—

5. 热电偶结构

热电偶广泛地应用在各种条件下的温度测量。根据它的用途和安装位置不同,各种热电偶的外形是极不相同的。按结构型式分有普通型、铠装型、表面型和快速型四种。

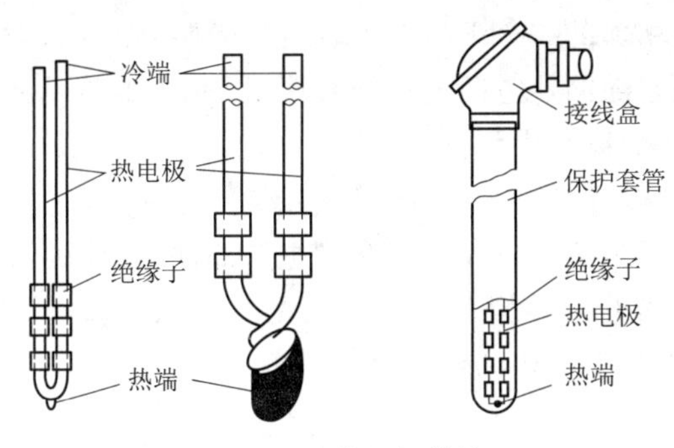

图 1-14 热电偶结构

(1) 普通型热电偶主要由热电极、绝缘管、保护套管和接线盒等主要部分组成。

热电极是组成热电偶的两根热偶丝。贵金属的热电极大多采用直径为 0.3～0.65 mm 的细丝；普通金属电极丝的直径一般为 0.5～3.2 mm。其长度由安装条件及插入深度而定，一般为 350～2 000 mm。

绝缘管(又称绝缘子)用于防止两根热电极短路。材料的选用由使用温度范围而定，它的结构型式通常有单孔管、双孔管及四孔管等。

保护套管是套在热电极、绝缘子的外边，其作用是保护热电极不受化学腐蚀和机械损伤。保护套管材料的选择一般根据测温范围、插入深度以及测温的时间常数等因素来决定。

接线盒是供热电极和补偿导线连接之用的。一般分为普通式和密封式两种。接线盒内用于连接热电极和补偿导线的螺丝必须固紧。以免产生较大的接触电阻而影响测量的准确度。

(2) 铠装热电偶由金属套管、绝缘材料(氧化镁粉)、热电偶丝一起经过复合拉伸成型，然后将端部偶丝焊接成光滑球状结构。工作端有露头型、接壳型、绝缘型三种。

(3) 表面型热电偶常用的结构型式是利用真空镀膜法将两电极材料蒸镀在绝缘基底上的薄膜热电偶，专门用来测量物体表面温度的一种特殊热电偶，其特点：反应速度极快、热惯性极小。

(4) 快速热电偶是测量高温熔融物体的一种专用热电偶，整个热偶元件的尺寸很小，称为消耗式热电偶。

热电偶的结构型式可根据它的用途和安装位置来确定。在热电偶选型时，要注意三个方面：热电极的材料；保护套管的结构，材料及耐压强度；保护套管的插入深度。

6. 热电阻温度计

(1) 测温原理和结构

在工业上广泛应用热电阻温度计测量－200～＋500 ℃范围的温度。其特点是精度高、适宜测较低的温度。

电阻温度计通常由热电阻、显示仪表(带不平衡电桥或平衡电桥)以及连接它们的导线所组成，热电阻是在电桥的桥臂中。

由于在多数测温中，热电阻远离测量电桥，因此连接热电阻的连接导线较长。当环境温度变化时，连接导线的电阻值将有明显变化。为避免连接导线电阻值变化产生较大的测量误差,应采用三导线连接方法,以使连接热电阻的连接导线电阻分别加于电相邻的两桥臂上(也可在桥路中与热电阻相邻的一个下桥臂上,串接与热电阻连接导线材料相同;粗细和长短相等的补偿连接导线,它随同热电阻连接导线引至测温点,然后再引回桥路)。使连接导线电阻值随环境温度变化的影响大为减小。

(2) 常用热电阻材料和结构

热电阻是由电阻体、保护套管以及接线盒等主要部件所组成。其中,电阻体是热电阻最主要部分,要求也最高。热电阻结构型式有普通型热电阻、铠装热电阻、薄膜热电阻三种。目前应用最广泛的热电阻材料是铂和铜。

1) 铂电阻

铂电阻的特点是精度高、稳定性好、性能可靠。这是因为铂在氧化性介质中,甚至在高温下的物理、化学性质都非常稳定。常用铂电阻有两种,一种是 $R_0=10\ \Omega$,对应的分度号为Pt10。另一种是 $R_0=100\ \Omega$,对应的分度号为Pt100。

2) 铜电阻

测温范围为−50～+150 ℃内,具有很好的稳定性,其缺点是温度超过150 ℃后易被氧化,失去良好的线性特性。常用铜电阻有两种,一种是 $R_0=50\ \Omega$,对应的分度号为Cu50。另一种是 $R_0=100\ \Omega$,对应的分度号为Cu100。

3) 电动温度变送器

温度变送器与各种类型的热电偶、热电阻配套使用,即将温度或两点间的温差转换成4～20 mA和1～5 V的统一标准信号;又可与具有毫伏输出的各种变送器配合,使其转换成4～20 mA和1～5 V的统一标准信号。然后,它和显示单元、控制单元配合,实现对温度或温差及其他各种参数进行显示、控制。

温度变送器是安装在控制室内的一种架装式仪表,它有三种类型,即热电偶温度变送器、热电阻温度变送器和直流毫伏变送器。

温度变送器的结构大体上可分为三大部分:输入桥路、放大电路及反馈电路。

八、常用控制显示仪表

1. 动圈式显示仪表

动圈式显示仪表是广泛使用的模拟式仪表。它具有结构简单、价格低廉、灵敏可靠等优点。可以与热电偶、热电阻等测温元件配合,作为温度显示、控制之用;也可与其他变送器配合,用来测量、控制其他参数。

动圈式仪表的输入信号:可以是直流毫伏信号,如检测元件或传感器或变送器送来的直流毫伏信号;也可以是非电势信号但必须经过适当转换电路后能转换成电势信号的参数。动圈式仪表实质上是一种测量电流的仪表,最终由装在动圈上的指针就能指示出被测对象的参数。

动圈式仪表测量机构的核心部件就是一个磁电式毫伏计。其中动圈是用具有绝缘层的细铜线绕成的矩形框。用张丝把它吊置在永久磁钢的空间磁场中。当测量信号(即直流毫伏信号)通过张丝加在动圈上时,便有电流流过动圈。此时载流线圈将受磁场力作用而转动,动圈的支承是张丝,动圈的转动使张丝扭转,此时,张丝就产生反抗动圈转动的力矩,这个反力矩随着张丝扭转角的增大而增大。当两力矩平衡时,动圈就停留在某一位置上。由于动圈的位置与输入毫伏信号相对应，当面板直接刻成温度标尺时，装在动圈上的指针就指示出被测对象的温度数值。

在使用时，必须注意与测温元件配套的问题，在仪表面板上注有与测温元件配套的分度号。否则将产生极大的人为误差。

例如，当一只镍铬-镍硅热电偶的 $E(t,0)$ 为 33 277 μV 时（$t=0$ 时），动圈表应指示 800 ℃。若错接与镍铬-铜镍热电偶配套的动圈式仪表，则仪表指针指示 453.9 ℃，相差太多了，因此，一定要注意测温元件与动圈仪表配套使用。

2. 电子电位差计

电子电位差计是根据电压平衡原理进行工作的。当热电势 E_t 与已知的直流压降相比较时，若 $E_t=U_{CB}$，其比较之后的差值（即不平衡信号）经放大器放大后，输出足以驱动可逆电机的功率，使可逆电机又通过一套传动系统去带动滑动触点 C 的移动，直到 $E_t=U_{CB}$时为止。这时放大器输入端的输入信号为零，可逆电机不再转动、测量线路就达到了平衡，这样 U_{CB}就可以代表被测量的 E_t 值。并且，可逆电机在带动滑动触点 C 的同时，还带动指针和记录笔，随时可以指示和记录出被测电势的数值。就能自动指示和记录被测温度值。

电子电位差计主要与热电偶等测温元件配合使用。热电阻与电子自动平衡电桥配套使用。在实际应用中，注意零点校准和量程选择匹配问题。

3. 数字式显示仪表

数字式显示仪表和模拟式显示仪表一样，与各种传感器、变送器相配，可以对压力、物位、流量、温度等进行测量，并直接以数字形式显示被测结果。而模拟式测量仪表是把被测定的物理量模拟为量，用标尺、指针等方法显示被测量。

数字式显示仪表的分类方法较多，按输入信号的形式来分，有电压型和频率型两类：电压型的输入信号是电压或电流；频率型的输入信号是频率、脉冲及开关信号。如按被测信号的点数来分，它又可分成单点和多点两种。在单点和多点中，根据仪表所具有的功能，又可分为数字显示仪、数字显示报警仪、数字显示输出仪、数字显示记录仪以及具有复合功能的数字显示报警输出记录仪等。在实际测量中，大量的工艺参数经变送器变换后，转换成相应的电参量的模拟量，再经变换成数字量，直接进行计数显示。

4. 新型显示记录仪表

随着现代化工业控制领域和新技术领域的飞速发展，以 CPU 为核心的新型显示记录仪表已被越来越广泛地应用到各行各业中。进入 20 世纪 90 年代以后，各自动化仪表生产厂家纷纷开始研制新型显示记录仪——无笔、无纸记录仪。

以 CPU 为核心采用液晶显示的记录仪，完全摒弃传统记录仪的机械传动、纸张和笔。直接把记录信号转化成数字信号，可实现全数字采样、存贮和显示等。由于记录信号是由工业专用微型处理器 CPU 来进行转化保存显示的，因此记录信号可以随意放大、缩小地显示在显示屏上，为观察记录信号状态带来极大的方便。必要时可把记录曲线或数据送往打印机进行打印或送往个人计算机加以保存和进一步处理。

该仪表输入信号多样化，可与热电偶、热电阻、辐射感温器或其他产生直流电压、直流电流的变送器配合使用。对温度、压力、流量、液位等工艺参数进行数字显示、数字记录；对输入信号可以组态或编程，直观地显示当前测量值。并有报警功能。

5. 控制仪表

(1) 控制的基本控制规律及原理

控制仪表的作用是将被控变量的测量值与给定值相比较,产生一定的偏差,控制仪表根据该偏差进行一定的数学运算,并将运算结果以一定的信号形式送往执行器,以实现对于被控变量的自动控制。

从控制仪表的发展来看,大体上经历了三个阶段:检测、控制与显示在一个整体之内的基地式;按仪表功能的不同分成若干单元(变送、定值、控制、显示等单元),每个单元只完成其中一种功能的单元组合式控制;以微处理器为基元的控制装置。

控制仪表中控制器的基本控制规律有双位控制、比例控制(P)、积分控制(I)、微分控制(D)及它们的组合形式,如比例积分控制(PI)、比例微分控制(PD)和比例积分微分控制(PID)。不同的控制规律适应不同的生产要求,必须根据生产要求来选择适当的控制规律。

控制系统的工作原理是:由热电偶或热点阻测到的信号经变送器变为标准的 4~20 mA 的信号被送到调节器中,与设定值进行比较,比较后得到的偏差信号经放大处理后送到 PID 运算器里面进行运算,并输出具有 PID 调节规律 4~20 mA 信号给调整器,调整器输出相应的脉冲,触发可控硅导通角的大小,来控制设备(如炉体的加热)功率。

(2) 控制器的 PID 控制简介

当设备(炉温)受到外界或改变设定值时,我们就希望炉温恢复到设定值的时间越短越好(称为过渡过程时间),希望炉温冲过设定值的幅度(称为超调量)越小越好。希望在过渡过程中,在设定值两侧的振荡次数愈少越好。因此要获得最佳的控制过程和控制精度,必须正确地选择和设定 PID 三个参数。

1) 比例控制(P)

阀门开度与被控参数的偏差成比例的控制,称为比例控制,换句话说,就是调节器的输出信号 $\Delta\mu$ 与输入信号 Δe 之间有一一对应的比例关系:

$$\frac{\Delta\mu}{\Delta e}=\frac{a}{b} \tag{1-14}$$

或者

$$\Delta\mu=\frac{a}{b}\Delta e \tag{1-15}$$

$K_p=\frac{a}{b}$(比例调节器的放大倍数)是可调节的。比例调节器的输入偏差越大,输出变化也越大;输入偏差越小,相应的输出变化也越小。

也就是说,在一定的被控参数变化下,调节器的输出信号越大,阀门开度变化也越大,控制作用就越强。但是习惯上都采用比例带 P,而不用放大倍数来表示比例控制作用的特性参数,所谓比例带 P 就是放大倍数 K_p 的倒数并以百分数表示:

$$P(\%)=\frac{1}{K_p}\times100(\%)=\frac{a}{b}\times100(\%)$$

所以反过来说,比例 P 与放大倍数 K_p 成反比,就是说,调节器的比例越小,它的放大倍数就越大,相应的比例调节作业越强。

作用:能较快地克服扰动所引起的被调参数的波动,即消除偏差快。

P 小时(K_p 大),控制作用强,过程波动大,不易稳定。

P 小到一定程度时,系统将出现等幅振荡。

P 再小时,就会出现发散振荡。

当 P 适当时,最大偏差和静差都不太大,控制过程稳定快,一般只有两个波,控制时间也越短。

P 大时(K_p 小),控制作用弱,P 太大时则调节器输出变化很缓慢,比例作用就等于没有发挥作用。

各种作用关系如图 1-15~图 1-17 所示。

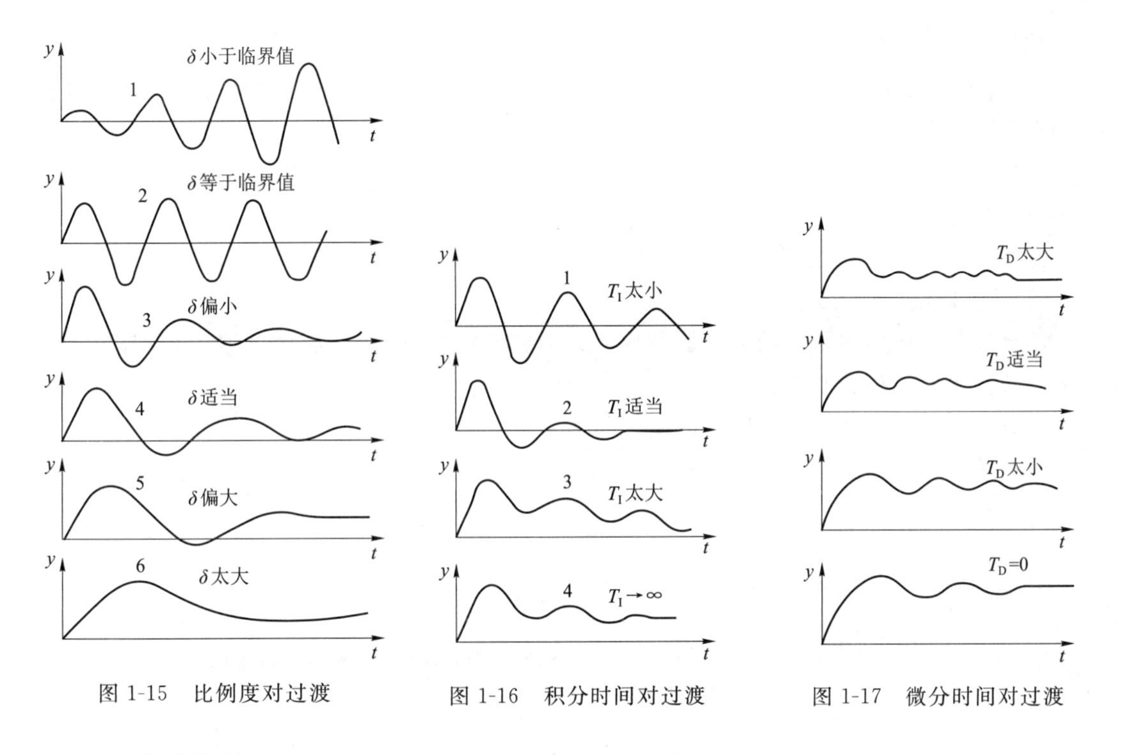

图 1-15　比例度对过渡　　图 1-16　积分时间对过渡　　图 1-17　微分时间对过渡

2) 积分控制(I)

比例控制因输出信号与偏差信号 e 有静差存在,为了消除静差,提高控制质量,就必须引入积分作用。

比例控制因输出信号 Δu 与偏差信号 Δe 有一一对应的比例关系,导致有静差存在,若采取一种措施,不让输出信号 Δu 与偏差信号 Δe 成正比关系,而是让输出信号的变化速度与偏差信号 Δe 成正比的话,就可以消除静差。

$$\frac{\mathrm{d}(\Delta u)}{\mathrm{d}t}=K_{\mathrm{I}}\cdot\Delta e \tag{1-16}$$

式中:$\frac{\mathrm{d}(\Delta u)}{\mathrm{d}t}$——调节器输出的变化速度;

Δe——输入偏差;

K_{I}——积分控制的比例常数;

$\Delta u=K_{\mathrm{I}}\int\Delta e\,\mathrm{d}t=K_{\mathrm{I}}\cdot\Delta e\cdot\Delta t$。

K_I越大，表示积分作用越强，是反映积分作用强弱的一个参数。但在实际应用中习惯上都用K_I的倒数来表示：$T_I=\frac{1}{K_I}(\text{min})$。

T_I称为积分时间，T_I越小，表示积分作用越强，T_I越大，表示积分作用越弱。只要偏差(静差)存在(Δe)，调节阀就不会停止动作；偏差越大，调节阀动作速度就越快；当偏差为零时，输出的变化速度也为零，即调节阀稳定下来，不再继续动作。

积分时间(I)对控制过程的影响(假设在同比例 P 下)：

T_I太小，积分作用太强，也就是说，消除静态偏差的能力很强，同动态偏差也有所下降，被控参数振荡加剧，稳定性降低。

积分时间 T_I合适时，经两三个波动后过渡过程便告结束。

积分时间 T_I太大，积分作用不明显，消除静态偏差的能力很弱，使过渡过程时间长，同时动态偏差也增大，但振荡减缓，稳定性提高。

当积分时间无穷大($T_I=\infty$)，比例积分调节器就没有积分作用，当过渡过程结束时，被控参数有静态偏差存在。

温度对象的滞后较大时，T_I可选择大些。

3）微分控制(D)

微分控制的作用主要是用来克服被控参数的容积滞后，能比较有效地改善容积滞后比较大的被控对象的控制质量。

微分控制就是指调节器的输出的变化与偏差变化速度成正比。

用数学式表示：

$$\Delta u=T_D\frac{\mathrm{d}(\Delta e)}{\mathrm{d}t} \tag{1-17}$$

其中：Δu——调节器的输出变化；

T_D——微分时间；

$\frac{\mathrm{d}(\Delta e)}{\mathrm{d}t}$——偏差信号变化的速度。

实际微分器的微分时间 T_D为时间常数 T 和微分放大倍数 K_D的乘积，即：

$$T_D=K_DT \tag{1-18}$$

微分作用的方向总是阻止被控参数的任何变化，力图使偏差不变，所以，适当加入微分控制的作用，可减小被控参数的动态偏差，有抑制振荡，提高系统稳定性的效果。微分时间对过渡过程的影响：T_D大时表示微分作用强；T_D小时表示微分作用弱。

T_D愈大，微分作用愈强，静态偏差愈小，会引起被控参数大幅度变动，使过程产生振荡，增加了系统的不稳定性。

T_D愈小，微分作用愈弱，静态偏差愈大，动态偏差也大，波动周期长，但系统稳定性增强。

T_D适当时，不但增加了过程控制的稳定性，并且在适当降低比例的情况下，还可减小静差，所以微分时间 T_D过大过小均不合适，应取适当数值。

4）比例、积分、微分控制

包括比例、积分、微分三作用调节器，称为 PID 调节器。

从图 1-18 曲线可以看出，当 t_0 时刻，当被控参数偏差一出现时，微分作用立即动作，阻止偏差的变化，比例动作也同时起克服偏差的作用，接着积分作用慢慢把残余偏差消除掉。

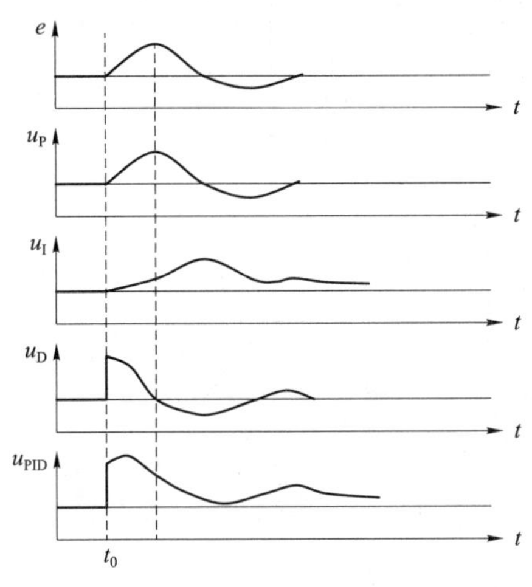

图 1-18　比例、积分、微分控制

(3) PID 参数的整定

整定值也叫设定值，就是在自动控制系统里，当某一物理量，达到某一数值时，将发生某一动作。

比如：为了保护某一电动机，在控制系统中有过电流继电器，我们把过电流继电器调整为 100 A 动作，当电流达到 100 A 时过电流继电器动作，切断电源，或发出信号。这个 100 A 即为过电流继电器的整定值。

另一种情况，如某一电动机，速度是自动控制的，我们把速度控制装置设置为 1 000 r/min，那么这个 1 000 r/min 就是电动机速度的整定值。

1) 临界比例带法

先通过手动操作，使工艺状态稳定一段时间。调节器除比例作用外，其他的控制作用都切除(积分时间放在最大，微分时间放在零处)。

改变调节器的比例带，逐步减小 P，细心观察输出电流和控制过程的变化情况；如果控制过程是衰减的，则把比例带继续放小；如果控制过程是发散的，则把比例带放大，直到持续 4～5 次等幅振荡为止。此时的比例带就是临界比例带 P_k；来回振荡一次的时间就是临界周期 T_K，根据 P_k、T_K 按经验公式，求出调节器的各个参数 P、T_I、T_D 值(见表 1-8)。

表 1-8　临界比例带法

调节规律	参数		
	$P/\%$	T_I/min	T_D/min
P	$2P_k$		
PI	$2.2P_k$	$0.85T_K$	
PID	$1.7P_k$	$0.5T_K$	$0.125T_K$

2）衰减曲线法

把积分时间放到最大,微分时间放到零,待控制系统稳定后,逐步减小比例带,观察输出电流和控制过程的波动情况,直到出现 4∶1 的衰减过程为止,记下 4∶1 衰减比例带 P_S和操作周期 T_S。根据 P_S和 T_S按经验公式,求出 P、T_I、T_D(见表 1-9)。

表 1-9　衰减曲线法

调节规律	参　数		
	$P/\%$	T_I/min	T_D/min
P	P_S		
PI	$1.2P_S$	$0.5T_S$	
PID	$0.8P_S$	$0.3T_S$	$0.1T_S$

先把比例带放到一个比计算值大一点的数值上,然后放上积分时间,再慢慢地放上微分时间,最后把比例带减小到计算值上,观察控制过程,如发现记录曲线不理想,可以进行少量调整。

3）经验凑试法

按表 1-10 所列凑试公式,计算出 P、T_I、T_D。

表 1-10　经验凑试法

调节规律	参　数		
	$P/\%$	T_I/min	T_D/min
温度	20～60	3～10	0.5～3
流量	40～100	0.1～1	
压力	30～70	0.4～3	

(4）三种控制规律的特点

目前工业上常用的控制器主要有三种控制规律:比例控制规律、比例积分控制规律和比例积分微分控制规律,分别简写为 P、PI 和 PID。选择哪种控制规律主要是根据广义对象的特性和工艺的要求来决定的。下面分别说明各种控制规律的特点及应用场合。

比例控制器的特点是:控制器的输出与偏差成比例,即控制阀门位置与偏差之间具有一一对应关系。当符合变化时,比例控制器克服干扰能力强、控制及时、过渡时间短。是最基本的控制规律。但是,纯比例控制系统在过渡过程终了时存在余差(静差或稳态静差)。负荷变化越大,余差就越大。适用于控制通道滞后较小、负荷变化不大、工艺上没有提出无差要求的系统,例如中间贮槽的液位、精馏塔塔釜液位以及不太重要的蒸汽压力控制系统等。

比例积分控制器的特点是:由于在比例作用的基础上加上积分作用,而积分作用的输出是与偏差的积分成比例,只要偏差存在,控制器的输出就会不断变化,直至消除偏差为止。所以采用比例积分控制器,在过渡过程结束时是无余差的,这是它的显著优点。但是,加上积分作用,会使稳定性降低,超调量和振荡周期都相应增大,过渡过程的时间也加大。比例积分控制器是使用最普遍的控制器。它适用于控制通道滞后较小、负荷变化不大、工艺参数不允许有余差的系统。例如流量、压力和要求严格的液位控制系统。

比例积分微分控制器的特点是：微分作用使控制器的输出与输入偏差的变化速度成比例，它对克服对象的滞后有显著的效果。在比例的基础上加上微分作用能提高稳定性，再加上积分作用可以消除余差。所以，适当调整 δ、T_I、T_D三个参数，可以使控制系统获得较高的控制质量。适用于容量滞后较大、负荷变化大、控制质量要求较高的系统，应用最普遍的是温度控制系统与成分控制系统。对于滞后很小或噪声严重的系统，应避免引入微分作用，否则会由于被控变量的快速变化引起控制作用的大幅度变化，严重时会导致控制系统的不稳定。

值得提出的是，目前生产的模拟式控制器一般都同时具有比例、积分、微分三种作用。只要将其中的微分时间 T_0置于 0，就成了比例积分控制器，如果同时将积分时间 T_1置于无穷大，便成了比例控制器。

6. 控制器

控制器有模拟式控制器和数字式控制器两类，其构成原理和工作方式有根本的差别，但从仪表总的功能和输入输出关系来看，由于数字式控制器备有模一数和数一模转换器件(A/D 和 D/A)，因此两者并无外在的明显差异。CPU 从存储器逐条读取用户程序，并经过命令解释后按指令规定的任务产生相应的控制信号。从而去执行数据的存取、传送、组合、比较和变换等，完成用户程序中规定的逻辑或数学运算等任务；根据运算结果，实现相应的输出控制、打印制表或数据通信等功能。

第九节 特种设备的管理

学习目标：通过学习，了解特种设备的管理要求。

物理性能测试设备多数为标准的实验装备，如材料试验机、金相显微镜等，有成熟的操作维护方法及要求。核燃料元件物理性能测试特种设备为高温高压设备，如高压釜试验系统、高温复烧炉。下面以高温复烧炉为例，说明特种设备的管理规定。

一、日常维护

保持设备外观整洁，检查水路管道，气路管道有无跑、滴、漏的现象。

检查钨铼热电偶是否完好，位置是否正确，有无计量检定合格证并在有效期内。

每周需对设备的电气仪表和计算机通电 1 次，按正常开机顺序，保证通电每次时间不低于 1 h。

设备闲置一周以内，需要手动对设备抽真空，保持设备处于负压状态。

工作完毕应清洁设备和工作现场。

二、设备巡检、检查

1. 日常巡检

(1) 检查电器控制系统(温度、电流、电压、程序等)是否正常。

(2) 检查水路系统(水压、水温、水流、阀门等)是否正常。

(3) 检查气路系统(阀门、真空、压力、流量、燃烧火焰等)是否正常。

(4) 检查监控系统运行是否正常。

(5) 设备运行时,当班人员做好检查和记录。

2. 全面检查

(1) 检查和维护循环水系统,保证设备水路系统正常。

(2) 检查和维护电器控制(包括计算机)系统,对设备升温,保证电器控制系统正常(1次/月)。

(3) 检查和维护压空、氢气、氮气、氩气、天然气管路及阀门,保证气路系统正常(1次/月)。

(4) 检查和维护真空系统,保证真空系统正常(1次/月)。

(5) 每月对设备进行一次全面检查,并作好相关记录(1次/月)。

3. 保养内容

(1) 对设备进行整体检查,记录保养前的技术参数,极限真空度、最高温度、压升率、升温曲线等;

(2) 升降机构及炉盖旋转机构的检查:检查升降机构的运行情况,驱动电机、传动机构、丝杠、螺母等零部件的工作状况;

(3) 水路的检查:检查各路水流继电器是否正常,水流是否正常,并维修或更换异常水流继电器;

(4) 气路的检查:检查气路系统上各个电磁阀工作是否正常,检查密封圈是否良好,更换老化或损坏的密封圈,维修或更换异常和不可靠的电磁阀。

(5) 机械泵的检查:检查泵组运转是否正常,有无异常噪声,泵油是否清洁足量,根据实际情况进行维护,每两年一次或根据实际情况需对泵组的泵油进行更换。

(6) 对炉体的外围零部件进行检查,对电极、热电偶、压力变送器观察口进行检查,发现不良或老化器件,进行必要的更换。

(7) 电气控制的检查和维护:检查各元器件工作是否稳定可靠,各元器件的动作是否可靠,触点是否接触良好,发现不良或老化器件,进行必要的更换。

(8) 加热电源的检查与维护:检查各元器件工作是否稳定可靠,各元器件的动作是否可靠,触点是否接触良好,及时发现不良或老化器件,进行必要的更换。

(9) 保养结束后进行一次空炉升温试车,采用正式温度曲线升温。

4. 注意事项

(1) 当出现循环冷却水系统故障、停电、停气、火灾、水管爆裂、氢气泄漏、爆炸、火灾等突发事件,按高温氢气炉应急处理预案处理。

(2) 当出现控制程序运行异常、电流、电压异常、控制热电偶短路、断路、电器系统故障、保温时温度波动超过±3 ℃等异常现象时,应立即停炉。

1) 在高温复烧炉操作画面中,登录“操作员”,转手动,在触摸屏上点击炉体“加热”按钮,设备将停止加热。

2) 必要时关闭仪表柜电源,打开气路柜上“氮气旁通阀”和“尾气旁通阀”,将炉内气氛转为氮气。

(3) 严禁将软化水阀门和自来水阀门同时打开。

第二章 样品制备

第一节 样品的加工制备

学习目标：通过学习，掌握样品制备的步骤及保管方法。

一、样品制备的原则

样品制备时，应遵守如下通则：原始样品的各部分应有相同概率进入最终样品；制备技术和装置在样品制备过程中不破坏样品的代表性、不改变样品的组成、不使样品受到污染和损失；在检验允许的前提下，为了不加大采样误差，应保证制备后得到的试样有充分的代表性。

二、样品制备的步骤

固体物料大部分是不均匀的或不太均匀的，固体物料要从样品得到试样，需要将样品进行再加工，有的需要粉碎，有的不需要粉碎，只要混匀、缩分即可。

固体样品制备一般包括粉碎、混合、缩分三个阶段，应根据样品加工的粒度要求和均匀性程度进行一次或多次重复操作。

下述操作选用的机械或器具、设施必须确保样品的待测特性，在操作过程中不被沾污、不引入干扰杂质。

1. 粉碎

用机械或人工的方法把样品逐步粉碎，根据粒度大小，大致可分为粗碎（碎至可通过孔径 5 mm 左右的筛子）、中碎（进一步粉碎，碎至可通过孔径 1 mm 以下的筛子）、细碎（一般用研钵研磨，直到测试方法规定的粒度）。

粉碎时，不可以将粗颗粒物料随意丢掉，必须确保所有物料全部通过规定孔径的筛子。

2. 混合

根据样品量的多少，可选择人工或机械混合。一般实验室样品量不会很多，可选用合适的手工工具（如手铲等）人工混合。

3. 缩分

缩分的目的是尽可能减少样品量，且仍具代表性。在样品每次粉碎后，取出一部分有代表性的试样继续加以粉碎，便于处理，这样的过程称为缩分。

同样根据样品量的多少，可分手工缩分法和机械缩分法两种。实验室样品量少，都采用手工缩分法。

手工缩分法是先将已被碎或待缩分的样品充分混匀，然后将样品倒入一个干净的矩形瓷盘中，必要时，可在盘中另放一个平板，与瓷盘隔开，样品则倒在平板上。用小手铲将样品堆成一个圆锥形,再依盘的对角线交替从对角的两边将样品铲起,堆成一个新锥体。每次铲起的样品量不宜太多。铲起后,将样品匀速撒落在新锥体的顶端,使样品均匀地散落在锥体的四周,如此反复三次。再用小手铲从顶端向四周均匀地摊压成圆形扁平体。通过圆的中心划十字形,分成四等分,弃去任意的对角两份,留下的样品是原样品量的一半,仍能代表原样的组成。将留下的样品再如上缩分,直至所需的样品量。

缩分次数不是随意的。在每次缩分时,保留的样品量与试样的粒度有关,都应符合缩分公式即 $Q=Kd^{\alpha}$,否则应进行粉碎后再缩分。式中,Q 为采取平均试样的最小量,单位 kg;d 为物料中最大颗粒的直径,单位 mm;K、α 值是经验常数,由物料的均匀程度和易粉碎程度决定,可由实验求得。K 值一般在 0.02～0.15 之间,α 值一般在 1.8～2.5 之间。

例 2-1:5 kg 实验室样品,粉碎至全部通过孔径为 2.00 mm 的筛子,应缩分几次?(已知 K 值取 0.1,α 取 2)

解:由公式 $Q=Kd^{\alpha}$,可算出 $Q=0.4$ kg,即只要保证缩分后留下的样品量大于 0.4 kg,这样的样品量仍具代表性。由此,很容易算出,只要将样品缩分三次,留下 $5\times(1/2)^3=0.625$ kg,此量大于要求的 Q 值(0.4 kg),故仍具有代表性。

三、样品容器及标签

加工制备好的试样,需在一定的容器内存放。样品容器的选择应保证容器的材质不含与样品中待测元素相同的成分,且不与样品发生作用;根据样品性质及待测元素特性,有的样品还要盛样容器不透光,或良好的密合性。

盛样容器使用前都必须按规定清洗干净,并干燥。容器内外不应有沾污。

盛有样品的容器外壁应随即贴上标签,标签内容包括:样品名称及编号、送检单位名称、样品量、制样日期、分析测试项目、制样人姓名。必要时,还需注明样品保留日期。

四、样品的保留及保管

样品经粉碎、混合、缩分后一般将其等量分为两份,一份供试验用,另一份留作备考,也有把试验后剩余的试样保留备用的,此时,在称取一定量的试样操作中,必须注意试样容器内的试样不被沾污,绝对不允许把试验过后的试样再放入试样容器内。

保留样品的作用大致有:复核备考,考查分析人员检验数据的可靠性,做对照样品用;比对仪器、试剂、实验方法的分析误差;委托方对数据有疑义时,做跟踪检验;必要时也可作仲裁试验用。

一般保留样品时间不超过六个月,可根据委托方要求,实际需要或物料特性,适当延长或缩短。

保留样品的保管要注意不损坏容器外壁贴的标签;确保试样在保管期内其待测特性不被破坏;试样的均匀性、稳定性有一定保障;对剧毒、危险样品、涉密样品的保存和撤销,除遵循一般规定外,还必须遵守相关的安全法规。

五、分析后的废水处理

分析测试过程中,产生一定量的废水(废液)。废水成分复杂,有在过程中添加的各种试剂成分,也有试料的组分,以及过程中产生的复杂化合物。废水处理总的原则是处理后的废水要能回收或达到排放标准。

一般说，实验室废水应统一由生产线回收处理。实验室应做到同类废水，集中存放，盛放的容器要完好无损，不与废水发生反应，防止容器破裂，废水外泄。同时，废水容器外壁应有明显标志、标签。标志指特殊样品分析测试后产生的废水，比如放射性物料，应标志富集度。标签内容至少包括废水量，主要成分浓度，收集日期等。

第二节 芯块外观及尺寸检查样品的取样

学习目标：通过学习，掌握芯块外观及尺寸检查样品的取样流程。

对于 UO_2 芯块外观及尺寸检查的样品，应根据适用的取样计划进行芯块外观样品的随机抽取。抽样一般在芯块烧结出炉，磨削后进行。抽样前，应对照取样计划核实相关信息，如芯块的富集度、批号、舟号、炉号以及数量等等。抽样时应戴上专用手套，按规定穿戴劳保用品，在规定的区域随机抽样，并装入专门的容器中，确保取样过程中不沾污芯块。抽样后应按规定称取样品重量，并将抽样信息及时记录，核对无误后送检。

第三节 腐蚀试验样品制备

学习目标：通过学习，掌握腐蚀样品的制备方法。

一、腐蚀样品的截取

用于腐蚀的样品通常从待检锆管、锆棒、锆片、锆带、锆条、锻造锆、铸造锆及其焊接样品上采用机械方式截取。样品的规格、尺寸大小应符合技术文件或规程的要求，除锆棒和锆条外，最终试样表面积不应少于 0.10 dm^2。样品的截取应采用车床或铣床，切割速度不超过 0.43 m/s 的线速度，车、铣样品时应用水冷却，样品加工完后，应除掉边角毛刺。

腐蚀样品检验前还应检查其外观情况。一般的，检验区域存在伤痕、氧化色斑或其他异常的样品都不予受检。对于一些确有必要检验的外观异常样品，应如实记录，并恰当处理，避免影响其他样品的试验结果。样品表面粗糙度应达到成品轧制的表面粗糙度水平。必要时，对机械加工的表面要进行磨光或抛光处理。

二、试样的处理

1. 试样标记

一般可以用电刻笔或激光刻号机给试样刻号，对表面要求比较高的试样，为避免刻号，可通过逐个称重或做特殊标记等方式加以区别和追踪。

2. 表面处理

(1) 去除油污

将试样放在丙酮或无水乙醇中，浸泡时间不少于 2 min，并用脱脂棉蘸丙酮或无水乙醇轻轻擦洗试样的内外表面,去除油污,然后放入去离子水中漂洗 2 min 以上。清洗后的试样应保持良好清洁状态。

(2) 酸洗

酸洗步骤不是必要的,样品是否进行酸洗应根据技术要求而定。如需进行酸洗,可按以下步骤进行:

1) 酸洗液配制

锆锡合金酸洗液:用去离子水 60 份、硝酸 35 份、氢氟酸 5 份的混合酸洗液(体积比)。锆铌合金酸洗液:用去离子水 61 份、硫酸 30 份、氢氟酸 9 份的混合酸洗液(体积比)。

2) 酸洗操作

把装有酸洗液的酸洗槽放入流动的冷却水中,将试样用洁净的不锈钢丝捆好移入酸洗槽中,酸洗液完全浸没试样,酸洗时,锆锡合金酸洗液温度控制在 50 ℃以下;锆铌合金酸洗液温度控制为 50~60 ℃。酸洗时间一般为 1~2 min,使试样表面去除量 0.02~0.05 mm。

3) 流水冲洗

酸洗结束后,应将试样从酸洗液中尽快地移到流水下冲洗 5 min 以上,若试样表面上有残留的酸洗产物而无法冲洗干净,则必须重新酸洗。

4) 漂洗

将冲洗干净的试样悬挂在去离子水中煮沸至少 10 min,然后浸入去离子水中漂洗 5 min 以上。

3. 试样吹干

将试样用电吹风直接吹干,检查试样有无折叠、裂纹、鼓泡、异物、褐色酸污染等,并做好记录。

4. 称重

待试样完全干燥后,静置 0.5 h,然后用电子分析天平称腐蚀前试样的重量,精确到 0.000 1 g,称重前用“参考样”校验天平的稳定性。对于需要进行增重计算的试样以及腐蚀控制标样试样,称重步骤是必要的。

5. 尺寸测量及表面积计算

对于采用单位面积增重评判腐蚀性能的试样,需要计算其表面积,可用千分尺、游标卡尺等量具测量表面尺寸再计算。为了确保试样腐蚀前的清洁度,此步骤也可以在腐蚀试验完成后进行。一些典型试样的表面积计算公式如下。

(1) 锆合金管表面积公式

$$A=\pi(d_{out}+d_{in})\left(\frac{d_{out}}{2}-\frac{d_{in}}{2}+L\right)\times 10^{-4} \tag{2-1}$$

式中:A——锆管的全面积(保留四位小数),dm^2;

d_{out}——锆管的外径,mm;

d_{in}——锆管的内径,mm;

L——锆管(试样)的长度,mm。

(2) 锆合金棒表面积公式

$$A=\pi d_{out}\left(\frac{d_{out}}{2}+L\right)\times 10^{-4} \tag{2-2}$$

式中：A——锆合金棒的全面积（保留四位小数），dm^2；

d_{out}——棒的直径，mm；

L——棒的长度，mm。

(3) 锆板表面积公式

$$A=2(ac+ab+bc)\times10^{-4} \tag{2-3}$$

式中：A——锆板的全面积（保留四位小数），dm^2；

a——板的长度，mm；

b——板的宽度，mm；

c——板的高度，mm。

例 2-2：利用式(2-2)计算锆合金管的表面积，已知：锆合金管段长 45.00 mm，外径 9.51 mm，内径 8.43 mm。

解：由式(2-2)，锆合金管段试样的表面积为：

$$\begin{aligned}A&=\pi(d_{out}+d_{in})\left(\frac{d_{out}}{2}-\frac{d_{in}}{2}+L\right)\times10^{-4}\\&=3.14\times(9.51+8.43)\left(\frac{9.51-8.43}{2}+45.00\right)\times10^{-4}\\&\approx0.2565(dm^2)\end{aligned}$$

6. 试样入釜

(1) 将已处理好的试样系在干净的不锈钢丝上，用去离子水冲洗后，挂在样品盘上，并确保试样不互相接触。

(2) 在高压釜均温区的上部、中部和底部分别挂一个已知腐蚀前重量的控制标样。

(3) 用去离子水冲洗一次挂在样品盘上的试样和控制标样。

(4) 放置于高压釜内的试样总面积与高压釜容积相比应小于 10 dm^2/L。

7. 试样出釜

待釜温降至 70 ℃以下时，取出试样和控制标样，用去离子水清洗干净并吹干后，在室温中静置 0.5 h 以上。

第四节　粉末样品的分散处理

学习目标：通过学习，了解激光粒度法测定粒度时粉末样品的分散处理方法。

粉末样品的分散对于激光粒度法测定结果有重要的影响。对于激光粒度分析仪来说，理想的测定条件之一便是样品粒子都是单个粒子。某些材料很容易分散成离散的单个粒子且无需特别的样品制备便可直接用于测定。而一些材料趋向于团聚，形成的粒子团在测定前需要被分散开以免得到错误的粒度测定结果。下面着重介绍粉末团聚样品在粒度测定前的一些典型的分散技术。

一、湿法样品的分散

湿法样品在它们被加入到激光粒度分析仪的系统中之前通常要先被分散，一旦分散了，流通的循环仪器系统还应防止其在测定同时又发生团聚。

湿法样品的分散由两步组成：

(1) 加湿润剂以减少样品的表面张力从而促进样品和载流体的混合；

(2) 运用超声波能量离散团聚的样品成粒子。

湿润剂包括水、表面活化剂、分散剂以及溶剂等。用了过多的表面活化剂和分散剂会造成气泡的形成从而影响测定结果，另一方面，当表面活化剂达到临界胶束浓度时可导致再团聚。

实践证明采用超声波分散湿法样品是最可靠的方法。超声能量可以通过超声波槽或超声波探头产生。对粉末进行分散操作时，可以将一定浓度的样品放在一定的洁净容器中，再放入超声波槽中利用超声波能量进行分散；也可以直接将超声探头放入装有样品的容器中进行超声分散。使用超声波分散时需要根据样品的粒子大小进行能量及超声时间的设置，过强的超声能量输入或超声时间过长都可能引起粒子的磨损，因而造成测定结果偏小。同时，还要注意易剪切、易碎的东西如纤维性纸巾等不应该用于样品池的清洁，因为它将产生人为的粒子从而影响真实的测定结果。

二、干法样品的分散

某些情况下，不能采用湿法或不允许以湿的状态递送，粉末样品是以干样品的形式进行分散的。激光粒度分析仪可利用压缩气流进入吸样品器以达到分散干样品的目的。同样，压缩气流的大小以及分散时间对粒度测定结果有直接的影响。因而不管对干样品还是湿样品，为得到良好的分散效果必须针对特定的样品进行相应的分散条件试验，采用合适的分散条件是获得正确测定结果的关键。

第五节 粉末的混料及压制成型

学习目标：通过学习，了解粉末混料及压制成型的基本步骤。

一、混料

为使烧结后的芯块能达到设计技术条件要求的密度和微观结构，往往需要在基体二氧化铀粉末中添加密度调节剂或造孔剂(如八氧化三铀粉末或草酸铵)；也有为改善粉末压制性能而添加的润滑剂(如硬脂酸锌)；还有为获得较大的芯块晶粒尺寸而添加的晶粒长大剂(如硅酸铝)。这些添加剂粉末必须均匀地分布在基体粉末中，通常采用混料以达到此目的。常见的混料方式包括机械混料和人工混料。

生产线常采用机械混料法，常用混料器包括单锥或双锥混料器、V型混料器、高效搅拌混料器等。粉末在混料器里依靠机械作用，相互扩散、对流和剪切，最终达到混合均匀的目的。当有多种添加剂需要与二氧化铀粉末混合时，一般采用分步混料法：即先将添加剂与少部分二氧化铀粉末预混，再将混合后的粉末与剩下的二氧化铀粉末终混。

实验室小规模试验时，通常采用人工混料方式，一种典型的混料方式如下：在天平上称取硬脂酸锌，用量为二氧化铀粉末量的0.3%，以干混方式先与5 g二氧化铀粉末混合，装在分样筛上，用毛刷擦筛，反复三次，使硬脂酸锌完全分散；然后与该批剩下的二氧化铀粉末一起装入磨口瓶内，手工摇 15 min 以上。

二、压制成型

压制成型是芯块制造过程中非常重要的工序。它的作用是通过对模具中的粉末加压使粉末体固化，以达到以下目的：

（1）得到一定形状的生坯；

（2）使生坯具有一定的密度和强度；

（3）保证后续烧结成功。

模具是坯块压制最重要的工装，对于二氧化铀粉末的成型，模具起了非常重要的作用，由于芯块压制成型过程具有粉末颗粒硬，难于压制，生坯尺寸要求高，数量大的特点，对模具的选材、设计和加工都有较高的要求。

生产线芯块压制成型一般采用旋转式压机，具有多工位自动装填、效率高、成型速度快，一致性好等特点。实验室芯块压制成型多采用重量装粉、液压机压制的方法：用电子天平称取生坯块所需的粉末量，装入阴模内，在液压机上压制成型。对于不易成形的粉末，根据实际情况可使用外润滑剂（硬脂酸锌或阿克腊）。生坯密度控制在（45％～55％）理论密度范围内；每块的生坯密度值与 10 块的生坯密度平均值相差不大于±0.5％理论密度，高径比为 1～1.2，高度偏差保持在±0.51 mm 的范围内。

第六节　金相试样制备

学习目标：通过学习，掌握金相制样的步骤，学会常规金相样品的制备方法。

一、概述

金相制样一般包括取样、镶样、磨样、抛光、腐蚀等步骤。核燃料元件检验过程中，样品由委托单位按试样加工要求取样，有相关标准或参考技术文件的，按照其中有关内容截取试样。没有相关标准的，在截取试样时应使试样高度不超过 15 mm，单边长度不超过 25 mm，面积不超过 400 mm^2，检验面应保留 0.5～1 mm 的金相磨制余量。

在金相检验过程中，检验人员只要完成镶样、磨样、抛光、腐蚀等步骤即可。

1. 镶样

一般地，零部件或焊接件的金相试样不规则，需要进行镶样，一方面是为了夹持方便，直接用手握持试样进行磨抛等操作；另一方面也是为了保护试样的边缘，以便准确测量需要从试样的边缘测量的熔深等参数。

根据需要，核燃料元件金相试样镶样时主要有冷镶及热镶。冷镶采用环氧树脂及其固化剂，热镶采用专用热镶嵌粉在镶嵌机上进行镶嵌。

2. 磨样

磨样是将试样磨去加工层，并最终磨制到需要检验的位置，通常用 120～800 号砂纸由粗到细磨平即可。磨制时，每更换一次砂纸，应改变磨制方向，直至上一道砂纸留下的划痕完全消失为止，然后用水充分清洗。

3. 抛光

除了用于宏观缺陷及宏观形态检验的试样不需抛光之外,其余金相试样均需要经过抛光处理。抛光方法有机械抛光、电解抛光及化学抛光等方法。一般的不锈钢试样及芯块采取机械抛光的方法,锆合金试样采取化学腐蚀抛光的方法,电解抛光由于不能很好地保护试样边缘很少采用。

机械抛光是将经过精细磨制的试样放在抛光机上进行抛光,抛光时,贴好抛光布,适当滴加抛光剂对试样进行机械抛光,调节适当的转速和抛光时间,直至试样表面光亮无划痕为止。

化学抛光是用化学试剂擦拭试样表面,直到试样光亮无明显磨痕,化学抛光同时也会使试样进行腐蚀,如锆合金试样,在进行化学抛光的同时也使部分组织显示出来。

4. 浸蚀

浸蚀也叫腐蚀,是用适当的化学试剂将材料的组织或焊缝形态显示出来,便于进行检查与测量评定。核燃料元件金相检验通常采用化学浸蚀及电解浸蚀。

化学浸蚀方法有擦拭法及浸蚀法:擦拭法是用棉花等物体蘸取试剂擦拭试样磨面进行浸蚀,这样操作避免了腐蚀产物在试样表面的沉积。浸蚀法是直接将试样放入化学试剂中浸泡几秒或更长时间,直至组织显示出来。

电解浸蚀是以试样为阳极,在稳定的直流电源下进行电解,使材料的组织或焊缝的形态得以显示出来。

二、UO_2芯块金相样品的制备

1. 镶样

对于纵向试样应沿纵向接近中心轴线剖开,对于横截面试样应沿样品中部的横截面处切开(见图 2-1)。将切割后的较大一半置于镶样模具中,然后用环氧树脂及其固化剂或硫黄进行镶嵌。

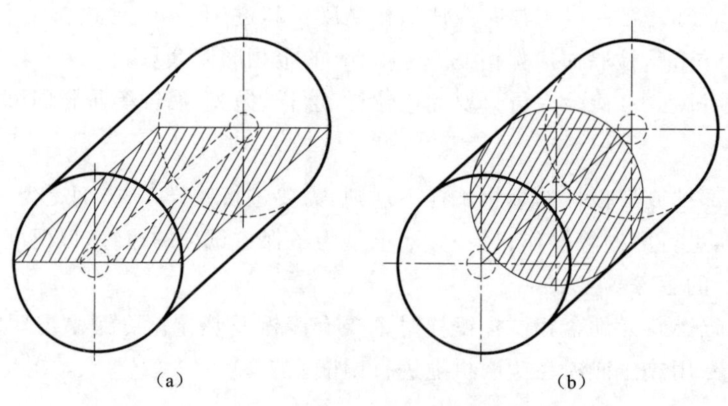

图 2-1 芯块检验位置示意图

(a) 纵截面;(b) 横截面

2. 磨样

在 120～800 号金相水砂纸上磨样，每换一次砂纸，应改变磨制方向，直至上一道砂纸留下的划痕完全消失为止，然后用水充分清洗。

3. 机械抛光

在抛光机上用抛光布及抛光剂对试样进行机械抛光，调节适当的转速和抛光时间，直至试样表面光亮无划痕为止。为提高抛光效果，可适当添加化学抛光液。用流水冲洗试样，然后用干净的滤纸蘸干。机械抛光后即可用于气孔分布检验。

4. 浸蚀

常用的晶粒浸蚀液组成为：CrO_3(30 g)＋HF(50 ml)＋H_2O(150 ml)，按比例在通风橱中配制好浸蚀液，在检验完气孔分布后，对试样进行浸蚀，显示其晶粒。浸蚀在室温下将试样放入浸蚀液中浸泡 40～90 s，然后用脱脂棉蘸试剂擦拭试样表面，用流水冲洗，然后用干净的滤纸蘸干即可。

三、锆合金及其焊件金相检验样品的制备

1. 镶样

用丙酮清洗试样，除去试样表面的沾污，然后选用以下方法之一进行镶嵌。

(1) 冷镶：将试样放在镶样模具中，用环氧树脂及其固化剂或硫黄镶嵌。

(2) 热镶：在热镶机上用热镶嵌粉末镶嵌试样。

2. 磨样

依次用 120～800 号金相水砂纸逐道磨制试样至检验面，并用水冲洗。

3. 浸蚀

锆合金材料一些常用的化学试剂见表 2-1。

表 2-1　锆合金材料常用试剂

序号	试剂	配制比例	用途
1	浸蚀试剂 1	水 45 ml 硝酸 45 ml 氢氟酸 10 ml	用于锆合金试样化学抛光及组织显示
2	浸蚀试剂 2	三氧化铬 1 g 氟化氢铵 10 g 水 100 ml	用于 Zr-Sn、Zr-Nb 合金焊缝试样的轮廓显示，如 AFA3G 的 Zr-4 合金电阻点焊试样，VVER 的 Zr-Nb 合金环焊缝熔区轮廓等
3	浸蚀试剂 3	氟化氢铵 3 g 水 50 ml	用于 M5 合金(Zr-1Nb)合金的焊缝熔区轮廓显示
4	浸蚀试剂 4	饱和草酸 30～50 ml 氢氟酸 10 ml	用于 Zr-4 合金的电子束焊熔区轮廓显示
5	浸蚀试剂 5	硝酸 45 ml 氢氟酸 3 ml 水 45 ml	用于 AFA3G 压力电阻焊焊缝的化学抛光

(1) 微观组织显示

对锆合金环焊及堵孔试样,用脱脂棉蘸浸蚀试剂1擦拭试样检验面10～15 s,用清水冲洗试样并吹干。当检验时发现熔深在极限值左右时,应减少浸蚀时间进行浅腐蚀,在浅腐蚀状态下观察测量。

(2) 三区组织显示

需要时,可用下列方法之一显示出锆合金焊接试样的熔化区、热影响区和基体三区晶粒。

方法一:用脱脂棉蘸浸蚀试剂1擦拭试样10～15 s,用水冲洗,用浸蚀试剂2擦拭10～15 s,用流水冲洗试样。

方法二:用脱脂棉蘸浸蚀试剂1擦拭试样10～15 s,吹干,放入450～500 ℃马弗炉内氧化着色,保温3～5 min,取出空冷。

注意:方法二中,试样无需镶嵌。

(3) 薄膜法显示

对于锆-锡合金电子束环焊及堵孔试样,需要时可用薄膜法显示。在800号砂纸上磨好后,冲洗,将试样放入浸蚀试剂4中浸蚀2～3 s,熔化区和未熔区生成明暗不同的沉积膜,之后用流水冲洗试样。

注意:在浸蚀后、检测及照相之前,不要触碰到试面。

(4) 锆-铌合金压力电阻焊样品的浸蚀

对于锆-铌合金压力电阻焊样品,用脱脂棉蘸浸蚀剂5擦拭试样检验面10～15 s,用清水冲洗试样并吹干。如需要去除黑色结合线,用氧化抛光剂进行抛光3～5 min,接着用水抛光20 s。

试样的浸蚀效果与浸蚀剂、浸蚀时间、浸蚀温度等因素有关,浸蚀时应试验获得最佳的试验条件。如果浸蚀效果不佳,可以用600～800号的砂纸磨去表面一层,重新进行浸蚀。

四、不锈钢及其焊件金相检验样品的制备

1. 镶样

对于不便直接用手夹持磨抛的试样,可先用丙酮清洗试样,然后镶样。

(1) 冷镶:用环氧树脂或硫黄镶样。点焊试样需要镶嵌时,应该用环氧树脂镶嵌试样。

(2) 热镶:在热镶机上用热镶嵌粉末镶嵌试样。

2. 磨样

用120～800号砂纸对样品进行逐道磨制,每换一次砂纸应改变磨制方向,直至上一道砂纸的磨痕完全消失为止,之后用水冲洗干净。

3. 抛光

在抛光机上用抛光布及抛光磨料对试样进行机械抛光,直到表面光亮无明显磨痕为止,用水清洗。采用化学浸蚀的宏观检验试样可以不进行机械抛光。

4. 浸蚀

根据实际情况选择焊接样的浸蚀方法。需要放大50倍以上进行照相及检查的不锈钢焊接样宜采用电解浸蚀法。对于放大30倍以内进行照相及宏观检查的宏观检验试样宜采

用化学浸蚀法。常用的试剂见表 2-2。

表 2-2　不锈钢材料常用试剂

序号	试剂	配制比例	浸蚀方法及用途
1	试剂 A	三氧化铬 10 g 水 90 ml	电解浸蚀液： 电压 10～20 V，时间 10～20 s
2	试剂 B	草酸 10 g 水 90 ml	同上
3	试剂 C	盐酸 50 ml 硝酸 5 ml 重铬酸铵 12.5 g 水 50 ml	宏观化学浸蚀液： 温度：70～100 ℃ 浸蚀时间：10～20 s
4	试剂 D	水 45 ml 硝酸 45 ml 氢氟酸 10 ml	在试剂 E 浸蚀后，用棉花蘸试剂擦拭表面可去除浸蚀沉积物
5	试剂 E	水 40 ml 硝酸 60 ml	采用低电压 1～1.5 V 电解，以清晰显示晶界为准。一般地，钎焊试样约需 15～30 s，不锈钢材料晶粒度评定试样约需 2～5 min

(1) 电解浸蚀法

1) 对于熔化焊焊缝尺寸及缺陷检验试样，任选试剂 A 或试剂 B，用适当的电压和时间对试样进行电解浸蚀。一般地，电压为 10～20 V，时间 10～20 s。

2) 对于因科镍 718 或 GH4169 等高温合金晶粒度评定试样，选试剂 B 电解，电压为3～8 V，时间 4～10 s。当特别容易出现孪晶或晶界过于粗大时，应采用低电压 1～1.5 V 电解进行长时间电解，以清晰显示晶界为准。

3) 对于不锈钢材料晶粒度评定试样及不锈钢管座钎焊试样，选试剂 E，采用低电压 1～1.5 V 电解，以清晰显示晶界为准。一般地，不锈钢钎焊试样约需 15～30 s，不锈钢材料晶粒度评定试样约需 2～5 min。

(2) 化学浸蚀法

将适量试剂 C 加热到沸腾，把试样浸入到试剂 C 中 10～20 s，取出冲净，之后用棉花蘸试剂 D 擦拭试样表面 5～10 s 后冲净待检。

第七节　制备核燃料粉末性能检验样品

学习目标：通过学习，掌握抽样基本知识。

一、名词术语

单位产品：可以单独描述和考察的事物。比如：一块矿石，一瓶试剂。

批：汇集在一起的一定数量的单位产品。可以是一座矿山，一口油井，或一批化工产品。

样本:取自一个批中一个或多个单位产品用于提供关于批的信息。显然,样本提供的信息,足以代表批的质量特性。

样品:样本中的单位产品;可以是从数量较大的抽样单元中取得的一个或几个抽样单元,或从一个抽样单元中取得的一个或几个份样;也可以是用与产品相同的材料和相同工艺制成的特殊样品。

份样:用采样器从一个抽样单元中取得的一定量物料。如:在某一时段用采样器收集的大气样,在一桶物料中用采样器收集的物料样,……

实验室样品:为送往实验室供检验或测试的样品,有时这种样品送检前需经制备。如从一个抽样单元得到的几个份样需要混合均匀,有些样品还需进一步加工,比如供物理性能测试的部分样品,需要切割成小块试样,或按规定制备成一定形状。

试样:由实验室样品进行再加工后取得的样品。

试料:用以进行检验或观测所称取的一定量的试样,若干试样无需再加工,则称取实验室样品。

二、抽样的重要性

在实际工作中,往往要分析的物料是大量的,其组成有的比较均匀,有的很不均匀。我们在分析测试时所取的试样只是几克甚至更少,而分析试料必须能代表全部物料的组成。因此,如何正确地采取有代表性的样品,具有极其重要的意义。

抽样是指取出物质、材料或产品的一部分作为其整体代表性样品进行检测的一种规定程序。为保证抽样代表性,抽样计划应根据适当的统计方法制定。为此,我国制定了不少关于抽样的国家标准。如:GB/T 2828.1《计数抽样检验程序 第1部分:按接收质量限(AQL)检索的逐批检验抽样计划》,GB/T 2829《周期检验计数抽样程序及表(适用于对过程稳定性的检验)》等,我国各类产品标准中都制定了本产品采样的详细方法。对此,我们不可能一一介绍,这里只对抽样的基本知识加以介绍。

三、抽样的基本知识

对于实验室来说,核燃料粉末样品通常由粉末制备车间送检,或者从粉末物料中自己抽取;焊接工艺过程控制试样,通常由车间制作。为保证代表性,质量管理部门预先根据相关技术文件制定了抽样计划,计划中往往规定了试样的抽取(制作)时机,抽取间隔或频次,试样的状态、数量等等。

1. 抽样目的

抽样是从被检的批物料中取得有代表性的样品,通过对样品的检测,了解样品的某一或某些特性的平均值及其波动。抽样还可能有其他目的,比如:确定产品质量是否满足技术要求;了解工艺过程的控制;鉴定未知物;确定污染性质和来源等等。

2. 抽样的基本原则

为确定产品质量,抽样的基本原则是抽取的样品应具有代表性,只有这样,才能通过对样品的检测来了解批物料的情况。为此,一般应制订详尽的抽样方案,诸如:确定批的范围、抽样单元、样品数、样品量、样品部位;规定抽样操作方法和抽样工具,样品的加工方法以及抽样的安全措施等。

3. 样品数及样品量

总的原则是在满足平均值精度需要的前提下,样品数和(或)样品量越少越好。能给出所需信息的最少样品数和最少样品量称为最佳样品数和最佳样品量。

对于样品数的多少,一般取决于送检委托单位根据有关抽样的国家标准规定或自行制订的抽样方案。

对于样品量的多少,必须满足三个方面的需要:

(1) 至少满足三次重复检验的需要;

(2) 满足保留样品的需要;

(3) 满足预处理的需要。

对于较均匀的样品,无须进行再一次加工制备,上述样品量即指从每个抽样单元中取出一定量的样品,经混匀后的样品总量。对于非均匀的样品,须经进一步加工制备,根据经验应比均匀的样品采集更多的样品量。

第三章　分析检测

第一节　粉末样品的粒度测定方法

学习目标：了解粉末粒度相关概念、二氧化铀粉末粒度特点以及常用的粒度测定方法原理，掌握二氧化铀粉末粒度测定中常用的筛分粒度测定、沉降法测定、激光散射法测定等操作技能。了解筛分法原理及筛网标准，掌握筛分粒度测定方法及步骤。了解沉降法测定方法原理，掌握沉降仪测定的操作步骤。了解激光粒度分析原理，掌握激光粒度仪测定的操作步骤。

一、粉末的颗粒尺寸

目前，包括压水堆在内的多数反应堆都普遍和大量地采用了陶瓷二氧化铀（UO_2）芯块作为核燃料，粉末冶金是陶瓷二氧化铀芯块生产的主要工艺，其流程如下：

$$UF_6 \xrightarrow{\text{ADU/AUC/IDR 等工艺}} UO_2\ \text{粉末} \xrightarrow{\text{压制}} \text{生坯块} \xrightarrow{\text{氢气烧结}} \text{烧结块} \xrightarrow{\text{磨削、检验}} \text{成品}\ UO_2\ \text{芯块}$$

粉末体简称粉末，通常是由大量的颗粒及颗粒间的空隙所构成的集合体，也是由大量粉末颗粒组成的一种分散体。UO_2粉末是芯块制造的第一步，合格的 UO_2粉末除了必须满足技术条件规定的铀含量、同位素富集度、杂质元素含量、当量硼等核化学要求以外，其物理性能和工艺性能，如：颗粒尺寸、比表面积、松装密度、振实密度、流动性、压制性、烧结性等指标还应与后续芯块压制和烧结工艺相适应。由于采用的转化工艺不同，得到的 UO_2粉末的性能往往相差较大，如 IDR 工艺生产的粉末颗粒较为致密，比表面积通常显著低于 ADU 工艺生产的粉末。即使是同一种工艺，如 ADU 工艺，由于其过程较为复杂，控制较为繁琐，因而生产出的 UO_2粉末性能波动也较大。这些都将对后续 UO_2芯块的质量和成品率产生影响。因此，实际生产中都需要对 UO_2粉末的上述物理和工艺性能进行测定。

1. 粒度

粒度是指单个粉末颗粒的指定线性尺寸，通常以颗粒在空间上所占范围大小的线性长度表示，颗粒尺寸越小，表示颗粒的微细程度越大。球状均匀颗粒的大小可用直径来表示，颗粒的直径简称为粒度或粒径，测量得到的粉末粒度常以毫米或微米为单位来表示。粒度与粉末颗粒的形状有关，实际组成粉体的颗粒中，绝大多数不是圆球形的，而是片状的、针状的、多棱状的等等各种不规则形状。这些复杂形状的颗粒从理论上讲是不能直接用直径这个概念来表示它的大小的。每一个颗粒有无数不同方向的线性长度，只有将这些长度统计平均才能得到有意义的数值。对于大量颗粒也是如此。因此，通常所说的粉末粒度包括了粉末平均粒度的意义，也就是粉末的某种统计性平均粒径。实际工作中，颗粒直径是描述一个颗粒大小的最简单直观的量，它是利用各种测量方法测得的某些颗粒大小有关的性质进行换算而得到的。对于球形颗粒可用球直径或投影圆直径来表示，对于非球形颗粒，往往采用等效粒径(当量粒径)的概念,也就是把非球形颗粒当作某一直径相当的球形颗粒,而使两者的某种性质参数等值,如两者体积相等或是投影面相等。

对于不规则颗粒,被测定的颗粒大小通常取决于测定的方法,表 3-1 中列出了一些等效粒径的定义。等效粒径是利用测定某些与颗粒大小有关的性质推导而来,并使它们与线形量纲有关,用得最多的是当量球径。某边长为 1 的正立方体,其体积等于直径为 1.24 的圆球体积,因此 1.24 就是推导来的当量球径。

这些直径通常被用于不同形态颗粒的组合,而颗粒大小分布用所测的或推导的直径来标志。有相同直径的颗粒可能具有非常不同的形状,因此,不能孤立地用一个参数来考虑。

表 3-1 等效粒径的定义

符号	名称	定 义	公式
d_v	体积直径	与颗粒具有相同体积的圆球直径	$V=\frac{\pi}{6}d_v^3$
d_s	面积直径	与颗粒具有相同外面积的圆球直径	$S=\pi d_s^2$
d_{sv}	面积体积直径	与颗粒具有相同的外表面和体积比的圆球直径	$d_{sv}=\frac{d_v^3}{d_s^2}$
d_f	自由降落直径(斯托克斯径)	与颗粒密度相同的球体,在密度和黏度相同的流体中,与颗粒具有相同的沉降速度时,此球体的直径即为 d_f	
d_o	投影面直径	与置于稳定位置的颗粒的投影面积相同的圆的面积	$A=\frac{\pi}{4}d_o^2$
d_p	投影面直径	与任意放置的颗粒的投影面积相同的圆的面积	
d_A	筛分直径	颗粒可以通过的最小方筛孔的宽度	
d_F	Feret 直径	与颗粒投影外形相切的一对平行线之间的距离的平均值	

一个单个颗粒能具有无限数的统计直径,因此只有在测定了足够的颗粒,得出在每个大小范围内的平均统计直径时,这些直径才是有意义的。

颗粒的各种"大小"之间的数字关系取决于颗粒形状。颗粒各种大小的无量纲组合被称作形状因数。如果采用两种不同方法分析颗粒的大小,若颗粒形状并不随颗粒大小而变化,则两种结果可以用乘上形状因数而取得一致。

目前,粒度大小还没有统一的分类标准,一般而言,将粒径大于 100 μm 的肉眼可以分辨的颗粒群称作微粉,又称细粉;粒径在 100 μm 以下的统称为超微粉或超细粉。超微粉按粒径大小还可以进一步可分为微米粉末、亚微米粉末、纳米粉末等,分别代表粒径为 1~100 μm、0.1~1 μm 和 0.001~0.1 μm 的粉末。粉末冶金用金属粉末的粒度范围很广,大致为 500~0.1 μm,可以按平均粒度划分为五个级别,见表 3-2。

表 3-2 粉末粒度级别的划分

级别	粗粉	中粉	亚筛粉		
			细粉	极细粉	超细粉
平均粒径范围/μm	150~500	44~150	10~44	0.5~10	<0.5

2. 粒度分布

由于生产过程中不可能使每个粉末的颗粒尺寸都相同,因此,粉末体内的粉末颗粒尺寸只能处于一定的范围内。为了使用方便,将粉末体内的粉末颗粒按一定的粒度范围分级,并用各级粉末(按个数、长度、面积、质量或体积)在整个粉末体(总个数、总长度、总面积、总质量或总体积)中所占百分含量来表示粉末体的粒度组成,又称粒度分布。因此,粒度仅指单个颗粒而言,而粒度分布则指整个粉末体。

粒度分布是对某一特定颗粒群体系中不同粒径颗粒所占总颗粒群比例的一种表征。实际颗粒群的粒度分布严格来说都是不连续的,但大多数情况下可以认为粒度分布是连续的,所含颗粒分布大都在一定范围内,粒度分布范围越窄,其分布的分散程度就越小,集中程度就越高。在实际测量中,往往将连续的粒度范围视为许多个离散的粒级(粒度分级),测出各粒级中颗粒个数百分数(见表 3-1)或质量百分数,然后以粒级为横坐标,个数百分数或质量百分数为纵坐标,可得粒度直方图分布,各个粒级大小为直方柱的宽度,可相等也可不等。如果将上述直方图的顶边中点用一条光滑曲线连接起来,即可得到粒度频率分布曲线,如图 3-1 所示。

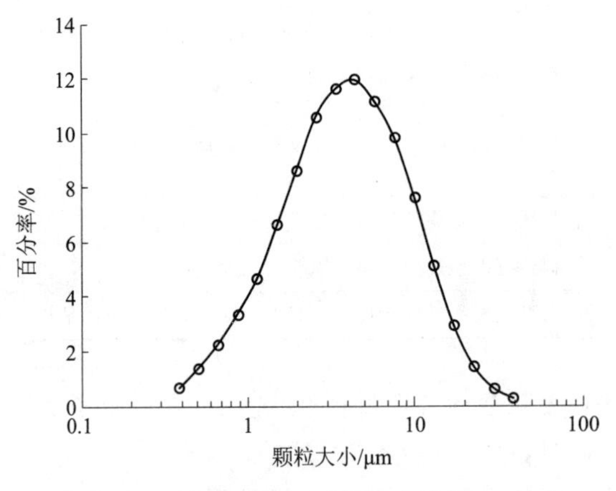

图 3-1 相对百分率频率曲线

粒度分布除了可采用上述直方图方式表征外,还可用粒度的个数累积百分数(见表3-1)或质量累积百分数方式表征,如在实际工作中,经常会用到 D50 和 D97 两个指标。D50 常用来表示粉末体的平均粒度,它是指一个样品中的颗粒质量累积百分数达到 50%时所对应的粒径,它的物理意义是粒径大于它的颗粒占 50%,小于它的颗粒也占 50%,D50 也称中位径或者中值粒径(见图 3-2)。D97 表示一个样品中的颗粒质量累积百分数达到 97%时所对应的粒径。它的物理意义是粒径小于它的颗粒占 97%。D97 常用来表示粉体粗端的粒度指标。

对于粉末体而言,常用平均粒度、中位径及粒度分布来描述。平均粒度是指粉末颗粒的平均大小。中位径指粉末分布中累积频率为 50%的颗粒尺寸。而粒度分布则是指粉末体中大小不同的颗粒的含量。

表 3-3 小于某一尺寸颗粒分布累计百分数

颗粒尺寸/μm	百分数/%	累计百分数/%	颗粒尺寸/μm	百分数/%	累计百分数/%
0.30	0	0	3.41	11.39	49.46
0.39	0.65	0.65	4.47	11.93	61.39
0.51	1.38	2.02	5.87	11.14	72.52
0.67	2.24	4.26	7.70	9.79	82.32
0.88	3.35	7.61	10.10	7.63	89.95
1.15	4.68	12.29	13.25	5.10	95.05
1.51	6.60	18.88	17.38	2.91	97.96
1.98	8.61	27.49	22.80	1.43	99.38
2.60	10.58	38.07	29.91	0.62	100.00

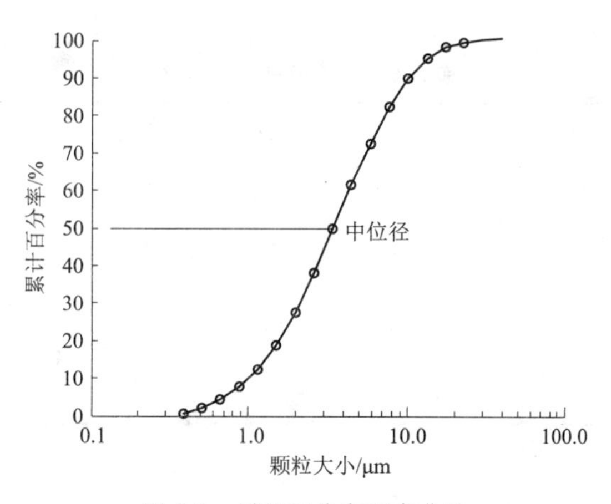

图 3-2 累积百分率频率曲线

3. 粒度参数

粒度参数的种类较多，较常用的主要有如下一些参数。

(1) 中值粒径(M_d)，表示粒度分布的集中程度，其所表示的意义为累积分布曲线上积累 50%处对应的颗粒粒径。近年来人们认为中值粒径不能表示粗、细两侧的粒度情况，因此，现在越来越倾向于用平均粒径(M_z)来表示粒度分布的集中程度。

(2) 分选系数(S_0)，表示分选程度的参数，其可以表示颗粒大小的均匀程度，通常用 $S_0=D_{25}/D_{75}$式求得。S_0越小，分选性越好；S_0越大，分选性越差。

(3) 标准偏差(σ_1)，表示颗粒均匀程度的又一重要参数，标准偏差既考虑了粒径分布的中间部分，又考虑了粒径的粗细两端部分，因此，该参数表达较分选系数更全面、更准确。计算见式(3-1)。

$$\sigma_1=\frac{D_{84}-D_{16}}{4}+\frac{D_{95}-D_5}{6.6} \tag{3-1}$$

(4) 偏度(SK_1),常被用来判别粒度分布的对称程度,计算见式(3-2)。可以看出,当粒度频率分布曲线为正态分布时,SK_1 等于零。当 SK_1 值大于零时,粒度频率分布曲线将偏向粗粒度一侧,称为正偏态;当 SK_1 值小于零时,粒度频率分布曲线将偏向细粒度一侧,称为负偏态。

$$SK_1=\frac{D_{16}+D_{84}-2D_{50}}{2(D_{84}-D_{16})}+\frac{D_5+D_{95}-2D_{50}}{2(D_{95}-D_5)} \tag{3-2}$$

(5) 峰度(K_G)又称为尖度,是用来衡量粒度频率分布曲线尖锐程度的参数。计算见式(3-3)。一般认为,K_G 小于 0.67 为峰平坦;K_G 在 0.67~0.90 之间为中等;K_G 大于 0.90 为尖锐;K_G 大于 3.00 为非常尖锐。

$$K_G=\frac{D_{95}-D_5}{2.44(D_{75}-D_{25})} \tag{3-3}$$

二、粒度测定方法

粉体粒度的测定,包括粒度大小及粒度分布。目前,常见的粒度分析方法主要有筛分法、显微镜法、沉降法、激光法、气体吸附法以及电超声粒度分析法等,各种方法的适用范围及特点如表 3-4 所示。

表 3-4 常用粒度测定方法

方法		粒度范围/μm	测定原理	特点
显微镜法	光学显微镜	0.25~250	利用显微成像技术直接观察测定	直观、适用范围广,但选样、制样要求高,且需逐个颗粒测量
	电子显微镜	0.001~5		
筛分法 (微目筛)		>40 5~40	测定通过不同筛孔的颗粒的量	简便,但测试时间较长,粒级受筛孔尺寸限制
激光法	激光散射法	0.002~2 000	根据激光与粉体颗粒作用产生的散射衍射现象	试样少,精度高,测量速度快,重复性好,适用粒径范围宽
	激光衍射法			
沉降法	重力沉降	2~100	在一定作用力场,根据颗粒在流体中沉降速度不同	适宜较粗颗粒
	离心沉降	0.01~10		可用于较细颗粒
气体吸附法		0.01~10	气体分子在粉体表面发生吸附	分析时间较长
电超声粒度分析法		0.005~100	利用超声波在样品中衰减与粒度的关系	可测定高浓度分散体系,精度高,分析范围宽

1. 显微镜法

显微镜法是唯一可以观察和测量单个颗粒大小的方法,是测量粒度最基本的方法。同时,显微镜法经常用于帮助分析其他测量方法的结果偏差,可用它来标定其他的粒度分析方法。不同原理的显微镜其放大性能不同,所适合测定的粒度大小范围也不同。光学显微镜测量的粒度分布范围大致为 0.3~200 μm,扫描电子显微镜的分辨力一般可达 10 nm,透射电子显微镜更低，可达 1 nm。用显微镜法测量时，样品量极少，因此，取样和制样时应保证样品有充分的代表性和良好的分散性。样品测定过程中，一般需要测定几百个以上的颗粒才有意义，然后用统计方法求出平均粒径，并根据不同粒径范围所占比例得到样品的粒径分布。

2. 筛分法

利用按筛孔尺寸从大到小组合的一套筛，借助振动把粉体试样分离成若干个粒级，分别称重，并以质量百分数表示的粒度分布。筛网的直径和粉末的粒度通常以毫米或微米表示，也有以网目数(简称目)表示的。该方法适用于 40 μm～100 mm 之间的粒度分布测定。如果采用电形成筛(微孔筛)，其筛孔尺寸可达到 5 μm。

3. 激光法

激光法是利用激光和粒子相互作用时产生的散射、衍射等物理规律来研究颗粒粒度的一种测试方法。粒子和光的相互作用能发生吸收、散射、反射等多种形式的相互作用，在粒子周围形成各角度的光，其强度分布取决于粒径和光的波长。但这种通过记录光的平均强度的方法只能表征一些颗粒比较大的粉体。目前，激光粒度分析法按其分析原理不同主要分为激光衍射法和激光散射法，激光衍射法主要针对微米和亚微米级颗粒，激光散射法主要针对纳米颗粒。

4. 沉降法

沉降法是通过分析颗粒在特定液体中的沉降速度来测定粒度分布的一种方法。主要有重力沉降和离心沉降两种分析方式。当颗粒在分散介质中受到一定力场(重力或离心力)作用时将发生沉降，其沉降速率与颗粒的质量有关。同时，颗粒的沉降速率还与粒径大小有关，它们之间服从斯托克斯定律，即在一定条件下颗粒在液体中的沉降速率与粒径的平方成正比，与液体的黏度成反比。对于较粗样品，可以选择黏度较大的液体做介质来控制颗粒的沉降速率；对于较小的颗粒，由于沉降速率很慢，可用离心的方法来加快细颗粒的沉降速率。由于绝大多数实际颗粒的形状均为非球形的，因此，用沉降法所测得的粒径也是一种等效粒径，称作斯托克斯直径。

5. 气体吸附法

气体吸附法是指利用气体吸附法测定粉体颗粒的比表面积，再根据颗粒比表面积与大小关系得到样品粒度信息的一种方法。假设颗粒为球形，其直径可由式(3-4)表示。颗粒的比表面积通常采用气体吸附法如 BET 法测定获得。

$$d=\frac{6}{\rho S_{\mathrm{BET}}} \tag{3-4}$$

式中：d——颗粒直径；

ρ——颗粒密度；

S_{BET}——利用 BET 法测得的颗粒的比表面积。

6. 电超声粒度分析法

电超声粒度分析法是一种较新的粒度分析方法，主要针对高浓度体系的粒度分析，适用的测量范围为 5 nm～100 μm。其基本原理为，当声波在样品内部传导时，声波会发生衰减，通过检测声波的衰减谱可以计算出衰减值与粒度的关系，进而得到样品的粒度信息。分析中需要颗粒和液体的密度、液体的黏度、颗粒的质量分数等参数,对于乳液或胶体中柔性颗粒还需要知道颗粒的热膨胀参数。该方法的主要优点在于它可以测量高浓度分散体系和乳液的特性参数(如粒径、ξ 电位势),同时,其测量精度较高,粒径分析范围较宽。

三、二氧化铀粉末颗粒

动力堆所用的核燃料二氧化铀芯块的制备是用重铀酸铵(ADU)、三碳酸铀铣铵(AUC)和干法转化(IDR)等分解还原所得的二氧化铀粉末按粉末冶金工艺进行压制、烧结而成的。二氧化铀粉末的粒度大小、形状及分布等性质会直接影响二氧化铀芯块的质量。不同工艺的二氧化铀粉末的形貌不同,如图 3-3 所示,颗粒的大小、形状及表面状态各异,直接影响着粉末的比表面积、活性等,进而影响着粉末的工艺性能,如粉末的流动性、松装密度、振实密度、压制性和烧结性。而粉末的这些性能最终影响着粉末制品的质量。

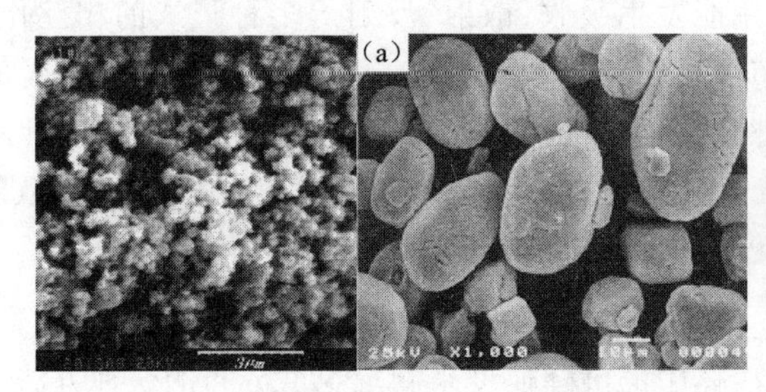

图 3-3 二氧化铀粉末形貌

粒度和粒度分布对压制过程有较大的影响。粒度小的细粉末,流动性差,在充填狭窄而深长的模腔时,易形成搭桥,造成压模充填容积大,此时,必须有较大的模腔尺寸。这样在压制过程中模冲的运动距离和粉末之间的内摩擦力都会增加,压力损失随之加大,从而影响压坯密度均匀。同时与粒度大的粗颗粒比较,粒度小的细粉末之间接触面积增大,虽然压缩性差,但成型性却较好。实践证明,非单一粒度组成的粉末具有较好的成型性。另外,粒度和粒度分布对烧结过程也有一定的影响。显然,在烧结过程中粒度小的细粉末与粒度大的粗粉末比较,细粉末比表面积大,烧结性能较好。

因而,在工艺生产中为了掌握和控制粉末的粒度和粒度分布,利于粉末的压制和成型过程,以获得最终满意的产品,对粉末进行粒度分析就显得尤为重要。

由于生产工艺不同,所得到的粉末也具有其复杂性。就其形态而言。有球体、多面体、立方体、针状、片状和骨架状等。就其结构而言,有凹凸不平、多孔、疏松、微细裂缝和空心闭孔等。区分粉末颗粒的大小,有团粒、颗粒、晶粒和联结结构等。这些都直接影响着粉末的性能、由于粉末本身的复杂性,测试粉末粒度的方法也是多种多样的。而具有实际意义的却是大量粉末颗粒的聚集体,如果用平均粒度反映整体显然是不完全的。另外还有取样代表性和样品分散技术的问题,这些都关系到能否真实反映粉末粒度和分布的问题。因此,为了较全面地描述粉末粒度及分布的特征,常常需要几种方法并举,互相补充。

测量粉末粒度的方法很多,随着粉末颗粒形状的复杂性和粒度范围的扩大,特别超细粉末的运用,使得粉末粒度测定技术迅速发展,目前测定方法已多达几十种。如筛分法、显微镜法、沉降法、空气透过法、光散射法和图像分析法等不下十几种方法。但是,由于粉末颗粒本身的复杂性，以致在测试方面至今尚难找到一种包罗万象的方法。实际工作中应根据粉末等级及应用场合的不同有多种多样的方法。每种测试方法，都有其自己的优缺点，有时需用多种方法测试，互相补充综合分析。对于粒度分析，不论采用哪种分析方法，粉末的分散是值得引起重视的问题。因分散好坏直接影响测试结果的准确性。这就要求选用合适的分散方法，正确选用分散剂和分散介质，才能达到准确测定的目的。

四、筛分粒度测定

1．筛分法原理

筛分的原理、装置和操作都很简单，广泛运用于粉末冶金技术里 40 μm 以上的中等和粗颗粒粉末的分级和粒度测定。这种方法是称取一定质量(通常为 50 g 或 100 g)的粉末，使粉末依次通过一组筛孔尺寸由大到小的筛网，按粒度分成若干级别，用相应的筛网的孔径代表各级粉末的粒度。通过称量各级粉末的质量，就可计算用质量百分比数表示的粉末粒度组成。表 3-5 为采用筛分法测定的二氧化铀粉末粒度分布的示例。

表 3-5　二氧化铀粉末粒度分布实例

粒度/μm	百分含量/%	粒度/μm	百分含量/%
<37	4.6	105～149	19.0
37～53	25.2	149～210	20.3
53～74	9.6	210～297	13.5
74～105	7.4	>297	0.4

筛分析常用的标准筛是由 5～6 个筛孔尺寸不同的筛盘加上盖和底盘所组成，称为试验筛组。将干燥好的粉末称重后，用手摇或专用的振筛机上作筛分试验。振筛机在振筛过程中使试验筛按圆周作水平摇动和上下振动，摇动频率为 270～300 次/min，振动频率为 140～160 次/min。筛分过程可以进行到筛分终点，也可以进行到供需双方商定的时间。GB/T 1480—2012《金属粉末　干筛分法测定粒度》中规定当筛分进行到每分钟通过最大组分筛面上的数量小于试料量的 0.1%时，即为达到筛分终点。对于一般粉末，筛分时间规定为 15 min，难筛的粉末，筛分时间可以适当延长。

2．筛网标准

试验筛是进行筛分粒度分析的筛子，它由非磁性的金属丝编织成筛网装在筛框中组成。我国干筛分法标准规定筛框的公称直径为 200 mm，公称深度为 25～50 mm。国际上著名的筛网系列，有 ISO 标准筛、ASTM 标准筛和泰勒(Taylor)标准筛(英)，它们之间可以互换。目前，我国和国际标准都采用了泰勒筛制。下面介绍泰勒筛的分度原理和表示方法。

筛分析中最经常使用“目”这个概念，它表示 1 英寸(25.4 mm)长度上有多少根金属丝，习惯上以筛网目数(简称目)表示筛网的孔径和粉末的粒度。筛网目数愈大，网孔愈细。由于网孔是网面上丝间的开孔，每一英寸上的网孔数与丝的根数应相等，所以筛网上孔径的大小，还与金属丝的丝径有关。如果以 m 代表目数，a 代表筛网孔径，b 代表筛网丝径，则有下列关系式：

$$m=\frac{25.4}{a+b} \tag{3-5}$$

泰勒标准筛目数与孔径、丝径的尺寸关系见表3-6。

表3-6 泰勒标准筛

目数/m	孔径/mm	丝径/mm	目数/m	孔径/mm	丝径/mm	目数/m	孔径/mm	丝径/mm
2.5	7.925	2.235	14	1.168	0.635	80	0.175	0.162
3.0	6.680	1.778	16	0.991	0.597	100	0.147	0.107
3.5	5.691	1.651	20	0.833	0.437	115	0.124	0.097
4.0	4.699	1.651	24	0.701	0.358	150	0.104	0.066
5.0	3.962	1.118	28	0.589	0.318	170	0.088	0.061
6.0	3.327	0.914	32	0.495	0.300	200	0.074	0.053
7.0	2.794	0.833	35	0.417	0.310	230	0.062	0.041
8.0	2.262	0.813	42	0.351	0.254	270	0.053	0.041
9.0	1.981	0.838	48	0.295	0.234	325	0.043	0.036
10.0	1.651	0.889	60	0.246	0.178	400	0.038	0.025
12.0	1.397	0.711	65	0.208	0.183	—	—	—

筛网标准的制定，是按一定的规律，先规定好孔径和丝径，再按式(3-5)计算出目数，将目数、孔径、丝径列成表格就得到标准筛系列，或称筛制。泰勒筛制的分度是以200目的筛网孔径0.074 mm为基准，乘以或除以主模数2的平方根($\sqrt{2}$)的n次方(n=1、2、3等整数)得到35、48、、65、100、150、270、400目数的筛网尺寸。如果以2的4次方根(1.189 2)的n次方去乘或除0.074 mm，还可以得到分度更细的一系列筛孔尺寸。

将选好的一套试验筛按孔径尺寸的大小顺序将筛框套在一起，孔径最大的筛子在顶部，底盘在最下层，再加上筛盖就组成了一套可用于粒度分布测定的试验筛组。

3. 干筛分粒度测定操作

以二氧化铀粉末为对象进行干筛分粒度测定操作。

(1) 仪器和设备

1) 振筛机，振动频率为270～300次/min，振击频率为140～160次/min。

2) 试验筛，采用GB/T 1480规定的R20和R40/3两组系列筛网。

3) 电子天平，称量范围100～200 g，感量0.1 g。

(2) 操作步骤

1) 一般情况下，粉末按接收状态进行试验，如果有必要，可以预先干燥，为避免粉末样品被氧化，干燥处理应在真空或惰性气氛中进行。

2) 在电子天平上称取待测二氧化铀粉末试料100.0 g，精确到0.1 g。

3) 将选好的筛子按筛网尺寸从大到小依次套在一起，并置于底盘上。试料粉末从最上面的筛子倒入，然后装上上盖。

4) 整套筛子固定于振筛机上，按要求调节好振筛机的振动和振击频率，并将振筛时间设定到15 min，启动振筛机，使粉末粒度分级。

5) 筛分15 min结束后，依次称量每个筛上和底盘上的粉末质量，精确到0.1 g。并记录每次称量结果。所收集的全部组分量的总和应不小于试料量的98%。

(3) 结果处理

1) 记录样品批号、样品粉末重量以及筛分时间等内容,见表3-7。

表3-7 二氧化铀粉末筛分操作记录内容示例

样品编号	试样重/g	筛分方法	筛分时间/min
37T0401	100.0	振动筛	15

2) 根据筛分得到的各级粉末的质量计算粉末损耗量,要求每次测定过程损耗量不得超过1%。再由每级筛分称得的粉末质量除以样品总质量,以百分数表达该样品各级粒度的分布情况。表3-8为筛分法得到的一组二氧化铀粉末粒度分布的典型情况。

表3-8 二氧化铀粉末筛分粒度分布典型情况

筛网目数	粒度组成/%	筛网目数	粒度组成/%
<240	5.0	70～100	22.0
190～240	2.7	45～70	28.3
150～190	16.0	30～45	7.0
100～150	18.9	>30	0
损耗/%	0.1		

五、沉降法测定

1. 沉降法简介

应用流体中颗粒的沉降特性来测量颗粒大小的方法称为沉降分析法,简称沉降法。沉降分析法又分为增量法(微分法)和累积法(积分法)。增量法是测定悬浮液的密度或浓度随时间或高度(或两者)的变化速率,而累积法是测定粉末在悬浮液中沉降的速度。增量法可分为固定时间法和固定深度法,普遍采用后者。因增量法分析速度较快,所以用得较多。累积法的最大优点是需要的粉末量少(约0.5 g),从而使得颗粒间的相互作用减到最小的程度。

沉降法的理论依据是斯托克斯(Stokes)定律,即球体在静止的均质液体中以缓慢的速度降落,球的降落速度和球直径的平方成正比。可用下式表示:

$$v_{stk}=\frac{(\rho_s-\rho_f)gD^2}{18\eta} \tag{3-6}$$

式中:D——粉末颗粒直径,m;

η——沉降介质黏度,$N\cdot s/m^2$;

ρ_s——粉末颗粒密度,kg/m^3;

ρ_f——沉降介质密度,kg/m^3;

g——重力加速度,m/s^2。

假定用由不同粒度组成的粉末制成悬浮液,则不同粒径的颗粒沉降速度是不一样的。研究在某一段时间内悬浮液浓度发生的变化,即颗粒开始分级,这就是沉降法测粉末粒度分布的理论基础。沉降分析得到的数据是被看作为斯托克斯当量直径。

斯托克斯公式的成立,是假定所测粉末颗粒为球形,沉降介质静止、均匀,而且颗粒在层流区沉降(雷诺数 $Re<0.2$)等理想状态下推出的,实际上这种状态是不存在的。所以实际测试时产生误差的原因是多方面的,即:

(1) 一般粉末不是球形的;

(2) 粉末分散不完全;

(3) 容器太小时,器壁有影响;

(4) 温度梯度或机械振动等都会引起液体对流;

(5) 有时产生气泡或气体;

(6) 粒子相互碰撞引起降落速度变化。

因粒子形状不同而对黏性的影响等,这些影响对于细颗粒的测定尤为显著,所以对于小于 2 μm 的颗粒应采用离心法。

为了尽可能发挥沉降法的长处,人们研究出以斯托克斯定律为基础的几种测定方法,增量法(微分法)有:移液管法,光沉降法,X 射线沉降,比重计法,比重天平等。累积法(积分法)有:线始法,沉积天平法,沉降柱,测压法,沉淀分离法(泌液法),β 射线返回散射法,浊度计法等。在对 UO_2 粉末粒度测定中,光透射法是较常用的一种沉降分析法。

2. 光透射法原理

在沉降开始时刻($t=0$),粉末悬浮液处于均匀状态,其质量浓度为 C_0。在液面以下深度 h 处,令一束平行光通过悬浮液(见图 3-4)。

颗粒在沉降初期,在光束平面处的各种粒径的颗粒都被从上面到达光束平面的颗粒代替,故在光束平面处的浓度保持不变。当悬浮液中存在最大颗粒已从液面越过光束平面后,就不再有最大的颗粒到达光束平面,因此,在该处的浓度开始减小。在时刻 t(从悬浮液为均匀的瞬间算起),光束平面处(深度 h)的悬浮液中将只含有直径小于 d 的那些颗粒存在。它们之间的关系可以用式(3-7)来描述。

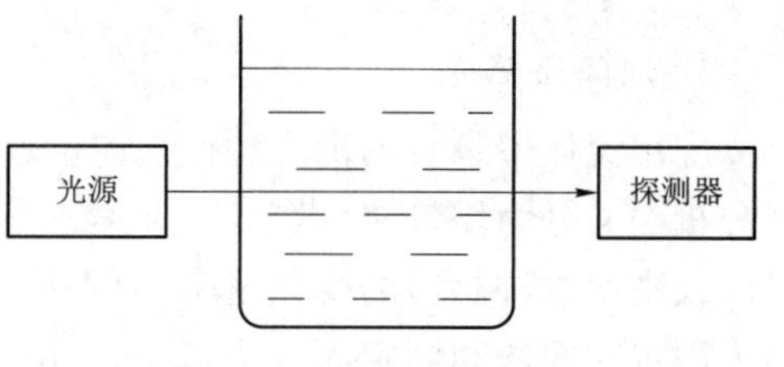

图 3-4 光透射法的原理

$$d=\sqrt{\frac{18\eta h}{(\rho_s-\rho_f)gt}} \tag{3-7}$$

式中:d——斯托克斯直径,m;

η——液体介质的黏度,$N \cdot s/m^2$;

h——沉降高度,m;

ρ_s——粉末颗粒密度,kg/m^3;

ρ_f——液体介质的密度,kg/m^3;

g——重力加速度,m/s^2;

t——沉降时间,s。

一般的光透射式粒度仪还与离心沉降配合使用,当有离心作用时,此时的颗粒直径 d 见式(3-8):

$$d=\frac{1}{N}\sqrt{\frac{1.05\eta}{(\rho_s-\rho_f)t}\lg\frac{R_2}{R_1}} \tag{3-8}$$

式中：N——池转速，r/min；

R_1——颗粒最初位置与旋转中心距离，cm；

R_2——运动后颗粒与旋转中心距离，cm。

当光束通过悬浮液时，除液体本身对光有吸收作用外，悬浮液中的粉末颗粒（颗粒尺寸 d_1、d_2……d_n，$d_1<d_2<$……d_n）还对光有散射和吸收作用，因而产生光强度的衰减。光强度的衰减正比于颗粒大小、浓度，可用式(3-9)表示：

$$\ln(I_0/I_n)=K_m\cdot C_0\cdot L=K\sum_{x=1}^{n}K_xN_xd_x^2C_0L \tag{3-9}$$

式中：d_x——颗粒直径；

K——池与颗粒状态关系常数；

K_x——颗粒消光系数；

N_x——颗粒浓度；

I_0——入射光强度；

I_n——透射光强度；

C_0——悬浮液的质量浓度；

L——悬浮液液层厚度（仪器固有值）。

当 d_n 颗粒下沉到测量点以下，式(3-9)变为如下形式：

$$\ln(I_0/I_{n-1})=K\sum_{x=1}^{n-1}K_xN_xd_x^2C_0L$$

两公式相减得：

$$\ln(I_{n-1}/I_n)=\Delta\ln I_n=KK_nN_nd_n^2C_0L$$

上式说明了光吸收值变化与粒度定量关系。则颗粒 d_{n-1}、d_{n-2}……d_2、d_1 依次沉降时，其结果用式(3-10)、式(3-11)表示：

$$\ln(I_{n-2}/I_{n-1})=\Delta\ln I_{n-1}=KK_{n-1}N_{n-1}d_{n-1}^2C_0L \tag{3-10}$$

$$\ln(I_0/I_1)=\Delta\ln I_1=KK_1N_1d_1^2C_0L \tag{3-11}$$

从 d_n 到 d_1 全部颗粒求和得：

$$\ln(I_0/I_n)=\sum_{x=1}^{n}\Delta\ln I_x=K\sum_{x=1}^{n}K_xN_xd_x^2C_0L$$

而浓度数 N_x 与重量数 W_x 之间有如下关系：

$$N_x=\phi\frac{W_x}{d_x^3}$$

于是得：

$$\ln(I_0/I_n)=\sum_{x=1}^{n}\Delta\ln I_x=K\phi\sum_{x=1}^{n}K_x\frac{W_x}{d_x}C_0L \tag{3-12}$$

实际计算中，d 取平均值即 $d_x=(d_x+d_{x-1})/2$，则颗粒的质量百分数见式(3-13)：

$$m_x(\%)=\frac{W_x}{\sum_{x=1}^{n}W_x}=\frac{\left(\frac{d_{\bar{x}}}{K_{\bar{x}}}\right)\Delta\ln I_x}{\sum_{x=1}^{n}\left(\frac{d_{\bar{x}}}{K_{\bar{x}}}\right)\Delta\ln I_x} \tag{3-13}$$

式中:$d_{\bar{x}}$——d_x和d_{x-1}的平均值;

$K_{\bar{x}}$——$d_{\bar{x}}$的消光系数。

以上推导过程非常复杂,在实际中,粒度分布测定结果通常由仪器自动进行数据处理并打印。

3. 沉降式粒度仪测定操作

以SA-CP20粒度仪为例介绍说明沉降式粒度仪的结构和典型的操作步骤。

(1) 根据样品性质选择合适的分散介质和分散剂,分散剂一般重量百分数为0.1%~0.2%,样品浓度一般为2%~3%。

(2) 启动分析仪器,选定测定方式和沉降高度。把分散介质装入沉降池中,调整0%刻度旋钮的"0"点。把悬浮液装入沉降池中,调整液面在指定沉降高度上。调整100%刻度,使光度值在95.0%~100.0%之间。

(3) 按下仪器工作键"GO",用数字键输入样品密度、分散介质密度、分散介质黏度、沉降高度和离心转速。

(4) 按下仪器工作键"GO",显示器显示颗粒最大值,再按仪器工作键"GO"进行重力沉降。重力沉降结束时,显示器显示此时的最大颗粒。选定离心转速开关,按下仪器工作键"GO",进行离心沉降。当光强度小于10%时测定自动终止。仪器打印出粒度分布及相应的直方图。

(5) 关闭离心转速开关,然后关闭全部电源,取出沉降槽清洗备用。

(6) 对各个粒度间隔的质量百分数经过处理换算成小于各粒径的累积质量百分数,列表表示。根据粒度分布计算平均粒度$\bar{d}$,见式(3-14)。

$$\bar{d}=\sum_{i=1}^{n}\left[\left(\frac{x_{i+1}+x_i}{2}\right)(y_{i+1}-y_i)\right]\frac{1}{100} \tag{3-14}$$

式中:x_i——试样粒径,μm;

y_i——累计质量百分数,%。

(7) 影响沉降式粒度测定的因素

1) 温度

因为测定条件涉及样品悬浮液的密度和黏度,而这两个参数都是温度的函数,所以要严加控制。

2) 分散效果

要选择合适的分散剂和分散介质,分散剂对粉末起到润湿作用,保证样品分散均匀而不凝聚;分散介质的密度和黏度要适应粉末的密度和颗粒大小,保证颗粒在斯托克斯区域内沉降。

3) 光路污染

光路系统污染,直接影响光强度的测量,所以要保持光路系统清洁,不要有锈斑和污点。

4) 测量池

还应保持测量池的清洁干净以防止气泡产生影响光强度测定。

(8) 适用范围

该法适用于0.1~150 μm颗粒测定,如果颗粒过大,在样品颗粒悬浮到测定的一段时间间隔内,过大的颗粒会首先沉降而可能漏检,为避免过大的粒子漏检,应尽量缩短间隔时间。如颗粒过小，沉降速度太慢，当光强度小于一定值时测定自动停止引起部分细小颗粒未被检测，此时，还需灼烧残留液或空白试验加以修正。

六、激光粒度分析

学习目标：了解激光粒度分析原理，掌握激光粒度仪测定的操作步骤。

1. 激光粒度分析原理

激光粒度分析主要是利用激光和粒子相互作用时产生的散射、衍射等物理规律来研究颗粒粒度的一种粒度测试方法。粒子和光的相互作用能发生吸收、散射、反射等多种形式的相互作用，在粒子周围形成各角度的光，其强度分布取决于粒径和光的波长。

当一束波长为 λ 的激光照射在一定粒度球形小颗粒上时，会发生衍射和散射两种现象。当颗粒粒径大于 10λ 时，以衍射为主；当粒径小于 10λ 时，则以散射为主。目前，各种型号的激光粒度仪多以 500～700 nm 波长的激光作为光源，所以，对于粒径在 5 μm 以上的颗粒，采用衍射式粒度仪更为准确。散射式激光粒度仪直接对采集的散射信息进行处理，它可以准确地测定纳米级颗粒，但对于粒径大于 5 μm 的颗粒则无法得出正确测量结果，从图3-5也可以看出，颗粒越小，散射角度越大，所以测定结果越可靠。

激光是一种电磁波，可以绕过适宜尺寸的障碍物，并形成新的光场分布，称为衍射现象。例如，平行的激光束照射在直径为 D 的球形颗粒上，会在颗粒后得到一个直径为 d 的圆斑，在物理学上被称为 Airy 斑，当激光波长为 λ，光学透镜焦距为 f，则由式(3-15)可计算出颗粒大小。

$$d=\frac{2.44\lambda f}{D} \tag{3-15}$$

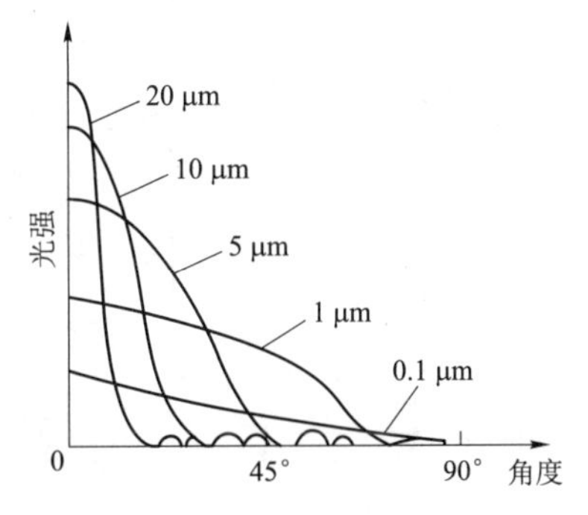

图 3-5　散射颗粒光强与角度关系

在实际的激光粒度分析中，常将夫琅和费(Fraunhofer)衍射和米氏(Mie)散射理论相结合。米氏散射理论认为颗粒对激光传播起阻碍作用的同时，对激光还有吸收、部分透射和辐射等作用，据此可以计算出光场的分布。米氏理论适用于任何大小的颗粒，米氏散射对大颗粒的计算结果与夫琅和费衍射基本一致，夫琅和费衍射适用于被测颗粒的直径远大于入射光的波长情况。

激光粒度分析系统一般由以下几个部分组成：光路系统、样品分散系统、操作控制系统、光强检测系统、数据传输处理系统等。图 3-6 为激光粒度分析仪的一般工作原理示意图。如图所示，由激光源发出单色、相干、平行的光束，经过光束处理单元后照射到样品上，产生散射(衍射)光经傅里叶透镜聚焦后成像在一系列焦平面检测器上，焦平面的环光电接收器阵列就可以接收到不同粒径颗粒的衍射信号或光散射信号，这些信号经过 A/D 转换后，传输给计算机，计算机根据夫琅和费衍射和米氏散射理论对信号处理，最后即可获得样品的粒度分布。

激光法粒度分析的理论模型是建立在颗粒为球形、单分散条件上的，而实际被测定颗粒多为不规则形状和多分散性。因此，颗粒的形状、实际颗粒的分布特性对粒度分析结果都有较大的影响。利用激光法测出的颗粒粒径实际上为等效粒径,即用与实际被测颗粒具有相同散射效果的球形颗粒的直径来代表这个实际颗粒的大小。当被测颗粒为球形时,其等效粒径就是它的实际直径。一般认为激光法所测的直径为等效体积径。

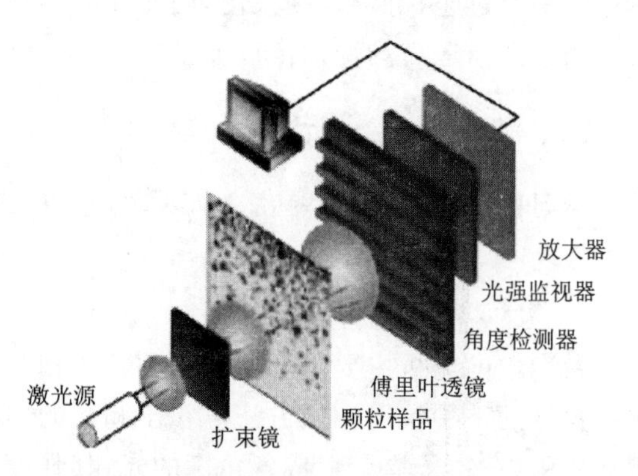

图 3-6 激光粒度分析仪工作原理示意图

激光粒度分析仪利用激光所特有的单色性、聚光性等光学性质,采用现代模块式设计,以内置的高能量、高稳定性和超常寿命的固体二极管为激光光源发射出激光束射到样品,经傅里叶透镜聚焦后成像在一系列焦平面检测器上,焦平面环光电接收器阵列将接收到不同粒径颗粒的衍射光信号或散射光信号,这些信号经过 A/D 转换和信号处理后即可获得样品的粒度分布。图 3-7 为三激光衍射粒度测量系统的示意图。

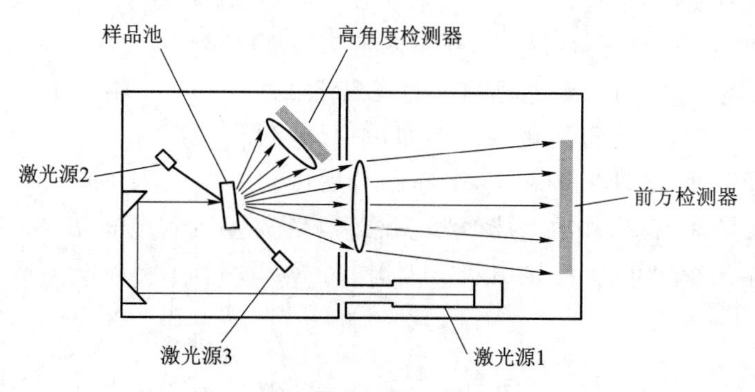

图 3-7 三激光衍射粒度测量系统

2. 激光粒度仪特点

激光粒度分析仪主要有以下特点:

(1) 采用专利技术固定位置同波长三激光光源设计,完全消除了不同波长光源对颗粒散射光分布“连接点”的影响和多次米氏理论数学处理带来的误差。

(2) 固定多元检测器与三激光光源的灵巧配置,无须扫描,同步接收全量程散射光信号,保证分析结果的高重现型及全量程的高分辨率。

(3) 引进了“非球形”颗粒概念对米氏理论计算的校正因子,并内置了常用分析物质光学数据库,提高颗粒粒度分布测试的准确性。

(4) 现代模块式设计,可根据实际应用需要,及时调整仪器配置,保证测试结果的一致性。

(5) 系统自动对光,减少人为因素影响,全自动背景检测、进样、稀释、测量、清洗。

(6) 数据处理灵活方便,体积分布、数量分布、面积分布以及微分与累计百分比分布等多种与粒度分布有关的综合报告形式可任意组合。

3. 样品递送系统

激光粒度分析仪各种样品递送装置可满足用户干法或湿法样品的粒度分布测定。

(1) 湿法样品递送系统

湿法样品的递送系统主要作用是用来均匀地分散样品材料到液体中并递送到分析仪中。它最基本的组成包括一个循环仪、一个加样品槽、一个流动泵、一个排泄阀及必要的循环管和管连接件等。流体通过样品池的方向总是从底部流向上部，如图 3-8 所示。它的特点是在湿法循环仪器中整个样品需连续不断、均匀地通过分析仪器。

大多数循环仪有自动的除气泡过程，这个过程可以清除流体系统中任何隐藏的气泡。如果没有自动除气泡功能，也可用人工手动除气泡。除气泡是一个重要的步骤，因为激光衍射分析仪将会将气泡误认为是空气的“粒子”，因而会导致错误的粒度分布测量结果。样品被加入到样品槽中可以用人工加样方法，也可以用自动进样器。

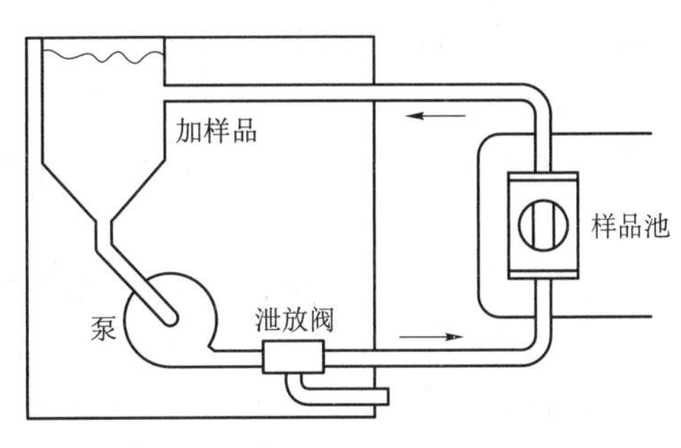

图 3-8　循环仪中流体的流向图

(2) 干法样品递送系统

干法样品递送的主要方法是振动式和吸入式两种。振动式递送一般用于材料的尺寸范围从 10～3 000 μm；吸入式递送比较适合尺寸范围为 0.25～500 μm 的材料，尤其那些趋向团聚的材料。在振动系统中，材料的流速主要通过改变振幅大小控制。有一个可调节的门使样品能沿着槽有平滑、均匀的流动，但是它也会对流速有一个微小的影响。吸入式系统对流速的控制是通过在递送槽中的材料深度和吸管管嘴的伸出速度来实现。

振动式递送可以在样品中引起分层并得出宽的粒子尺寸分布图，这是因为振动的作用使得细小粒子比大粒子较快地通过，而被立即递送出去。吸入式系统引起的分层可以控制在较小的范围，样品可能在传输过程中在传送通道上分层并储留，但由于在一次测量中用完了全部样品从而可以消除分层带来的不利影响。

4. 样品的分散

根据粒度分散操作方法对粉末样品进行分散操作。操作方法见样品制备相关内容。

5. 激光散射粒度仪分析操作

以 LA-300 激光散射粒度仪为例介绍说明激光粒度仪的仪器结构和操作步骤。

(1) 打开 LA-300 电源开关，预热 20 min。

(2) 启动 Windows 操作系统，进入 LA-300 应用程序。

(3) 设置测量参数：循环速度、超声分散时间、样品相对折射率。

(4) 初始光轴校准。

(5) 空白测量。

用小勺往样品池中逐步加入样品，当透光度指示在 70%～95%之间时，说明加入的样品量合适，停止加样。如果样品不慎加入过多，则点击“Partial Drain”按钮将样品部分排出，再往样品池中加入去离子水，调整透光度在设定范围内。

(6) 对样品进行超声分散。

(7) 清除循环系统中的气泡。

(8) 点击“Measure”按钮,计算机将提示用户输入样品信息,此时输入样品编号、性质即可开始粒度分布测量。

(9) 测量完毕,测量结果自动显示在分布窗口中。将测量结果保存在“Measurement Files”中。

(10) 点击“Drain”按钮,将样品从循环系统中全部排出。

(11) 注入新的去离子水,循环 3 min 后排空。用棉签清洗样品池和测量池。

(12) 在工具栏或“Files”菜单中选中“Print Layout”,编辑要打印的内容,打印出粒度分布测定结果。

(13) 关闭 LA-300 主机和计算机、打印机电源。

第二节 粉末的流动性检验

学习目标: 了解二氧化铀粉末流动性的测定方法及原理,掌握常用二氧化铀粉末流动性测定方法——霍尔流速法的操作技能。

粉末的流动性是指一定质量的粉末(一般为 50 g)通过特定流量计所用的时间。流动性又称流速,以 t 表示,单位为 s/50 g。

二氧化铀粉末的流动性对后续压制过程有重要的影响。一般流动性差的二氧化铀粉末,在充填模腔时容易装粉不均匀从而出现密度不均,甚至由于粉末充填困难无法进行自动压块。所以二氧化铀粉末的流动性直接影响到压件密度均匀性以及后续的压制操作,因而流动性是粉末的重要性能之一。

一、流动性测定方法及原理

1. 流动性测定原理

在金属粉末冶金里,测量粉末流动性有自然坡度法、移位法和霍尔(Hall)流速法等多种方法,但最广泛使用的还是霍尔法。

自然坡度法的基本原理是:让粉末通过一粗筛网自然流下并堆积在直径为 1 英寸的圆板上,当粉末堆满圆板后,以粉末堆的底角(也称安息角)衡量流动性,也可用粉末堆的高度作为流动性的量度。安息角大或堆愈高,则表示流动性愈差;反之则流动性愈好。

霍尔法的基本原理是:利用粉末体在本身重力作用下具有通过一定截面孔的能力,让粉末从一个标准漏斗孔流出,记录一定量的粉末通过漏斗孔的时间,就可以定量的表达该粉末的流动性。

2. 二氧化铀粉末流动性测定装置

由于陶瓷二氧化铀粉末太细,流动性极差,不能用标准的霍尔漏斗来测量二氧化铀粉末的流动性。因此,国内外相关行业的一些专家对标准漏斗作了一些改进,采用孔直径为 ϕ10.0 mm 规格的标准漏斗。但是,经过制粒的粉末往往有好的流动性,可以直接采用金属粉末冶金里的标准方法。

霍尔流速法的测定装置如图 3-9 所示，主要包括以下几个部分：

(1) 标准漏斗，由非磁性耐腐蚀的金属材料制作，有 ϕ2.5 mm、ϕ5.0 mm、ϕ10.0 mm 三种规格。

(2) 经标定的圆柱形量杯，容积为(20.00±0.05)cm^3。

(3) 支架和底座。

另外，还需计时用秒表，精确到 0.1 s。

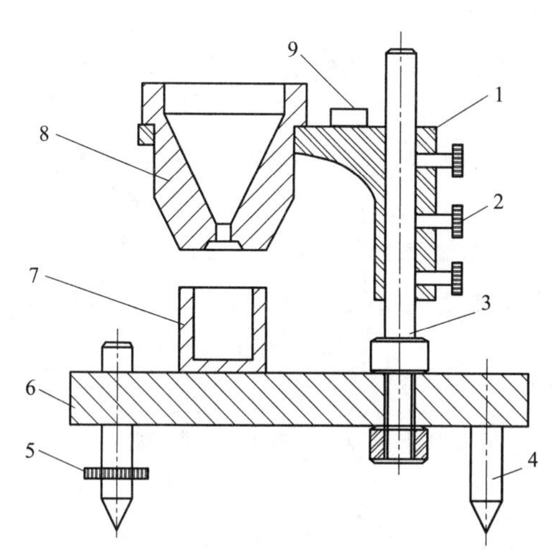

图 3-9　流动性测定仪

1—支架；2—固定螺栓；3—支架柱；4—定位销；
5—水平调节螺栓；6—底座；7—量杯；8—漏斗；9—水准器

标准漏斗是用 150 目金刚砂粉末，在 40 s 内流完 50 g 来标定和校准的，标准漏斗在使用过程中应定期校准。

二、霍尔流速法测定粉末流动性操作

该法适用于不同来源的二氧化铀粉末流动性的测定。也适用于八氧化三铀及其他能通过 ϕ10.0 mm 漏斗孔的粉末的流动性测定。

1. 测定前的准备

检查测定仪支架固定漏斗是否稳固，底座是否水平、不振动，选用的量杯、秒表等应在有效期内。

2. 操作步骤

以二氧化铀粉末流动性测定为例，主要的操作步骤如下：

(1) 取二氧化铀粉末样品 200 g，分成大致相等的三份进行测量。二氧化铀粉末流动性的测定必须按粉末样品的接收状态进行，需要时，可以预先在惰性气氛下烘干。

(2) 按孔径 ϕ2.5 mm、ϕ5.0 mm、ϕ10.0 mm 的次序优先选用标准漏斗。调整好测定装置，并保证漏斗孔与量杯保持同一轴线状态。

(3) 堵住漏斗底孔,从一份二氧化铀粉末样品中称取50 g倒入漏斗,倒入时注意使漏斗底孔内充满粉末。然后打开漏斗底孔的同时按下秒表计时,当最后一点粉末离开漏斗小孔时,停下秒表,记录所用的时间。测定时,如果发现粉末不能流出,允许在漏斗上轻击一次。

(4) 按照(3)中的操作从另外两份样品中称取试样进行测定并记录结果。

3. 测定结果处理

以三份试样测定结果的算术平均值乘以漏斗的校正系数作为最终测定结果。

4. 漏斗的校准

漏斗投入使用前和使用过程中应进行校准。

校准使用的标准样品选用金刚砂,其粒度约为106 μm,在孔径为 ϕ2.5 mm的标准漏斗上试验时,标准样品的流动性为(40±0.5)s/50 g。

漏斗使用前要用标准样品进行校准,测定校正系数。标准样品先在真空干燥箱中干燥30 min(温度控制在105 ℃±10 ℃范围内),然后置于干燥器中冷却到室温。按测定样品步骤测定标准样品的流动性,反复测定6次,除第一次外,其余5次测定结果取算术平均值。一般情况下,要求各次测定结果之间最大差值不超过0.4 s,则该漏斗的校正系数为40.0除以5次测量结果的算术平均值。50 g标准样品在新的此种漏斗上的流动时间应在(40±0.5)s以内。

漏斗在使用过程中应定期采用标准样品进行校准,如果标准样品在该漏斗上的流动时间变化超过特定值,应当重新校准并计算新的校正系数。当漏斗使用一段时间后,用标准样品测定的时间相对偏差大于或等于10%,则该漏斗应予以报废。

标准漏斗和量杯在测定过程中,注意轻拿轻放,切忌摔砸,以免影响测定结果或引起报废。

5. 影响二氧化铀粉末流动性的因素

影响二氧化铀粉末流动性的主要因素有以下三方面:

(1) 二氧化铀粉末的粒度和颗粒形状对流动性的影响。一般来讲,颗粒愈细(比表面积愈大),颗粒形状愈复杂(表面粗糙度愈大)的粉末,其流动性愈差。

(2) 二氧化铀粉末的松装密度对流动性的影响。通常,松装密度越大的二氧化铀粉末,其流动性就越好。

(3) 二氧化铀粉末湿度等因素对流动性的影响。流动性同松装密度一样,受颗粒间黏附作用的影响,因此,颗粒表面如果吸附水分、气体或加入成型剂会减低粉末的流动性。

第三节　粉末的松装密度和振实密度

学习目标:了解松装密度和振实密度的概念,掌握霍尔漏斗法测松装密度、振实密度的操作技能。

在粉末压制操作中,常采用容量装粉法,即用充满一定容积型腔的粉末量来控制压件的密度,这就要求每次装满模腔的粉末应有严格不变的质量。但是,一定容积的不同粉末其质量是不同的,因此,采用松装密度或振实密度来描述粉末的这种容积性质。

一、基本概念

1. 松装密度

松装密度是粉末在规定条件下自然充填容积时，单位体积的粉末质量，单位为 g/cm^3。

粉末的松装密度是粉末的又一重要工艺特性，对粉末的压制成型影响极大，常常是压模设计的重要依据。因为松装密度的大小决定了压制成型过程所需模具的高度及模冲的长度。

2. 振实密度

振实密度是将粉末装于振动容器中，在规定条件下，经过振动后测得的粉末密度，单位同为 g/cm^3。由于振实密度是经敲击或振动后所得的粉末体积密度，因而不受装填情况的影响，其测定的重现性优于松装密度。振实密度一般比松装密度大 20%～50%，这是因为粉末粒度之间的间隙由于轻轻地振击而有效地消除，部分“拱桥”被破坏，从而使粉末的堆积更加紧密的缘故。

二、松装密度的测定

测定金属粉末松装密度，国际标准（ISO）和相应的我国国家标准（GB）规定了三种方法：霍尔（Hall）漏斗法、斯科特（Scott）容量计法和振动漏斗（Arnold）法。在此先介绍霍尔漏斗法。

霍尔漏斗法测定粉末松装密度的装置与流动性测定装置类似，只是在测量前要用一块定位块调整漏斗和量杯之间的距离，标准量杯在使用前也要经过标定。示意图见图 3-10，主要包括如下几个部分：

（1）标准漏斗，尺寸要求与同流动性测定漏斗相同。

（2）量杯，经标定的圆柱形量杯容积为（20.00±0.05）cm^3。

（3）支架和底座。

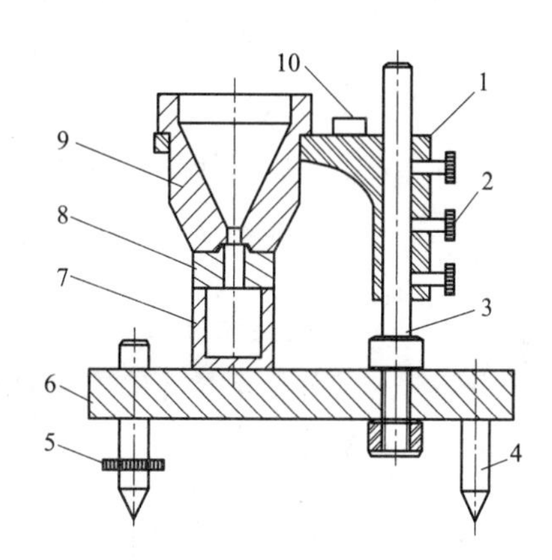

图 3-10　松装密度测量装置示意图

1—支架；2—固定螺栓；3—支架柱；4—定位销；5—水平调节螺栓；6—底座；7—量杯；8—定位块；9—漏斗；10—水准器

通过改进霍尔漏斗法制定的我国核行业标准 EJ/T 899 适用于二氧化铀粉末松装密度的测定，也适用于 ADU 粉末、八氧化三铀粉末，二氧化铀与二氧化钚、八氧化三铀与三氧化二钆、二氧化铀与三氧化二钆、二氧化铀与八氧化三铀混合粉末和其他核燃料粉末松装密度的测定。该方法是将一定量的二氧化铀粉末以松散状态通过一个规定尺寸的漏斗孔流到一个已知容积的量杯中，从而通过粉末质量除以容积计算求得粉末的松装密度。

三、漏斗法测定二氧化铀粉末松装密度的操作

1. 测量前的准备

检查测定仪支架固定漏斗是否稳固，底座是否水平、不振动，选用的量杯、秒表等应在有

效期内。调整漏斗使其轴心与量杯圆柱体轴心相一致,用专用定位块调节漏斗孔底部在量杯口边缘上方 25 mm 处。

2. 操作步骤

以二氧化铀粉末为样品,按以下步骤进行松装密度的测定。

(1) 取二氧化铀粉末样品 200 g,分成大致相等的三份进行测量。二氧化铀粉末松装密度的测量必须按粉末样品的接收状态进行。

(2) 称量已经标定过容积的量杯质量 $m_{杯}$ 并做好记录。

(3) 调整好测定装置。

(4) 取下定位块,用毛刷堵住漏斗孔,将预先准备好的一份样品倒入漏斗中。

(5) 开启漏斗孔,让粉末自由流过漏斗进入量杯中,直到量杯中的粉末充满并有粉末溢出,然后用直尺刮平量杯口上的粉末。整个操作过程必须非常小心严禁压缩粉末或振动量杯。

(6) 如果粉末不能从漏斗孔顺利流出,允许用一根直径小于 1 mm 的金属丝从漏斗上部插入粉末中导流,但金属丝不得进入量杯中。

(7) 粉末刮平后,轻击一次量杯,避免杯内粉末在称量前的运输中撒出,然后将量杯外表面的粉末清理干净。

(8) 在天平上称取量杯和粉末的总重量 $m_{总}$。并记录称量结果。

重复(2)～(8)的操作,对其余两份样品进行测定,并记录各自的称量结果。

3. 结果计算

漏斗法测定的粉末松装密度按式(3-16)计算。

$$\rho_a=\frac{(m_{总}-m_{杯})}{V} \tag{3-16}$$

式中:ρ_a——粉末松装密度,g/cm^3;

$m_{总}$——已装粉末量杯的质量,g;

$m_{杯}$——量杯的质量,g;

V——标定好的量杯容积,cm^3。

根据测定值,计算出三次测定的密度平均值,取两位小数,要求相对标准偏差小于0.7%。

4. 记录及报告

记录及报告应包括下述内容:

(1) 样品名称和编号,以及其他必要的信息;

(2) 漏斗孔径和所用量杯的容积;

(3) 测定和计算结果。

四、振实密度的测定

测定粉末振实密度的装置通常为 Tap-Pak 容量计。中国核行业标准 EJ/T 898 规定了二氧化铀粉末振实密度的测量方法,与国标 GB/T 5162 不同的是,核行业标准中规定的容器不是量筒,而是一个组合量杯。

该方法原理是用振动的方法使一定量二氧化铀粉末在一个量杯中的体积被振实到不再减少，测定此时粉末的质量与体积，通过计算求得该粉末的振实密度。

二氧化铀粉末振实密度测定装置如图 3-12 所示，它包括如下几个部分：

(1) 组合量杯，由上套筒和测量杯组成，测量杯的容积为$(20.00\pm0.05)cm^3$。

(2) 振动装置，振实作用靠一个转动的偏心轮来实现。当偏心轮转动时定向滑杆上下滑动，敲击砧座，使置于量筒中的粉末得以振实；偏心轮振幅为(3.0 ± 0.2)mm，振动频率为(250 ± 15)Hz。

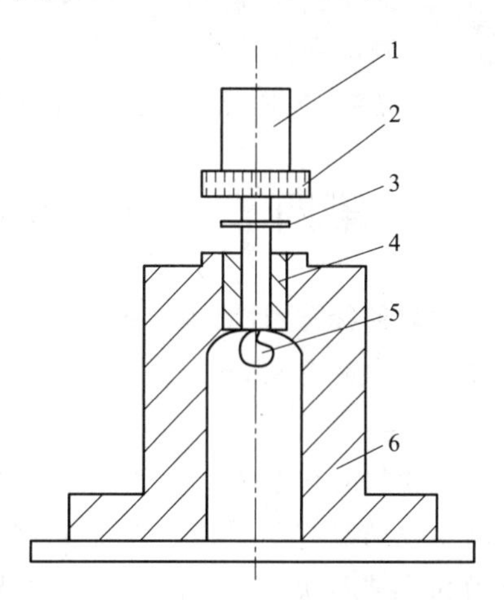

图 3-11 振实密度测定装置示意图
1—组合量杯；2—支座；3—定向滑杆；
4—导向轴套；5—偏心轮；6—锭座

1. 测量前的准备

检查振动装置有无异常，组合量杯上套筒和测量杯结合是否正常吻合，检查事先已标定过容积的组合量杯是否在有效期内。

2. 操作步骤

以二氧化铀粉末为样品，按以下步骤进行振实密度测定的操作。

(1) 取二氧化铀粉末样品至少 100 cm^3，分成大致相等的三份进行测定。二氧化铀粉末振实密度的测定必须按粉末样品的接收状态进行。

(2) 取下组合量杯的上套筒，准确称量已经标定过容积的测量杯的质量 $m_{杯}$ 并做好记录。

(3) 套上上套筒，将预先准备好的一份二氧化铀粉末样品小心倒入组合量杯中，然后将其置于振实装置上，应小心轻放，防止撒料。

(4) 调整计数器至 300～400 次的振动数量(实际振动数量依粉末不同可能有所不同)。振幅为 2～3 mm，振动频率为(250 ± 15)次/min，启动振动装置，使组合量杯中的粉末受到振动将粉末振实。

(5) 关闭振动装置开关，卸下组合量杯并移除掉上套筒。用直尺沿测量杯口水平刮去多余的粉末。

(6) 称量测量杯和粉末的总重量 $m_{总}$，并记录称量结果。

重复(2)～(6)的操作，对其余两份试样分别进行测定，并记录称量结果。

3. 结果计算

测定的粉末振实密度按式(3-17)计算：

$$\rho_t=\frac{(m_{总}-m_{杯})}{V} \tag{3-17}$$

式中：ρ_t——粉末振实密度，g/cm^3；

$m_{总}$——已装粉末密度杯振实后的质量，g；

$m_{杯}$——密度杯的重量，g；

V——标定好的量杯容积，cm^3。

根据测定值，计算出三次密度平均值，取小数后两位，要求相对标准偏差小于 0.7%。

4. 记录及报告

记录及报告应包括下述内容：

(1) 样品名称和编号，以及其他必要的信息；

(2) 漏斗孔径和所用量杯的容积；

(3) 测定和计算结果；

(4) 备注，如样品是否经烘干等处理过程。

第四节　UO_2粉末压制性能和可烧结性能测试

学习目标：通过对本节的学习，测试工应了解二氧化铀粉末压制和烧结相关基本理论以及在生产中的意义，理解并掌握粉末压制性能和可烧结性能的测试方法。

在燃料芯块粉末冶金工艺中，UO_2粉末通过压制成型生成一定形状的生坯芯块后再通过高温烧结工艺获得特定性能的烧结芯块。UO_2粉末自身性能对于后期生坯芯块的加工行为和烧结芯块的微观性能有着重要的影响，获得所需的芯块密度、限制基体孔隙含量、控制微观结构在很大程度上取决于UO_2粉末的压制性能和可烧结性能。

一、UO_2粉末的压制特性

冷压成型在粉末冶金成型工艺中是使用最广泛而且技术较为成熟和完善的一种手段。在UO_2燃料加工中，它也是最主要、最大量使用的成型技术。在此简单描述UO_2粉末的压制特性。

1. UO_2粉末压制过程

粉末体存在大量的孔隙，在压制时，粉末颗粒之间原有的“拱桥”被破坏，颗粒之间发生相对位移，还会发生变形，其方式有：1) 弹性变形，这种变形在外力消失后，粉末颗粒形状能回复；2) 塑性变形，外力消失后，颗粒形状不能回复；3) 脆性变形，又叫脆性断裂，颗粒在外力作用下发生粉碎性破坏，这种断裂一般发生在硬脆性粉末中。

UO_2粉末的压制过程表现出了一种硬脆性粉末的压制特性。在低压制压力下，压坯密度随压力的变化非常迅速，通常在不到1 t/cm^{2}的单位压力下，生坯密度就高出其松装密度数值1倍以上，而在较高压力下，生坯密度随压力的变化很缓慢，如图3-12所示。

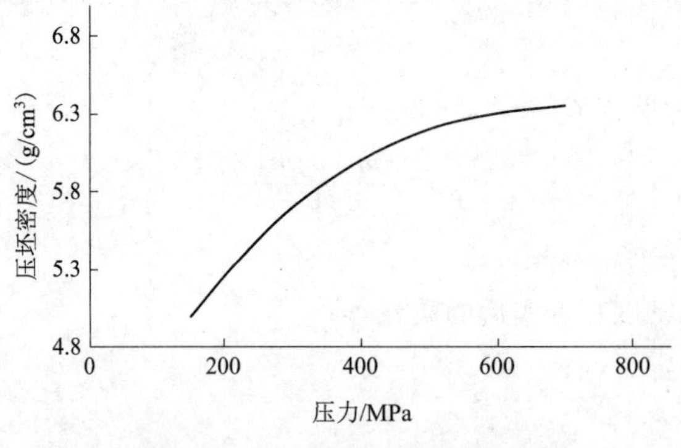

图3-12　UO_2粉末的压制平衡图

UO_2粉末颗粒一般都是颗粒聚集体(团粒),在压制期间发生脆性断裂,表现出了与一般金属粉末不同的压制特性。UO_2粉末在压制过程中,团粒之间的“拱桥”破坏之后,团粒重新配置到粉末颗粒之间的空隙中去,当压力逐渐增加,颗粒发生团粒破碎,生成新的亚团颗粒发生相对运动,并重新配置到粉末体的空隙中去,增加了生坯块中颗粒的比表面积。

2. 压力和生坯密度

UO_2粉末的压制性能主要考验的是压制压力和压坯的密度,不同的粉末压制成一定密度的生坯,所需要的压力是不一样的。由 ADU 流程制备的 UO_2粉末,得到相对密度为50%理论密度(约 5.5 g/cm^3)的生坯块大致需要 1.4～2.8 t/cm^{2}的压力,压力和压坯密度之间压制曲线符合 $Y=A+X^B$ 的形式,如图 3-12 所示。

对于某种特定的 UO_2粉末,有个最佳的压力范围。低于这个范围,生坯密度达不到要求,高于这个范围,则容易将生坯压裂,或坯块在脱模后容易发生掉盖或断裂现象,甚至会引起烧结密度下降。压力过高,会引起烧结块过于畸变和开裂。由此可见,压制压力在冷压成型中具有极为重要的意义。

粉末在压制过程中,压力要克服颗粒之间相对移动和颗粒与阴模内壁之间的摩擦力,导致压力损失,造成了压制压力的不均匀分布,结果使压坯密度沿坯块高度和轴截面方向上出现密度的梯度变化,密度分布不均现象。对于单向压制,压坯密度一端比另一端要高些,而双向压制的压坯则两端的密度比中间要高些。对于硬脆性的 UO_2粉末,这种密度变化更为显著,在烧结时由于坯块的致密速度和程度相差较大容易引起烧结块掉盖和开裂。

压坯密度的变化与压件的尺寸也有密切关系。一般这种变化与压件的横截面积成反比,与压件高度成正比,同时与粉末的性质有很大关系。如果压件越长(高),压坯密度变化就越大,沿高度的分布就愈不均匀;而压模的直径越大,压坯高度随高度的变化则愈不明显,或者说密度分布均匀些。因此对压坯的高度和直径要综合考验,要确定一个合适的高径比(L/D),在测定二氧化铀粉末的压制性时,生坯块的高径比一般控制在 1～1.2 之间。

3. 压坯强度

压坯强度,或称生坯强度,是表示成型后的坯块保持其形状的能力。在冷压成型过程中,粉末颗粒由于压力的作用使颗粒接触面积增大,压坯强度不断增高,压坯强度也越来越大。对于 ADU 粉末,在中等压力下(2.0～3.0 t/cm^2)随压力的增加压坯强度迅速增大,但压力增加到较高的压力下(＞3.0 t/cm^2),由于粉末颗粒发生了严重的加工硬化,此时增加压制压力,压坯强度和密度的增加很缓慢,但脱模后弹性后效引起压坯的膨胀却随压力的增大而变大,使压坯容易出现横向裂纹。对于压制性能不好的粉末(比如 IDR 流程 UO_2粉末),压制压力过高时,压坯脱模后容易断裂和掉盖,成品率低。

压坯强度是依靠粉末颗粒之间的紧密连接来实现的。这种连接表现在两个方面:第一,粉末颗粒之间的机械咬合。颗粒表面粗糙不平,在压力作用下,这些颗粒互相嵌镶,形成机械咬合,使压坯具有一定的强度;第二,粉末颗粒表面原子的联结力。在压制过程中,当颗粒表面的原子间距离减小到一定数值后,粉末颗粒就可以依靠原子力而连接。

一般来讲,压坯强度往往是这两种联结作用的综合效应。但是,对于不同粉末其所依靠的联结作用力却有所侧重。对于 UO_2粉末,主要是依赖粉末颗粒之间的机械咬合。

4. 坯块的弹性后效

脱模后的压坯,由于外力消除,压坯内部的弹性应力也随之松弛,因而压坯可以沿高度和截面方向发生体积膨胀,这现象在粉末冶金中称为弹性后效。

弹性后效有以下某些规律性:

(1) 弹性后效与压坯强度有关。压坯强度高,其内部的颗粒结合牢固,内应力小,压坯的膨胀量就小,弹性后效也小。

(2) 弹性后效与粉末的性能有关。原始粉末的硬度高,压制时粉末颗粒的结合度就低,弹性后效要大些。

(3) 弹性后效随压力变化的关系不大。

(4) 发生弹性后效的时间有先有后。有的压坯在脱模后立即表现出来,而有的却要过一定的时间才能表现出来。

(5) 弹性后效使粉末颗粒的接触区域应力降低,接触面积减小,造成坯块强度降低。此外,内弹性力的释放往往不规则,使生坯块开裂,掉盖和分层,造成压制废品。弹性后效是不可避免的,因此在压制前,在粉末中添加活性物质(如油酸)来设法降低弹性后效,同时压制模具在设计时,脱模口做有一定的倒角来改善脱模过程,降低弹性后效。

5. 影响 UO_2 粉末压制的因素

影响压制因素有内因也有外因。从内因来讲,主要指被压粉末的本身和压成的坯块。其中包括粉末特性、添加剂、压件的几何因素等。从外因讲,主要是指施加压力及其作用。其中包括成型方法、压件大小、压力大小、压制温度和气氛、加压时间和速度以及设备条件等。

(1) 粉末特性

粉末的物理化学特性对压制有重要的影响。为了得到一定密度和强度的生坯,不仅要求粉末具有一定的颗粒尺寸大小,而且需要合适的颗粒尺寸分布。

颗粒形状决定粉末之间的内摩擦力和压力分布。形状复杂的颗粒,在压制时有利于粉末颗粒之间的机械咬合,提高生坯强度。而单一形状的粉末颗粒,虽有利于压制时颗粒的取向和重新排列,但也容易造成生坯裂纹;粉末的杂质含量过高或由于表面氧化,容易使颗粒硬度增大,给压制过程带来不利的影响。

(2) 添加剂

为了达到某种需要,可以在粉末中添加各种添加剂,但可能造成粉末性能的改变,从而影响压制过程。在测试 UO_2 粉末的压制性能时,一般要求润滑剂(硬脂酸锌)的添加量控制在 0.25%～0.35%之间。极细的硬脂酸锌粉末包裹在 UO_2 颗粒上,加强了 UO_2 粉末颗粒之间的连接,在压制时有助于提高坯块的强度,但同时降低了 UO_2 粉末的压缩性,因此增加硬脂酸锌的添加量,需要提高压制压力才能得到相同的坯块密度。

(3) 压件的几何因素

压件的几何尺寸因素包括压件的形状和尺寸。直径过大的压件需要更大的压力,因为单位压制压力只取决于压坯密度与压制压力的函数关系。过长的压件,沿高度上压坯密度分布不均。因此,除了考验压机的能力以适应压件的大小以外,还要选择合适的高径比,选择合理的压制方式。

(4) 压制条件

压制条件包括压制时的温度、气氛、加压速度、保压时间和设备等,其中重要的是压制压力和成型方式。保压有助于提高压坯密度,而快速加压常可使生坯密度增加,快速脱模可改善弹性后效。

二、UO_2粉末压制性能测试

粉末的压制性能包括压缩性和成型性两个方面。一般来讲，粉末的压缩性和成型性是相互矛盾的一对：压缩性好粉末，成型性可能差，成型性好的粉末，其压缩性未见得好。故粉末的压制性要从压缩性和成型性两个方面来考虑。

1. 粉末的压缩性

压缩性又叫压紧性。它是指粉末在压制过程中被压缩的能力。故压缩性可在压制平衡图上反映出来。常用一定压制压力(如 4 t/cm^2)下所得的压坯密度来表示。

粉末的压缩性主要与颗粒的塑性有关。良好的压缩性很明显是一个优点，它表明在较低的压力下就得到较高的压坯密度，从而意味着能减少模具的磨损，能在额定压力较小的压机上制备尺寸较大的零件。

2. 粉末的成型性

粉末的成型性是指粉末在压成坯块后能保持一定形状的能力。故成型性跟生坯强度密切相关，用于判断生坯块质量的一个量度。生坯块必须具备一定的机械强度，在运送过程中才不发生破损。

成型性取决于压制压力，也取决于粉末的形状和粒度组成。定性地鉴别粉末的成型性，主要是看生坯块有无裂纹，表面状态如何。定量测定粉末的成型性常采用两种方法：一种是压坯的抗压强度，常在压力试验机上完成；另一种是转鼓试验，这两种方法在国外都有标准方法。在此简要介绍一下转鼓试验。它是将试样粉末在同一压力下压成直径为 10 mm，高为 5 mm 的压坯，称重后装入筛孔为 1.5 mm 的转鼓内，以每分钟 60 转的速度转动 15 min，再对转动后的压坯称重，根据下式求出转动后压坯的重量损失。

$$S=\frac{A-B}{A}\times 100\% \tag{3-18}$$

式中：S——压坯重量损失率，%；

A——压坯的原始重量，g；

B——压坯的最终重量，g。

显然，压坯的重量损失愈少，则这种粉末的成型性愈好。

3. UO_2粉末的压制性测试方法

按一定的抽样方法从一个 UO_2粉末批取 200～500 g 的 UO_2粉末试样，从中称取一定量(约 100 g)粉末试样倒入混料器中待用，从中取约为 5 g 粉末和称取少量硬脂酸锌，用筛网混合三次后倒入混料器中，混合均匀，按要求用天平称取适量的 UO_2粉末在试验压机(如 YE-300)上压制 10～20 块生坯块，并测量其几何密度。

在压制时，一般要进行试压 1～2 个生坯块来确定该批粉末的压制压力，确保坯块密度和高径比达到技术要求。对于压制性特别不好的 UO_2粉末(如 IDR 流程的干法粉末)，为了提高压制成品率，在试压时，可能要调整压制压力，还要适当调整粉末的称取质量，必要时还要增加混料时间，并且在混料时尽量保持粉末颗粒的原有特性，如粒度和粒度组成等。

美国 ASTM　C753 二氧化铀粉末标准规范中介绍了一种 UO_2粉末压制性能的检验方

法,其中要求生坯块外观完整,无掉盖、缺边和裂纹;坯块平均密度要在45%~55%理论密度之间;单个坯块的密度值与平均值相差不能超过±1%理论密度;生坯块尺寸要接近生产生坯块的尺寸,高径比为1~1.2之间;高度偏差为±0.51 mm。并且还要记录压制压力和生坯块密度的范围。

4. 试验压机

测试UO_2粉末的压制性能常用的试验压机主要是液压机和杠杆式机械压机,由于试验对压机的性能、生产能力和自动化程度要求不高,其中的液压机比较适合用于UO_2粉末的压制性能的测试。在此简单介绍YE-300型试验压机使用和日常维护。

YE-300型试验压机主要是由压力读数盘、压力控制操作台面、压机的电气控制和油路系统、工作手套箱等几个部分组成。在使用前要熟悉压机的使用说明书,并取得上岗资格后才能独立操作,在操作压机时要注意以下几个问题:

(1) 在开压机之前要打开风机,使压机工作手套箱内形成负压;

(2) 在压制前要查看压力读数指针和调零横杠是否回零,不回零要调零;

(3) 压制前要检查工作手套箱内升降油缸是否水平,否则压制时容易损坏模具;

(4) 压制时要注意控制加压速度,加压速度过快,容易出现废块;

(5) 压力上不去时及时向岗位负责人反映情况,并通知相关维修人员检查压机油路系统的密封性能、油箱的液位以及其他相关工作部件是否良好;

(6) 发现压机回油慢时,需要检查机油的黏稠度,过于黏稠时则需要更换新油。

5. 压制模具

陶瓷UO_2粉末是一种压制性特别差的粉末,模具是压制的重要工装,UO_2生坯的成型质量往往要靠模具来保证。在此简单指出UO_2粉末成型对模具设计的基本要求。

基于燃料核反应性的要求,一般不在UO_2粉末中加入增塑性的添加剂,因此,用于UO_2粉末的成型阴模设计时应有合适的脱模锥度(俗称喇叭口),以便脱模时坯块应力的均匀释放。

UO_2粉末又是一种硬度较高的磨料。因此,用于UO_2粉末成型的模具材料大多采用耐磨性极好的碳化钨基硬质合金。特别的,为了能在芯块端面作出某种标记,可采用工具钢材料制作冲头。

生坯块的形状和几何尺寸也主要通过模具的结构和尺寸精度来保证。

6. 生坯块体积测算

沿生坯块的柱面方向,用游标卡尺在距坯块每一端四分之一处分别测量芯块的直径,每端在正交方向分别测量一次,记录并求出四次直径测量值的平均值$\overline{d}$,结果保留两位小数。在坯块两端面按120°以相等间隔测量三个高度数值,记录并求出平均值$\overline{h}$,结果保留两位小数。生坯块接近圆柱体时,可计算体积$V=\pi\overline{d}\cdot\overline{h}$。

7. 生坯块质量称量

在天平上称量生坯块的质量,称量结果准确到0.001 g。

8. 几何密度计算

生坯块的几何密度按式(3-19)计算。

$$\rho=\frac{m}{V} \tag{3-19}$$

式中：ρ——生坯块密度，取小数后两位，g/mm^3；

m——生坯块质量，g；

V——生坯块体积，mm^3。

三、UO_2粉末烧结性能测试

1. UO_2的烧结过程

烧结是在低于待烧结物主要成分熔点的某一温度下，为了提高粉末或压坯强度的热处理过程。UO_2生坯块的烧结是在低于主要成分UO_2熔点(2 865 ℃±15 ℃)温度下进行的工艺过程，属于单相系固相烧结，其目的是获得具有一定形状尺寸、微观结构以及强度、密度的陶瓷体。通常UO_2的烧结包括预烧结、烧结和冷却三个阶段。根据所处温度不同，预烧结又可分为低温、中温、高温和“曝晒”等几个阶段。

(1) 低温阶段(100～750 ℃)

随炉子升温的低温阶段，坯块中的水蒸气和被吸附的气体首先受热挥发，约300 ℃时，硬脂酸锌分解成气态碳化合物和氧化锌，部分UO_2氧化后形成的过剩氧被还原生成水蒸气逸出，当温度接近700 ℃时，其他有机物添加剂和杂质被氢气还原成气体逸出。此阶段，由于热膨胀和粉末颗粒之间在压制时所产生的应力的消除而使坯块体积有所增大。

(2) 中温阶段(750～1 300 ℃)

在温度进入到中温阶段时，坯块过剩氧全部被还原，造孔剂、润滑剂中的残余碳进一步生成甲烷排出，坯块尺寸开始了明显的收缩，收缩量与对应的烧结温度、粉末性质、生坯块密度等有关。伴随UO_2坯块的体积收缩，有相当数量的孔隙被消除。首先是颗粒表面上凹凸处的小孔被消除，随后是颗粒之间的小孔隙，再后者是它们之间的较大孔隙。此阶段，孔隙的大小、数量和形状都发生了变化。

中温烧结阶段的特点是：UO_2坯块开始了明显的收缩，孔隙开始迅速地消除，但主要是小孔，坯块密度和强度也随之增大，此阶段后期，密度的增加速率与温度的增加成正比。

(3) 高温阶段(1 300～1 650 ℃)

此阶段，坯块烧结速度加剧，体积迅速收缩，直到后期，收缩才慢慢减缓下来。当烧结温度提高到UO_2多少有点塑性时，闭口孔中气体的内压力与表面张力平衡，从而形成球形孔隙。金相观察表明：随着此阶段内烧结温度提高，颗粒之间接触面逐渐增大成晶界面，多角孔隙慢慢球化，小孔合并成大孔，这些合并了的孔隙或者移到晶界，或者消失。此阶段后期，坯块体积收缩和孔隙消除情况逐渐减缓，晶粒稍有长大，烧结块密度达到最大。

(4) 烧结完成和“曝晒”阶段

此阶段温度通常在1 650 ℃以上。此时，坯块收缩接近零，烧结作用也随之完成。所发生的现象有：烧结块表面上的气孔几乎完全封闭，开口孔隙率趋向最小；烧结块内闭口孔隙球化，并在晶界上聚集；晶粒长大较显著，随着晶粒的长大，晶界减少。

如果烧结温度过高，在高温下烧结的时间过长，一方面使陷集于闭口孔中的气体压力进一步增加，以致它在有塑性的基体中胀大形成空腔，另一方面晶粒长得过大，此时使达到最高烧结密度以后的烧结块反而降低其密度，这种现象称“曝晒”。在烧结完成后，不适当地提高烧结温度并延长烧结时间,会出现“曝晒”现象。

上述的温度区域划分不是很严格,各阶段随粉末特性不同又有所不同。但要求在低温和中温阶段升温速度要缓慢些,才能在坯块中完全形成闭口孔之前让坯块受热分解和被氢气还原生成的气体逸出,而当温度进入高温阶段后,升温速度就可适当提高。

UO_2粉末的烧结性能是其物理、化学性能的综合表现。评价UO_2粉末的可烧结性,通常就是寻求UO_2粉末的各项物理、化学性能,比如颗粒尺寸、比表面积、O/U、松装密度等与其可烧结性的关系。由于UO_2粉末的物理性能彼此间或强或弱地关联,因此完全孤立地评价UO_2粉末某一物理性能对其可烧结性的影响是很困难的。

2. UO_2粉末可烧结性试验

综上所述,影响UO_2粉末烧结性的参量很多,但每个参量只能从某个方面反映粉末的可烧结性,目前还难以找到一个合适的参量作为UO_2粉末可烧结性的唯一评价标准。在生产实际中,为了保证UO_2粉末的烧结一致性,除对UO_2粉末进行常规的物理化学性质检验外,在批量生产前,还要对每批UO_2粉末进行可烧结性试验。实际的烧结制度是由买卖双方共同协商确定的。一种典型的可烧结性试验如下:将UO_2粉末压制成一定生坯密度的生坯块,在氢气气氛或分解氨中于(1 625±25) ℃的温度下烧结,时间不超过 4 h,记录炉子的类型和气氛,标明测温位置,最后测量并计算烧结块的几何密度。

第五节 UO_2芯块外观缺陷检查

学习目标:了解UO_2芯块外观缺陷检查步骤。

烧结、磨削后的UO_2芯块,由于工艺、物料流转等各种原因,可能存有裂纹、掉块、掉盖等不完整现象,同时也可能存在端面富集度标识和粗糙度不满足技术要求的情况。为保证UO_2芯块的完整性和外观质量,采用目视方法对芯块的外观进行检查,必要时,可将芯块实物与标准缺陷图或标样进行比较。外观检查基本步骤如下:

1. 取样

一般,根据适用的取样计划进行芯块外观样品的随机抽取。某些情况下,可能需要对芯块外观 100%的检查。

2. 检查

将样品置于专用 V 形盘上,逐块目视检查样品的完整性、裂纹、掉块、掉盖以及麻点等其他各类缺陷和端面富集度标识,可使用两倍放大镜;用粗糙度仪对芯块进行抽样检查。根据检查结果,按照缺陷类别在相应的检验报告单上分级。

3. 结果处理

检查完毕后,按类别统计缺陷数量。如缺陷数量低于或等于质量检查表接受栏中的数字,则接受该检查批次的芯块,填写外观检验报告单,并报出。

如果缺陷数量高于或等于质量检查表拒收栏中的数字,则填写一份相关批次(前后共 5 个检查批)的返检通知单,同时说明主要超标的缺陷类型。负责生产的外检人员应及时将相关 5 个批次的芯块进行 100%的返检后送外观检验员作加严检查。如果该 5 个检查批都被接受，则收回返检单，在返检结果栏注明返检合格，流入下一道工序。否则应按规定出具检验不合格报告单。

第六节　UO_2芯块几何尺寸、几何密度及垂直度

学习目标：通过对本节的学习，测试工应能熟练正确地使用芯块测量所用的量具，准确使用二氧化铀芯块几何尺寸、几何密度及垂直度测量系统和熟练地操作测量软件。

一、直径及高度的测量

1. 自动测量仪测量

以KEYENCE公司的LS7030数字测微仪为例，对芯块直径和高度的测量采用光学遮挡法进行。测量原理见图3-13。

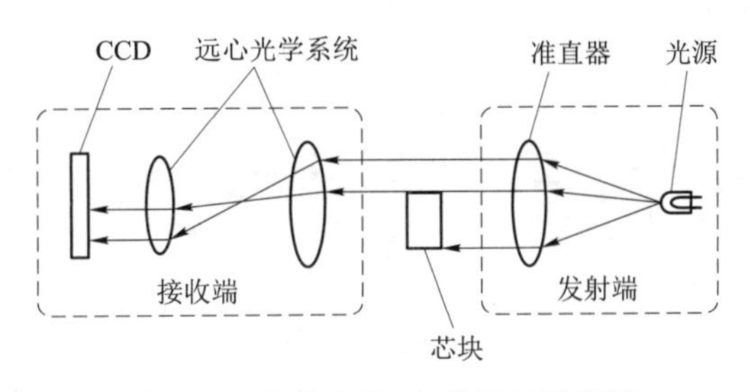

图3-13　芯块直径、高度测量原理图

由高亮度LED发出的辐射光经过散射器件和准直仪镜头变成一定宽度的均匀平行光，然后投射到待测芯块上，由于芯块不透光，部分平行光被遮挡呈现阴影。没有被遮挡的那部分平行光，进入接收端的远心光学系统。远心光学系统的作用是只允许平行光透过，以确保测量的精度。通过远心光学系统后进入HL-CCD(高速线性CCD)，这样被测芯块的影像就显示在HL-CCD。在HL-CCD上有光照射的处于亮区，被遮挡的处于暗区。由于亮区和暗区之间的界限不是很清晰，系统采用了DE(数字边缘检测)处理器对边缘进行检测，由计算机进行数据处理并输出测量参数。

采用专用芯块几何密度测量仪测量二氧化铀芯块直径、高度时，打开测量仪电源，启动计算机并打开专用测量软件，采用测量仪校准块标定后，将被测样品放入测量位置，待天平示值稳定后，按下采集键，系统将自动扫描芯块中部5 mm范围采集到该样品的直径，扫描芯块高度方向一次采集到该样品的高度。

2. 采用数显千分尺或千分表测量

先将测砧和测微螺杆的测量面用白绸布擦干净并清零。测量时应在芯块的有效位置进行测量。每完成50～100块芯块测量后应重新清零。

人工测量UO_2芯块直径时，在样品中部相互垂直的两个方向用千分尺测量，以算术平均值作为该样品的直径测量值；测量芯块高度时在样品端部高度方向间隔120°测量三次，以算术平均值作为该样品的高度测量值，当测量头能覆盖芯块端面时，则只需测量一次。

3. 浮标式气动量仪测量

浮标式气动量仪的工作原理如图3-14所示。保持恒压 p_g 的工作气流进入量仪后分成两路,一路气流从小端进入玻璃锥管2,在该气流的作用下,玻璃管内的浮标1上升,并悬浮在某一高度 H 上,经玻璃管的上端,气流又分成两路,其中一路经软管进入安置在测量喷嘴6的测量头,从测量喷嘴6和被测零件7之间的测量间隙 S 流入大气;另一路气流经零位调节阀流入大气中。还有一路气流经倍率调节阀5和软管汇入测量喷嘴6,从测量间隙 S 流入大气中。

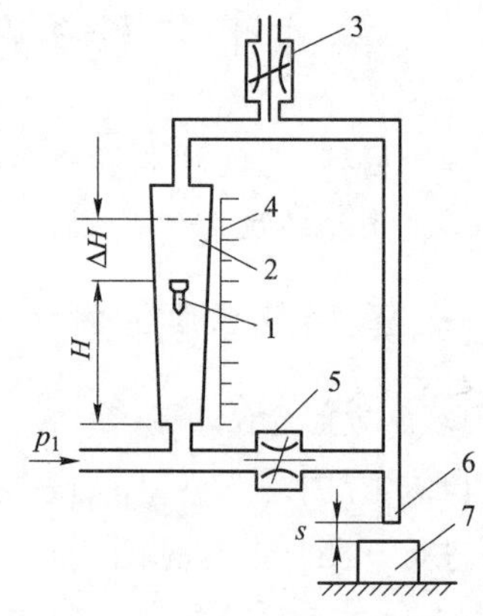

图3-14 浮标式气动量仪工作原理图

1—浮标;2—玻璃锥管;3—零位调节阀;4—刻度尺;5—倍率调节阀;6—测量喷嘴;7—被测零件

在工作气流的作用下,如果测量间隙 S 增大,通过测量喷嘴6流入大气中的流量增加,那么通过玻璃锥管的流量也增加,浮标上升。反之,测量间隙 S 减小,浮标下降。这样,测量间隙 S 的变量 ΔS 就直接转换成浮标位置高度 H 的变量 ΔH,在确定的测量系统中,ΔH 仅为 ΔS 的函数,即:$\Delta H = f(\Delta S)$,并且在特定的测量范围内,ΔH 与 ΔS 有线性关系。经过示值变换,从刻度尺4上可直接读出被测零件尺寸的数值。

量仪的放大倍数 K 为:

$$K = \Delta H / \Delta S \tag{3-20}$$

测量时首先用气动外径测量头及上限、下限校对柱对零位和倍数进行调整,量仪调整完毕,即可进行测量。只要将被测芯块代替校对柱,浮标更可直接指示出被测芯块的直径值。在测量过程中芯块要放入测量头喷嘴处的有效测量位置才能保证其测量精度。

二、UO_2芯块碟形直径(或半径)、倒角宽、倒角高、肩宽的测量

采用光栅测量显微镜对二氧化铀芯块碟形直径(或半径)、倒角宽、倒角高、肩宽进行非接触式组合测量。以15 J光栅测量显微镜为例介绍测量原理如下:

一对光栅副中的主光栅(即标尺光栅)和副光栅(即指示光栅)进行相对位移时,在光的干涉与衍射共同作用下产生黑白相间(或明暗相间)的规则条纹图形,称为英尔条纹。经过光电器件转换使黑白(明暗)相同的条纹转换成正弦波变化的电信号,再经过放大器放大,整形电路整形后,得到两路相位差为90°的正弦波或正交方波,送入光栅数显表计数显示,或送入计算机的光栅传感器计数接口卡上。

采用15J光栅测量显微镜测量时,先用光学镜头中的十字分划线瞄准测量要素,利用 X、Y 两坐标轴上安装的高精度光栅测微传感器进行非接触式组合测量。一般采用瞄准压线的重叠法,它是将十字分划线与影像边缘重叠起来进行瞄准。对准时,分划线宽度与被测轮廓线完全重叠。

如图3-15所示,将芯块放置在显微镜测量工作台上,将物镜调至接近芯块,由下往上调节焦距直至看清芯块A端轮廓为止。将目镜中的十字分划线对准芯块中心。

转动 X 方向调节手轮使十字分划线的 Y 轴远离 X 这个测量点5 mm以上(为了消除回程误差),然后靠近并用 Y 轴对准 X 并清零,再用 Y 轴对准 X_1,先采集A端倒角宽数值,

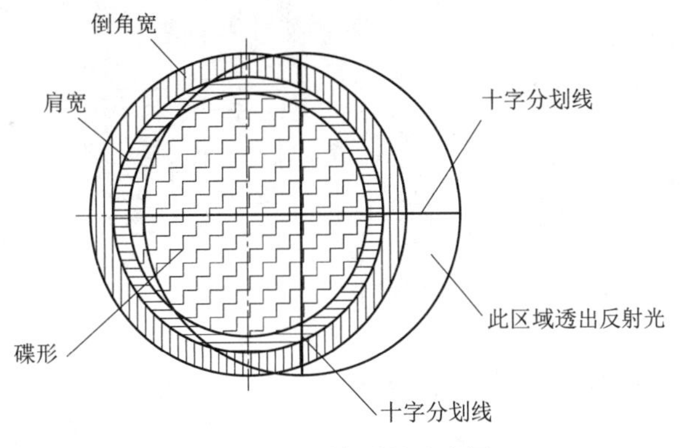

图 3-15 芯块测量示意图

再清零；将 Y 轴分划线对准 X_2，采集 A 端肩宽值并清零；将 Y 轴分划线对准 X_3，采集 A 端碟形直径值，至此 A 端测量完毕。将芯块 B 端朝上，按上述方法测量 B 端的倒角宽、肩宽及碟形直径。如图 3-16 所示。

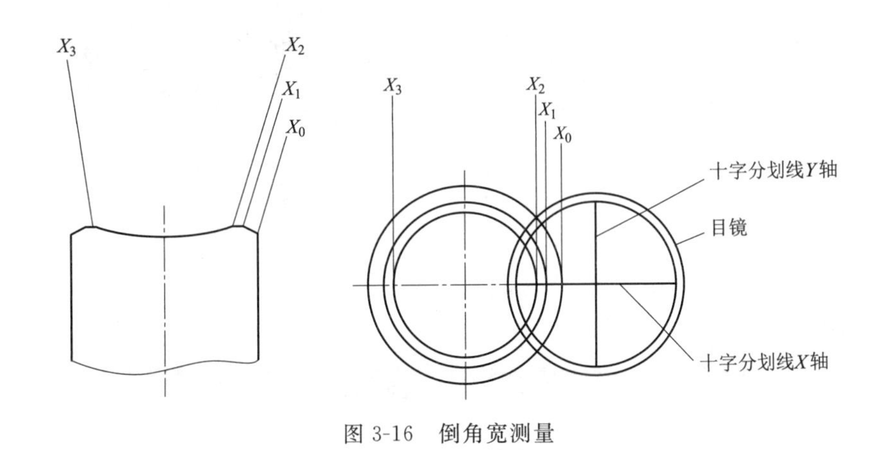

图 3-16 倒角宽测量

测量倒角高时，如图 3-17 所示，先将 V 形架置于显微镜工作台上固定好，确保 V 形架面上无异物。然后将芯块柱面紧贴 V 形面，被测端（A 端）要伸出 V 形面 2 mm 左右。从下往上调整焦距，直至视场清晰为止。用十字分划线的 Y 轴配合圆工作台的旋转，使之 Y 轴与芯块 A 端面平行，X 轴与 V 形底线重合。同测量径向尺寸一样消除回程误差后，将 Y 轴对准 X_0 并清零。再对准 X_1，采集 A 端倒角高值。同理，可测芯块 B 端的倒角高。

三、碟形深度测量

采用碟形深度千分表、碟形深度测量仪（配合校对柱）或光栅测微仪，对二氧化铀芯块碟形深度进行接触式相对测量。

如图 3-18(a)所示，在测量前先将标准块放入定位座，以端面为主定位面，柱面为辅助定位面，按下清零按钮，这样重复数次，直至归零后方可测量。将被测芯块 A 端放入定位座，待示值稳定后，采集 A 端碟形深度值，如图 3-18(b)所示。同理，可测 B 端碟形深度值。

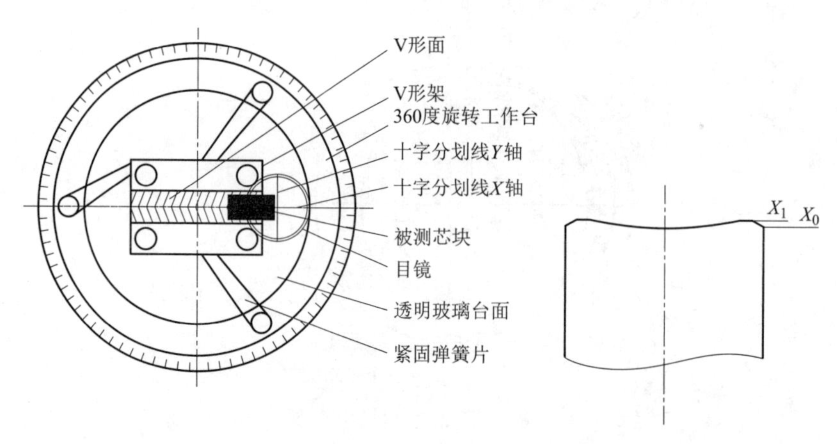

图 3-17 倒角高测量

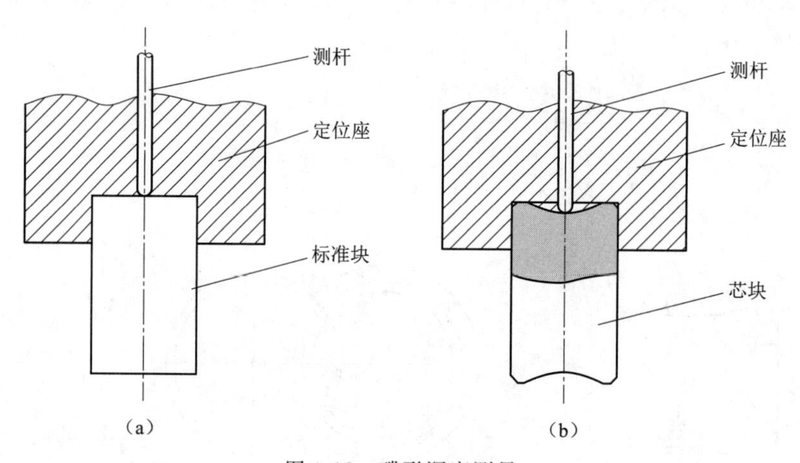

图 3-18 碟形深度测量

在设计时,定位座内的孔径稍大于芯块的公差直径上限,这样可使芯块在测量孔内获得有限的活动范围,也就保证了芯块端面和定位孔底面完全接触而获得良好的定位状态,又能有效地校正碟形最深点偏心状态。在测量时应注意,要在保证定位状态下采集或人工读取芯块最大碟形深度值,必要时旋转芯块。

四、垂直度测量

采用垂直度测量仪对二氧化铀芯块两端面相对于其圆柱面的垂直度进行接触式直接测量,即测量芯块两端面的跳动量;或采用在花岗岩平台上使用万能分度头、电子千分表及微调万用千分表座进行二氧化铀芯块两端面相对于其圆柱面的垂直度进行接触式直接测量。

1. *方法和原理*

根据 GB/T 1958《产品几何量技术规范(GPS)形状和位置公差 检测规定》测量二氧化铀芯块两端的跳动量。该量仪主要对芯块两端面相对于其圆柱面的垂直度进行测量。旋转台由电机驱动,带动其上的二维台、倾斜台及芯块旋转,旋转过程中,光栅位移传感器的测头始终同被测芯块的台肩面接触，对芯块的端面跳动数据进行记录，芯块旋转360°，其端面跳动的最大数值即为该端面的垂直度值。

垂直度测量步骤及要点：测量时，松开固定螺母，调节升降台保证传感器测头能可靠接触芯块端面，调整好升降台位置后，旋紧螺母使芯块的圆柱面可靠地定位在V形面上（确保V形面无异物）。芯块固定好后，关闭电机控制器电源，手动调节旋转台到0°位置，并保证二维台的螺纹副坐标在指定的刻度位置，使传感器测头与芯块的中心点重合。如果芯块直径发生较大的变化，则调节下螺纹副使传感器测头与芯块的中心重合。然后松开调节螺母，使传感器移动一定角度，测头接触到芯块的台肩面上即可。按下起始按钮，旋转台开始转动，同时计算机开始读取数据。旋转台旋转360°后，计算机读取数据完毕，并显示和记录下垂直度值。测完A端后将芯块倒置再测B端。

2. 手动组合装置测量垂直度

将芯块装夹在置于平板上的分度头之卡盘上（装夹深度是芯块长度的2/3），千分表恰当安装在万能微调表座上，并配合万能分度头取得适合的测量位置（做到千分表测头与被测面垂直）和测力。使万能分度头卡盘（连同装夹在上面的芯块）旋转360°，人工读出光栅数显千分尺上所示最大偏差作为该端的垂直度值，测完A端后将芯块反过来夹持好再测B端。

五、二氧化铀芯块倒角角度的测量

利用三角函数关系，通过测量二氧化铀芯块倒角斜边上任意两点上的坐标值，经计算机处理得出该倒角与端面的角度值。

方法及基本原理：

作一直角三角形△ABC如图3-19所示，Rt△ABC中的α角也是直线DA与直线BA的夹角α，有：

$$\alpha=\arctan\left(\frac{\overline{BC}}{\overline{AC}}\right) \tag{3-21}$$

设A点的坐标为(x_A, y_A)，B点的坐标为(x_B, y_B)，当AD垂直于x轴时有：

$$\alpha=\arctan\left|\frac{x_A-x_B}{y_A-y_B}\right| \tag{3-22}$$

$|x_A-x_B|$和$|y_A-y_B|$的值可以通过显微镜上两个相互垂直方向上的光栅位移传感器获取。

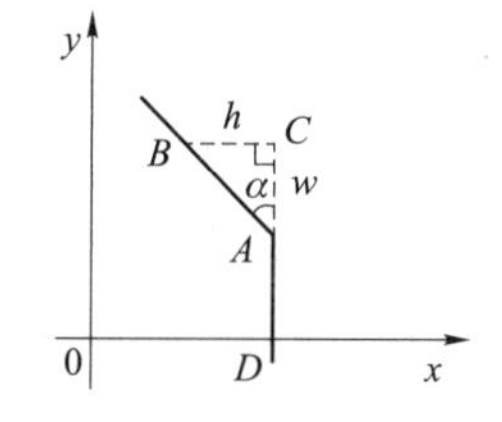

图3-19　倒角角度的测量

采用倒角角度测量仪对二氧化铀芯块倒角角度进行测量，将被测样品放置在显微镜载物台上，调节焦距至视场清晰后，再调整显微镜十字分划线瞄准样品倒角与端面的斜边上任意一点，按下程序起点设置按钮，调整显微镜X轴和Y轴，使十字分划线瞄准样品与倒角的斜边上其他一点，按下程序中的采集按钮，系统自动测量并计算出该样品的倒角角度。

六、几何密度的测量与计算

采用电子分析天平称出芯块质量,由几何尺寸测量所得到的相关数据,根据公式计算出二氧化铀芯块的几何密度。

作为几何密度测量的芯块样品必须符合外观A级要求。

测完芯块的直径、高度后,采用联机的电子天平将二氧化铀芯块的质量称出。称取质量前,要先预热电子天平30 min,称量时,自动校准或清零,将芯块小心放入称量盘上,待显示器上出现作为稳定标记的重量单位“g”后,按下采集数据键,计算机即自动录入。

几何密度的测量和计算又分为“实测空腔体积法”和“近似法”,它们的区别在于几何密度计算的数学模型。

1. 实测空腔体积法

计算几何密度由下列公式获得二氧化铀芯块的几何密度。

$$V_v=\pi\left[\frac{h^3}{3}+\frac{hd^2}{4}+IL\left(D-\frac{2}{3}L\right)\right] \tag{3-23}$$

$$\rho=\frac{m}{\pi\left(\frac{D}{2}\right)^2H-V_v}\times 1\ 000 \tag{3-24}$$

式中:ρ——芯块几何密度,g/cm^3;

D——芯块直径,mm;

m——芯块质量,g;

H——芯块高度,mm;

h——芯块碟深,mm;

d——芯块碟形直径,mm;

L——芯块倒角宽,mm;

I——芯块倒角高,mm;

V_v——芯块空腔体积,mm^3。

2. 近似法计算几何密度

近似法中V_v取相同批次实测空腔体积的算术平均值,代入下式得出几何密度值。

$$\rho=\frac{m}{\frac{\pi D^2H}{4}-V_v}\times 1\ 000 \tag{3-25}$$

式中:ρ——芯块几何密度,g/cm^3;

m——质量,g;

D——芯块直径,mm;

H——芯块高度,mm;

V_v——空腔体积,mm^3。

3. 球形半径的计算

依据测量得到的碟形半径和碟深数据,利用公共角的余弦关系间接测量二氧化铀芯块的碟球半径。

根据公共角的余弦关系推算 R：

$$b=\sqrt{\left(\frac{d}{2}\right)^2+h^2} \tag{3-26}$$

$$\cos\alpha=\frac{h}{b}=\frac{b}{2R} \tag{3-27}$$

$$R=\frac{1}{2}\left(\frac{d^2}{4h}+h\right) \tag{3-28}$$

式中：R——芯块碟球半径，mm；

d——芯块碟形直径，mm；

h——芯块碟形深度，mm。

4. 结果处理

执行质量部门相关文件(最新适用版次)要求进行判定和报出。

打印和报出二氧化铀芯块几何尺寸报表、二氧化铀芯块批平均密度报表、二氧化铀芯块几何密度报表、二氧化铀芯块垂直度报表、二氧化铀芯块整批统计表等相关报告单。

七、样品的抽取和归还

对于磨削后的二氧化铀芯块样品的抽取，由外检人员按取样计划，并按照转移规则决定检查类型(加严、正常、放宽)，进行取样。抽取及归还过程中，要确样品不沾污，不混批，不混舟。

取样时，戴上白纱手套用不锈钢镊子对每一检查批芯块进行随机抽取。取样时要保证样品的完整性，确保样品的代表性。将抽取的样品放入不锈钢 V 形盘及有机玻璃样品盘内，并在取样卡上填写好相应信息后待检。

归还样品时，应将同批次的已检样品放入同一容器，确保不混批。外观检验人员要对拟归还的样品进行外观及清洁度的检查，对于检验结果无异常的样品应及时放入已检位置。

对于数据有异常的样品应进行标识和隔离，等待复检，在没有处理完毕前不应归还。

第七节　用坩埚炉测定氧铀原子(O/U)比

学习目标：学习氧铀比测定方法原理，掌握用坩埚炉测定氧铀原子(O/U)比的方法。

一、原理

氧铀原子比是指铀氧化物中氧与铀的原子个数比(简称氧铀比，以 O/U 表示)，由于反应堆内的热导率随着氧铀比增加而降低，氧铀比是影响热能释放的一个重要因素，铀氧化物不仅存在着大量稳定化合物如：UO_2、U_4O_9、U_3O_8、UO_3等，而且存在着若干亚稳态化合物如：U_3O_7、U_2O_5等。就化合价来讲 U^{4+}、U^{6+}为最稳定，而 U^{5+}为亚稳态，其中 UO_2和 U_3O_8是最常见的铀化合物。

为便于讨论问题，我们引进超化学计量(UO_{2+x})和低化学计量(UO_{2-x})的概念，这一概念是以氧原子数是 2 为基准，大于 2 是超化学计量，小于 2 是低化学计量，那么 UO_2则是不偏不倚的化学计量了。超化学计量铀氧化物 UO_{2+x} 是极易出现的,而低化学计量铀氧化物 UO_{2-x},只有在特殊条件下,才可能出现。

铀氧化物中存在过量氧,对其冶金过程的烧结行为是有益的,可以降低烧结温度,加速烧结进行。当氧铀比(O/U)在 2.00～2.04 之间作用比较显著。然而,所有的非化学计量的铀氧化物在反应堆中,由于高温辐照,将产生有害行为使热导率下降,挥发物和裂变产物将增多,径向热膨胀增大,因此,工程上要求 UO_2 芯块的氧铀比(O/U)为 2.000～2.015,这比铀冶金过程 O/U 比为 2.00～2.25 的要求显然更严格。

由此可见,铀氧体系的作用非常重要,而且性质又极其复杂。准确测定氧铀比对了解铀氧体系及控制核燃料生产是极其重要的。

氧铀比测定方法分为湿法、干法,低化学计量的铀氧化物 UO_{2-x} 的氧铀比测定将单独讨论。

按照分析时样品所处的形态,可以将氧铀比(氧金属比)的测量方法分为干法和湿法。

所谓湿法是以测定铀氧化物中[U^{6+}]的含量为基础的方法,即把样品经溶剂转化,使固体状态变成离子溶液的湿状态,测其溶液中[U^{6+}]的含量,再按一定公式计算出(O/U)比来。湿法包括极谱法、库仑法、滴定法等。

干法是相对湿法而言的,干法是不改变样品形态而测其 O/U 的方法,主要有热重法、气体法和浓差电池法。

二、热重法测定

把样品 UO_{2+x} 放入坩埚炉内,在 800 ℃下于空气中缓慢加热氧化生成稳定 U_3O_8,其反应方程式如下:

$$3UO_{2+x}+O_2 \rightarrow U_3O_8 \tag{3-29}$$

根据质量守恒定律,有:

$$\frac{3[M_U+(2+x)M_O]}{3M_U+8M_O}=\frac{W_1}{W_2} \tag{3-30}$$

由此,可得:

$$O/U=\left\{\frac{W_1}{W_2}\times\frac{\left(M_U+\frac{8}{3}M_O\right)}{M_U}-1\right\}\times\frac{M_U}{M_O} \tag{3-31}$$

式中:W_1——样品反应前的重量;

W_2——样品氧化后的重量;

M_U——铀原子量;

M_O——氧原子量。

样品 UO_{2+x} 热重曲线如图 3-20 所示。

从图 3-20 可知,在 $t=600$ ℃时,UO_{2+x} 粉末样品的 TG 曲线变得完全平直;在 $t=800$ ℃时,UO_{2+x} 芯块样品的 TG 曲线变得完全平直。样品的重量恒定不变了,转变成 U_3O_8。样品加热升温时首先是失重,即 TG 曲线的最低点 W_0,这时是样品失去吸附水和低温挥发物。为准确获得 W_1,一般这段时间要用惰性气体保护,防止样品低温氧化。在 800 ℃时,样品的 TG 曲线变得完全平直了。此时重量也恒定不变了,这时就测得 W_2。

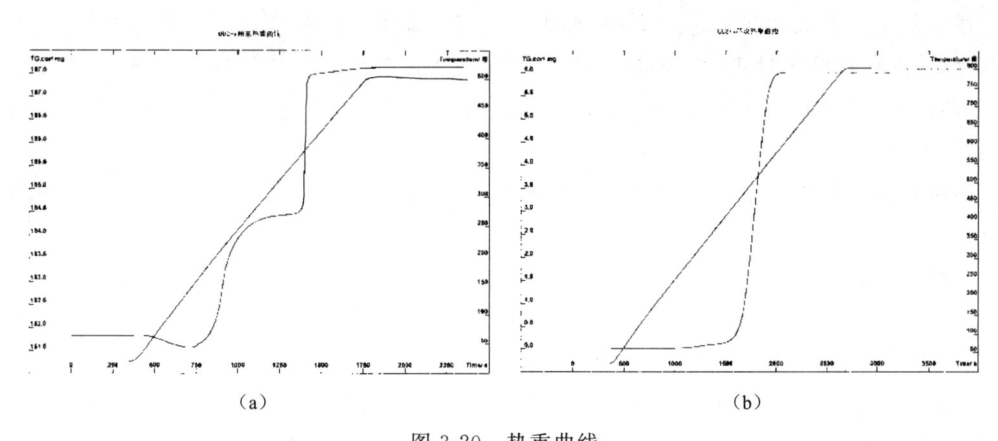

（a）　　　　　　　　　　（b）

图 3-20　热重曲线

（a）UO_{2+x}粉末热重曲线；（b）UO_{2+x}芯块热重曲线

三、用坩埚炉测定氧铀原子(O/U)比

1. 试验步骤

（1）UO_2芯块需加工成粒径约为 0.5 mm 碎块。

（2）将低温除水炉升至(110±10) ℃，高温氧化炉升至(800±20) ℃。

（3）通入一定流量的氮气入除水炉中。

（4）将空石英坩埚移至除水炉中称重，记下天平读数不变时的恒重 G_0。

（5）取试样(粉末或芯块)1.0～2.0 g 装入已恒重的坩埚内。

（6）将装有试样(粉末或芯块)的坩埚移放到除水炉中除水，观察天平读数，记录最轻时的重量 G_1。

（7）将脱水后的试样(粉末或芯块)移入高温氧化炉中氧化(粉末氧化时间为 60 min，芯块氧化时间为 90 min)。

（8）将氧化完全的样品重新移入除水炉中称量并记录其恒重为 G_2。

（9）测量完成后，逐个关掉所有气路阀门和电源开关。

（10）将测完后的样品倒入贮料瓶中，用脱脂棉将坩埚内的粉末擦干净，以备下一次使用。

2. 计算

把测得的 W_1，W_2分别代人下式中，就可以计算出氧铀原子(O/U)比。

$$O/U=\left[\frac{(G_1-G_0)}{(G_2-G_0)}\times\frac{\left(M_U+\frac{8}{3}M_O\right)}{M_U}-1\right]\times\frac{M_U}{M_O} \tag{3-32}$$

式中：G_0——空坩埚恒重，g；

G_1——坩埚加 UO_2样重，g；

G_2——坩埚内加 U_3O_8样重，g。

3. 讨论

关于热重法的氧化温度问题，引证如下：

在空气中缓慢而均匀地加热氧化,如不经过低温阶段,而直接在 850 ℃左右加热,即使再经过 44 h 如此长的时间加热而最终产物也不完全是 U_3O_8,O/U 也不会达到 2.666 7。

也有的国家标准采用先在 470 ℃恒温 4 h,再在 900 ℃恒温 4 h,最终 O/U 可达 2.666 7,误差±0.002。

还有在空气中缓慢而均匀加热 3 h 到 850 ℃,然后恒温 2 h,也会得到 O/U=2.667 的结果。

由此可见,加热氧化问题是十分复杂的,是否可以解释为各作者的具体实验条件的差异?但是大多数实验证明:当 $t=500\sim800$ ℃时会形成稳定的 U_3O_8 相,所以本法采取了 800 ℃加热方式为缓慢自然氧化法。

由上述热重法的反应式可知:应用化学平衡原理,当增加 O_2 的浓度,可使平衡向右移动,加快反应速度,节省时间,提高效率,具体实验时可通氧气于坩埚炉内。

另外,也不能不注意浮力和对流效应或者热辐射使天平不等臂伸长等诸因素影响。

此法误差主要取决于天平感量,感量越小,误差越小。

第八节 UO_2烧结芯块密度和开口孔率的测量

学习目标:通过对本章的学习,测试工应了解二氧化铀芯块密度及开口孔率的测量方法及影响因素,理解并掌握常用的芯块密度及开口孔率的测量方法。

二氧化铀芯块是目前世界上重要的核燃料之一,应用于各种堆型。根据反应堆设计的功率、运行条件和燃耗大小,对二氧化铀芯块的密度提出了相应的要求。二氧化铀芯块的理论密度为 10.96 g/cm³,而粉末冶金法获得的芯块密度为 88%~98%理论密度,也就是说芯块中含有一定数量的孔隙,这些孔隙对反应堆运行时包容裂变气体和减少辐照肿胀有好处,但孔隙不能太多,也就是说芯块密度不能太低,否则它将影响芯块的导热系数和物理、机械性能。另外,密度太低,孔隙多,将会增加芯块含水量和残余气体含量,增加了氢的来源,这样在反应堆运行时容易造成燃料元件密实化破坏和氢脆。所以,在生产过程中,对二氧化铀芯块密度和孔隙率必须严格检查和控制。

一、密度的基本概念、定义

自然界是由各种物质组成的。人们在日常生活中就已经体会到体积相同的物质其质量是不同的。例如,1 m³ 铁的质量为 7 800 kg,1 m³ 木头的质量为 400 kg,1 m³ 水的质量为 1 000 kg 以及 1 m³ 空气的质量为 1.2 kg 等等。这样,铁、木头、水和空气等物质的轻重比较就显而易见了。

我们把单位体积的某种物质的质量叫做这种物质的密度。也就是说物质的密度为物质的质量与其体积之比,它的定义公式为:

$$\rho=\frac{M}{V} \tag{3-33}$$

式中:ρ——物质的密度;

M——物质的质量;

V——物质的体积。

由此可见，密度是一个用于定量描述物质特性的物理量。每种物质都有自己特定的密度值，也就是说不同的物质有不同的密度值，而且在一定的状态条件（如温度、压力）下，物质的密度是个常数，它与该物质的形状、质量多少和体积的大小无关。

我们在此所述的密度概念仅指体积密度。为了表征物质的密度特性，还有线密度和面密度的概念，这里不再赘述。

上述讲的是密度的基本概念，但是物质有均匀的和非均匀的，有带孔隙的也有不有带孔隙的。实际上理想的均匀物质是不存在的，其均匀性可以忽略的情况是大量的。对于均匀物质，其密度在给定的温度、压力等条件下是确定值；对于非均匀物质，其密度在物质的各处可能不尽相同，例如，多相物体（如水和冰共存的状态），在重力场作用下的空气柱，含有空隙的烧结物或绝缘材料以及粉末体等情况。二氧化铀烧结芯块就是一种含有空隙的烧结物。因此，为了适用于各种情况，在不同的专门领域中，还常用如下所述的一些以密度为构词成分的其他名词术语。

为了帮助读者理解下面的概念，我们引进一个最简单的多孔体模型，如图 3-21 所示：1 为闭口孔（多孔体内部与多孔体外表面不连通的孔），其体积用 $V_{闭}$ 表示；2 为半通孔（只与多孔体一侧表面相连的孔）；3 为贯通孔（连通多孔体两个侧表面的贯通孔），其中半通孔和贯通孔在多孔体内部都与多孔体外表面相通，因此统称为开口孔，其体积用 $V_{开}$ 表示。

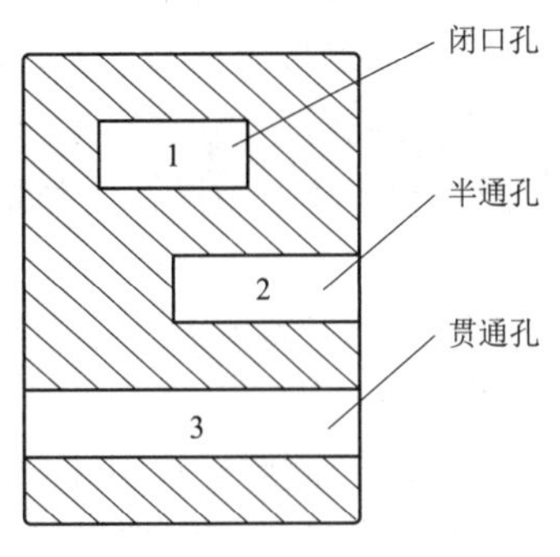

图 3-21 多孔体模型

1. 表观密度

表观密度是指多孔固体物质的质量与其表观体积（包括全部"空隙"的体积）之比，也可称为假密度。

2. 实际密度

实际密度是指多孔固体物质的质量与除去开口孔以外的多孔固体物质的体积之比，也称之真密度。

3. 理论密度

相应孔隙率为零的物体密度即为理论密度。

4. 堆积密度

堆积密度是指在特定的条件下，及在既定容积的容器内，疏松状（小块、颗粒、纤维）的材料质量与其材料所占体积之比值。定义中的特定条件是指实际填充材料送入既定容积的容器内的条件。例如自然堆积、振动或敲击堆积和施加一定压力的堆积，可相应称之为松装密度、振实密度和压蚀密度。

5. 标准密度

标准密度是指在规范规定的标准条件下的物质密度。例如，在标准温度 273.16 K（0 ℃）和压力 101 325 Pa 下的气体密度；在标准温度 293.16 K（20 ℃）下的液体密度以及固体密度等。

标准密度很重要，它是为了方便与各种物质比较与计算到规定的标准条件下的密度所必需的。

6. 参考密度

参考密度是指在规定的参考状态(温度和压力)下的物质密度。例如,参考物质纯水在 293.16 K(20 ℃)时的密度;参考物质干空气在 273.16 K(0 ℃)和 101 325 Pa 时的密度等。有时参考状态即是标准状态。

参考密度也很重要,多在密度的相对测量中作为参考物质密度使用。

7. 相对密度

除了上述的密度以及建立在密度基础上的各种密度量外,为了方便起见,在许多科技和工程技术领域中,还常用相对密度来表达物质的特性。

相对密度是指在给定的条件下,物质密度 ρ_1 与参考物质密度 ρ_2 之比值,它的定义公式为:

$$d=\frac{\rho_1}{\rho_2} \tag{3-34}$$

在使用时,物质密度 ρ_1 与参考物质密度 ρ_2 的条件必须分别指明。相对密度是个无量纲量(所有的量纲指数都等于零),即单位为 1。

在密度测量中,密度参考物质一般是指易获得、纯度高、性能稳定而且密度已知的物质。对于固体和液体的相对密度测量通常都采用某一参考温度下的纯水;对于气体的相对密度测量则采用与干燥气体同参考温度和压力下的干燥空气。在定义纯水密度时,国际上以及不同学科中参考温度有 4 ℃、15 ℃、15.5 ℃、20 ℃、23 ℃、27 ℃,但常用 4 ℃与 20 ℃,其密度分别为 999.972 0 kg/m^3 和 998.201 9 kg/m^3;气体用标准状况($T=237.16$ K,$p=$ 101 325 Pa)的干燥空气,其密度为 1.293 0 kg/m^3。

在密度测量过程中,若被测的某种测物质的体积 V_1 与参考物质的体积 V_2 相同,则有下式

$$d=\frac{m_1}{m_2} \tag{3-35}$$

显然,这时的相对密度也可看作某种测物质的质量 m_1 与同体积的参考物质的质量 m_2 在特定条件下的比值。

关于相对密度的概念,过去常常叫做“比重”,而且应用很普遍。但实际上,由于不同的国家在生产实践和科技活动中使用比重的情况因时而异,同时保持各自的习惯,所以比重一词不但概念不确切,而且单位也不统一,在一定程度上妨碍了专业间的技术交流。分析原来的比重概念,大多数确切地说是指的物质的密度与纯水的密度之比值,可见它已包含在上述的相对密度概念中。因此,今后要废除比重不用,而采用相对密度来替代它。

二、密度测量方法分类及特征

测量物质的密度有各种各样的方法。但按所测量与测量量的关系,测量方式大体可分为以下两大方面,即:一是导源于密度基本原理公式的直接测量法;二是利用密度量与某些物理量关系的间接测量法。

直接测量法以其测量原理又可分为绝对测量法与相对测量法。绝对测量法是通过直接测量物质的基本质量和长度,而无须使用密度参考物质的一种测量。由于该方法是直接溯

源于基本量质量及长度的一种绝对测量测量,从而更准确可靠。这类方法主要用于研究建立密度标准或研究密度标准参考物质。相对测量法是一种与已知其为密度标准参考物质进行比较(包括由此确定被测物资体积)的测量。如流体静力称量法、密度瓶法、悬浮法等等。这类方法主要用于实验室的测量工作。由于相对测量法比绝对测量法省时而且技术上简便,故在密度测量领域中被广泛采用。

间接测量法种类较多,如利用静动压量、电量、电离辐射量、声学量、光学量、震动量与密度变化关系的浮子法、静压法、介电常数法、流出法、射线法、声学法、光学法以及振动法等等。它们大多都能提供并直接输入自动控制系统测量信号作连续自动测量,因此这类方法主要用于工业生产流程之中。

UO_2芯块的密度测量都采用直接测量法,主要有绝对测量法(几何法)和流体静力称量法(水浸法)。

1. 流体静力称量法

(1) 基本原理

通常从宏观上可将物质分为固体和流体。流体是液体和气体的总称。众所周知,浸在流体里的物体都要受到一个向上的托力,在流体静力学中称其为浮力。

如图 3-22 所示,若将一物体全部浸泡在液体中,则该物体会受到液体来自各个方向的静压力,对此产生的诸压力将逐一分解成水平方向和竖直方向的分力。由于液体内部压强的大小是随着液体深度增加的,其结果是全部水平方向的合力等于零,而全部竖直方向的合力向上,显然这个合力就是物体所受到的浮力,而且方向总是垂直向上的,其浮力 F 等于:

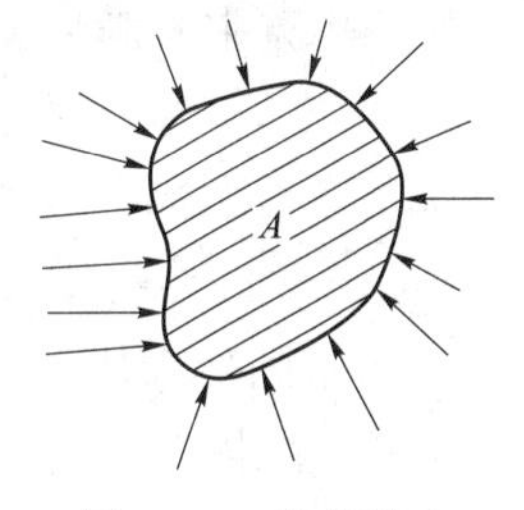

图 3-22　流体静力称量模型

$$F=V\rho g \tag{3-36}$$

式中:V——浸没在液体中的物体体积;

ρ——液体的密度;

g——当地重力加速度。

从上式可知,$V\rho g$ 实际为物体所排开的液体体积 V 的重力。因此可得到如下结论:“浸在液体里的物体所受浮力的大小等于该物体排开的液体体积所受的重力”。这就是“阿基米德定律”,亦叫做“浮力定律”。显然,它是流体静力学定律的必然结果,不言而喻,这一定律亦适用于气体。

流体静力称量法就是依据上述的浮力定律,通过流体静力天平或类似的称量仪器,测量浸在流体中的物体所受的浮力大小来测量密度的。测量时,由于物体受到流体静压力并用称量方法得到,故统称为“流体静力称量法”。

该方法的特点是适用范围广,不但可以用于测量固体和液体的密度而且可以测量气体的密度。

(2) 测量方法

从密度基本公式可知,为了得到物质的密度,需要求出它们的质量和体积,质量用天平等仪器在空气中称量是容易直接得到的,而且可以达到很高的准确度。然而,由于物体的形状和大小等关系,确定体积就不那么简单了。所以说,利用流体静力称量法测量密度的关键技术问题是如何实现体积测定问题。

实践证明,利用液体静力天平测定浸在液体中物体所受到的浮力得到体积是简便而有效的。显然,若将具有一定体积的物体(浮子)吊挂于液体中或将待测固体样品吊挂于已知密度的参考物质(液体)中,由所测得的浮力就可以求出液体或固体密度。

下面我们将根据实际工作的需要,着重讲解用静力天平测定固体密度(见图 3-23)。

2. 固体密度的测量和计算

(1) 当固体物质为多孔物质时。它在空气中称量时的平衡方程式为:

$$m=M+\lambda V \tag{3-37}$$

式中:m——物质的质量,g;

M——固体物质在空气中的质量,g;

V——固体物质的体积(包括全部孔隙的体积),cm^3;

λ——空气的密度,g/cm^3。

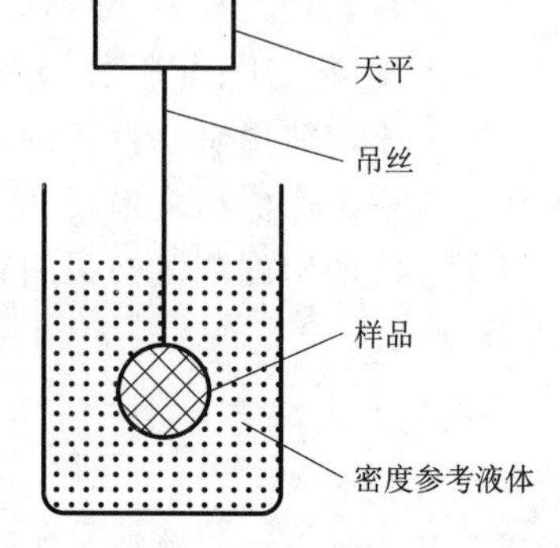

图 3-23 静力天平测量密度原理示意图

根据密度的定义公式 $D=m/V$ 可得到:

$$D=\frac{M+\lambda V}{V}=\frac{M}{V}+\lambda \tag{3-38}$$

开口孔隙中充满液体介质时,它在液体介质中称量时的平衡方程式为:

$$m'=M_2+\rho V \tag{3-39}$$

式中:m'——固体物质的开口孔隙中充满液体介质的质量,g;

M_2——固体物质浸渍在液体中的质量,g;

V——固体物质的体积(包括全部孔隙的体积),cm^3;

ρ——液体介质的密度,g/cm^3;

c——开口孔隙中充满液体介质时,它在空气中称量时的平衡方程式为:

$$m'=M_1+\lambda V \tag{3-40}$$

式中:m'——固体物质的开口孔隙中充满液体介质的质量,g;

M_1——固体物质开口孔隙中充满液体介质时在空气中的质量,g;

V——固体物质的体积(包括全部孔隙的体积),cm^3;

λ——空气的密度,g/cm^3。

于是可以得到:

$$V=\frac{M_1-M_2}{\rho-\lambda}$$

代入前面公式即可得到固体物质的密度计算公式

$$D=\frac{M}{M_1-M_2}(\rho-\lambda)+\lambda \tag{3-41}$$

式中:D——固体物质的密度,g/cm^3;

M——固体物质在空气中的质量,g;

M_1——固体物质开口孔隙中充满液体介质时在空气中的质量,g;

M_2——固体物质浸渍在液体中的质量,g;

ρ——液体介质的密度,g/cm^3;

λ——空气的密度，g/cm^3。

（2）当固体物质为无开口孔物质时，则有

$$M=M_1$$

可得固体物质的密度为：

$$D=\frac{M}{M-M_2}(\rho-\lambda)+\lambda \tag{3-42}$$

式中：D——固体物质的密度，g/cm^3；

M——固体物质在空气中的质量，g；

M_2——固体物质浸渍在液体中的质量，g；

ρ——液体介质的密度，g/cm^3；

λ——空气的密度，g/cm^3。

三、UO_2烧结芯块密度的测量

清洁二氧化铀芯块样品表面，用万分之一的天平称出样品在空气中的质量 M；

称重后的芯块放置于图 3-24 所示的装置中抽真空，由两通阀引入去离子水使其渗入到芯块样品的开口孔隙中；

取出芯块在水中称其质量 M_2；

用滤纸或滤布将芯块样品表面黏附的水擦干并在空气中的质量 M_1；

由公式计算出二氧化铀芯块密度。

1. 孔隙率的基本概念、定义和测量

参看多孔体模型图，通常把开口孔体积对表观体积之比的百分数叫做开口孔孔隙率，简称开口孔隙率；同样，把闭口孔体积对表观体积之比的百分数叫做闭口孔孔隙率，简称闭口孔隙率；两者之和是总孔隙率。

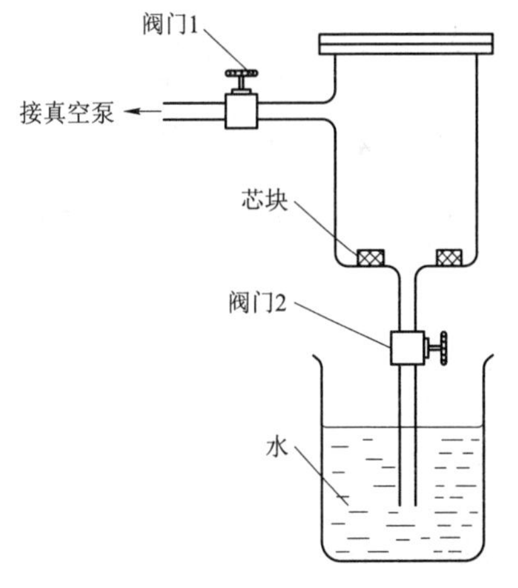

图 3-24　真空除气浸水装置示意图

2. 孔隙率的测量

根据上述孔隙率的定义，不难看出，利用密度测量中的数据可以方便地求出芯块的总孔隙率和开口孔隙率，它们有如下关系：

$$\text{总孔隙率}=\frac{\rho_{理}-\rho_{水}}{D_{理}}\times100\% \tag{3-43}$$

$$\text{开口孔隙率}=\frac{M_1-M}{M_1-M_2}\times100\% \tag{3-44}$$

式中：$\rho_{理}$——二氧化铀的理论密度，10.96 g/cm^3；

$\rho_{水}$——二氧化铀芯块的体积密度，g/cm^3；

M，M_1，M_2 的意义同前。

3. 影响芯块密度和开口孔隙率测量的主要因数

（1）质量称量的准确度

称量误差主要由天平、砝码及称量方法带来。天平在使用前无论是在空气中或者在液

体中称量,都必须分别按实际情况确定天平的分度值及变动性,这一点对后者更重要。由于吊丝是贯穿液面进行称量,这时因液体的黏滞性和表面张力的作用,会使天平在液体中的称量时灵敏度下降而降低天平称量精度。天平分度值是指天平平衡位置在标牌上产生一个分度值变化所需要的质量值,它是天平灵敏度的倒数。天平变动性是指在不改变天平状态的情况下多次开关天平,天平平衡位置的重复性,它是一个与天平稳定性密切相关的,它实际上表示了称量结果的可靠程度。总之,一个合乎称量要求的天平,按天平规程,其示值变动性不得大于读数标牌的一个分度值。对于流体静力称量法来说,通常用示值变动性为0.1～0.2 mg 的 200 g 天平已够用。另外,称量时的环境条件也是重要的影响因数,如气流、温度、湿度、振动和电磁场等。为使称量结果可靠,应在气流平稳、温度和湿度变化小、无振动和强电磁场的环境中进行。

(2) 样品浸渍在液体介质中称量的准确度

把样品浸渍在液体介质中称量时,其称量误差要比在空气中大,称量的相对精确度与样品体积大小、液体介质的性质、悬丝的粗细等有关。

液体介质的性质对固体密度测量有重大影响。除要求液体介质有合适的密度外,还应对样品有较好的浸润性,使固一液之间完全接触,没有空隙或气泡。另外,还要求它有较小的表面张力,使悬丝受到的表面张力小,减少称量误差。几种可以用来测定固体密度的液体介质的性质见表 3-9。

表 3-9 几种液体介质的性质

性 质	浸润性	密度/(g/cm^3)	表面张力(10^{-5} N/cm)	膨胀系数/℃$^{-1}$
二次蒸馏水	不良	0.99	72.75	2×10^{-4}
四氯化碳	好	1.59	26.95	1.2×10^{-3}
苯	好	0.88	28.88	1.2×10^{-3}
乙醇	好	0.79	22.27	—
三氯甲烷	良好	2.89	—	1.1×10^{-3}
二溴乙烯	良好	2.29	—	—
三溴乙烷	良好	2.06	—	—

考虑悬丝在液体中受到浮力和表面张力的作用,应该使用直径小而且密度大的金属丝作为悬丝。直径 10～20 μm 的钨丝是最理想的材料。若样品较轻,头发也是理想的悬丝材料,测量时悬丝浸在液体中的深度要恒定。

测量时要严格控制液体介质的温度。在有恒温装置的情况下,选用四氯化碳等密度较大、浸润性好、表面张力小的液体介质。在无恒温装置的情况下,用膨胀系数较小的蒸馏水比较合适。

由表 3-9 看出,没有一种液体介质能够全部满足上述要求。四氯化碳虽有密度大、表面张力小,浸润性好等优点,然而膨胀系数较大。水的膨胀系数虽然较小,但密度小、浸润性差、表面张力大。因此选用什么液体介质,应视具体情况而定。

(3) 样品开口孔隙中充满液体介质后在空气中称量的准确度

为使样品的开口孔隙中能够充分充满液体介质，可采用在一定的真空压力下来清除样品开口孔隙内气体，真空压力越低，孔隙内的气体清除的越完全。开口孔隙内充入液体介质后样品在空气中称量M_1时，应将黏附在样品表面的液体擦去，但开口孔隙内的液体介质应完全地保留，并且在擦干表面黏附的液体后应立即对样品进行称量，样品在空气中停留时间延长，开口孔隙中的液体会因蒸发而减少。因此，M_1的称量误差，除受样品在空气中称量的准确度影响外，样品的真空除气处理的程度和擦干表面黏附液体的操作误差是M_1误差的主要来源。

(4) 液体介质密度的准确度

温度不变时，液体介质的密度是稳定的。在没有恒温设备的情况下，液体密度随温度而变化。对于水，温度每改变 0.5 ℃，其密度变化为 0.015%。若体积密度测定精确度在 0.05%～0.1%范围内，因液体密度变化带来的误差可以忽略不计，否则要进行修正。国际标准 ISO 3369 推荐用蒸馏水或较好除气的去离子水作为测量二氧化铀粉末冶金制品密度的液体介质，使用时往这种介质中加 1～2 滴润湿剂。以往也曾采用苯、四氯化碳等作为液体介质，温度每改变 0.1 ℃，密度变化 0.013%～0.019%，因此在用它们作介质时，温度变化不应大于 0.2 ℃，但由于苯、四氯化碳具有毒害作用，现在已不再采用。

(5) 空气密度的精密度

空气密度随大气压力、温度、湿度而变，对于不需精确测量的固体密度，取空气密度为 0.001 1 g/cm^3(20 ℃下的空气密度值)，不会引起较大的误差。精确的测量，对空气密度值要进行修正。

第九节　UO_2芯块热稳定性检验

学习目标：通过学习，应了解二氧化铀芯块热稳定性的意义，能正确使用高温氢气复烧炉，掌握二氧化铀芯块的复烧试验方法。

一、UO_2芯块热稳定性

1. UO_2芯块热稳定性概述

UO_2芯块热稳定性检验是UO_2芯块生产过程中重要的常规检验项目，目前国内外都采用堆外复烧方法来判断芯块在反应堆内运行时体积收缩的密实变化。热稳定性检验就是将芯块在规定的烧结气氛、温度和时间下进行再次烧结，然后测定芯块的密度或外径尺寸的变化来判定。

UO_2芯块是有许多孔隙的陶瓷体，当芯块在反应堆中运行时，受辐照的作用，其中小于 2 μm 的小孔隙极不稳定，就会随辐照的加深而收缩，使芯块发生体积收缩，这种现象叫堆内密实或辐照密实。而当芯块进行高温(1 700 ℃以上)热处理时，也会发生类似这种密实化现象，这叫做堆外密实或热密实。这种密实速度和程度主要取决于芯块这部分不稳定小孔隙的体积份额以及晶粒大小和分布，所以可通过堆外模拟试验(复烧试验)来了解芯块微观结构(孔隙和晶粒大小及分布)是否满足堆内运行的质量要求。

2. 高温氢气烧结炉的基本结构

复烧试验用的高温氢气烧结炉，一般有立式和卧式两种，比如实际生产用的氢气烧结炉

(如推舟炉),结构紧凑,占地面积小,容量小。炉子的结构也因类型而异,但其主要部件有电气控制、冷却水系统、气路管道、测温系统、炉体以及其他相关附属部件。01WF8 型高温氢气烧结炉的主体结构如图 3-25 所示。

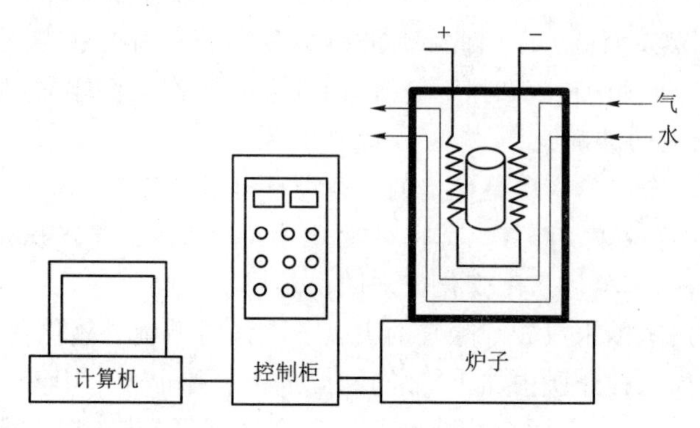

图 3-25 01WF8 型高温氢气烧结炉主体结构图

其中的冷却水系统采用循环水和自来水双系统,气路管道包括氢气、氮气和天然气,而电气控制实现自动和手动双重控制,炉子的水、电、气实现计算机实时监控。

二、UO_2芯块热稳定性检验方法

1. 设备、仪器及材料技术要求

高温氢气炉,使用温度不低于 1 730 ℃,并能调控烧结温度;

可编程序温度调节仪,精度 0.1 级;

干燥箱,能保持并控制温度在(120±10) ℃;

钨铼 5/26 热电偶,允许误差±0.5%$|t|$;

双孔氧化铝绝缘子;

钼舟;

氢气 99.5%;

氮气 98%。

2. 试验操作步骤

(1) 测定芯块烧前密度或外径尺寸

对于实心带碟形倒角的 UO_2芯块,采用浸水法或压汞法来测定芯块的烧前密度 ρ_0;对于空心带倒角的 UO_2芯块(如 VVER 燃料芯块),用数显千分尺测定每个芯块烧前的外径尺寸 D_0。

(2) 烧结 (以 01WF8 高温氢气炉为例)

首先检查并准备好水、电、风、气。

1) 装炉

将芯块装舟后,置入炉内料架上恒温区内,将炉底上升到位并锁紧炉底。

2) 抽真空、洗炉、充氢

当炉内真空度达到预设值时,真空泵停,进入自动充氮洗炉和自动充氢阶段。

3) 升温、保温

当氢气点燃后，调节氢气流量在规定范围；按下磁性调压器上“控制启动”和“主回路启动”开关，在温控仪上按“运行”即开始自动升温。炉内控制点温度达到设定值时开始保温。

4) 降温、停炉

保温结束后，按 35～40 ℃/min 的速度降温；炉温降至 200 ℃时，按下磁性调压器上“控制停止”“主回路停止”开关，转为氮气气氛，关闭氢气总阀。炉温降至 80 ℃时，按“复位”开关停炉，关闭天然气，待样品冷却至室温后出炉。

(3) 测定芯块烧后密度或外径尺寸

按(1)中方法测定芯块的烧后密度 ρ_1 或测定每个芯块烧后的外径尺寸 D_1。

(4) 结果计算

对于实心带碟形倒角的 UO_2芯块，逐个计算出每个芯块复烧后密度变化值 $\Delta\rho_i$，根据用户技术条件要求，对试验结果作出正确判断。

$$\Delta\rho_i=\rho_{1,i}-\rho_{0,i} \tag{3-45}$$

式中：$\Delta\rho_i$——复烧后第 i 块芯块密度变化值，g/cm³；

$\rho_{1,i}$——复烧后第 i 块芯块密度，g/cm³；

$\rho_{0,i}$——复烧前第 i 块芯块密度，g/cm³。

对于空心带倒角的 UO_2芯块，计算每个芯块的外径尺寸变化 ΔD，所有芯块烧后外径尺寸变化平均值$\overline{\Delta D}$，所有芯块烧前外径尺寸平均值$\overline{D_0}$，再按公式$\overline{\Delta D}/\overline{D_0}$(%)来确定芯块的再烧结能力(热稳定性)。

三、高温氢气炉循环水管道气泡排放

炉体供水系统示意图，如图 3-26 所示。

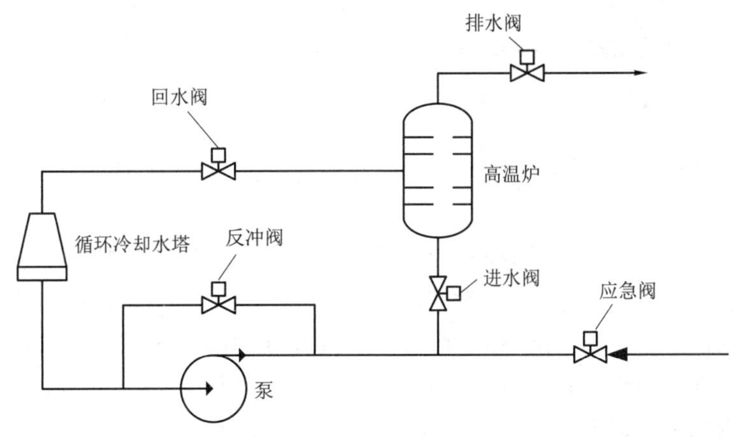

图 3-26 炉体供水系统示意图

当管道内有空气时，水压和水流量会降低，长时间运行会造成泵的损坏。排除办法：关闭进水阀，打开应急阀和反冲阀，用自来水冲洗管道，并旋开泵侧面旋钮即可放出气泡。然后关闭应急阀和反冲阀。

四、高温氢气炉的日常维护及注意事项

1. 日常维护

(1) 保持设备外观整洁；

(2) 检查钨铼热电偶是否完好、有无计量检定合格证；

(3) 检查可燃气体报警系统显示是否正常；

(4) 检查和维护循环水系统,保证循环水系统正常；

(5) 检查和维护电器控制(包括计算机)系统,保证电器控制系统正常；

(6) 检查和维护气源间减压系统及氢气、氮气、天然气管路,保证气路系统正常。

2. 注意事项

(1) 减压阀设置完成后,不得随意更改；

(2) 设备真空度满足检验规程要求,以保证设备密封性能；

(3) 设备充氢前,检查氢管道是否为正压；

(4) 设备充氢前,先点燃天然气；

(5) 启动循环水泵前,先将循环水管道内气泡放掉；

(6) 设备充氢完成后,必须是氢气点燃后方可升温,且氢气燃烧火焰高度不得低于 15 cm；

(7) 设备运行过程中,循环水压力控制在规定范围内；

(8) 炉温高于 80 ℃时,严禁打开炉盖。

第十节 粉末比表面积的测定

学习目标:了解粉末比表面积的概念,了解 BET 法测量比表面积的原理及测量影响因素,掌握 BET 仪测量二氧化铀粉末比表面积的操作技能。

一、概述

比表面积是指单位重量或单位体积的粉末所具有的表面积,单位用 m^2/g 或 m^2/cm^3 表示。

粉末的比表面积取决于颗粒大小和表面发达的程度,而粉末颗粒的大小和表面发达程度又受粉末制备工艺条件的影响。分散体系的粉末颗粒有大有小,形状千差万别。构成分散体系的粉末内部结构非常复杂,孔隙有开口孔、闭口孔和贯穿孔之分,因此比表面积不仅表征粉末颗粒的外表面积而且又有内表面积。总之,粉末颗粒越小,比表面积越大,表面状态越发达,活性越大,表面能亦越大,可见比表面积又是表面能的度量,是衡量粉末活性的重要参数。因此在铀的粉末冶金过程中都十分注意比表面积这一参数的测定。

总体而言,UO_2粉末比表面积大者,表面发达,粉末活性大,有利于压制成型、高温烧结以及获得高烧结密度的芯块。相反,如果 UO_2 粉末比表面积小,表面欠发达,粉末活性小,则不利于压制成型和烧结。然而,对于 UO_2芯块的烧结性能来讲也不能一概而论,例如:高密度生坯块的烧结性能较差,而中等比表面积高密度生坯块的烧结性能良好。因此,比表面

积既有一般性，又有特殊性，应用时需视要求而定。

比表面积的测定方法很多，有 BET 法、色谱法、透气法、压汞法等，但是由于测定方法和表征形式的不同而导致测定结果有很大的差异。因此在评价一种方法或测定结果时，不能只看数字，而应全面讨论所用方法和表征的具体条件。

下面重点介绍粉末比表面积 BET 测定方法。

二、BET 法测定原理

固体暴露于气体中时，气体分子碰撞在固体上，并可在固体表面上停留一定的时间。这种现象称为吸附。吸附的量取决于固体（吸附剂）和气体（吸附质）的性质以及吸附发生时的压力。吸附气体的量可通过测定固体重量的增加计算出来（重量分析法），或用气体定律，通过测定由于吸附而从系统除去的气体数量算出（滴定分析法）。下面讲述的测量原理即为 BET 滴定分析法。BET 理论是 1938 年勃鲁纳尔（Brunauer）、爱曼特（Emmett）和泰勒（Teller）将朗格缪尔（Langmuir）的单分子吸附理论加以推广，并考虑到在吸附分子上的继续吸附而得出的多分子层吸附理论，简称 BET 理论。BET 法测定粉末的比表面积是以 BET 理论为基础的，即在液氮温度下，待测粉末样品对氮气分子产生多层吸附，其吸附量 V 与氮气的相对压力 p/p_0 有关，当 p/p_0 在 0.05～0.35 之间时，有如下关系式，称为 BET 公式：

$$\frac{p}{V(p_0-p)}=\frac{C-1}{V_mC}\cdot\frac{p}{p_0}+\frac{1}{C\cdot V_m} \tag{3-46}$$

式中：V ——粉末吸附氮气的体积，ml（标准状态）；

V_m——粉末吸附一个单分子层氮气时所需的氮气的体积，ml（标准状态）；

p——吸附平衡时氮气体压力，Pa；

p_0——吸附温度下液氮的饱和蒸汽压，Pa；

C ——与粉末吸附热及氮气的液化热有关的常数，当选定吸附介质、吸附剂以及吸附温度后，C 为常数。

当 $p/V(p_0-p)$ 对 p/p_0 作图时，可得到一条直线，其斜率 $a=\frac{C-1}{V_mC}$，截距 $b=\frac{1}{V_mC}$，由斜率和截距可求得单分子层饱和吸附量 V_m：

$$V_m=\frac{1}{a+b} \tag{3-47}$$

由 V_m 及每个被吸附的氮气分子在吸附剂表面上所占有的面积，可计算出单位重量样品的比表面积。已知每个氮气分子在吸附剂表面所占有的面积为 16.2 Å，因此在标准状态下，每一毫升被吸附的氮气若铺成单分子层所具有的面积为 S_{N_2}

$$S_{N_2}=\frac{6.023\times10^{23}\times16.2\times10^{-20}}{22.4\times10^3}=4.36(m^2/ml) \tag{3-48}$$

因此，粉末样品的比表面积可表示为：

$$S=\frac{S_{N_2}\times V_m}{m}=4.36\times\frac{V_m}{m}\ (m^2/g) \tag{3-49}$$

式中：m 为样品重量，单位：g。

三、仪器装置

用 BET 法测定比表面积的装置有很多种,图 3-27 为最典型的测定装置图。

四、比表面积测定

1. 仪器常数的测定

如图 3-27 所示,预先用汞标定仪器各标准小泡体积,准确到 0.01 ml。用汞标定仪器活塞 A(或 B)的芯通道体积和毛细管 AH(或 BH)的管道体积,准确到 0.01 ml。用汞标定仪器各样品瓶的体积 V_3,准确到 0.01 ml。

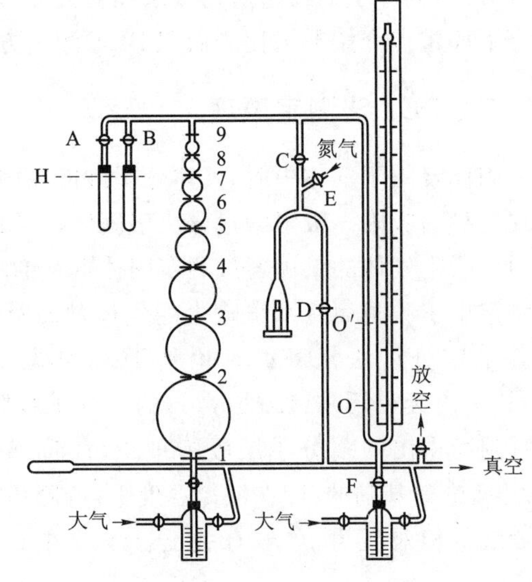

图 3-27 BET 测定装置图

运用气态方程$\frac{p_1V_1}{T_1}=\frac{p_2V_2}{T_2}$测定出仪器中 O 点到活塞 A、B 以及标准小泡上标志线间的管道体积,即为 V_1 体积。V_1 加上 AH(或 BH)即为 V_2 体积。

2. 等效死空间的校正——实测 α 值

等效死空间体积$\frac{\alpha p_2V_3}{T_S}$在此定义为:在一定的液氮温度以及样品瓶在液氮中浸泡到一固定标记刻度,在一定吸附平衡压力 p 下样品瓶中未被吸附的气体体积(标准状态)。实际测量时,样品瓶中不放样品抽真空至 2.7 Pa,然后按做样品的步骤一样,测量出 p_1 和 p_2,再应用公式:

$\frac{p_1V_1-p_2V_2}{T}-\frac{\alpha p_2V_3}{T_S}=0$ 计算出 α 值。按上述处理所得 α 值一般在 1.03 左右。

3. 多点 BET 法操作步骤

(1) 取一定质量的粉末样品装入样品瓶中,连接到仪器上,抽真空,样品在真空状态下加热除气。

(2) 用测温仪器测量出液氮温度,查表得到 T_S 和 p_0。

(3) 将汞升至指定标记线和 O'位置。引氮气进入 V_1 内,记录压力 p_1,环境温度为 T_1。

(4) 将样品瓶浸泡在液氮浴中,让样品在液氮温度下吸附氮气。样品吸附平衡后,测量平衡压力为 p_2,环境温度为 T_2。

(5) 控制 p_2/p_0 在 0.05~0.35 范围内,利用多泡泡体积改变体积 V_2 测 3~5 个点,记录各点平衡压力 $p_2^{(1)}$、$p_2^{(2)}$、…、$p_2^{(5)}$ 及对应的环境温度 T_2。

(6) 测定完成后关闭样品瓶上活塞,取下液氮浴。

4. 多点 BET 法结果计算

(1) 计算吸附总量 V

$$V=\frac{273.16}{760}\times\left[\frac{p_1V_1}{T_1}-\frac{p_2V_2}{T_2}-\frac{\alpha p_2V_3}{T_S}\right] \tag{3-50}$$

式中：p_1——氮气初始压力，mmHg；

V_3——样品瓶体积减去样品体积，ml。

（2）作图求 V_m

以 $p_2/V(p_0-p_2)$ 为纵坐标，p_2/p_0 为横坐标作图．得到一条直线，其斜率 $a=\frac{C-1}{V_m C}$，截距 $b=\frac{1}{V_m C}$，由斜率和截距按式(3-46)可求得单分子层饱和吸附量 V_m。

（3）根据式(3-48)计算出样品的比表面积。

5．单点 BET 法

在 BET 方程中的 C 是一个远远大于 1 的常数，即 $C \gg 1$，因此可简化成下式：

$$\frac{p}{V(p_0-p)}=\frac{1}{V_m}\cdot\frac{p}{p_0} \tag{3-51}$$

从而得到

$$V_m=\frac{V(p_0-p)}{p_0} \tag{3-52}$$

即可得到单点法测量粉末比表面积 S 的公式为：

$$S=1.566\cdot\left(\frac{p_1V_1}{T_1}-\frac{p_2V_2}{T_2}-\frac{\alpha p_2V_3}{T_S}\right)\cdot\frac{(p_0-p)}{p_0}\cdot\frac{1}{m} \tag{3-53}$$

由于在相对短的时间内，环境温度(室温)变化不大，因此上式可简化为：

$$S=1.566\cdot\left(\frac{p_1V_1-p_2V_2}{T}-\frac{\alpha p_2V_3}{T_S}\right)\cdot\frac{(p_0-p)}{p_0}\cdot\frac{1}{m} \tag{3-54}$$

6．单点 BET 法操作步骤

与多点的测量步骤基本相同，不同的是单点法测量无须改变多泡体积，只需用一个测量点，结果计算采用式(3-53)。

7．影响比表面 BET 测定的主要因素

（1）除气

样品表面的处理是正确测定的最重要的准备工作。所有固体表面在通常情况下均覆盖着物理吸附膜，在任何定量测定前必须将它们除去或称“除气”。除气达到的程度取决于三个变量：压力、温度和时间，在实验和工艺控制中，由于仅需获得复现性，可以按经验选择除气条件，并在所有测定中保持一致。对于更精确的测定，必须更仔细地选择除气条件。

（2）压力、温度和时间

虽然除气应在尽可能低的压力下进行，但考虑到时间和设备等因素，在结果准确和压力一致情况下可适当提高除气压力。如 Emmett 推荐压力为 10^{-5} mmHg，对于例行检验，Bμgger 和 Kerlogue 发现 $10^{-2}\sim10^{-3}$ mmHg 的真空已足够，那样所得到的表面积与在 10^{-5} mmHg 压力下得到的表面积相差小于 3%。而除气温度和时间在不同文献中所推荐的值相差很大，因此，规定一个简单的除气条件以适用于所有样品是困难的。

第十一节　力学性能分析

学习目标：通过对本节的学习，测试工应能理解常见的力学指标及其影响因素，了解力学性能试验在生产检验中的应用范围，熟练使用材料试验机，掌握典型试样的力学试验方法。

一、基本概念

在机械工业和其他工业中经常遇到各种力学实际问题，无论在生产过程中或检验过程中，都需要对各种力及力矩进行分析和研究。各种机器都由很多零件或部件组合而成，在原动机带动下，经过力的传递才能使其各部分产生所需要的各种运动。零件或部件在工作过程中都受一定的负荷，需要对负荷的大小、方向及特征进行测定和分析，研究影响负荷的各种因素及其所产生的后果，从而对机器或产品的设计及改进提供可靠的依据，提高机器的产品质量及其使用寿命。在生产过程中通常遇到切削力、轧制力、冲压力、推力、牵引力、扭矩等等各种力，也必须对它们进行测量和分析研究。

1. 力和力矩

力是物体之间的相互作用，即一个物体对另一个物体的作用，或另一个物体对这个物体的反作用。在法定计量单位制中力的单位规定为牛顿，简称为牛(N)。

力是矢量，要完全确定一个力就必须知道它的大小(力值)、方向及作用点，这是力的三要素。如果不考虑物体的变形，即把物体看成是刚体，就可以把力的作用点沿力的方向任意移动，此时，作用点和方向便合一为力的作用线。

力可以改变物体的机械运动状态或改变物体所具有的动量，使物体产生加速度，这是力的“动力效应”。力还可以使物体产生变形，在物体中产生应力，这是力的“静力效应”。

力矩(M)是力(F)和力臂(L)的乘积；绕某一点的力矩是指这个力和该点到力的作用线的垂直距离的乘积：

$$M=F\cdot L \tag{3-55}$$

在法定计量单位制中力矩的单位规定为牛・米(N・m)。

2. 应力和应变

金属材料的许多力学性能都是用应力表示的。因此，为了研究材料在不同加载条件下的力学性能，需要搞清楚应力和应变的概念。

物体受外加载荷作用时单位截面面积上的内力即为应力。通常，载荷并不垂直于其作用的平面，此时可以将载荷分解为垂直于作用的平面的法向载荷与平行作用的平面的切向载荷，前者产生正应力，后者产生切应力。

在单向静拉伸条件下，正应力 $\sigma=P/F$，P 为拉伸载荷，F 为垂直拉伸试样轴线的截面面积。工程上一般忽略加载过程中截面积 F 的变化，而以原始截面积 F_0 代替 F，这样所得的应力为条件应力或工程应力，$\sigma=P/F_0$。

在拉伸载荷 P 的作用下，试样将产生伸长、截面积收缩，单位长度(或面积)上的伸长(或收缩)称为应变。与条件应力相似，条件应变或工程应变为 $\varepsilon=(l-l_0)/l_0$，l_0 为试样原始标距长度，l 为试样在载荷 P 作用下的标距长度。如果用面积表示，则条件应变为 $\varphi=(F_0-F)/F_0$，F_0 为试样原始标面积，F 为试样在载荷 P 作用下的面积。

实际上，在拉伸过程中，试样的截面面积是逐渐变小的。载荷 P 除以试样某一变形瞬间的截面积 F，称为真应力，$S=P/F$。

由于 $F=F_0-\Delta F=F_0\left(1-\frac{\Delta F}{F_0}\right)=F_0(1-\varphi)$，所以 $S=\frac{P}{F}=\frac{\sigma}{1-\varphi}$。

当试样变形量较小时，由于截面积变化不大，所以条件应力与真应力区别不大。但在变形量大时，尤其是在塑性变形阶段，两者之差就比较显著了。

二、测力的方法

测力的方法可归纳为利用力的动力效应和力的静力效应两种方法。

1. 利用力的动力效应计量力的方法

力的动力效应是使物体产生加速度，测定物体的质量及其所获得的加速度，即测定了力值。在重力场中地球的引力使物体产生重力加速度，即产生了重量。因此，可用已知质量的物体在重力场某处的重量来测力，也就是经常采用的与已知重力相平衡的方法来测力。

例如静重式测力机（包括基准、标准）就是直接将已知质量的砝码所体现的力值对被检测力计（仪）进行示值定度或检定。其力值计算公式为：

$$F=mg(1-\rho_a/\rho_w)(N) \tag{3-56}$$

式中：m——砝码质量，kg；

g——当地重力加速度，m/s^2，标准重力加速度为 9.806 65 m/s^2；

ρ_a——空气密度，kg/m^3；

ρ_w——砝码材料密度，kg/m^3。

杠杆式标准测力机，实际就是一台大型不等臂天平，而液压式标准测力机则是按帕斯卡原理工作的液压机，它们都是把已知砝码的重量放大后，作用于被检测力计，从而对被检测力计进行定度或检定。

试验机的摆锤测力机构是使试样所受的未知力，直接或缩小后与已知摆铊的重量相平衡来进行测力的。同样，在检定小负荷试验机及拉、压万能试验机时所用的杠杆式测力计或砝码直接加荷法，都属于这种测力方法。

在利用物体的重量来计量力时，应注意重量和质量的差别。重量是重力的量度，在重力场中物体的重量与质量成正比，其比例常数就是重力加速度。而重力加速度是随不同地点、不同高度而变化的，所以重量也随之而变化。

2. 利用力的静力效应计量力的方法

力的静力效应是使物体产生变形或某些物理特性变化。

(1) 弹性变形

利用被测力作用在各种结构的弹性元件上，使弹性元件产生变形，根据变形的大小来测量被测力的大小，这种测力方法又根据计量弹性元件变形方法的不同而有很多种形式。

(a) 机械式弹性测力计

直接用机械法（杠杆、齿轮、指针等）传动显示弹性元件的变形。这类结构简单，计量范围大，但精度不高。

(b) 应变式测力计

弹性元件受力变形是应用应变片进行计量的，这类测力计得到了广泛的应用，根据不同的需要弹性元件有很多形式，它的精度高，反应速度快，计量范围广。主要缺点是输出信号弱，需要用专门的电测仪器（应变仪）来进行计量。

(c) 电容式测力计

把弹性元件的变形作为电容极间距离的变化来反映被测力的大小。它的结构简单,强度高,过载能力强,它的缺点也是计量电路较为复杂。

(d) 振弦式测力计

用一端固定在被测变形的弹性元件上,另一端固定在基座上张紧的金属弦(张丝)作为计量元件。当弹性元件变形而引起张丝张力变化时,将改变张丝的自振频率,这样就可以把被测力变为张丝的自频频率信号输出,是一种频率式变换器。它具有灵敏度高、抗干扰性好、体积小、重量轻、长期稳定性好等优点。缺点是材料性能及处理等会影响特性的稳定。

(e) 其他弹性式测力计

除上述几种电测变形的测力计外,电测变形式测力计还有很多种形式。如:百分表式、显微镜式、水银容量式、激光干涉法测力计。

(2) 其他物理特性变化

(a) 压电式测力计

它是应用晶体的压电特性来计量力,即沿晶体某一方向施加作用力以后,将在一定方向上出现电荷,这个电荷的大小正比于被测力。压电材料主要有压电石英和一些压电陶瓷。压电式测力计主要优点是反应速度快、线性好,但由于内阻很大测量线路复杂。其次,由于线路不可避免漏电,所以,不适于计量静态力,仅适于计量动态力。

(b) 压磁式测力计

压磁式测力计是利用某些磁性材料受到作用力后,由于应力变化改变它本身的磁导率或由于应力变化使磁力线分布发生变化这一原理。一般做成变压器形式,以电压信号输出。它的优点是信号输出功率高,抗干扰能力强,结构可靠,易于制造。主要缺点是精度不太高,一般为±(1.5～2)%。

三、材料试验

材料试验包括材料的机械性能试验、物理实验、化学实验等等。

材料的机械性能:材料在外力的作用下,所表现的抵抗变形或破坏的能力,称作材料的机械性能。包括强度、塑性、弹性、脆性、断裂韧性、硬度等。

材料的机械性能试验:拉伸、压缩、弯曲、剪切、扭转、冲击、疲劳、蠕变、持久、松弛、磨损、硬度等试验。

1. 拉伸试验

又称拉力试验,是缓慢地在试样两端施加负荷,使试样的工作部分受轴向拉力,引起试样沿轴向伸长,一般进行到拉断为止。通过拉伸试验可测定材料的抗拉强度和塑性特性等。

拉伸试样应符合相关的国家、行业标准要求。

试验设备:万能试验机、拉力试验机。

2. 压缩试验

与拉伸试验相反,用于测定材料在静压力作用下的压力强度、相对缩短率和断面增大率等。

对压缩试样的基本要求是两个支承端面要相互平行。

试验设备:万能试验机、压力试验机。

3. 弯曲试验

用于测定材料或构件等的弯曲强度极限,弹性模量及最大挠度。分为简支梁弯曲试验和纯弯曲试验。

试验设备:万能试验机、压力试验机(配备弯曲附件)。

4. 剪切试验

用于测定材料的抗剪切能力,剪切试验分为单向剪切和双向剪切试验。

试验设备:万能试验机。

5. 冲击试验

利用摆锤冲击试样前后的能量差来确定该试样的韧性和脆性。特点是冲击力大、作用时间短、变化快。

试验设备:冲击试验机。

6. 硬度试验

是一种迅速、经济的机械试验方法,是测定材料机械性能应用最广泛的方法之一,是唯一不损坏试件机械性能的试验。

试验设备:硬度计。

7. 其他试验

如扭转试验、疲劳试验、蠕变试验、松弛试验、持久试验等,常用于材料研究,需要采用专门的试验机,如:疲劳试验机、蠕变试验机等等。

四、材料试验机

1. 试验机概念和用途

试验机是在各种条件、环境下测定金属材料、非金属材料、机械零件、工程结构等的机械性能、工艺性能、内部缺陷和校验旋转零部件动态不平衡量的精密测试仪器。在研究探索新材料、新工艺、新技术和新结构的过程中,试验机是一种不可缺少的重要测试仪器。广泛应用于机械、冶金、石油、化工、建材、建工、航空航天、造船、交通运输等工业部门以及大专院校、科研院所的相关实验室。对有效使用材料、改进工艺、提高产品质量、降低成本、保证产品安全可靠等都具有重要作用。

2. 试验机的种类

试验机的种类很多,有多种不同的分类方法。按加荷方法分类,包括静负荷试验机(静态)和动负荷试验机(动态)。

(1) 静态试验机主要包括:万能试验机、压力试验机、拉力试验机、扭转试验机、蠕变试验机。

(2) 动态试验机主要包括:疲劳试验机、动静万能试验机、单向脉动疲劳试验机、冲击试验机等。

五、引伸计

引伸计是试验机对试样施加轴向力时,测量试样变形的装置,包括测量、指示或记录系统。根据结构特点,分为电子式和机械式两种。

1. 引伸计结构及工作原理

如图 3-28 所示,引伸计包含应变片、变形传递杆、弹性元件、限位标距杆、刀刃和夹紧弹簧等。测量变形时,将引伸计装卡于试件上,刀刃与试件接触而感受两刀刃间距内的伸长,通过变形杆使弹性元件产生应变,应变片将其转换为电阻变化量,再用适当的测量放大电路转换为电压信号。

引伸计规格,主要包括标距和量程两个指标,标距是指引伸计两刀口的初始间距;量程是指引伸计最大伸长量。典型的引伸计,如 WDW-100 配引伸计:标距为 50 mm,量程为 10 mm(20%);CSS-2210 配引伸计:标距为 50 mm,量程为 5 mm(10%)。

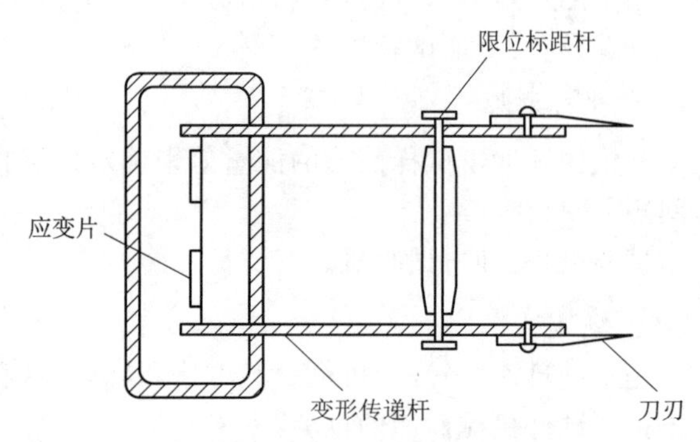

图 3-28　引伸计工作原理示意图

2. 引伸计分类

按测量目的不同,引伸计可分为轴向引伸计、径向引伸计、夹式引伸计。

(1) 轴向引伸计

用于检测试件在轴向拉伸或压缩下的变形(见图 3-29),它是使用最广泛的一类引伸计,常用于测定材料的屈服强度,如 $R_{p0.2}$。

(2) 径向引伸计

用于检测试件径向收缩变形,通常与轴向引伸计配合用来测定泊松比 μ。

(3) 夹式引伸计

用于检测裂纹张开位移。夹式引伸计是断裂力学实验中最常用的仪器之一(见图 3-30),它较多用在测定材料断裂韧性实验中。优点是精度高,安装方便,操作简单。试件断裂时引伸计能自动脱离试件,适合静、动变形测量。

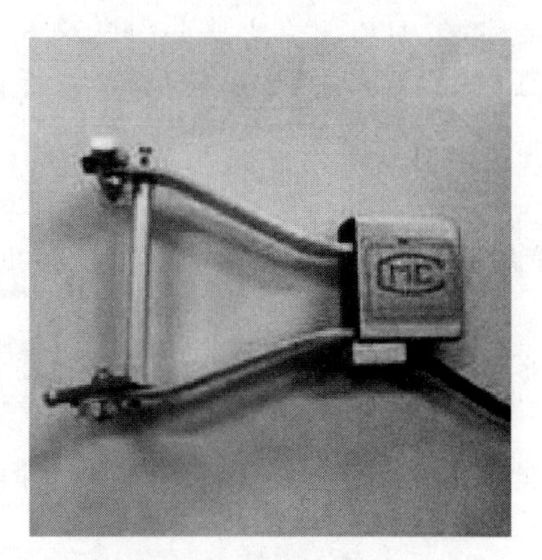
图 3-29　轴向引伸计

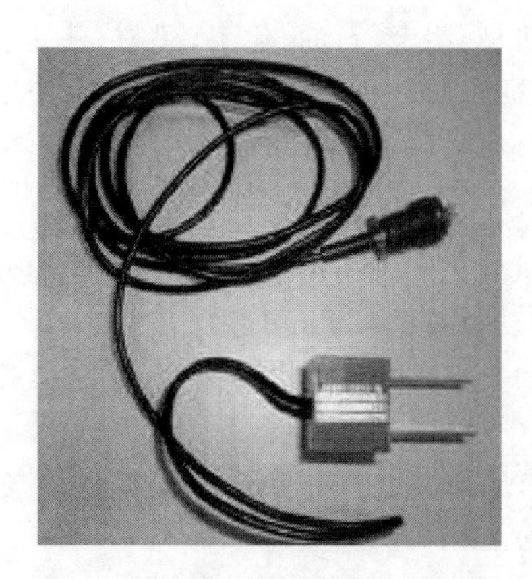
图 3-30　夹式引伸计

3. 引伸计使用方法

以 WDW-100 配轴向引伸计为例说明引伸计的一般用法。

(1) 首先将标距卡插入到限位杆和变形传递杆之间;

(2) 再用两个手指夹住引伸计上下端部,将上下刀口中点接触试件平行段的测量部位,用弹簧卡或皮筋分别将引伸计的上下刀口固定;

(3) 小心取下标距卡,注意不能改变刀口的位置;

(4) 在试验机控制软件中选择变形测量方式为引伸计,对引伸计信号清零;

(5) 按约定的加载速度加载;

(6) 至约定的变形量时,取下引伸计上的弹簧卡或皮筋,卸下引伸计。

4. 引伸计检定

依据 JJG 762《引伸计检定规程》,为保证材料试验结果的正确性,需要对引伸计进行定期检定。对引伸计的检定就是将引伸计的读数与标定器给定的已知长度的变化量进行比较,以满足拉伸或压缩方法标准对引伸计的要求。图 3-31 为常见的一种标定器,它是一种纯机械式的高精度位移测微仪器,专门用于对各类引伸计的标定,也可用于位移传感器及百分表、千分表的检定。

图 3-31　标定器

六、材料的拉伸试验

1. 拉伸试验的特点及目的

拉伸试验在材料机械性能试验中是最常见的试验方法,一般是在常温、静载和轴向拉伸载荷作用下材料所表现的力学行为。之所以特别提出常温、静载和轴向,是为了说明此种试验所决定的机械性能是在三个外界条件即温度、加载速度和应力状态都是恒定的情况下得出的,在这样三个恒定条件下进行拉伸试验可以造成一种单向和均匀的拉应力状态,通常说的拉伸试验就是指的这种试验。所以拉伸试验也称做静载荷试验,所谓静载荷是指应变速度为 10^{-4}～10^{-2} mm/s。

拉伸试验是最普遍的一种机械性能试验方法,它具有简单、可靠、能清楚反映材料受力时表现出弹性、塑性、断裂三个过程的特性,这对金属材料尤为明显。拉伸试验历史悠久,已经积累了不少有关的实践资料和数据。拉伸试验所获得的材料的强度和塑性数据,对工程设计或材料研制、材质的验收等都有很重要的价值。有些场合则直接以拉伸试验的结果为依据,它还和其他机械性能指标建立了经验关系,如热轧软钢的抗拉强度与布氏硬度之间有 $\sigma_b=1/3$ HB,和疲劳极限强度之间又有 $\sigma_{-1}\approx(0.4\sim0.5)\sigma_b$。总之拉伸试验早已成为测定机械性能的重要方法,它所获得的指标已成为评价材料性能优劣,改进生产工艺以及指导设计选材等的重要依据。

2. 力学分析简述

为了分析拉伸试样的强度和变形问题,首先需要了解在外力作用下试样内部引起的相互作用力——内力。

试样可视为一种杆状构件,构件在未受外力作用时就有内力(分子结合力)存在。正是这些内力使构件内各质点保持着一定的相对位置，维持一定的形状。构件在受外力作用后发生变形，实际上就是改变了各质点之间的相对位置，因而它们之间的相互作用力也随之改变，其改变量在材料力学中称为内力。

显然，当外力增加时，构件的内力必然随之增大。如果内力超过构件材料所允许的某一限度，构件就会发生破坏，可见内力与构件的强度密切相关，要研究构件的承载能力，必须了解其内力情况。

先作两点基本假设：① 材料是均匀、各向同性的。② 构件上任意横截面在受力前后都保持平面。

材料力学运用截面法来求得受外力作用的构件某截面的内力和应力。由于内力是构件内部间相互作用的力，为了确定它的大小及方向，假想地用一个截面把构件切开，分成两部分，然后将内力显示出来，并用静力平衡条件将其求出，这种方法称为截面法。运用截面方法求内力可归纳为“切”“取”“代”“平”四个步骤：

(1)“切”。在需要求内力的截面处，分成两部分；

(2)“取”。取其中任意一部分作为分析对象，弃去另一部分；

(3)“代”。以内力(力或力偶)代替弃去部分对留下部分的作用；

(4)“平”。根据所取部分的受力图，用静力平衡方程式求出该截面上的内力。

确定了构件内力 N 的大小和方向后，还不能立即解决物件的强度问题。根据实践经验，材料相同，横截面积不等的两根试件，在相同的轴向拉力 F 作用下，随着拉力的增加，细的试件必然先被拉断。这说明，试件的强度不仅与轴力大小有关，还与试件的横截面积有关。所以用单位面积的内力即应力来表示抵抗变形的能力，即 $\sigma_b=N/S$。因为 $F=N$，所以 $\sigma_b=F/S$。这样应力就可以通过外加载荷来测量了。其中 F 为试验力(N)，S 为试件横截面积(mm)。

以上所述为横截面上内力和应力的求法。如果要求出与横截面成一定角度的斜截面上的应力，同样可采用截面法求得。

如果材料的剪切抗力远低于正断抗力，则试件在拉伸过程中，与横截面成 45°的斜面首先产生滑移，试样表面呈现滑移线，说明材料内部产生塑性变形。如果材料的剪切抗力高于正断抗力，则试件断裂发生在塑性变形之前，断口是脆性断裂形式。

3. 材料在静拉伸下的一般机械性能

拉伸试验可表达材料在静拉伸负荷作用下的一般力学行为，即弹性变形、塑性变形及断裂。

图 3-32 为低碳软钢的拉伸曲线，如果变换座标成应力(σ)－应变(ε)，即成为条件应力-应变曲线，由图可见，整个曲线可分成弹性变形、屈服、均匀塑性变形、局部集中塑性变形及断裂几个阶段。

(1) 弹性变形阶段

弹性是指受力物体去除外力后，其变形以声速恢复的现象。其物理特性是应力与应变成正比，符合虎克定律，在应力－应变图上表现为一段直线。即：

$$\sigma=E\varepsilon \tag{3-57}$$

(2) 塑性变形阶段

当应力超过弹性极限时，试样不但发生弹性变形，且同时产生塑性变形，即在外力除去

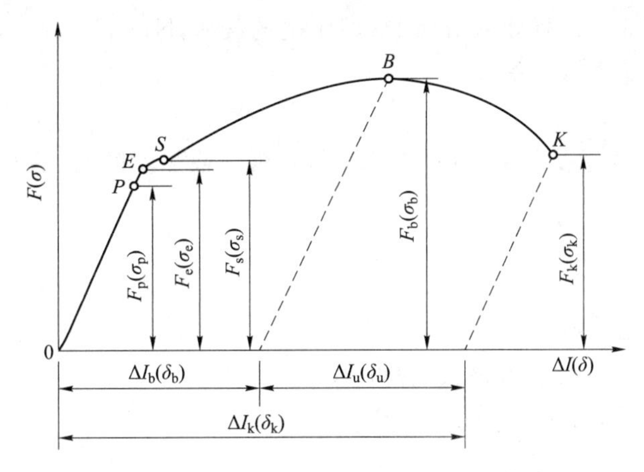

图 3-32　低碳钢的拉伸(应力—应变)曲线

后其变形不能全部恢复,留下永久变形,这种现象叫做塑性变形,见 ESB 段。

1）屈服

退火低碳钢及一些有色金属在拉伸曲线上出现明显的载荷平台现象,此时载荷不增加或在某个幅度内上下波动,而变形迅速增加,这个现象称作屈服现象。

2）断裂

材料静拉伸试验最终过程是断裂,断裂从宏观上是瞬间现象,实际上当拉伸试验试样进入颈缩后即孕育着断裂。断裂按其性质可分成韧性断裂和脆性断裂;按其方式可分成切断和正断。

a）脆性断裂

断裂前无大量塑性变形,断口齐平,呈晶粒状,发亮,是在正应力为主作用下的“正断”,其微观形貌多为沿晶的解理。

b）韧性断裂

断裂前有大量塑性变形,断口高低不平,呈纤维状,发暗,断口拉边与轴线几乎成 45°,系在切应力为主作用下的“切断”,其微观形貌多为穿晶型的韧窝。

影响材料断裂的因素很多,如试验温度、加载速度、应力状态等。当温度和加载速度一定时,由于应力状态的不同,可以使材料表现出不同的断裂类型。

(3）强度指标

1）屈服强度

根据 GB/T 228.1《金属材料 室温拉伸试验方法》,当金属材料产生屈服现象时,在试验期间达到塑性变形发生而力不增加的应力点称为屈服强度。按屈服强度的定义,它标志着金属对塑性变形的起始抗力。对单晶体来说是第一个滑移出现的抗力,这对多晶体金属是没有意义的。工程上一般对没有明显屈服平台的材料,取非比例延伸率为 0.2%时的应力作为规定残余变形量为 0.2%・l_0时的抗力指标,称作规定非比例延伸强度($R_{p0.2}$)。其大小可由下式计算:

$$R_{p0.2}=\frac{F_s}{S_0} \tag{3-58}$$

式中：$R_{p0.2}$——规定非比例延伸强度，N/mm^2；

F_s——试样在非比例延伸率为0.2%时承受的载荷，N；

S_0——试样原始横截面积，mm^2。

2）抗拉强度

材料在断裂前所能承受的最大应力，称为抗拉强度或强度极限，用R_m表示。其值大小可由下式求得：

$$R_m=\frac{F_m}{S_0} \tag{3-59}$$

式中：R_m——抗拉强度，N/mm^2；

F_m——试样拉断前承受的最大载荷，N；

S_0——试样拉断前的横截面积，mm^2。

(4) 塑性指标

塑性是在拉伸试验中测得的，常用的塑性指标有延伸率A和断面收缩率Z。

1）断后伸长率A

断后伸长率是指试样拉断后，断后标距的残余伸长与原始标距的比率，用符号A表示。

$$A=\frac{L_u-L_0}{L_0}\times 100\% \tag{3-60}$$

式中：L_0——试样的原始标距长度；

L_u——试样拉断后的标距残余伸长。

符号A可附以不同的下脚注表明试验条件，以下举例说明：

$A_{5.65}$——表明试样为比例试样，原始标距为$5.65\sqrt{S_0}$，通常简写为A；

$A_{11.3}$——表明试样为比例试样，原始标距为$11.3\sqrt{S_0}$；

$A_{25\ mm}$——表明试样为非比例试样，原始标距为25 mm。

2）断面收缩率Z

断面收缩率是指断裂后，试样横截面积的最大缩减量与原始横截面积的比率，用符号A表示。

$$A=\frac{S_0-S_u}{S_0}\times 100\% \tag{3-61}$$

式中：S_0——试样原始横截面积；

S_u——试样断口处的最小横截面积。

断后伸长率A和断面收缩率Z越大，表明材料的塑性越好，一般认为$Z<5\%$的材料为脆性材料。

七、影响拉伸试验结果的主要因素

1. 拉伸速度的影响

常温下，试验机的拉伸速度对试验结果有一定的影响，一般拉伸速度过快，测得的屈服点或规定非比例拉伸应力有不同程度的提高，而且不同的金属材料影响的程度也各异。所以各国标准根据不同材料性质和试验目的，对拉伸速度都作了相应规定，在国标GB/T 228中规定，用两种办法进行控制，一种是控制应变速率ε，另一种是控制应力速率σ，当测定下屈服点时，试样平行长度内的应变速度 ε 在 0.000 25～0.002 5 s^{-1} 之间。屈服过后或只需测定抗拉强度时，试验机两夹头在力作用下分离的速率不应大于 $\varepsilon=0.5\times60I_0$ s^{-1}（I_0 为试样平行部分），当不能直接控制应变速率的试验设备，则可控制弹性范围内的应力速率。

2. 试样形状、尺寸及表面粗糙度的影响

对不同截面形状的试样进行互比性试验结果表明：下屈服点 σ_{SL} 受试样形状的影响不大，而上屈服点 σ_{SU} 的影响较大。此外，试样肩部的过渡形状对上屈服点也有较大的影响，随着肩部过渡的缓和，上屈服点明显增高，而下屈服点影响较小，所以通常是在材料试验中取下屈服点的原因之一。

试样尺寸大小对试验结果也有影响，一般是随试样直径减小，其抗拉强度和断面收缩率有所增加，对脆性材料的尺寸效应更为明显。

试样表面粗糙度不同，对塑性较好的材料来说影响不明显。但对塑性较差或脆性金属材料，将有明显影响，随表面粗糙度的增加而使强度和塑性指标都有所降低。

3. 应力集中的影响

应力集中问题就是应力状态问题，一般拉伸试样都是采用光滑试样，其应力为单一的轴向拉应力，而往往与机械零部件在复杂的应力条件下服役相差较大。为了研究应力集中对材料拉伸强度的影响，采用带有不同形状缺口的试样与光滑试样的强度作比较。试验结果表明：应力集中对强度的影响完全取决于缺口的深度和缺口底部的圆弧半径，缺口深度越小其深度影响也越小。当材料塑性降低时（如低温拉伸时）随着缺口底部的圆弧半径的减小其强度显著降低，而圆弧半径较大的试样，其强度反而有所提高。

4. 试样装夹的影响

在拉伸试验时，一般不允许对试样施加偏心力，偏心会试样产生附加弯曲应力，从而造成试验结果的误差，对脆性材料，更为显著。造成试样偏心，除由于试验机的构造不良（对中不好）而产生外，还可能由于试样本身形状不对称、夹头的构造和安装不正确等因素而产生。

总之，为了通过拉伸试验获得准确得力学性能指标，必须满足规定的试验条件。除上述的拉伸速度，单向应力状态条件外，试验温度、介质环境以及仪器测试精度乃至操作者的操作水平等都会带来试验结果的误差。

八、室温拉伸性能试验

1. 仪器及设备

(1) 电子万能试验机（如 CMT4205），准确度不低于一级；

(2) 引伸计；

(3) 游标卡尺、壁厚千分尺等；

(4) 试样分划器。

2. 试样及试验条件

试样的加工、试样屈服前后的应力速度或应变速度设置应符合相关国家标准，如 GB/T 6397 或 GB/T 228.1 的规定。试验一般在 10～35 ℃范围下进行，若试验温度超过这一范围，应在试验记录和报告中注明。

3. 试验步骤

(1) 检查试样是否符合要求。依次排好试样,分别测量试样横截面的直径或者长和宽等原始尺寸,结果保留两位小数。

(2) 根据标距的大小将试样在分划器上分成10等份。

(3) 打开拉伸试验程序,输入试样号、试样原始尺寸等信息。

(4) 根据试样的形状选用相应的夹具,先夹持住试样一端,对载荷清零后再夹持住试样另一端,然后进行位移清零。

(5) 若需要测定 $R_{p0.2}$ 时,还应先按约定标距装好引伸计后对引伸计进行清零。

(6) 按试验条件中所规定的速度进行试验,施加负荷时要平稳均匀,当伸长达到0.2%时,试验机暂停,取下引伸计后,继续试验。

(7) 试样拉断后,停止试验,试验机记下负荷值及拉伸曲线,输出强度值。

(8) 测量断后试样的总伸长,断后直径或长、宽等尺寸,输入试验程序,计算机输出断后伸长率或断面收缩率。

4. 试验结果及处理

(1) 如果操作不当或设备仪器发生故障,影响试验结果准确性时,试验结果无效。

(2) 若试样出现两个或两个以上的缩颈,试验结果无效。

九、弹簧测量

核燃料元件中弹簧的测量主要包括弹力及刚度的测量。检测设备为弹簧试验机,准确度不低于一级。

1. 准备工作

接通电源,打开启动开关,使电控部件预热0.5 h。将所测弹簧进行编号,必要时,测量并记录原始尺寸。根据所测弹簧的力学性能要求,选择适当的量程。根据技术要求设定所需的测量位置。必要时,试验中可使用弹簧芯轴。

2. 一般操作

将被测弹簧放入弹簧试验机的测量平台上,调整零位,使显示器上力值及位移的读数为零。根据弹簧要求的高度,进行手动或自动加载。按试验要求达到规定的变形量(或规定载荷)时,读取相应的载荷值(或者变形量)。

3. 弹簧力测量

根据要求将弹簧压缩到规定的高度后,测量其载荷的大小。

4. 刚度测量

将弹簧按图纸中的要求压缩,记录载荷值后卸载,按以下公式计算弹簧的刚度。

$$K=\frac{\Delta F}{\Delta x} \tag{3-62}$$

式中:K——刚度,N/mm;

ΔF——载荷量,N;

Δx——弹簧的压缩量,mm。

5. 并圈检查

根据要求将弹簧压缩到规定的高度后，观察弹簧中部有无并圈、相邻两圈之间有无接触。

6. 最大并合高度

压缩弹簧至并紧状态，测量此时弹簧的高度。

十、常见焊接件的拉伸/剪切试验

1. 概述

核燃料元件中有大量的焊接件，为评定焊接接头的机械性能，技术条件规定对焊接接头进行拉伸或剪切试验，可测定其破断力和判别断裂位置。拉伸或剪切试验通常采用准确度不低于一级的电子万能试验机，为了便于装夹，还会用到一些专用的夹具。

2. 丁字型/十字型格架试样破断力测定

以 AFA3G 丁字型激光焊格架试样为例，试验机夹头作拉向运动。

(1) 试验速度

拉伸速度：2.5 mm/min。

(2) 试验夹具

试验所采用的专用夹具如图 3-33 所示。

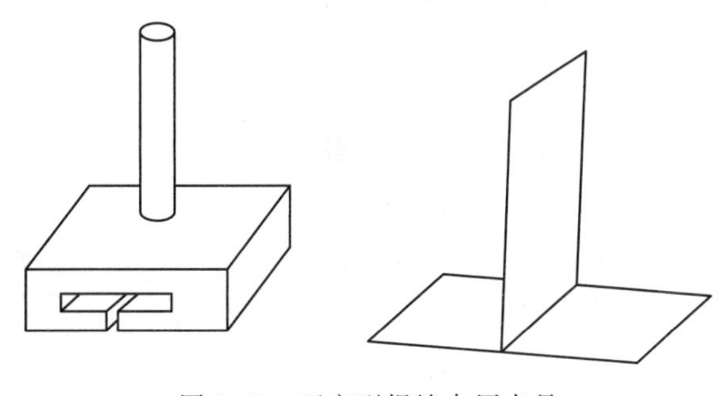

图 3-33　丁字型焊缝专用夹具

(3) 操作步骤

装上平口夹具和 V 型夹具，把试样连同专用夹具一起安装在试验机上并对载荷清零。按试验条件中规定的速度进行试验，施加负荷要平稳均匀。试样拉断后停止试验，记录拉断力及断裂位置。试样夹具装配图如图 3-34 所示。

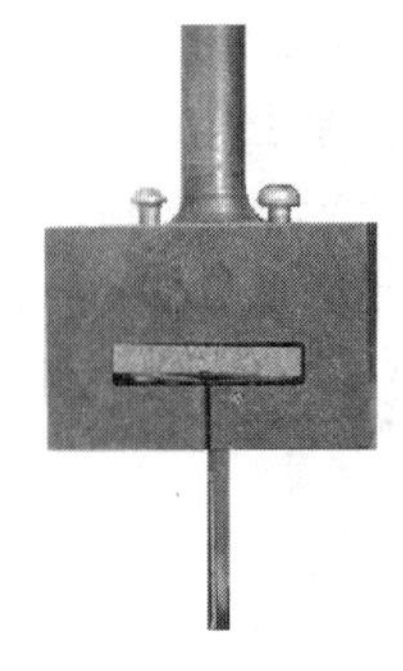

图 3-34　丁字型格架与夹具装配示意图

(4) 试验结果及处理

如果操作不当或设备仪器发生故障而影响试验结果准确性时，试验结果无效，应补做试验。

试验结果报破断力，单位为 N(牛顿)。注明断裂部位(在焊缝或在母材上)。

十字型格架试样，如装有拉伸带，可直接用拉伸机平口夹具夹持作拉伸运动,测定破断力和断裂位置;如没有装拉伸带,则需专门的夹具,在此不再列举。

3. 骨架点焊剪切试验

以 AFA3G 锆合金骨架点焊试样为例,试验机夹头作压向运动。

(1) 试验速度

压缩速度:2 mm/min。

(2) 试验夹具

试验所采用的专用夹具如图 3-35 所示。

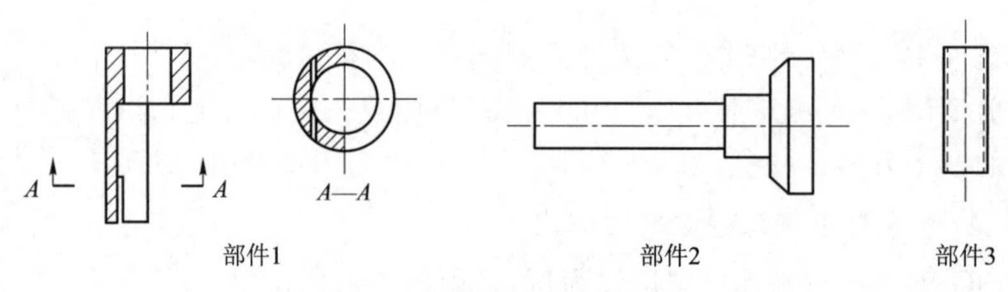

图 3-35 骨架点焊剪切夹具

(3) 操作步骤

把试样与夹具装配好后放入相应的专用夹具中,按试验条件中规定的速度进行试验,施加负荷要平稳均匀。试样断裂后停止试验,记录最大的剪切力及断裂位置。试样与夹具装配图如图 3-36 所示。

(4) 试验结果及处理

如果因操作不当或设备仪器发生故障而影响试验结果准确性时,试验结果无效,应补做试验。

试验结果报剪切力,单位为 N(牛顿),断裂位置应在报告和原始记录本上加以注明。

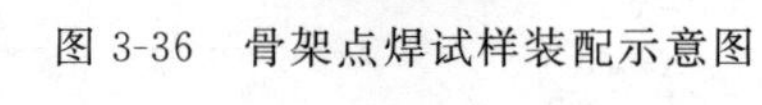

图 3-36 骨架点焊试样装配示意图

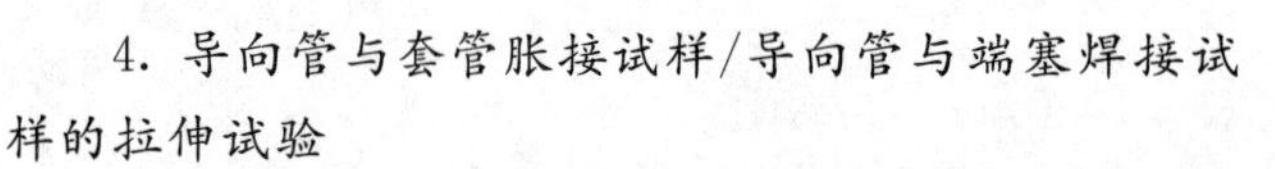

4. 导向管与套管胀接试样/导向管与端塞焊接试样的拉伸试验

以 AFA3G 导向管与端塞焊接试样为例,试验机夹头作拉向运动。

(1) 试验速度

拉伸速度:2.5 mm/min。

(2) 试验夹具

导向管与端塞焊接试样采用连接螺杆作为试验夹具,如图 3-37 所示,导向管与套管胀接试样的专用夹具与之类似。

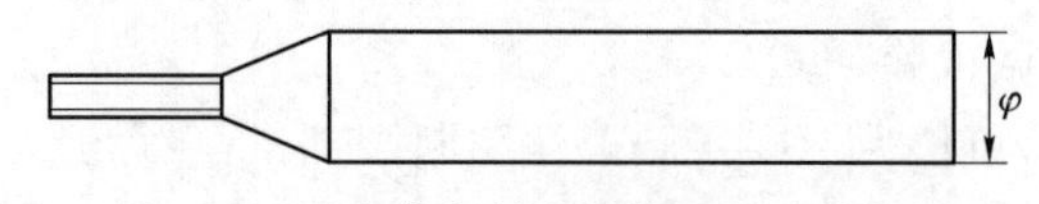

图 3-37 导向管与端塞焊接试样连接螺杆

(3) 操作步骤

将相应的螺杆旋入导向管的端塞中。装上 V 型夹具,把试样夹持在试验机的上、下夹头中并对载荷、位移清零。按规定的速度进行试验,施加负荷要平稳均匀。试样拉断后停止试验,记录最大的破断力及断裂位置。

(4) 试验结果及处理

如果因操作不当或设备仪器发生故障而影响试验结果准确性时,试验结果无效,应补做试验。试验结果报破断力,单位为 N(牛顿)。断裂位置应在报告和原始记录本上加以注明。

5. 电阻点焊试样拉伸检验

以条带点焊试样为例,试验机夹头作拉向运动。

(1) 试验速度

拉伸速度:1.5~2 mm/min

(2) 操作步骤

用夹具夹住试样的两个条带,保证试样与仪器中心线的对准。按规定的速度进行试验,施加负荷时要平稳均匀。试样拉断后停止试验,记录下最大的剪切力及断裂位置。

(3) 试验结果及处理

如果操作不当或设备仪器发生故障而影响试验结果准确性时,试验结果无效,应补做试验。试验结果报剪切力,单位为 N(牛顿),注明断裂位置。

十一、低碳钢拉伸时弹性模量 *E* 的测定实验

1. 仪器和设备

电子万能试验机、单向引伸计、游标卡尺。

2. 原理

在比例极限内测定弹性常数,应力与应变服从虎克定律,其关系式为:

$$\sigma = E\varepsilon \tag{3-63}$$

上式中的比例系数 E 称为材料的弹性模量。则:

$$E = \frac{\sigma}{\varepsilon} = \frac{P}{A_0 \dfrac{\Delta L}{L_0}} = \frac{PL_0}{\Delta L A_0} \tag{3-64}$$

为了验证虎克定律并消除测量中可能产生的误差,一般采用增量法。所谓增量法就是把欲加的最终载荷分成若干等份,逐级加载来测量试件的变形。设试件横截面面积为 A_0,引伸计的标距为 L_0,各级载荷增加量相同,并等于 ΔP,各级伸长的增加量为 ΔL,则可改写为:

$$E_i = \frac{\Delta P L_0}{A_0 (\Delta L)_i} \tag{3-65}$$

式中下标 i 为加载级数($i=1,2,\cdots,n$);ΔP 为每级载荷的增加量。

由实验可以发现:在各级载荷增量 ΔP 相等时,相应地由引伸计测出的伸长增加量 ΔL 也基本相等,这不仅验证了虎克定律,而且,还有助于我们判断实验过程是否正常。若各次测出的 ΔL 相差很大,则说明实验过程存在问题,应及时进行检查。

3. 加载方案的拟定

采用增量法拟定加载方案时,通常要考虑以下情况:

(1) 最大载荷的选取应保证试件最大应力值不能大于比例极限,但也不能小于它的一半,一般取屈服载荷的 70%～80%,故通常取最大载荷 $P_{max}=0.8P_S$;

(2) 至少有 4～6 级加载,每级加载后应使引伸计的读数有明显的变化。

4. 操作步骤

(1) 启动试验机,进入操作程序。

(2) 用游标卡尺测量试样的直径和标距。在试件的标距范围内测量试件三个横截面处的截面直径,在每个截面上分别取两个相互垂直的方向各测量一次直径。取六次测量的平均值作为原始直径 d_0,并据此计算试件的横截面面积 A_0。测量标距时,要用游标卡尺测量三次,并取三次测量结果的平均值作为试件的原始长度 l_0。

(3) 装夹拉伸试样。通过试验机的"上升""下降"按钮把横梁调整到方便装试件的位置,再把上钳口松开,夹紧试样。

(4) 在实验操作界面上把负荷、峰值、变形、位移、时间清零,夹紧下钳口。

(5) 装夹引伸计,并检查引伸计是否已正确连接到计算机主机的端口上;加载速度选 0.5 mm/min。

(6) 输入试件的有关信息,包括直径(或长、宽)、标距。

(7) 再次把负荷、峰值、变形、位移、时间等各项分别清零。

(8) 单击"位移方式",切换为"取引伸计"模式。在取引伸计模式下,点击"开始"按钮,开始实验。注意观察加载过程中的载荷与位移的关系曲线,是一条斜直线。表明试件处于弹性状态,应力与应变成线性关系。按加载方案记录各级载荷作用下的应变值。

(9) 当试件即将进入屈服阶段时,屏幕会弹出对话框提示取下引伸计,此时要迅速取下引伸计。因为此后试件将进入屈服阶段,在载荷-变形图上将看到一个很长的波浪形曲线(表明试件处于流塑阶段),应力变化不大,但应变大大增加。如果不取下引伸计,引伸计将被拉坏。接着材料进入强化阶段,可将加载速度调至 5 mm/min,继续实验直至试样拉断。

(10) 试样拉断后,立即按"停止"按钮。然后点击"保存数据" 按钮,保存试验数据。取下试样,先将两段试件沿断口整齐地对拢,量取并记录拉断后两标距点之间的长度 l_1,及断口处最小的直径 d_1,并计算断后面积。

(11) 数据处理。单击菜单栏中的"试验分析",并在相应的对话中选择需要计算的项目。然后单击"自动计算"。需要打印时单击"试验报告"按钮,把需要输出的选项移到右侧的空白框内,在曲线类型栏中选择应力-应变曲线,单击"确定"按钮后打印试验报告。

(12) 关闭软件和试验机。

5. 试验结果处理

按表格中计算出的每级载荷作用下的变形增加量,计算每级载荷作用下的弹性常数 E_i,再把每级载荷作用下得到的 E_i 求平均值。

第十二节　锆及锆合金高压腐蚀性能检测

学习目标:通过学习,了解锆合金腐蚀知识,掌握高压釜腐蚀试验方法。

核反应堆材料的腐蚀是指堆用材料(主要为金属及合金)与堆内介质如氧、氦、二氧化碳、水等相接触,发生化学、电化学反应或物理溶解而产生的破坏作用。

在核反应堆中,堆用材料,特别是堆芯材料(元件包壳)的工作环境是非常恶劣的,它们必须在强辐照场内,在高温、高压、高热流的流动介质中具有良好的使用性能。因此,不但要考虑它们的允许腐蚀量,而且还必须考虑腐蚀产物的特性。目前,在水冷动力堆中广泛应用的锆合金包壳的腐蚀试验是核燃料元件生产中重要的检验项目。高压釜腐蚀检验包括水腐蚀和水蒸气腐蚀。它是将锆及其合金样品置于高温、高压水或水蒸气中进行规定时间腐蚀后,根据试验样品增重和观察其外表面氧化膜外观测定其腐蚀性能的一种试验方法。在某些情况下,如:焊接样品,评定其增重不切实际,此时,样品的外观应作为评定的主要准则和标准。

一、设备、装置及测量工具

常用的设备及装置包括:

1. 高压釜及其控制系统

容量为 2.0～7.0 L 的高压釜,由 300 系列不锈钢或镍基合金制成,且符合国家的压力容器制造标准。高压釜应装配有压力和温度自动控制系统,并装有防爆安全装置和高压排气阀等部件,以适应规定温度和压力条件下的长时间腐蚀试验。高压釜在保温时,温度波动不应超过±3.0 ℃。

2. 酸洗设备

酸洗、流动水洗和去离子水漂洗对于正常的金属去除及漂洗污渍是必要的,通常使用聚乙烯或聚丙烯做漂洗槽,并配有测温和样品悬挂固定装置,样品的挂钩通常采用 300 系列不锈钢,当处理很多样品时,需用机械浸渍机。

3. 其他测量装置

如测量样品表面积用的卡尺,测量质量用的天平,电导率仪,pH 计,热电偶,压力变送器等等。

二、试剂和材料

(1) 去离子水:电阻率不小于 1.0 MΩ·cm,pH 为 6～8。

(2) 清洗剂和溶剂,样品的清洗剂包括乙醇和丙酮,分析纯。

(3) 氢氟酸,分析纯。

(4) 硝酸,分析纯。

(5) 硫酸,分析纯。

(6) 不锈钢丝,直径 0.1～0.2 mm。

三、样品准备

见第二章第三节。

四、装置准备

对于新的或再次使用的高压釜以及曾用过的高压釜零件必须遵循以下规定:

新的或再次使用的高压釜、新的阀门、管道、密封圈在试验之前，应彻底清洗，用乙醇或丙酮擦至少三次，并用去离子水漂洗两次。保证无沾污，不应有诸如润滑油、残渣、灰尘、脏物、疏松的氧化物或铁锈等可见污物存在于水面、内表面、密封圈和上表面。

为了清洗高压釜中中使用的全部新的和再次使用的固定装置和夹具，釜内加入去离子水，加盖密封，360 ℃的水中空载运行至少一天，既清洗高压釜，又可检验密封性及各仪表是否运行正常，如果需要可反复数次，直到清洗干净为止。空载运行后如果有腐蚀产物出现或试验后残余水的比电阻小于 0.1 MΩ·cm，则零部件应重新清洗和试验。清洗完后应至少做一次控制标样试验，检验是否满足 $\Delta\overline{w}-3\sigma\leqslant\Delta W\leqslant\Delta\overline{w}+3\sigma$。

新不锈钢样品挂钩及不锈钢零部件清洗干净后需要进行氧化处理后，才能使用。不锈钢丝使用前需用丙酮去离子水清洗，去除油污。

高压釜及其零部件连续使用的总体要求采用以下标准用于腐蚀试验：

用去离子水漂洗所有连续使用过的和以前试验中证明其有良好功能的高压釜、热偶管、固定装置和夹具，每次试验后，检查固定装置和夹具的腐蚀产物，对出现疏松腐蚀物的零部件应报废或重新加工。

五、样品酸洗

样品是否进行酸洗应根据要求而定。

1. 酸洗要求及准备

酸洗液配方见第二章第三节，一般来说，酸洗时间一般为 1.0～2.5 min，温度低于 50 ℃，使试样表面去除量为 0.02～0.05 mm，由于金属的溶解速度取决于酸洗温度和酸液浓度，因此酸洗样品前，需用一个特殊试验样测定酸洗速度，当需酸洗大量样品时需定期检测酸洗速度，对于锆锡合金，如果每个表面的酸洗速度小于 0.025 mm/min 时酸液应该抛弃。

当酸洗锆铌合金时，为得到好的表面结果，每次必须限制样品酸洗面积为 3×10^{-3} m^2/L，但酸洗液不必每次更换。

新酸洗的锆合金表面应该是光亮的，除了端部边缘或洞的周围和标记外，应均匀腐蚀，否则应该抛弃或打磨后重新酸洗，如果样品被沾污也应重新酸洗。

2. 酸洗步骤

将样品放在酸洗架上并将其移入酸洗槽。确保酸液温度在设定范围内并使样品和挂钩浸入酸液。采用下面方法之一：① 将样品以最小 60 次/min 的速度交替浸入和拿出酸洗液(浸入和拿出被定义为一个周期)。② 将样品完全浸入酸液，并摇动酸液。也可将气体通入酸洗槽。限制总的酸洗时间使每个表面去除 0.02～0.05 mm，以上酸洗时间可用试验样进行测定。

(1) 初步清洗

酸洗完成之后，立即将支架和样品从酸洗液中尽快地移到流动水下完全浸入并冲洗 5 min 以上，水的温度不超过 25 ℃，流量不小于 10 L/min。若试样表面上有残留的酸洗产物而无法冲洗干净，则必须重新酸洗。

锆铌合金的初步清洗应采用室温下 50%的硝酸溶液来去除酸洗过程中的黑色沉积，再用去离子水漂洗。

(2) 最后漂洗

一般采用电阻率大于0.5 MΩ·cm的去离子水进行最后漂洗，最后清洗可用静态、动态系统和水煮法。

动态系统——将初步清洗后的样品完全浸入温度大于80 ℃的去离子水的漂洗槽，测量排出水的纯度，当排出水的电阻率大于0.2 MΩ·cm时，取出样品。

静态系统——将初步清洗后的样品完全浸入温度小于90 ℃的去离子水的漂洗槽内5 min，换水直到电阻率达到0.2 MΩ·cm。

水煮法——将初步清洗后的样品完全浸入在室温下的流动去离子水中冲洗10 min，流速不小于5 L/min，将冲洗干净的试样悬挂在去离子水中煮沸10 min，最后浸入去离子水中漂洗5 min。

检查——检查试样有无折叠、裂纹、鼓泡、异物、褐色酸污染等，淘汰有酸斑或无光泽的试样。

干燥——经酸洗或漂洗的样品应该用空气干燥，用干净不脱毛的棉布擦干或者用没有灰尘和酸汽的干燥空气吹干，另外的方法是用试剂级乙醇浸泡。洗净的样品仅用镊子或干净、不脱毛的手套拿取，样品不用时洁净保存。

六、腐蚀检验条件、要求

试验水质——用于腐蚀检验的去离子水，电阻率大于1.0 MΩ·cm，pH为6～8，水氧含量不超过4.5×10^{-2} ppm(1 ppm$=10^{-6}$)。

放置于高压釜内样品总面积与高压釜容积相比应小于10 dm^2/L。

根据不同的试验类型，目前常用的试验温度、压力和时间可以参照表3-10。

表3-10 腐蚀试验条件

试验类型	试验温度/℃	试验压力/MPa	试验时间/h
饱和水蒸气腐蚀试验	400±3	10.3±0.7	72^{+8}_{-0}或336^{+8}_{-0}或其他规定时间
饱和水腐蚀试验	360±3	18.7±0.7	72^{+8}_{-0}或336^{+8}_{-0}或其他规定时间

若在腐蚀试验过程中的温度或压力或者温度和压力同时都超过极限时的时间不超过总的腐蚀时间的10%，同时随炉腐蚀控制标样是合格的，该腐蚀试验可以认为是有效的。

七、入釜及升温步骤

样品入釜前，要进行表面观察，特别要注意焊接样品的焊区及热影响区有无异常现象，并作好观察记录。用天平测量样品腐蚀前的重量，表面尺寸的测量可以在腐蚀前或腐蚀后进行测量。

将洗净的样品用干净的不锈钢丝捆好或放置在样品架上，再用去离子水冲洗一次后，样品架上的样品或挂在样品盘上的样品，样品之间不能接触，并使样品处于高压釜的均温区中

在高压釜均温区的上部、中部和底部分别挂一个腐蚀控制标样，作监控腐蚀试验的有效性。

釜中加入适量去离子水,所需水量可根据腐蚀类型的不同均由试验得出,考虑到需排除釜内的空气和溶解在水中的氧,要多加入适量的水。

盖上釜盖,均匀压紧紧固螺帽,插入热电偶或热电阻,接上测量仪表,开动高压釜的加热器升温。

当釜温达到(145±5) ℃时,打开排气阀排除釜中的氧,并用冷凝的方法收集排出的水,直到将多装的水全部放出为止。当温度和压力升到要求值时,进行自动控制保温,并开始记录保温时间。

在高压釜保温期间内,如果试验因故中断,恢复试验后可继续通电升温,保温时间可累积相加。保温达到规定的时间后,停止加热,使高压釜自然冷却。待釜温降至 70 ℃以下时,取出样品,用去离子水清洗干净并吹干。

八、结果计算或说明

该步骤对于随炉控制标样以及要求测定腐蚀增重的试样适用。

1. 分别计算控制标样和试验样品的腐蚀增重

$$\Delta W=\frac{W_a-W_b}{A}\times 10^3 \tag{3-66}$$

式中:ΔW——样品腐蚀后质量增重,mg/dm^2;

W_b——试验前样品的重量,g;

W_a——试验后样品的重量,g;

A——样品的全面积,dm^2。

2. 判定腐蚀试验是否有效

(1) 腐蚀试验后,随炉控制标样外观应是黑色均匀致密的氧化膜。

(2) 控制标样的腐蚀增重满足

$$\Delta\overline{w}-3\sigma\leqslant\Delta W\leqslant\Delta\overline{w}+3\sigma \tag{3-67}$$

式中:ΔW——控制标样的质量增重,mg/dm^2;

$\Delta\overline{w}$——控制标样定值时的质量增重平均值,mg/dm^2;

σ——控制标样定值时的质量增重的标准偏差,mg/dm^2。

(3) 三个随炉控制标样必须同时满足以上两条要求,试验结果才有效,否则腐蚀试验无效,应重新进行。

(4) 若在腐蚀试验过程中的温度或压力或者温度和压力同时都超过极限时的时间不超过总的腐蚀时间的 10%,同时随炉腐蚀控制标样是合格的,该腐蚀试验可以认为是有效的。

九、锆合金原材的评定

1. 试样的表面状态

对于经酸洗处理过的样品表面应是黑色、致密、光泽均匀的氧化膜,未经过酸洗的样品外观表面应是灰黑色氧化膜。但不论是酸洗不酸洗的样品,腐蚀后均不得有白色或棕色腐蚀产物。

2. 试样腐蚀后的质量增重

样品腐蚀后的质量增重应不大于 22 mg/dm^2,如果样品的腐蚀增重超过 22 mg/dm^2,

应在同样温度和压力条件下进行336^{+8}_{-0}h 的试验，若腐蚀增重不超过 38 mg/dm^2，则该样品是可以接受的。

十、锆合金焊接样品的评定

经腐蚀后锆合金焊接样品主要根据其氧化膜外观状态来评定其腐蚀性能。一般焊缝、焊点及热影响区不应有白色或棕色腐蚀产物，或焊区及热影响区不能有任何超出经设计部门批准的外观标样的白色或棕色腐蚀痕迹。

核燃料元件样品腐蚀后表面质量分析。锆合金腐蚀样品经高压釜腐蚀氧化处理后，不论是锆合金原材、焊接样品的焊缝焊点和基体全部表面应呈黑色光亮和均匀致密的氧化膜或灰黑色的氧化膜(样品表面未酸洗)。但在某些因素的影响下，样品经腐蚀氧化后，锆合金原材表面会出现酸洗痕迹及酸斑、疖状腐蚀、基体机械擦伤痕迹，焊区及热影响区会出现白色或黄棕色斑点等异常现象，引起这些异常的因素也不一样。

(1) 酸洗痕迹及酸斑

燃料元件表面的氟沾污问题是元件生产工艺中的现实问题之一。氟的来源主要是酸洗工艺中含有氢氟酸的标准酸洗液。根据有关资料表明，认真遵循酸洗和清洗工艺，在包壳管表面上会残存的氟为 0.3～0.5 $\mu g/cm^2$。这种含量不会加速腐蚀；而当氟的沾污量达到 1～2 $\mu g/cm^2$时就有危害，这时会导致白色疏松气泡的形成。

腐蚀试验前经过酸洗后的样品，如果在酸洗过程中没有严格控制好酸洗和清洗工艺，如酸洗时温度偏高、表面去除量不够，酸洗后未及时漂洗或漂洗不到位，都会在锆合金表面造成起氟的污染，经过蒸汽腐蚀氧化后，就会在表面呈现出浅灰白色薄雾状酸洗痕迹，如果污染严重就会在表面形成凹凸不平的白色斑，酸洗痕迹及酸斑形貌如图 3-38 所示。

图 3-38 酸洗痕迹及酸斑形貌

(2) 机械擦伤痕迹

在燃料元件制造过程中，锆合金包壳管在运输、检验、装管、拉棒等过程中，相互或与其他硬物摩擦碰撞，而造成燃料棒表面或焊缝处机械擦伤痕迹，经腐蚀氧化后，痕迹会转变为灰白色腐蚀产物，如图 3-39 所示。如果擦伤深度未超出规定技术要求，由于只是表面痕迹，该腐蚀产物一般不会引起抗腐蚀性能下降。

图 3-39　机械擦伤痕迹表面形貌

(3) 疖状腐蚀斑点

由于 Zr-Sn 系合金在腐蚀氧化时的温度大于 450 ℃时，会产生疖状斑点，见图 3-40，因此产生疖状腐蚀斑点的主要原因是就是温度太高，这种疖状腐蚀斑点会造成白色氧化膜剥落，这种现象是非常危险的，应该避免产生疖状腐蚀。

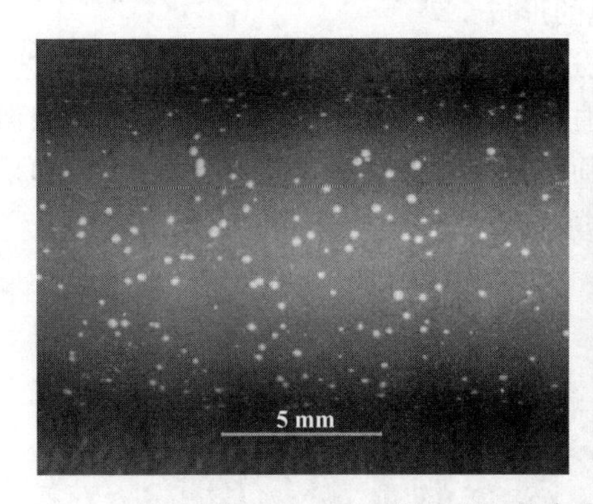

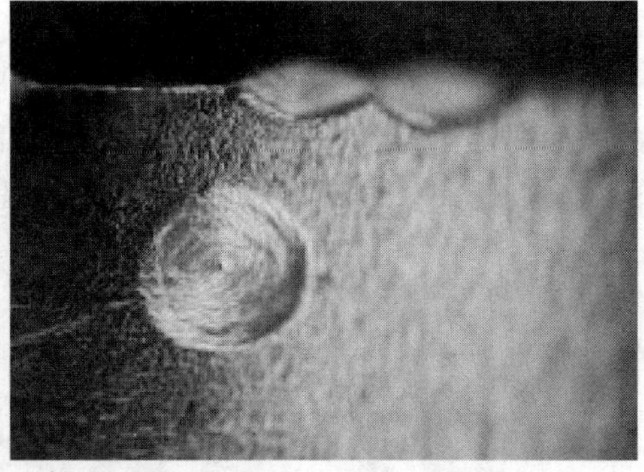

图 3-40　锆合金表面上疖状斑形貌

(4) 燃料元件焊缝白色腐蚀斑点

经高压釜腐蚀后，其焊缝在正常情况下是黑色的氧化膜，与基体的颜色基本一致，但有时也会出现白斑，而造成燃料棒抗腐蚀性能降低。造成这种情况大致有三方面原因：一个原因是焊接过程中的杂质或污染物进入焊缝内部；一个原因是焊接过程中合金元素的过度损耗；另一个原因是焊缝表面成形不好。

对于电子束焊接，由于是在高真空度状态下，每一次熔化，都会造成合金元素的一次挥发，造成了熔区中合金元素的贫乏，特别是 Sn 的挥发，Sn、Cr、Fe 的挥发远大于 Zr 的挥发。当 Zr 中 Sn 的含量在 0.5%时，能较好地抵消有害杂质的不利影响，当熔区中的 Sn 含量低于 0.5%时，焊缝的抗腐蚀性能会变差，高压釜腐蚀后就会在焊缝处出现灰白色斑点，其形貌见图 3-41。所以造成燃料元件焊缝、焊点的抗腐蚀性能下降。

如果焊缝表面成形不好，有粗糙或者突起，则在这些部位，腐蚀加快，内应力会异常增

图 3-41　合金元素损耗造成焊缝腐蚀白斑形貌

大，使锆合金提前进入氧化的转折阶段，白色腐蚀则优先出现，从而降低了燃料元件的抗腐蚀性能。

焊接过程中，如果焊室进入了有害元素如氮、碳、氧、钛、铝等的污染，这些有害物质在焊接时进入到焊缝或焊点熔化区内，经腐蚀氧化后，会在焊区或热热影响区出现片状、斑状白色腐蚀产物，形貌见图 3-42，而造成焊缝或焊点腐蚀性能下降。

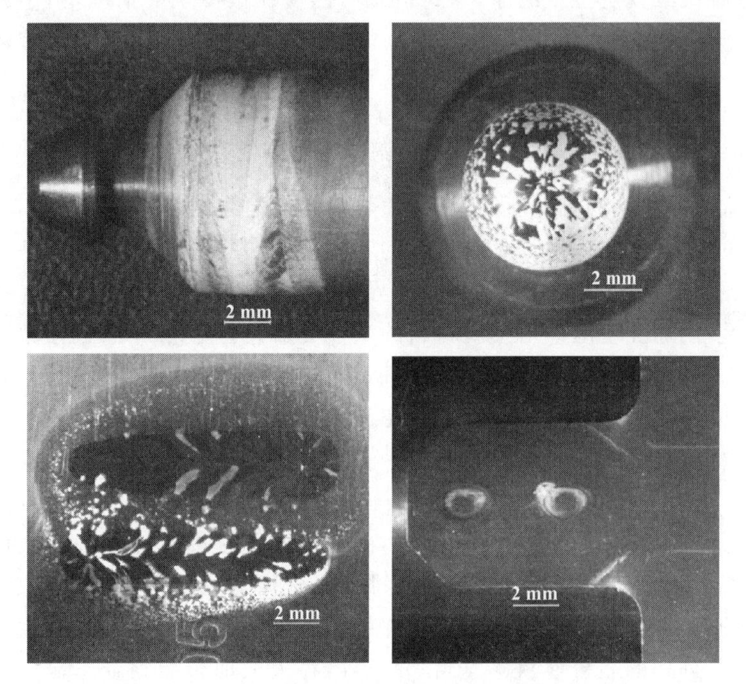

图 3-42　焊缝、焊点污染造成的各种白色腐蚀产物形貌

对于出现白色腐蚀产物的焊缝或焊点是否合格，要依据其对应的外观标样进行判定。经过与腐蚀合格外观标样的对比后，如果焊缝、焊点白色腐蚀产物比标样严重，则应报废。

如果焊缝、焊点的白色腐蚀产物没有合格外观标样的严重或接近，则为合格。

对于没有外观标样或与外观标样比较后由于其他原因（形貌状态不尽相同或产物所处

的位置不一致等)不好评定的,则应对该产物进行加深腐蚀或打磨后再加深腐蚀。加深腐蚀后,如果白色腐蚀产物加重,有明显和较重的加深迹象,则应报废;如果未加重,没有明显的加深迹象,一般可判为合格。对于打磨后再腐蚀,可判断该白色腐蚀产物是焊缝、焊点内的产物还是表面的污染产物。

第十三节 金属学基础

学习目标:通过学习,了解金属学基本知识,了解基本的热处理工艺知识。

金属是具有良好的导电性、导热性、延展性(塑性)和金属光泽的物质。在化学元素周期表中,有83种是金属元素,并不是每一种金属元素都具有良好的延展性。其严格的定义是:金属是具有正的电阻温度系数的物质,而所有的非金属的电阻都随着温度的升高而下降,其电阻温度系数为负值。

金属晶体是由原子在空间严格按照一定的规律周期性重复排列所构成的,这是把晶格中的原子排列看成是绝对完整的。其实这是一种理想化的晶体结构。在实际应用的技术材料中,总是不可避免地存在着一些偏离规则排列的不完整性区域,这就是晶体缺陷。一般说来,金属中这些偏离其规定位置的原子数目很少,即使在最严重的情况下,金属晶体中位置偏离很大的原子数目至多占原子总数的千分之一。因此,从总的来看,其结构还是接近完整的。

一、晶粒

由许多晶轴取向相同的晶胞所组成,有边界将它们之间相分开的小块单晶体称为晶粒。在光学显微镜下,晶粒往往表现为具有边界的不规则外形的颗粒状晶体。

晶体结构相同但位向不同的晶粒之间的界面称为晶粒间界,或称为晶界。由于晶界上存在着晶格畸变,因而在室温下对金属材料的塑性变形起着阻碍作用,在宏观上表现为使金属材料有更高的强度和硬度。显然,晶粒越细,金属材料的强度和硬度便越高。因此,对于在较低温度下使用的金属材料,一般总是希望获得较细小的晶粒。

二、金属的结晶

金属由液态转变为固态的过程称为凝固,由于凝固后的固态金属通常是晶体,所以又将这一转变过程称之为结晶。一般的金属制品都要经过熔炼和铸造,也就是说都要经历由液态转变为固态的结晶过程。金属在焊接时,焊缝中的金属也要发生结晶。金属结晶后所形成的组织,包括各种相的晶粒形状、大小和分布等,将极大地影响到金属地加工性能和使用性能。对于铸件和焊接件来说,结晶过程就基本上决定了它的使用性能和使用寿命,而对于尚需要进一步加工的铸锭来说,结晶过程既直接影响它的轧制和锻压工艺性能,又不同程度地影响其制品的使用性能。因此,研究和控制金属的结晶过程,已成为提高金属机械性能和工业性能的一个重要手段。

此外,液相向固相的转变又是一个相变过程。因此,掌握结晶过程的基本规律将为研究其他相变奠定基础。纯金属和合金的结晶,两者既有联系又有区别,显然,合金的结晶比纯金属的结晶要复杂些。

在结晶时都遵循着相同的规律，即结晶过程是形核与长大的过程。两个过程交错重叠在一起，对一个晶粒来说，它严格地区分为形核和长大两个阶段，但从整体上来说，两者是互相重叠交织在一起的。结晶过程，就是在液态金属内部各处不断形核和长大的过程，直至液态金属全部消失，此时金属的结晶过程即告结束。

三、合金的结构与结晶

合金具有比纯金属更好的机械性能和某些特殊的物理、化学性能，因此目前应用的金属材料绝大多数是合金。

1. 基本概念

(1) 合金

合金在工业中应用比较普遍，它是两种或两种以上的金属，或金属与非金属，经过熔炼、烧结或其他方法组合而成的并具有金属特性的物质，称为合金。组成合金最基本的独立物质(如各元素或稳定化合物)称为组元。如碳钢和铸铁，是由铁和碳元素所组成的合金，又称为铁碳合金。如果除铁、碳外，尚有其他合金元素存在时，则称为多元合金。

(2) 相

相是合金中具有同一化学成分、同一结构原子聚集状态，以及同一性能的均匀组成部分。在固态下，可以形成均匀的单相合金，也可能由几种不同的相组成多相合金。不同的相之间有明显的界面，称为相界面。

(3) 组织

合金的组织是由相组成的。通常是指它是由哪些相所组成的，以及这些相的数量、大小、分布和形态等。纯金属一般以单相组织存在。合金的组织则比较复杂，如铁碳合金中，铁素体合渗碳体都是相，它们可以构成珠光体组织。

2. 合金的基本组织

根据合金的各元素之间相互作用的不同，合金中的相结构大致可以分为固溶体和金属化合物两大类。合金的组织组成物主要有三种：固溶体、金属化合物和机械混合物。

(1) 固溶体

固溶体是溶质原子溶入溶剂中所形成的均一结晶相。合金固溶体是由组成合金的各种元素，以合金元素为溶质，溶入基体金属(溶剂)中，而形成的均匀的金属晶体。固溶体的晶体结构仍保持基体金属的结构。根据溶质原子在基体晶格中所处的位置不同，固溶体分为间隙固溶体和置换固溶体两种。

(2) 金属化合物

合金中溶质含量超过固体的溶解限度时，就可能形成新相。这种新相是由两个组元按一定的或大致一定的原子比相互化合而成的，并且完全不同于原来组元晶格和性质的固体，称为金属化合物。由于金属化合物在二元相图中总是处在两个固溶体之间的中间部位，所以又称中间相。中间相可用化学分子式来表示，但是其成分往往可在一定范围内变化。大多数金属化合物是以金属键相结合，有一定的金属性质(如导电性)。

金属化合物一般具有复杂的晶体结构，因此，熔点高，硬而脆。金属化合物是各类合金钢、硬质合金及其他有色金属的重要组成相。

合金化合物的类型很多,主要有正常价化合物、电子化合物以及间隙相和间隙化合物等。

(3) 机械混合物

组成合金的各组元,在固态下既不能互相溶解,又不能形成化合物,而以混合形式组成的,称为机械混合物。机械混合物是由两种或两种以上的相混合组成,其中各个相仍保持原来的晶格和性能,因而,机械混合物的性能取决于各组成相的相对量、形状、大小和分布情况。最常见的机械混合物是铁碳合金中的共析组织珠光体。它是由铁素体和渗碳体两种单独的相机械混合成的。珠光体的性能,完全取决于其中的铁素体及渗碳体的相对量、形状、大小和分布情况等。

3. 铁碳合金

碳碳合金是使用最广泛的金属材料。铁碳合金相图是研究铁碳合金的重要工具,了解与掌握铁碳合金相图,对于钢铁材料的研究和使用,各种热加工工艺的制订以及分析等方面都有很重要的指导意义。

铁与碳两个组元可以形成一系列的化合物:Fe_3C、Fe_2C、FeC 等,由于钢中的含碳量(w_C)最多不超过 2.11%,铸铁中的含碳量最多不超过 5%,所以在研究铁碳合金时,仅研究 Fe-Fe_3C(w_C=6.69%)部分,下面讨论的铁碳合金相图,实际上是 Fe-Fe_3C,是 Fe-C 相图的一部分。

铁碳合金中的碳有两种存在形式:渗碳体 Fe_3C 和石墨。在通常情况下,碳以 Fe_3C 形式存在,即铁铁碳合金按 Fe-Fe_3C 系转变。但是 Fe_3C 是一个亚稳相,在一定条件下可以分解为铁(实际上是以铁为基的固溶体)和石墨,所以石墨是碳存在的更稳定状态。这样一来,铁碳相图就存在 Fe-Fe_3C 和 Fe—石墨两种形式。

4. 铁碳合金的组元及基本相

(1) 纯铁

铁是元素周期表上的第 26 个元素,相对原子量为 55.85,属于过渡族元素。在一个大气压下,它于 1 538 ℃熔化,2 738 ℃气化。在 20 ℃时的密度为 7.87 g/cm^3。

1) 铁的同素异晶转变

铁就具有三种同素异晶状态,即 δ-F、γ-Fe、α-Fe。

固态下的同素异晶转变与液态结晶一样,也是形核与长大的过程,为了与液态结晶相区别,将这种固态下的相变结晶过程称为重结晶。铁的多晶性转变具有很大的实际意义,它是钢的合金化和热处理的基础。

2) 铁素体与奥氏体

铁素体是碳溶于 α 铁中的间隙固溶体,为体心立方晶格,常用符号 F 或 α 表示。奥氏体是碳溶于 γ 铁中的固溶体,为面心立方晶格,常用符号 A 或 γ 表示。铁素体和奥氏体是铁碳相图中两个十分重要的基本相。

碳溶于体心立方晶格 δ-Fe 中的间隙固溶体,称为 δ 铁素体,以 δ 表示,铁素体的性能与纯铁基本相同,奥氏体的塑性很好。

(2) 渗碳体

渗碳体是铁与碳形成的间隙化合物 Fe_3C,含碳量 $w_C=6.69\%$,可以用符号 C_m表示,是铁碳相图中的重要基本相。

渗碳体具有很高的硬度,但塑性很差,延伸率接近于零。

四、钢的热处理工艺

钢的热处理工艺就是通过加热、保温和冷却的方法改变钢的组织结构以获得工件所要求性能的一种热加工技术。钢在加热和冷却过程中的组织转变规律为正确的热处理工艺提供了理论依据,为使钢获得限定的性能要求,其热处理工艺参数的确定必须使具体工件满足钢的组织转变规律性。

根据加热、冷却方式及获得的组织和性能的不同,钢的热处理工艺分为普通热处理(退火、正火、淬火和回火),表面热处理(表面淬火和化学热处理)及形变热处理等。

按照热处理在零件整个生产工艺过程中位置和作用的不同,热处理工艺又分为预备热处理和最终热处理。

1. 钢的退火与正火

退火和正火是生产上应用很广泛的预备热处理工艺。在机器零件加工工艺过程中,退火和正火是一种先行工艺,具有承上启下的作用。大部分机器零件及工、模具的毛坯经退火或正火后,不仅可以消除铸件、锻件及焊接件的内应力及成分和组织的不均匀性,而且也能改善和调整钢的机械性能和工艺性能,为下道工序作好组织性能准备。对于一些受力不大、性能要求不高的机器零件,退火和正火亦可作为最终热处理。对于铸件,退火和正火通常就是最终热处理。

退火的主要目的是均匀钢的化学成分及组织,细化晶粒,调整硬度,消除内应力和加工硬化,改善钢的成形及切削加工性能,并为淬火作好组织准备。

退火工艺包括完全退火、扩散退火、不完全退火和球化退火。完全退火的目的是细化晶粒、均匀组织、消除内应力、降低硬度和改善钢的切削加工性。不完全退火主要用于过共析钢的球状珠光体组织,以消除内应力、降低硬度、改善切削加工性。球化退火主要用于共析钢、过共析钢和合金工具钢,其目的是降低硬度、均匀组织、改善切削加工性,并为淬火作组织准备。扩散退火需要在高温下长时间加热,因此奥氏体晶粒十分粗大,需要再进行一次正常的完全退火或正火,以细化晶粒,消除过热缺陷。去应力退火是为了消除由于变形加工以及铸造、焊接过程引起的残余内应力而进行的退火,还可降低硬度,提高尺寸稳定性,防止工件的变形和开裂。再结晶退火是使变形晶粒重新转变为均匀等轴晶粒而消除加工硬化的热处理工艺。

正火工艺是较简单、经济的热处理方法,主要应用于以下几个方面:

(1) 改善钢的切削加工性能;

(2) 消除热加工缺陷;

(3) 消除过共析钢的网状碳化物,便于球化退火;

(4) 提高普通结构零件的机械性能。

2. 钢的淬火与回火

钢的淬火与回火是热处理工艺中重要、也是用途最广泛的工序。淬火可以显著提高钢的强度和硬度。为了消除淬火钢的残余内应力,得到不同强度、硬度和韧性配合的性能,需要配以不同温度的回火。所以淬火和回火又是不可分割的、紧密衔接在一起的两种热处理工艺。淬、回火作为各种机器零件及工、模具的最终热处理是赋予钢件最终性能的关键性工序,也是钢件热处理强化的重要手段之一。

(1) 钢的淬火

将钢加热至临界点 Ac3 或 Ac1 以上一定温度,保温以后以大于临界冷却随度冷却得到马氏体(或下贝氏体)的热处理工艺叫做淬火。淬火的主要目的是使奥氏体化后的工件获得尽量多的马氏体并配以不同温度回火获得各种需要的性能。

(2) 钢的回火

回火是将钢在 A1 以下温度加热,使其转变为稳定的回火组织,并以适当的方式冷却到室温的工艺过程。回火的主要目的是减少或消除淬火应力,保证相应的组织转变,提高钢的韧性和塑性,获得硬度、强度、塑性和韧性的适当配合,以满足各种用途工件的性能要求。

对于一般碳钢和低合金钢,根据工件的组织和性能要求,回火有低温回火、中温回火和高温回火等几种。

五、其他类型热处理

某些机器零件在复杂应力条件下工作时,表面和心部有不同的应力状态,往往要求零件表面和心部具有不同的性能。为此,除上述整体热处理外,还发展了表面热处理技术,其中包括改变工件表面层组织的表面淬火工艺和既改变工件表面组织,又改变表面化学成分的化学热处理工艺。为进一步提高零件的使用性能和加工零件的质量,降低制造成本,有时还要把两种或几种加工工艺混合在一起,构成复合加工工艺。例如把塑性变形和热处理集合一起,形成形变热处理新工艺等。

1. 钢的形变热处理

形变热处理是将塑性变形和热处理有机集合在一起的一种复合工艺。该工艺既能提高钢的强度,又能改善钢的塑性和韧性,同时还能简化工艺,节省能源。因此,形变热处理是提高钢的强韧性的重要手段之一。

2. 钢的表面淬火

表面淬火是将工件快速加热到淬火温度,然后迅速冷却,仅使表面层获得淬火组织的热处理方法。

3. 钢的化学热处理

将金属工件放入含有某种活性原子的化学介质中,通过加热使介质中的原子扩散渗入工件一定深度的表层,改变其化学成分和组织并获得与心部不同性能的热处理工艺叫做化学热处理。

化学热处理种类很多,根据渗入元素的不同,可以分为渗碳,渗氮(氮化),碳、氮共渗,多元共渗,渗硼,渗金属等等。

第十四节　焊接接头的金相组织

学习目标:通过学习,掌握焊接接头的组织特征。

为了提高焊接接头的质量，必须针对各种金属材料制定合理的焊接工艺。为此就必须了解和掌握金属材料在焊接过程中内部组织的变化规律，分析焊接接头组织特征与性能的关系及对产生焊接缺陷的关系。

一、焊接热循环

1. 焊接过程

焊接过程是利用电弧热源或其他热源产生的高温，使被焊接金属局部熔化，同时填充熔化焊丝滴入焊区形成熔池。当热源移开时，由于周围冷却金属的导热使被焊区温度迅速降低，焊接金属便凝固结晶形成焊接接头。检查焊接质量时，应切取一个完整的焊接接头，制成宏观试样，经过适当浸蚀后，即可以清楚地看到焊接接头的特征。图 3-43 显示了焊接接头的三个组成部分，中间为焊缝区，靠近焊缝具有不同明暗程度的是热影响区，两端为母材金属。

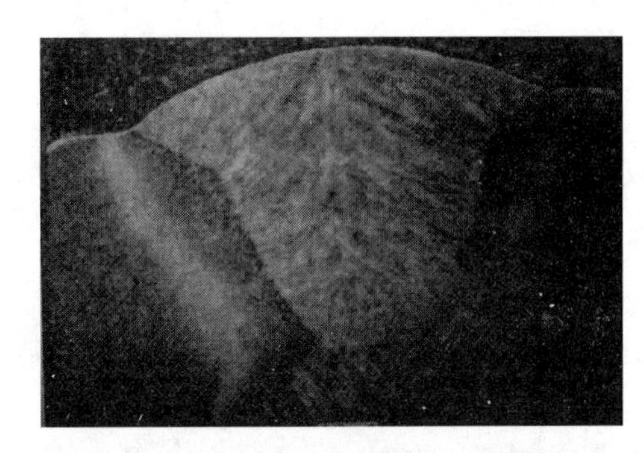

图 3-43　焊接接头

2. 焊接热循环

整个焊接过程实际上可以看作由加热和冷却两个过程组成。一般把在焊接热循环作用下，焊缝附近发生组织和性能变化的区域称为热影响区。

二、焊缝的组织

焊缝金属的结晶过程是晶核形成核晶核长大的过程。由于焊接过程本身的特点，熔池的结晶以及焊缝凝固组织具有它的特殊性。

三、焊接熔池结晶特点

焊接时的熔池犹如一个钢锭，当热源离开之后变冷却结晶，它与一般钢锭的结晶相比有许多特点。

(1) 金属冷却速度极快；

(2) 结晶温度梯度大；

(3) 在运动状态下结晶。

四、焊缝组织特征

1. 常见的焊缝组织具有连接长大柱状晶的特征

(1) 连接长大

焊缝金属晶粒与熔合线附近母材热影响区内的晶粒是相连接的。即焊缝中的液态金属结晶是和母材热影响区的晶粒相连接地长大出来的。它们之间所以这样紧密相连，是由于熔合线附近未熔化母材金属起着熔池模壁的作用，它和焊接金属化学成分相近，晶格类型相同，是焊缝金属结晶时形成的表面，起非自发形核作用，在较小过冷度下，焊缝液体金属可直接从母材金属晶粒结晶并长大,因此焊缝金属总是与熔合线附近母材晶粒连接,保持着同一的晶轴。

(2) 柱状晶的形成

焊缝的金属大都成为长的柱状晶,成长的方向与散热最快的方向一致,沿垂直于熔合线,向焊缝中心发展,从宏观组织中也可以看得十分清楚。在一般条件下,焊缝不出现等轴晶,只有在特殊条件下才形成等轴晶。例如,在弧坑中的组织,或大断面焊缝的中、上部形成少量等轴晶。

2. 焊缝凝固组织的微观状态

焊缝晶粒主要有柱状晶和等轴晶两类。但在显微镜下观察,在每颗柱状晶内部还有许多亚结晶组织。这类亚结晶的形态,随着结晶的条件不同,可以有胞状晶、胞状树枝晶、柱状树枝晶等不同形态。

3. 常见焊接接头焊缝组织

我们通常观察到的组织为二次组织。它是由液相结晶出来的固体组织(如奥氏体),冷至室温时进行重结晶(奥氏体转变)。奥氏体转变成什么组织,需要根据金属的成分和冷却的条件而定。

(1) 焊缝二次组织

焊缝的成分是指填充材料与母材被熔化的局部混合后平均成分,分析焊缝组织时必须考虑到熔合比。

低碳钢的焊缝组织含碳量很低,故重结晶组织大部分是铁素体+少量珠光体。由于铁素体一般首先由奥氏体晶粒转变,往往保留一次组织柱状特征,故又称为柱状铁素体,它十分粗大。此外,焊缝中的一部分铁素体还具有魏氏组织的形态。

多层焊接可获得细小得晶粒。这里由于后面焊层对前面的焊层进行了再加热,发生了重结晶,形成细小的等轴晶。

至于低合金钢的焊缝组织,可以根据成分相近钢的连续转变曲线判断。合金元素少的低合金钢焊缝组织,一般与低碳钢相近。在一般实际焊接冷却条件下,为柱状铁素体+极少量珠光体。冷却速度增大时,常常会出现粒状贝氏体。

当合金元素较多时,焊缝中会出现粒状贝氏体+柱状铁素体组织。当含合金元素更高时,由于淬透性好,焊缝中将出现条状马氏体组织。

(2) 异种钢熔合线附近组织

异种金属焊接接头组织状态,基本上取决于两方面因素影响:其一为成分差异,在焊接接头熔合区中产生的化学成分不均匀性;其二为焊接因素。对于同种金属的焊接接头,虽然焊缝与母材金属成分有所不同,在焊缝一母材界面区,熔化区或者未熔化的过渡区,存在着化学元素、浓度分布的不均匀性的问题,如同种类型钢材的焊接接头,化学元素的浓度差异主要是 C、Cr、Mn、Mo、V、Ni 元素的浓度差异,由于它们的总量都不高,因而不会对组织状态带来多大变化。

异种钢焊接接头,如母材为 A4 钢,焊缝为 1Cr18Ni9Ti 钢,切取一个熔化焊焊接接头,制备成金相试样,经过特殊实际侵蚀后,难以显露晶界,在母材与焊缝的过渡区域常常出现不易侵蚀的奥氏体,是由于成分差异造成的。

五、常见焊接接头的缺陷

焊接接头常见的缺陷，有裂纹、气孔、夹杂、未焊透、未熔合、咬边、焊瘤等。裂纹是焊接接头中危害最大的一种缺陷。它破坏了金属的连续性和完整性，降低了抗拉强度。

1. 焊接裂纹的分类

(1) 按裂纹的尺寸大小分类

1) 宏观裂纹。肉眼能见到的裂纹，在一切产品中均不允许存在。

2) 显微裂纹。这类裂纹用一般的非破坏检查不易发现，只能在显微镜下才能看到。就现代的焊接技术条件而言，存在尺寸 250 μm 以下的缺陷有时是不可避免的。

(2) 按形成裂缝的温度范围分类

1) 热裂纹(高温裂纹)。热裂纹一般指在 $0.5T_m$(T_m 即金属材料熔点，单位 K)以上温度形成的裂纹，在钢中通常指在 Ac3 以上直至凝固温度范围。

热裂纹发生的部位，常见于焊缝中，有时也出现在热影响区内。平行于焊缝的称为纵向裂纹，一般发生在弧坑中心的等轴晶区内，称为弧坑裂纹。

热烈纹的特征，裂纹一般发生在焊缝(包括弧坑)沿柱状晶界和树枝晶、胞状晶界的延伸方向，裂纹末端粗钝。发生在近熔合线处的热影响区裂纹，是沿奥氏体晶界分布，有时呈网状，有的裂纹有分枝，裂纹周围有氧化脱碳现象。

2) 冷裂纹。冷裂纹通常指焊接时，在 Ac3 温度下冷却过程中和冷却以后所产生的裂纹。其中，最常见的是和氢有关的裂纹，称为氢致裂纹。它形成的温度范围，通常在马氏体转变温度范围内，200～300 ℃。一般在低合金高强度钢、中碳钢、合金钢等易淬火钢焊接中容易发生，而在低碳钢和奥氏体钢焊缝中则很少发生。

氢致裂纹可以在焊后立即出现，但常常延迟至几小时、几天、几周，甚至更长的时间以后发生，或者是逐渐出现，越来越多，所以又称为延迟裂纹。

以氢致裂纹为例，它们大多数发生在热影响区内，特别是在焊道下(熔合线附近)、焊趾以及焊根等部位，在某些情况下也会发生在焊缝中。冷裂纹特征一般为穿晶，但有时沿混合组织的交界面扩展，通常五分枝，断续延伸，末端较尖锐。

3) 层状撕裂裂纹。在焊接厚板时，有时会产生一种裂开型的裂纹。这种裂纹不仅在母材热影响区中扩展，而且还扩展到热影响区以外的母材中去，裂纹沿着平行于母材的轧制方向发展，呈台阶状一层层撕裂，故称为层状撕裂裂纹。它发生于常温，也属于冷裂纹。

2. 其他缺陷

(1) 未焊透

焊接时接头根部为完全熔透的现象，对对接焊缝也指焊缝深度未达到设计要求的现象(见图 3-44)。它使焊缝界面削弱，降低焊接接头强度，更重要的是未焊透处易造成应力集中，引起裂缝扩展，故不允许存在。

(2) 未熔合

熔焊时，焊道与母材之间或焊道与焊道之间，未完全熔化结合的部分(见图 3-45)，电阻点焊指母材与母材之间未完全熔化结合的部分、

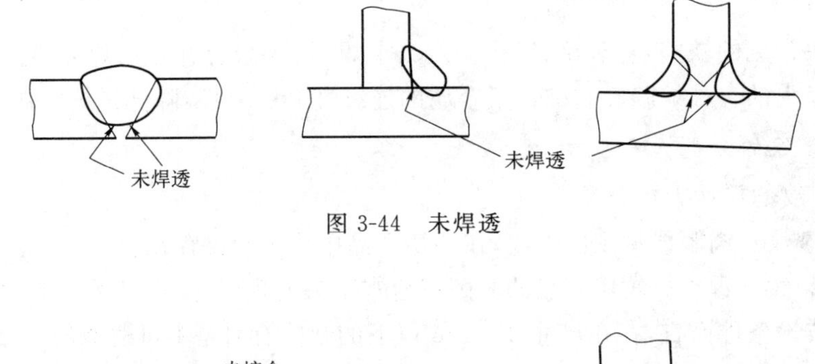

图 3-44 未焊透

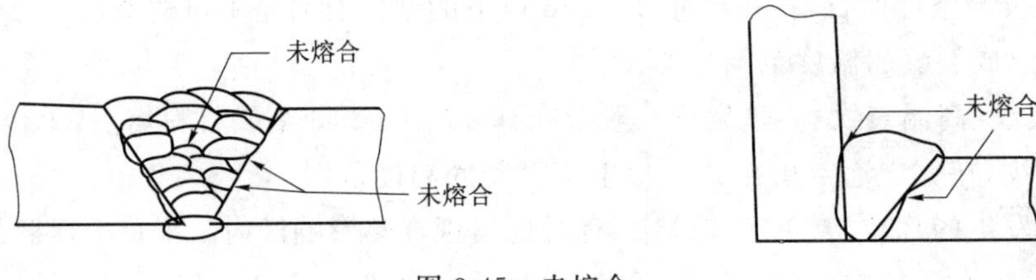

图 3-45 未熔合

(3) 夹杂

由于焊缝坡口不清洁,或焊前一道焊缝的熔渣没有除干净,以及焊接工艺不当,往往会使焊渣来不及排除而残留在焊缝中,显微镜下可以看到不同程度呈灰白色的氧化物残渣。焊缝中存在较大夹渣,会降低焊接接头机械性能,造成应力集中,往往在夹渣处引起裂纹。

(4) 气孔

在焊缝表面和内部存在的呈椭圆形,有时也呈针状的气孔,它不但降低了焊接接头强度和韧性,还将影响接头的致密性,引起泄漏。

(5) 焊瘤(满溢)

由于焊接规范不正确,或焊接摆动不适当,产生熔化金属流溢到冷的母材上而熔合起来,形成焊瘤。

(6) 咬边

由于焊接规范和操作不当,使焊缝边缘的母材处形成沟槽,称为咬边。咬边造成焊缝界面不足和应力集中。

第十五节 UO_2芯块金相检验方法

学习目标:通过学习,了解 UO_2 芯块制样方法,掌握气孔及晶粒尺寸测定步骤。

一、制样

将芯块沿纵向接近中心轴线剖开,然后用环氧树脂或硫黄进行镶嵌。逐级选用 120～800 号金相水砂纸磨样,然后用 Cr_2O_3 进行机械抛光 3～25 min,直至试样表面光亮无划痕为止。为提高抛光效果,可适当添加铬酸溶液。经抛光的试样可用于低倍检验和气孔分布的测定。

采用试剂 CrO_3+HF+H_2O,在室温下将试样浸泡 30～90 s 显示出试样的晶粒,然后用脱脂棉蘸试剂擦拭试样表面，用流水冲洗，吹干即可。

二、检验

低倍检验将试样放在金相显微镜下，对芯块的两端拍照。必要时提供裂纹、大的气孔或掉角等方面的信息。

1. 气孔分布的测定

气孔的测量分两步进行。0～16 μm 的气孔与>16 μm 的气孔分别用不同放大倍数进行测量。测量在自动图像仪上进行，测量区域如图 3-46 所示。

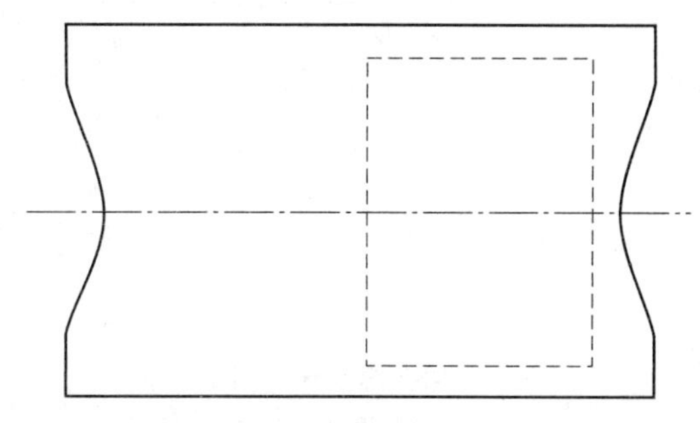

图 3-46 气孔的测量区域

对于 0～16 μm 的气孔，选用 100×物镜，在测量区域内均匀测量约 100 个视场；对于>16 μm 的气孔，选用 5×物镜，在测量区域内均匀测量约 30 个视场。

测量后，给出 0～2 μm，0～10 μm，0～45 μm 范围气孔率百分数以及芯块的总气孔率。

2. 晶粒尺寸测量

按国标 GB/T 6394，采用截点法测量平均晶粒尺寸。根据晶粒的实际情况，选用 50×或 20×物镜，在如图 3-47 所示的边缘(1)、中间(2)、中心(3)三个区域分别选取 10 个视场进行测量，共计 30 个视场。平均晶粒尺寸 $\bar{l}$ 按公式计算：

$$\bar{l}=\frac{\bar{l}_1+\bar{l}_2+\bar{l}_3}{3} \tag{3-68}$$

式中：$\bar{l}$——芯块的平均晶粒尺寸，μm；

$\bar{l}_1$——边缘区域的平均晶粒尺寸，μm；

$\bar{l}_2$——中间区域的平均晶粒尺寸，μm；

$\bar{l}_3$——中心区域的平均晶粒尺寸，μm。

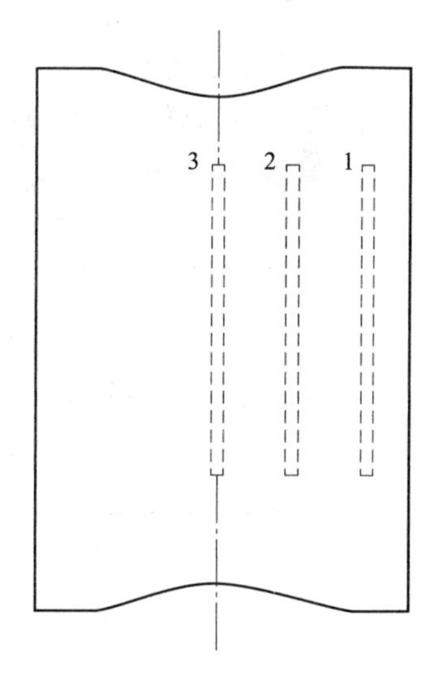

图 3-47 晶粒测量区域

第十六节 常见焊接件的金相检验测量

学习目标：通过学习，掌握常见焊接件的金相试样检验内容及方法。

一、环焊缝及堵孔焊点

按图 3-48 所示进行各项参数的测量,检查焊缝中有无裂纹、尺寸超标的气孔和气胀存在。

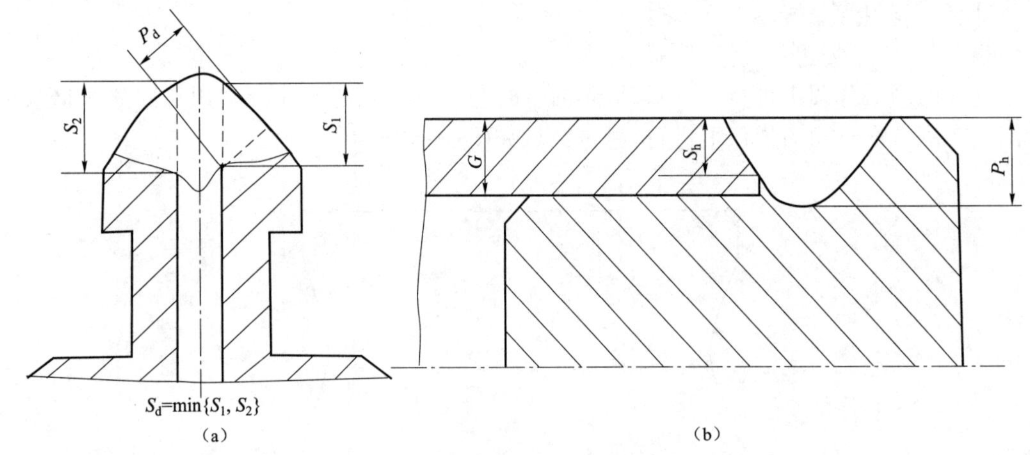

图 3-48 堵孔焊及环焊测量方法

(a) 堵孔焊;(b) 环焊

S_h—环焊熔深;P_h—环焊的熔化区深度;

S_d—堵孔熔深;P_d—堵孔的焊点厚度

二、弹簧点焊

按图 3-49 所示测量:熔核长径(D),弹簧片厚度(E_1、E_2),凹陷深度(T_1、T_2),裂纹长度(L),气孔长度(d),弹簧片的焊接熔深(P_1、P_2),0.8D 处的熔深(P_{1m}、P_{2m})。

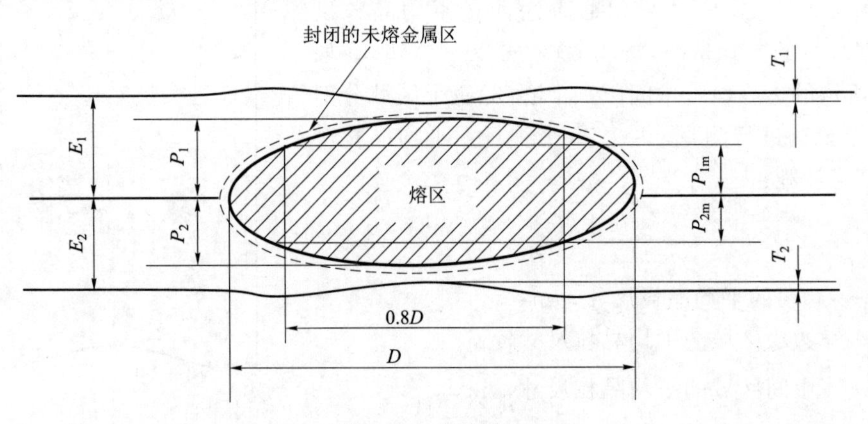

图 3-49 弹簧点焊

按图 3-50 所示在 100 倍下检查缺陷,注明缺陷的类型(孔洞或裂纹)以及缺陷相对于熔核 $0.85D\times0.5(E_1+E_2)$ 区域的位置,如果某一缺陷有一部分位于 $0.85D\times0.5(E_1+E_2)$ 区域之外,应判为位于该区域外的缺陷。

检查熔核周围是否存在封闭的未熔金属区。

放大 50 倍照相记录。

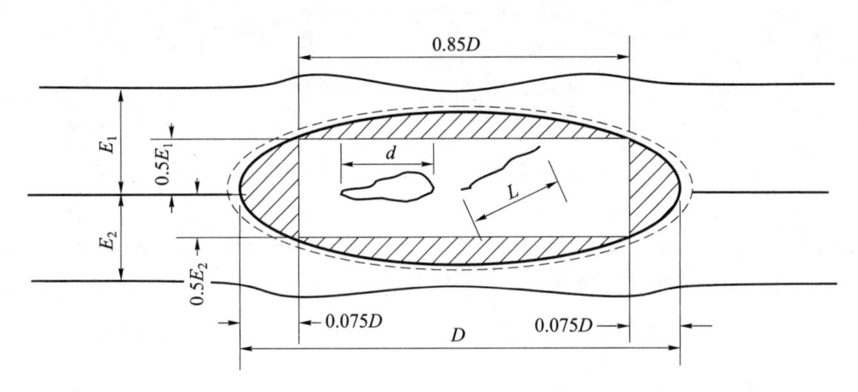

图 3-50　弹簧点焊 $0.85D\times0.5(E_1+E_2)$ 区域

三、锆合金骨架点焊

按图 3-51 进行测量，检查接头内是否存在裂纹。检查接头内是否存在气孔，如果存在，是否位于焊点两端小于 0.1D 处（图中所示的阴影区内）。测量缺陷沿接头面的尺寸 L_i，并计算沿接头面的内部缺陷总的尺寸 $\sum L_i$。检查熔化区是否与表面相通（即熔核周围是否存在未熔化金属区）。放大 50 倍照相记录。

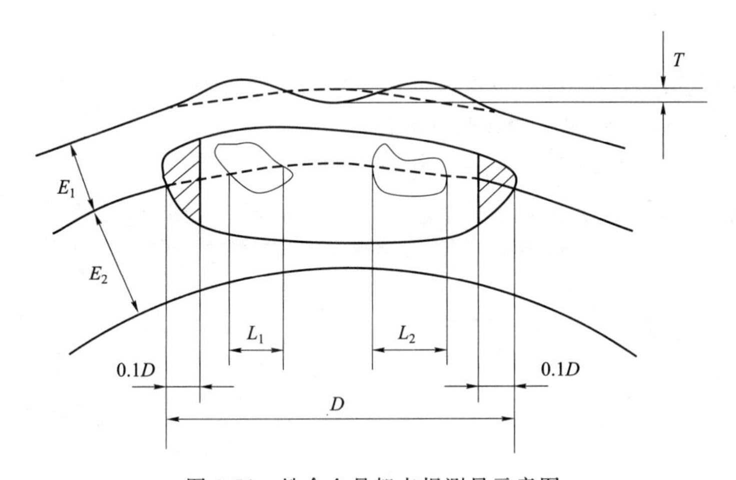

图 3-51　锆合金骨架点焊测量示意图

E_1—焊接条带厚度，mm；D—焊点直径，mm；L_1—沿接头面的内部缺陷的尺寸，mm；E_2—导向管厚度，mm；T—焊接压痕深度，mm

四、不锈钢导向管与因科镍条带电阻点焊

在 100 倍下检查是否在贴合面上形成熔核。放大 50 倍照相记录（见图 3-52）。

五、钎焊格架

按图 3-53 测量晶间渗入。检查是否存在溶蚀。放大 100 倍照相记录。

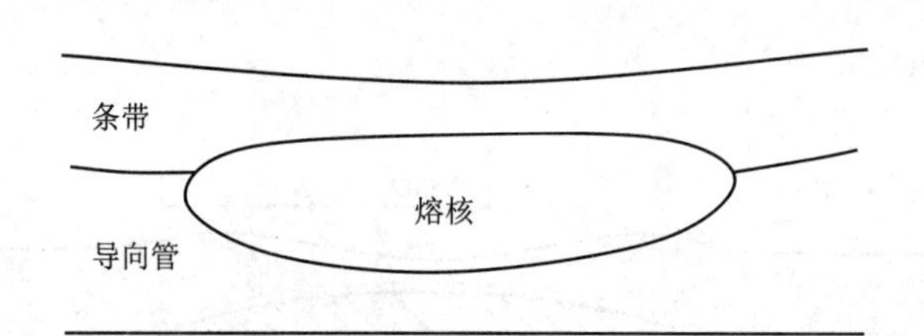

图 3-52　不锈钢导向管与因科镍条带电阻点焊示意图

注:晶间渗入是指钎焊时熔化钎料或它的某些成分集中地沿钎焊的母材晶界扩散的现象,严重时导致晶界变粗变脆。溶蚀指母材表面被熔化的钎料过度溶解而形成的凹陷。

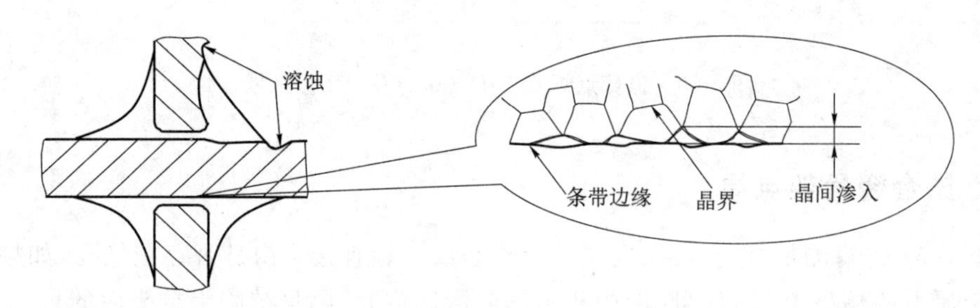

图 3-53　钎焊格架测量示意图

六、激光焊格架

按图 3-54 测量:熔深(P),内条带厚度(e),外条带厚度(E),焊点的凹陷深度(F),A、B 焊点的凸起高度(D),C、E 焊缝的外凸高度(DE)。

检查熔区内是否存在裂纹、气孔等缺陷,并测量其尺寸。

放大 30 倍给 A、B 焊点照相记录,放大 40 倍给 C、E 焊缝照相记录。

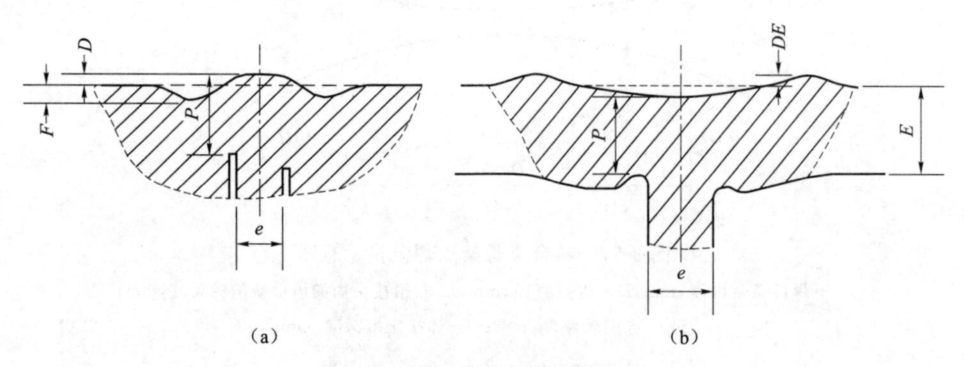

图 3-54　激光焊格架测量示意图

(a) A、B 焊点测量示意图;(b) C、E 焊缝测量示意图

七、管座焊缝测量

按图 3-55 进行测量。检查是否存在未熔合、未焊透、裂纹、气孔等缺陷。放大 5 倍照相记录。

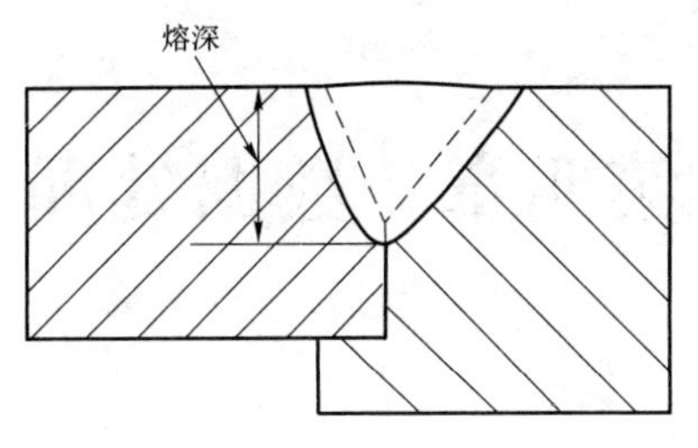

图 3-55　管座焊缝测量示意图

八、角焊缝

按图 3-56 测量焊脚尺寸，焊脚尺寸为角焊缝中画出的最大等腰直角三角形的直角边长度。检查是否存在未焊透、裂纹等缺陷。放大 5 倍左右照相记录。

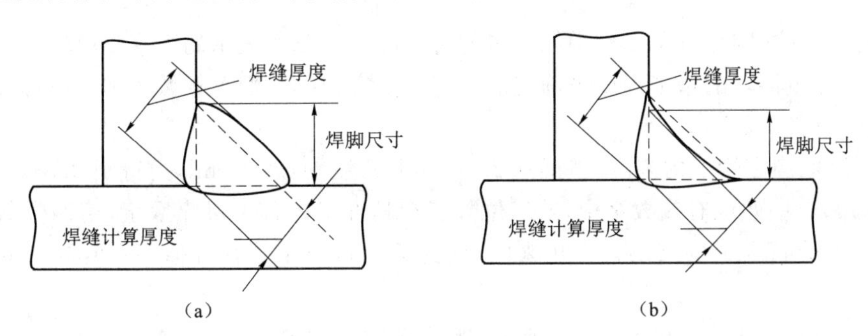

图 3-56　角焊缝测量示意图

(a) 凸形角焊缝测量示意图；(b) 凹形角焊缝测量示意图

九、不锈钢 TIG 点焊

按图 3-57 进行测量。检查是否存在裂纹。放大 5～10 倍照相记录。

十、管板焊缝

按图 3-58 进行测量。检查是否存在裂纹。放大 10 倍照相记录。

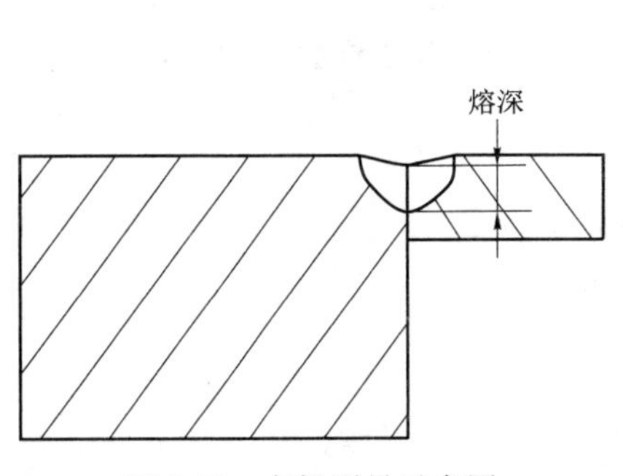

图 3-57　点焊测量示意图

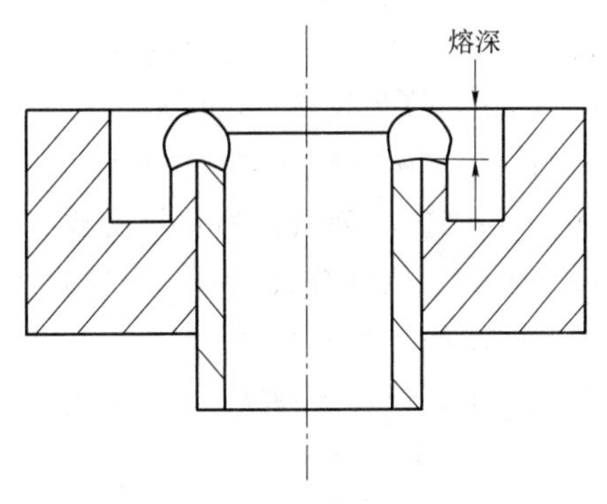

图 3-58　管板焊测量示意图

第四章　数据处理

第一节　有效数字的修约和计算法则

学习目标:通过学习有效数字修约和计算的方法,掌握有效数字的使用和确认,会正确书写记录有效数字。

一、有效数字概念

有效数字指在实际测量工作中能测得的有实际意义量值表示的数字(只作定位用的“0”除外),是由计量器具的精密程度来确定的。有效数字包括全部可靠数字和一位可疑数字在内的有实际意义的数字。

例如:读取滴定管上的刻度,甲得到 23.43 ml,乙得到 23.42 ml,丙得到 23.44 ml,丁得到 23.43 ml,这些四位有效数字中,前三位数字都是准确的称为可靠数字,第四位数字因为没有刻度,由分析人员的肉眼估计出来的,因此第四位数字是估计值,不甚准确,称为可疑数字。

可疑数字一般认为它可能有±1 或±0.5 个单位的误差,如 1.1 这个有效数字在 1.0～1.2 或 1.05～1.15 之间。

二、有效数字的确定

(1) 对于没有小数位且以若干零结尾的数值,从非零数字最左一位向右数,得到的位数减去无效零(即仅为定位用的零)的个数即为该数值的有效位数。

(2) 对于其他十进位数,从非零数字最左一位向右数,得到的位数即为有效位数。

(3) 系数和常数的有效数字位数,可以认为是无限制的,需要几位就写几位。如常数 π、系数 $\sqrt{2}$、2/3 等。

(4) 对数数值的有效位数应与真数的有效位数相等,也就是说其有效位数仅取决于小数部分(尾数)数字的位数。因整数部分(首数)只与相应真数的 10 的多少次方有关。如 pH＝11.20 换算为氢离子浓度时 $[H^+]=6.3\times10^{-12}$ mol/L,有效位数为两位,而不是四位,因此 pH＝11.20 的有效位数是两位。

例 4-1:确定下列数值的有效位数

1.000 8 五位有效数字	1.98×10^{-10} 三位有效数字
0.100 0 四位有效数字	10.98% 四位有效数字
0.038 2 三位有效数字	0.05 一位有效数字
28 两位有效数字	2×10^5 两位有效数字
0.004 0 两位有效数字	8.00 三位有效数字

注意:

① 数字之间的“0”是有效数字，如 1.000 8 中有三个“0”都是有效数字。

② 数字末尾的“0”是有效数字，如数字 1.100 0 后面三个“0”都是有效数字。

③ 数字前面所有的“0”只起定位作用，不是有效数字。如数字 0.05 小数点前两个“0”只起定位作用，不是有效数字。

④ 1.98×10^{-10}、10.98%、2×10^{5}数字中的“10^{-10}”“%”“10^{5}”只起定位作用。

三、数字修约规则

在数据处理时，需要确定各测量值和计算值的有效位数或者确定把测量值保留到哪一位数。有效位数或数值保留的位数确定后，就要将其后多余的数字舍弃，这种舍弃多余数字的过程称为“数值修约”。在实验室里常遇到的问题是填写实验报告单时，检验结果应取多少有效位数为宜，这时就涉及“数值修约”。质量保证部门往往要求一般数字修约应与技术条件和图纸中的要求一致，特殊情况下，应多报一位数字。

数值修约遵循的规则称为“数值修约规则”，关于数值修约规则，我国已颁布了 GB 8170《数值修约规则》国家标准，现就该标准有关内容择要介绍如下：

1. 修约间隔的概念

所谓修约间隔是确定修约保留位数的一种方式，修约间隔数值一经确定，修约值应为该数值的整数倍。例如，指定修约间隔为 0.1，修约值应在 0.1 的整数倍中选取，相当于将数值修约到一位小数。如果指定修约间隔为 100，修约值即应在 100 的整数倍中选取，相当于修约到“百数位”。修约间隔是修约值的最小单元，修约值中不能有小于修约间隔的数值。

在数值修约时，确定修约位数的表达方式一般有两种：一种是指明数值修约到几位有效数字，类似于上述质量保证部门的要求，另一种就是指明修约间隔，即指定数位。

若指定修约间隔为 10^{-n}（n 为正整数），即相当于将数值修约到几位小数；

若指定修约间隔为 1，即相当于将数值修约到个位数(换言之，数值的小数部分全部舍弃)；

若指定修约间隔为 10^{n}（n 为正整数），即相当于将数值修约到 10^{n} 数位。

2. 数值修约进舍规则

过去习惯于“四舍五入”的数值修约规则，这种规则的缺点是见五就进，从而使修约的数值系统偏高，现行规定采用“四舍六入五考虑，五后非零则进一，五后皆零看奇偶”的规则，这个规则的含义就是：当测量值中被修约的那个数字等于或小于 4，则舍去；等于或大于 6，则进一；等于 5 时，要看其后跟的数字情况，若跟有并非全部为零的数字时，则进一，若 5 后无数字或都为零，则看保留的末位数(5 前一位数字)是奇数还是偶数，是奇数(1、3、5、7、9)时，则进一，是偶数(2、4、6、8、0)时，则舍去。

3. 数值修约注意事项

(1) 负数修约

负数修约时，应先将其绝对值按上述进舍规则进行修约，然后在修约值前面加上负号。

(2) 不许连续修约

拟修约数字应在确定修约位数后，一次修约获得结果，不允许多次连续修约。

例 4-2：将 15.464 5 修约到个位数(即修约间隔为 1)

解：正确修约为 15.464 5→15(一次修约)

错误修约为 15.464 5→15.464→15.46→15.5→16(连续修约)

具体工作中,有时分析测试得到的测量值是为其他部门提供数据,可按规定的修约位数多保留 1 位报出,以供下一步计算或判定用,此时为避免发生连续修约的错误,当报出的数值其后最后一位数字为 5 时,应在该修约值后面加(+)或(-),表明该数值已进行过舍或进。

例 4-3:16.500 3→16.5(+)(表示实际值比该修约值大,是修约后舍弃获得的)。

16.495→16.5(-)(表示实际值比该修约值小,是修约后进一获得的)。

如果对上述报出值还要修约,比如修约到个位时,则数值后有(+)者进一,数值后有(-)者舍去。

例 4-4:报出值 16.5(+),再次修约成 17。

报出值 16.5(-),再次修约成 16。

在实际工作中,有时还用到 0.5 或 0.2 单位的修约间隔,因不常用到,这里就不一一介绍了。

4. 有效数字的计算法则

所谓有效数字的计算法则,实质是对运算中有效位数确定的法则。在处理分析数据时,涉及运算的数据往往准确度不同,即各数值的有效位数不同,为减少计算中错误,应按下面规则确定运算中的有效位数。

(1) 加减法运算中,保留有效数字的位数,以小数后位数最少的为准,即以绝对误差最大的数为准。如:将 0.012 1、25.64、1.054 82 三个数进行加减运算,有效位数应以 25.64 为依据,即计算结果只取到小数后第二位。

(2) 乘除法运算中,保留有效数字的位数,以有效数字位数最少的为准,即以相对误差最大的数为准。如:0.012 1、25.64、1.054 82 三个数进行乘除运算,有效位数应以 0.012 1 为依据,即计算结果应取三位有效数字。

(3) 在运算中,考虑各数值有效位数时,当第一位有效数字大于或等于 8 时,有效位数可多计一位。如 8.34 本来是三位有效数字,可当成四位有效数字处理。

有效数字的运算法,目前没有统一的规定,大致有三种方式。

1) 先修约再进行运算,即将各数值先修约到规定的有效位数,再进行运算。如:

$$0.012\ 1+25.64+1.054\ 82=?$$

计算时先以 25.64 为准,进行修约,后计算得:

$$0.01+25.64+1.05=26.70$$

2) 为了避免修约误差的积累,将参与计算的各数值有效位数修约到比应有的有效位数多一位,然后计算,最后对计算结果修约到规定的有效位数。

仍以上例为例:

$$0.012+25.64+1.055=26.707$$

修约后得 26.71。

3) 第三种方法是先运算,最后对计算结果修约到应保留的位数。

仍以上面三个数值为例:

$$0.012\ 1+25.64+1.054\ 82=26.706\ 92$$

修约后得 26.71。

可见三种计算方法，对最终结果，只是最后一位数字稍有差别。

显然，如果用笔算，前两者较为方便，如果用计算器计算，建议用第三种方法进行运算，好处是避免不必要的修约误差积累。

第二节　原始记录及检验报告的管理

学习目标：明确原始记录和检验报告的重要性，能正确填写原始记录及检验报告。

一、原始记录的重要性

在实验室里，原始记录一般指分析测试岗位所有的记录，如设备运行记录、设备维护保养记录、计量设备检定记录、分析测试的操作过程记录等。总之，原始记录应可以反映出实验室所有活动的概貌。

原始记录的形式，可以是文字记录，也可以是胶卷、底片、音像制品等。这里主要指反映分析测试活动全过程概貌的文字记录。原始记录的设计、填写、存档、保管、销毁是一项非常重要的活动内容，可以反映分析测试活动全过程概貌的原始记录，汇集了涉及最终测量结果质量的重要信息，为质量跟踪、计量量值的传递提供了有力的凭证。

二、原始记录的填写要求

(1) 原始记录要真实、详尽、清楚地记录测定条件、所用仪器设备、检测数据及检验人员等信息。

(2) 原始记录应用黑色签字笔在检测的同时记录在事先设计好的原始记录本上，不应事后回忆记录或转抄。

(3) 原始记录采用法定计量单位，数据应按照测量设备的有效位数或技术条件的规定记录。

(4) 原始记录中需要更改记录错误的地方，应在原记录上划一条横线表示消去，在旁边另写正确的记录，并由填写人签字或盖章，并注明更改日期。

(5) 如需使用原始记录中的数据进行结果计算，应正确引用数据并按照规程或标准中的公式进行计算，必要时对计算结果进行数据修约。

(6) 原始记录上必须有记录人签名。

三、检验报告的填写

(1) 检验报告应统一格式。

(2) 检验报告中的各项内容应完整填写，无内容填写的栏目内应用“—”表示，不得空缺。

(3) 检验报告中的数据、公式、表格及技术要求应真实可靠，准确无误。

(4) 检验报告中的计量单位应使用法定计量单位，数值应采用阿拉伯数字。

(5) 需要时，应根据适用的技术要求进行结果判定，技术要求可以来自于规程、标准、技术条件、图纸、试验大纲、鉴定大纲等技术性文件。

(6) 检验报告应加盖检验机构相关印章。

(7) 检验报告应有检验员、复核员的签字。

第五章　测后工作

第一节　放射性废物的处置

学习目标：通过学习放射性废物的知识，掌握放射性废物的概念，学会放射性废物的在实验室的基本处置方法。

在分析测试过程中，会产生一定量的废水（废液）。废水成分复杂，有在过程中添加的各种试剂成分，也有试料的组分，以及过程中产生的复杂化合物。废水处理总的原则是处理后的废水要能回收或达到排放标准。

一般说，实验室废水应统一由生产线回收处理。

实验室应做到同类废水，集中存放，盛放的容器要完好无损，不与废水发生反应，防止容器破裂，废水外泄。同时，废水容器外壁应有明显标志、标签。标志指特殊样品分析测试后产生的废水，比如放射性物料，应标志富集度。标签内容至少包括废水量、主要成分浓度、收集日期等。

一、放射性废物的概念

放射性废物是指在核燃料元件生产过程中产生的，含有放射性核素或被放射性核素污染，其浓度或者活度大于国家确定的清洁水平，预期不再使用的废弃物。

二、放射性废物的分类

放射性废物主要分为放射性液体废物和放射性固定废物两大类。放射性废物又分为可燃放射性固体废物和不可燃放射性固体废物。

可燃放射性固体废物：各生产岗位产生的污染口罩、手套、工作服、拖布、塑料布、分析用过的滤纸、废旧纸张和用废的圆珠笔等。

不可燃固体废物：废旧灯泡、保温材料、过滤器芯体、器皿、用废的筛网及污染过的废旧钢材、废钼材、设备等。

1. 放射性固体废物的来源

(1) 劳动保护所产生的放射性固体废物。诸如，口罩、手套、工作服、外来参观人员参观作用过的头套、鞋套等。

(2) 生产过程产生的放射性固体废物。诸如，滤纸、废纸张、标签、废旧圆珠笔、保温材料、过滤器芯体、器皿、筛网及废旧钢材、废旧钼材、设备等。

(3) 设备维护保养、检修所产生的放射性固体废物。诸如，更换下来的螺帽、螺钉、垫圈、密封圈、电线、金属容器、工具、废弃的零部件等。

(4) 清洁所产生的固体废物。诸如，拖布、塑料桶、塑料铲等。

(5) 其他途径产生的固体废物。如：包装材料、边角料等。

2. 放射性固体废物的处置办法

(1) 坚持以防为主，应尽量防止放射性固体废物的产生。对于不必要产生的放射性固体废物，尽量做到不产生放射性固体废物。例如：对于有包装材料的又需要带到现场的物品，应尽量在场外拆除包装。清洁用品应尽量采用结实的用品。

(2) 生产、维护保养、检修、清洁过程中，应尽量做到细心操作，减少放射性固体废物的产生。

(3) 可以回收使用的放射固体废物，应积极回收作用。

1) 用过的口罩、滤纸等。可以稍作处理用于清洁的，应尽量用于清洁物品。

2) 对于更换较大的部件，其中较小的而且完好的零件，可以拆除下来用作他用。

(4) 不可回收使用的放射性固体废物处理办法

1) 指定专门人员负责放射性固体废物管理。负责废物的分类、收集、贮存、填报废物统计报表等工作。

2) 放射性固体废物应在指定的地方，严格按可燃、不可燃废物的分类办法进行收集(特殊口罩中取出铅条，铅条要专门收集)。

3) 贮存放射性固体废物的包装容器或收集袋装满后，应在包装容器或收集袋上贴上标识标签，注明内容物、富集度、编号、日期等。

4) 放射性固体废物中严禁混有易燃、易爆、剧毒性物质。禁止混入非放射性废物中。

5) 收集、贮存放射性固体废物及收集袋，应有足够的强度和防腐蚀性。在收集、贮存、运输过程中应具有防火、防雨水漏等措施。污染过的废旧钢材、设备应经解体、去污、经检验合格后，指定暂存库。

6) 在每批富集度物料生产完成后，放射性固体废物应统一管理。

3. 放射性液体废物处置方法

(1) 放射性液体废物应按照不同富集度进行分类存放。

(2) 盛放废液的容器不能渗漏，容器上应标识相关的信息。

(3) 盛放废液体积不能超过容器的 3/4。

第二节　仪器设备日常维护保养

学习目标：通过学习仪器日常维护保养的知识，掌握仪器日常使用的基本要求。

仪器的保养与维护是实验室管理工作的重要组成部分，搞好仪器的保养与维护，关系到仪器的完好率和使用率，关系到实验成功率。因此，应懂得仪器保养与维护的一般知识，掌握保养与维护的基本技能。

一、仪器使用环境

按照仪器的使用要求，控制环境的温度、湿度，必要时仪器房间应安装空调、除湿机等设备。

二、除尘

灰尘多为带有微量静电的微小尘粒,常飘浮于空气中随气流而动,灰尘附着在仪器设备上会影响其色泽,增大运动部件的磨损,严重时会造成短路、漏电,贵重精密仪器上有灰尘,严重者会使仪器报废。

清除灰尘的方法很多,主要应依灰尘附着表面的状况及其灰尘附着的程度而定。在干燥的空气中,若灰尘较少或灰尘尚未受潮结成块斑,可用干布拭擦,毛巾掸刷,软毛刷刷等方法,清除一般仪器上的灰尘;对仪器内部的灰尘可用皮唧、洗耳球式打气筒吹气除尘,也可用吸尘器吸尘;对角、缝中的灰尘可将上述几种方法结合起来除尘。不过对贵重精密仪器,如光学仪器,仪表表头等,用上述方法除尘也会损坏仪器,此时应采用特殊除尘工具除尘,如用镜头纸拭擦,蘸有酒精的棉球拭擦等。

在空气潮湿,灰尘已结成垢块时,除尘应采用湿布拭擦,对角、缝中的灰垢可先用削尖的软大条剔除,再用湿布拭擦,但是对掉色表面、电器不宜用湿布拭擦。若灰垢不易拭擦干净,可用沾有酒精或乙醚的棉球进行拭擦,或进行清洗。

三、清洗

仪器在使用中会沾上油腻、胶液、汗渍等污垢,在贮藏保管不慎时会产生锈蚀、霉斑,这些污垢对仪器的寿命、性能会产生极其不良的影响。清洗的目的就在于除去仪器上的污垢。通常仪器的清洗有两类方法,一是机械清洗方法,即用铲、刮、刷等方法清洗;二是化学清洗方法,即用各种化学去污溶剂清洗。具体的清洗方法要依污垢附着表面的状况以及污垢的性质决定。下面介绍几种常见仪器和不同材料部件的清洗方法。

1. 玻璃器皿的清洗

附着玻璃器皿上的污垢大致有两类,一类是用水即可清洗干净的,另一类则是必须使用清洗剂或特殊洗涤剂才能清洗干净的。在实验中,无论附在玻璃器皿上的污垢属哪一类,用过的器皿都应立即清洗。

盛过糖、盐、淀粉、泥沙、酒精等物质的玻璃器皿,用水冲洗即可达到清洗目的。应注意,若附着污物已干硬,可将器皿在水中浸泡一段时间,再用毛刷边冲边刷,直至洗净。

玻璃器皿沾有油污或盛过动植物油,可用洗衣粉、去污粉、洗洁精等与配制成的洗涤剂进行清洗。清洗时要用毛刷刷洗,用此洗涤剂也可清洗附有机油的玻璃器皿。玻璃器皿用洗涤剂清洗后,还应用清水冲净。

对附有焦油、沥青或其他高分子有机物的玻璃器皿,应采用有机溶剂,如汽油、苯等进行清洗。若还难以洗净,可将玻璃器皿放入碱性洗涤剂中浸泡一段时间,再用浓度为5%以上的碳酸钠、碳酸氢钠、氢氧化钠或磷酸钠等溶液清洗,甚至可以加热清洗。

在化学反应中,往往玻璃器皿壁上附有金属、氧化物、酸、碱等污物。清洗时,应根据污垢的特点,用强酸、强碱清洗或动用中和化学反应的方法除垢,然后再用水冲洗干净。使用酸碱清洗时,应特别注意安全,操作者应戴橡胶手套、防护镜;操作时要使用镊子、夹子等工具,不能用手取放器皿。

此外,洗净的玻璃器皿,最后应用毛巾将其上沾附的水擦干。

2. 光学玻璃的清洗

光学玻璃用于仪器的镜头、镜片、棱镜、玻片等，在制造和使用中容易沾上油污、水湿性污物、指纹等，影响成像及透光率。清洗光学玻璃，应根据污垢的特点、不同结构，选用不同的清洗剂，使用不同的清洗工具，选用不同的清洗方法。

清洗镀有增透膜的镜头，如照相机、幻灯机、显微镜的镜头，可用20%左右的酒精和80%左右的乙醚配制清洗剂进行清洗。清洗时应用软毛刷或棉球蘸有少量清洗剂，从镜头中心向外作圆运动。切忌把这类镜头浸泡在清洗剂中清洗；清洗镜头不得用力拭擦，否则会划伤增透膜，损坏镜头。

清洗棱镜、平面镜的方法，可依照清洗镜头的方法进行。

光学玻璃表面发霉，是一种常见现象。当光学玻璃生霉后，光线在其表面发生散射，使成像模糊不清，严重者将使仪器报废。光学玻璃生霉的原因多是因其表面附有微生物孢子，在温度、湿度适宜，又有所需“营养物”时，便会快速生长，形成霉斑。对光学玻璃做好防霉防污尤为重要，一旦产生霉斑应立即清洗。

消除霉斑，清洗霉菌可用0.1%～0.5%的乙基含氢二氯硅烷与无水酒精配制的清洗剂清洗，湿潮天气还应掺入少量的乙醚，或用环氧丙烷、稀氨水等清洗。

使用上述清洗剂也能清洗光学玻璃上的油脂性雾、水湿性雾和油水混合性雾，其清洗方法与清洗镜头的方法相仿。

3. 橡胶件的清洗

教学仪器中用橡胶制成的零部件很多，橡胶作为一种高分子有机物，在沾有油腻或有机溶剂后会老化，使零部件产生形变，发软变黏；用橡胶制成的传动带，若沾有油污会使摩擦系数减小，产生打滑现象。

清洗橡胶件上的油污，可用酒精、四氯化碳等作为清洗剂，而不能使用有机溶剂作为清洗剂。清洗时，先用棉球或丝布蘸清洗剂拭擦，待清洗剂自然挥发净后即可。应注意，四氯化碳具有毒性，对人体有害，清洗时应在较好通风条件下进行，注意安全。

4. 塑料件的清洗

塑料的种类很多，有聚苯乙烯、聚氯乙烯、尼龙、有机玻璃等。塑料件一般对有机溶剂很敏感，清洗污垢时，不能使用如汽油、甲苯、丙酮等有机溶剂作为清洁剂。清洗塑料件用水、肥皂水或洗衣粉配制的洗涤剂洗擦为宜。

5. 钢铁零部件除锈

钢铁零部件极易锈蚀，为防止锈蚀，教学仪器产品中的钢铁件常涂有油层、油漆等防护层，但即使如此，锈蚀仍常发生。清除钢铁零部件的锈蚀，应根据锈蚀的程度以及零部件的特点采用不同的方法。

对尺寸较大，精密程度不高或用机械方法除锈不易除净的钢铁零部件，可采用化学方法除锈，如用浓度为2%～25%的磷酸浸泡欲除锈的部件，浸泡时加温至40～80 ℃为宜，待锈蚀除净后，其表层会形成一层防护膜，再将部件取出浸泡在浓度为0.5%～2%的磷酸溶液中约1 h，最后取出烘干即可。

在实验室使用这类化学方法除锈中若操作稍有不当，反而会损坏零部件，特别是精密零部件。因此在实验室，除锈不宜多用化学方法，而应采用机械除锈方法，即先用铲、剔、刮等方式将零部件上的锈蚀层块除去,再用砂纸砂磨、打光,最后涂上保护层。

对于有色金属及其合金材料构成的零部件,其除锈方法可参照钢铁零部件的除锈方法进行。但应注意两点,其一,采用化学方法除锈时,应根据零部件材料的化学特性配制和使用不同的化学除锈剂;其二,除去有色金属及其合金构成的零部件的锈蚀,一般采用机械除锈方法为宜。

6. 激光粒度仪的维护保养

(1) 要求环境温度在 15~35 ℃,相对湿度<85%。

(2) 有坚固的工作平台,使仪器在运行时不受外界振动的影响。

(3) 不要暴露在腐蚀性气体和粉尘的环境中。不要安装在温差大的地方,避免阳光直射或空调对吹。

(4) 远离强电磁场及高频波,接地端应可靠接地。

(5) 保持仪器表面干净无污物。测样完毕,一定要将循环系统清洗干净。

(6) 仪器启动后,如果长时间不用,应关机,否则会缩短激光器的使用寿命。

(7) 测量完毕后取出样品池,用棉签清洗,晾干后用纱布包好,给仪器盖好防尘盖。

7. 激光粒度仪常见故障排除

(1) 当 LA-300 主机电源开关打开后,电源指示灯不亮。此时应检查电源线是否连接正确,接触良好,如电源线连接正确,则说明保险管被烧,更换保险管。

(2) 当散射光强度出现巨大波动时,可能是光轴位置不对,校准光轴。如校准光轴后仍存在此问题,则说明光源被破坏,更换激光光源。

(3) 稳定性低,可能由于室温波动太大或测量环境有剧烈振动引起,应稳定室温,消除振动。

8. 高压釜的维护保养

(1) 使高压釜保持清洁,每次做完腐蚀试验后,需要彻底清洗干净,抽干釜内积水,并用干净的滤纸或烧杯盖好釜口,使釜体保持干燥清洁,防止腐蚀釜体。

(2) 至少在一个月内需对螺母和螺栓涂抹一次高温润滑脂,以便保持螺母和螺栓的润滑光洁,防止螺母与螺栓咬死。

(3) 高压釜每 12 个月更换一次高压釜安全爆破片,使高压釜处在安全可靠状态;如果在使用过程中发现爆破片有漏气、破损等异常状态时,也必须更换爆破片。

(4) 每周打扫一次设备卫生,保持设备清洁和整洁(节假日顺延)。

(5) 数据库维护:为避免由于系统软件硬件的损坏,造成保温曲线和保温数据的丢失,应定期将计算机自控系统内的数据库进行备份,即把“D:\高压釜运行数据”中的文件数据进行复制。

(6) 在无生产任务时,每周开机运行 2 次,检查设备是否正常运行(节假日顺延)。

9. 金相显微镜维护保养

(1) 更换灯泡

1) 关闭显微镜,断开 12 V/100 W 插座上的电源连接插头,使灯泡冷却大约 15 min。

2) 按下 HAL100 卤素灯上的放松按钮,取下灯泡支架,放在桌面上。

3) 按下簧片,向上拔出旧的卤素灯泡。

4）按下簧片，将新的灯泡插入端口，放松簧片。由于遗留的油脂会缩短灯泡的寿命，一般用灯泡更换专用工具夹住卤素灯泡。

5）调整灯泡后，按下簧片。

6）重新插入灯架，插上 12 V/100 W 插座上的电源连接插头。

（2）注意事项

1）载物台上的载物盘，为防止变形，不能随意取下或用力挤压。

2）仪器上的任何螺钉、推拉滑块、旋钮，在使用时，用力应适度，防止超过仪器本身能力的限度而损坏仪器。

3）刚工作过的灯泡，在更换前，应让其温度降至室温，并且，在更换灯泡时，不要用未戴细纱手套的手拿新灯泡，如果指纹或污物残留在灯泡上，应用纱布轻轻擦除。

4）不要用手触摸物镜、目镜及滤光片等光学部件的镜面，以防止划伤和沾污。

5）如果光学部件表面有沾污或划伤，应在设备运行保养记录中做好记录，不能对该光学部件用抛光剂、棉花或其他有机溶剂进行处理，避免损坏光学部件表面的涂层薄膜。

6）试样在观察前，必须清洗干净并吹干。

7）在转动物镜时，若要使用 50×或 100×物镜，或在转动过程中，50×、100×物镜要经过载物台中心，则应先升高载物台，以防转动过程中物镜接触载物台而划伤或沾污物镜。

8）在使用过程中，如果发现不正常的现象，例如电路部分发热、冒烟，显微镜光学部分有故障等，应立即关闭相应的电源开关，及时报调度或设备员联系维修人员处理，作好运行记录。

（3）维护保养

1）需要更换灯泡时，按“更换灯泡”方法操作。

2）当镜头有沾污时，可用镜头纸轻轻擦去，不可用手触摸镜头表面。

3）工作完毕，应清洁设备及工作现场。

第二部分　核燃料元件性能测试工高级技能

第六章　检验准备

学习目标：掌握分析检测前的准备工作及相关知识。

第一节　计量知识

学习目标：通过学习，掌握计量知识。

自然界的一切现象、物体或物质是通过一定的"量"来描述和体现的，"量是现象、物体或物质可定性区别于定量确定的一组属性。"要认识大千世界，造福人类社会，就必须对各种量进行分析和确认，既要区分量的性质，又要确定其量值。计量正是达到这种目的的重要手段之一。

一、有关计量的概念

测量、计量、计量学是计量管理工作中三个既有关联又有区别的概念。

1. 测量

测量是以确定量值为目的的一组操作。

当今计量学中，测量既是核心概念，又是研究对象。所以，人们有时也称测量为计量，例如称测量单位为计量单位，测量标准为计量标准等。

2. 计量

计量是实现单位统一、量值准确可靠的活动。

定义所指的活动包括科学技术上的、法律法规上的和行政管理上的活动。

3. 计量学

计量学是关于测量的科学。

计量涉及社会的各个领域。根据其作用与地位，国际上趋向于把计量学分为科学计量、工程计量和法制计量三类，分别代表计量的基础性、应用性和公益性三个方面。这时，计量学通常简称为计量。

二、计量的对象

当前普遍开展和比较成熟或传统的有十大计量。

1. 几何量计量

几何量计量又称长度计量，是指对物体的几何量与其单位的定义作比较的精密测量。几何量的基本参量是长度和角度。长度的基本单位是米(m)，角度分平面角(简称角)和立体角，单位分别是弧度(rad)和球面度(sr)。它的内容包括长度计量、角度计量、工程参量计量。

2. 温度计量

温度计量是利用各种物质的热效应，研究测量温度的技术。基本单位是开尔文(K)。其内容按照温度范围可分为超低温计量、低温计量、常温计量、高温计量和超高温计量；按照测量方法分可分为直接计量和间接计量。

3. 力学计量

力学计量的内容极为广泛，它包括质量、容量、密度、力值、压力、真空、流量、力矩、速度、加速度、硬度、冲击、转速、振动等。其基本单位是千克(kg)。千克原器是国际上唯一以实物形式保存的基本单位基准。目前保存在位于巴黎的国际计量局。

4. 电磁学计量

电磁学计量是根据电磁学基本原理，应用各种电磁计量器具，对各种电磁物理现象进行的测量。按学科分为电学计量和磁学计量；按工作频率分为直流计量和交流计量。

5. 无线电计量

无线电计量又称电子计量，以无线电技术所用频率范围内(从超低频到微波)需要计量的电磁量为对象。

6. 时间频率计量

时间频率计量包括时间计量和频率计量。时间的基本单位是秒(s)，频率的基本单位是赫兹(Hz)。

7. 光学计量

光学计量包括光源的总光通量计量、照度和亮度计量、辐射度计量、激光功率计量、激光能量计量、色度计量、感光计量、光学材料计量和成像系统计量等。其基本单位是发光强度的单位坎德拉(cd)。

8. 电离辐射计量

电离辐射计量一般分为三个部分：放射性核素计量；X、γ 射线和电子计量；中子计量。它的主要任务一是计量放射性物质本身有多少的量，二是计量辐射和被照介质相互作用的量。

9. 声学计量

声学计量研究声波的产生、传播、接收和影响特性中有关计量的知识。分为有源计量和无源计量两类。主要参量：声压、声强、声功率、质点速度。声压是最重要的基本量，其计量单位为帕斯卡(Pa)。

10. 物理化学计量

物理化学计量使用物理测量的方法对化学量进行计量。其有两个特定的含义:一是被测量是物质体系或化学体系中的化学特性量;二是测量应具有统一性,即在不同的空间和时间里测量同一量,其结果应当一致。它的基本单位是摩尔(mol)。在物理化学计量中多用标准物质来传递量值。

同时,在一些高新技术领域,如生物、医学、环保、信息、航天和软件等方面的专业计量测试,也正在逐步形成和不断加强。另外,随着 DNA 生物计算机的研发,计量的对象已进入微观领域。

三、计量的特点

计量的特点可以归纳为准确性、一致性、溯源性及法制性四个方面。

(1) 准确性是指测量结果与被测量真值的一致程度。所谓量值的准确性,是在一定的测量不确定度或误差极限或允许误差范围内,测量结果的准确性。

(2) 一致性是指在统一计量单位的基础上,无论在何时何地采用何种方法,使用何种计量器具,以及由何人测量,只要符合有关的要求,测量结果应在给定的区间内一致。也就是说,测量结果应是可重复、可再现(复现)、可比较的。

(3) 溯源性是指任何一个测量结果或测量标准的值,都能通过一条具有规定不确定度的不间断的比较链,与测量基准联系起来的特性。溯源性使其准确性和一致性得到技术保证。

(4) 法制性是指计量必需的法制保障方面的特性。量值的准确可靠不仅依赖于科学技术手段,还要有相应的法律、法规和行政管理的保障。

四、计量的内容

(1) 计量单位与单位制;

(2) 计量器具(或测量仪器),包括实现或复现计量单位的计量基准、计量标准与工作计量器具;

(3) 量值传递与溯源,包括检定、校准、测试、检验与检测;

(4) 物理常量、材料与物质特性的测定;

(5) 测量不确定度、数据处理与测量理论及其方法;

(6) 计量管理,包括计量保证与计量监督等。

五、计量与测量的区别

测量是为确定量值而进行的全部操作,一般不具备计量的四个特点。计量属于测量而又严于一般的测量,在这个意义上,可以狭义地认为,计量是与测量结果置信度有关的、与不确定度联系在一起的规范化的测量。

六、计量管理的概念

计量管理是现代管理的一个分支,按系统工程的理论来讲,它是整个国家管理系统中的一个子系统;就计量工作体系来说,它是计量工作的重要组成部分。计量管理的含义是指协调计量技术管理、计量经济管理、计量行政管理和计量法制管理之间关系的总称。通俗地说，计量管理就是在充分了解研究当前计量学技术发展特点和规律的前提下，应用科学技术和法制的手段，正确地决策和组织计量工作，使之得到发展和前进，以实现国家的计量工作方针、政策和目标。

七、计量管理的特点

现阶段计量管理得到了深入和广泛的发展，其特点是将测量设备的管理发展到测量数据的管理，从狭义的计量管理发展到广义的计量管理，它不但强调对测量设备本身的管理，还强调对测量过程的控制。

八、计量管理的内容

计量管理的内容主要包括计量保证和计量监督两方面。计量保证：用于保证计量可靠和适当的测量准确度的全部法规、技术手段及必要的各种运作。根据定义，计量保证的目的是确保计量的可靠性和准确度，以获得社会与顾客的信任。它要通过制定和推行相应的法律、法规，采用适宜的技术设备，提供必要的环境条件，由经过培训、具有一定素质的操作人员按程序进行各种运作来达到。

计量监督：为核查计量器具是否依照法律、法规正确使用和诚实使用，而对计量器具制造、安装、修理或使用进行控制的程序。这种监督也可以扩展到对预包装品上指示量正确性的控制。

对计量器具计量性能的管理就是型式评价(定型鉴定)、型式批准、首次检定、后续检定和制造许可证考核。

为充分保证计量器具准确，还需对计量器具的制造和使用进行监督。计量监督的另外一个重要方面就是对预包装品上指示量正确性的监督，对预包装品的监督主要是对其净含量的监督。

九、计量管理的特征

计量管理的特征归纳起来，主要有八个方面：

1. 统一性

这是计量最基本的特征。计量失去了统一性，就失去了存在的意义。现在统一性已不局限于一个国家量值的统一，而是要实现全球单位量值的统一。

2. 准确性

准确性是计量工作的核心。一切计量科学技术研究的目的，最终要达到所预期的某种准确度。

3. 法制性

用法律规定来保证计量的统一性和准确性。

4. 社会性

这是计量所涉及的面所决定的。

5. 权威性

建立具有高度权威的计量管理机构和计量技术机构，这是计量本身的性质及其在国民经济中的作用所决定的。

6. 技术性

计量是一项科学技术性很强的工作，要做好计量管理工作，必须拥有先进的技术手段和雄厚的技术力量。

7. 服务性

这是我国计量管理的一贯宗旨。管理和服务是对立统一、相辅相成的两个方面。我们提倡加强计量法制管理与社会经济服务相结合，在管理中体现服务精神，在服务中贯穿管理的原则。

8. 群众性

这一特性包含两层含义。一是计量工作要时刻考虑人民群众的利益，保护用户、消费者免受计量失准或不诚实的测量所造成的伤害；二是注意发动群众参与计量监督管理，使专业计量管理与群众参与管理相结合。

由此可见，计量技术与计量管理是支撑计量大厦的两根支柱。

十、法定计量单位

1984 年 2 月 27 日颁布的《国务院关于在我国统一执行法定计量单位的命令》明确规定：我国的计量单位一律采用《中华人民共和国法定计量单位》。

我国的法定计量单位(简称法定单位)包括 6 项内容：

(1) 国际单位制的基本单位(见表 6-1)；

(2) 国际单位制的辅助单位(见表 6-2)；

(3) 国际单位制中具有专门名称的导出单位(见表 6-3)；

(4) 国家选定的非国际单位制单位(见表 6-4)；

(5) 由以上单位构成的组合形式的单位；

(6) 由词头和以上单位所构成的十进倍数和分数单位(见表 6-5)。

至于法定单位的定义、使用方法，则由国家计量局另行规定。

表 6-1　国际单位制的基本单位

量的名称	单位名称	单位符号
长度	米	m
质量	千克(公斤)	kg
时间	秒	s
电流	安[培]	A
热力学温度	开[尔文]	K
物质的量	摩[尔]	mol
发光强度	坎[德拉]	cd

表 6-2 国际单位制的辅助单位

量的名称	单位名称	单位符号
平面角	弧度	rad
立体角	球面度	sr

表 6-3 国际单位制中具有专门名称的导出单位

量的名称	单位名称	单位符号	其他表示示例
频率	赫[兹]	Hz	s^{-1}
力;重力	牛[顿]	N	$kg \cdot m/s^2$
压力,压强;应力	帕[斯卡]	Pa	N/m^2
能[量];功;热	焦[耳]	J	N·m
功率;辐[射能]通量	瓦[特]	W	J/s
电荷[量]	库[仑]	C	A·s
电位;电压;电动势	伏[特]	V	W/A
电容	法[拉]	F	C/V
电阻	欧[姆]	Ω	V/A
电导	西[门子]	S	Ω^{-1}
磁通[量]	韦[伯]	Wb	V·s
磁通[量]密度,磁感应强度	特[斯拉]	T	Wb/m^2
电感	亨[利]	H	Wb/A
摄氏温度	摄氏度	℃	K
光通量	流[明]	lm	cd·sr
[光]照度	勒[克斯]	lx	lm/m^2
[放射性]活度	贝可[勒尔]	Bq	s^{-1}
吸收剂量	戈[瑞]	Gy	J/kg
剂量当量	希[沃特]	Sv	J/kg

表 6-4 国家选定的非国际单位制单位

量的名称	单位名称	单位符号	换算关系和说明
时间	分 [小]时 天(日)	min h d	1 min=60 s 1 h=60 min=3 600 s 1 d=24 h=86 400 s
平面角	[角]秒 [角]分 度	(″) (′) (°)	1″=(π/648 000)rad(π 为圆周率) 1′=60″=(π/10 800)rad 1°=60′=(π/180)rad
旋转速度	转每分	r/min	1 r/min=(1/60)s^{-1}
长度	海里	n mile	1 n mile=1 852 m(只用于航行)

续表

量的名称	单位名称	单位符号	换算关系和说明
速度	节	kn	1 kn=1 nmile/h=(1 852/3 600) m/s (只用于航行)
质量	吨 原子质量单位	t u	$1\ t=10^3\ kg$ $1\ u\approx1.660\ 565\ 5\times10^{-27}\ kg$
体积	升	L(l)	$1\ L=1\ dm^3=10^{-3}\ m^3$
能	电子伏	eV	$1\ eV\approx1.602\ 189\ 2\times10^{-19}J$
级差	分贝	dB	
线密度	特[克斯]	tex	1 tex=1 g/km
面积	公顷	hm^2	$1\ hm^2=10^4\ m^2$

表 6-5　用于构成十进倍数和分数单位的词头

所表示的因数	词头名称	词头符号
10^{18}	艾[可萨]	E
10^{15}	拍[它]	P
10^{12}	太[拉]	T
10^{9}	吉[咖]	G
10^{6}	兆	M
10^{3}	千	k
10^{2}	百	h
10^{1}	十	da
10^{-1}	分	d
10^{-2}	厘	c
10^{-3}	毫	m
10^{-6}	微	μ
10^{-9}	纳[诺]	n
10^{-12}	皮[可]	p
10^{-15}	飞[母托]	f
10^{-18}	阿[托]	a

注：

① 周、月、年(年的符号为 a)，为一般常用时间单位。

② []内的字，是在不致混淆的情况下，可以省略的字。

③ ()内的字为前者的同义语。

④ 角度单位度分秒的符号不处于该字后时，用括弧。

⑤ 升的符号中，小写字母 l 为备用符号。

⑥ r 为“转”的符号。

⑦ 人民生活和贸易中，质量习惯称为重量。

⑧ 公里为千米的俗称，符号为 km。

⑨ 10^4，称为万，10^8称为亿，10^{12}称为万亿，这类数词的使用不受词头名称的影响，但不应与词头混淆。

国际单位制单位包括基本单位、导出单位和辅助单位三类，导出单位是由基本单位根据选定的联系相应量的代数式组合而成的，如：速度，导出单位：米每秒。

目前，我们已制订了一系列有关量和单位的国家标准，这些标准是 GB 3100、GB 3101、GB 3102・1～GB 3102・13，这些标准等效采用了国际标准 ISO 31/0～13 及 ISO 1000，属于强制性标准。

十一、计量器具的分类管理

1. 计量器具的分类管理

一些测量设备比较多的单位为便于管理，采取了突出重点、兼顾一般的 ABC 分类管理方法。

A 类测量设备，量虽然不多，但使用的位置和用途非常重要，作为重点管理。

B 类测量设备，数量比较多，但在准确度等级和位置的重要程度方面都不高，可进行一般性管理。

C 类测量设备，数量也比较多，但基本都是一些监视类仪表，准确等级较低，确认时采取一次性检定或校准的方法，损坏后更换，不用实行周期检定，可对其进行简要的管理。

ABC 类管理目前在企业内使用广泛，如与标记管理结合起来加以辨别，只需在标记上印有明显的 A、B、C 字样即可。

A、B、C 管理的分类方法是：

(1) A 类测量设备

1) 企业的最高计量标准和用于量值传递的测量设备，经认证授权的社会公用计量器具，列入强制检定目录的工作测量设备。

2) 企业用于工艺控制、质量检测、能源及经营管理，对计量数据要求高的关键测量设备。

3) 准确度高和使用频繁而量值可靠性差的测量设备。

(2) B 类测量设备

1) 企业生产工艺控制、质量检测有测量数据要求的测量设备。

2) 用于企业内部核算的能源、物资管理用的测量设备。

3) 固定安装在生产线或装置上，测量数据要求高，但平时不允许拆装、实际校准周期必须和设备检修同步的测量设备。

4) 对测量数据准确可靠有一定要求，但测量设备寿命较长，可靠性较高的测量设备。

5) 测量性能稳定，示值不易改变而使用不频繁的测量设备。

6) 专用测量设备、限定使用范围的测量设备以及固定指示点使用的测量设备。

(3) C 类测量设备

1) 企业生产工艺过程、质量检验、经营管理、能源管理中以及在流程生产线和装置上固定安装的，不易拆装而又无严格准确度要求的，仅起显示作用而无量值要求的指示用测量设备。

2) 测量性能很稳定，可靠性高而使用又不频繁的，量值不易改变的测量设备。

3) 国家计量行政部门明令允许一次性使用(如玻璃直尺)或实行有效期管理的测量设

备(如水表)。

2. 分类管理要求

(1) A类计量器具

1) 凡国家规定的强制检定的计量器具按国家计量行政部门和国防工业系统计量管理机构的规定办法执行。

2) 严格执行国家规定的检定规程与检定周期。

3) 计量器具使用单位必须指定专人保管维护,并建立严格的使用保管、检定调修等原始档案。

4) 周期受检率应达到100%。

(2) B类计量器具

1) 按照国家检定规程规定的周期进行检定,检定周期原则上不超过检定规程规定的最长周期,特殊情况周期需延长,使用部门/计量管理员须提出申请并经批准。

2) 对连续运转装置上拆卸不便的计量器具,可以根据检定规程和可靠性数据资料,按设备检修周期同步安排检定周期,但必须严格监督。

3) 通用计量器具作专用的计量器具,按其实际使用需要,可减少检定项目或进行部分检定,但检定证书上应注明限用量、范围和使用地点,在计量器具明显位置处粘贴限用标志。

4) 对使用不频繁,性能稳定,准确度要求不高的计量器具,检定周期可以适当延长,延长时间的长短应以保证计量器具可靠性数据为依据。

5) 周期受检率应不低于98%。

(3) C类计量器具

1) 除国家规定的可进行一次性检定的计量器具外,对准确度无严格要求,性能不易变化,且低值易耗的计量器具,可以进行一次检定。

2) 对非生产关键部位的指示用和在连续运转设备上固定安装的表盘计量器具进行有效期管理。

3. 标志管理要求及管理

(1) 计量彩色标志使用说明

1) "合格证"标志:表示该计量器具符合国家检定/校准系统或公司内部相关要求。

2) "限用证"标志:表示该计量器具定范围定点使用。检定时也只定期检定和校验某一特定测量范围或测量点,应标明限用范围和限用点。

3) "禁用"标志:出现故障暂时不能修好或超过检定周期以及抽检不合格的计量器具在生产、管理中停止使用。

4) "封存"标志:用于长期闲置或暂时不投入使用,也不进行周期检定的计量器具,使用"封存"标志,防止流入生产和管理中使用。

5) "报废"标志:表示该计量器具不符合国家检定/校准系统或公司内部相关要求。

(2) 计量彩色标志的管理

1) 现场使用的计量器具应有有效的彩色标志。

2) 计量彩色标志上应注明该计量器具A、B、C分类的类别,使用彩色标志时应与检定原始记录或检定证书相符，标志应粘贴在计量器具（不妨碍工作）的明显位置上或计量器具的盒子上。

3）暂时不用或经检定不合格的计量器具应撤离现场，无法撤离的或暂时不投入使用也不进行周期检定的计量器具，计量室应在其明显位置粘贴“封存”标志。

第二节　标准物质的基本知识

学习目标：了解标准物质分类，掌握标准物质的定义、国家标准物质分级以及编号的规则。知道标准物质在测量中的作用，会正确使用标准物质。

一、标准物质的定义

《一级标准物质技术规范 JJG 1006—1994》中就标准物质和有证标准物质的定义如下。

1. 标准物质（Reference Material，RM）

具有一种或多种足够均匀和很好确定的特性值，用以校准设备、评价测量方法或给材料赋值的材料或物质。

注：标准物质可以是纯的或混合的气体、液体或固体，例如校准黏度计用的纯水，量热法中作为热容校准物的蓝宝石，化学分析校准用的溶液。

2. 有证标准物质（Certified Reference Material，CRM）

附有证书的标准物质，其一种或多种特性值用建立了溯源性的程序确定，使之可溯源到准确复现的用于表示该特性值的计量单位，而且每个标准值都附有给定置信水平的不确定度。

它的确认和颁布有助于统一国内标准物质的命名和定义；有利于标准物质研制程序的标准化；也有利于在标准物质研究方面的国际交流和开展标准物质量值的国际比对。

二、标准物质的分类

我国标准物质按其标准物质的属性和应用领域可分成十三大类，它们是：

（1）钢铁成分分析标准物质；

（2）有色金属及金属中气体成分分析标准物质；

（3）建材成分分析标准物质；

（4）核材料成分分析与放射性测量标准物质；

（5）高分子材料特性测量标准物质；

（6）化工产品成分分析标准物质；

（7）地质矿产成分分析标准物质；

（8）环境化学分析与药品成分分析标准物质；

（9）临床化学分析与药品成分分析标准物质；

（10）食品成分分析标准物质；

（11）煤炭石油成分分析和物理特性测量标准物质；

(12) 工程技术特性测量标准物质;

(13) 物理特性与物理化学特性测量标准物质。

三、标准物质的分级

我国将标准物质分为一级与二级,它们都符合“有证标准物质”的定义。

(1) 一级标准物质是用绝对测量法或两种以上不同原理的准确可靠的方法定值,若只有一种定值方法可采取多个实验室合作定值。它的不确定度具有国内最高水平,均匀性良好。稳定性在一年以上,或达到国际上同类标准物质的先进水平。具有符合标准物质技术规范要求的包装形式。

(2) 二级标准物质是用与一级标准物质进行比较测量的方法或一级标准物质的定值方法定值。其不确定度和均匀性未达到一级标准物质的水平,稳定性在半年以上,能满足一般测量的需要,包装形式符合标准物质技术规范的要求。

四、标准物质的编号

(1) 一级标准物质的编号是以标准物质代号“GBW”冠于编号前部,编号的前两位数是标准物质的大类号,第三位数是标准物质的小类号,第四、五位数是同一类标准物质的顺序号。生产批号用英文小写字母表示,排于标准物质编号的最后一位。例如,第一批复制批用 a 表示,第二批复制批用 b 表示,依次类推。

(2) 二级标准物质的编号是以二级标准物质代号“GBW(E)”冠于编号前部,编号的前两位数是标准物质的大类号,第三、四、五、六位数为该大类标准物质的顺序号。生产批号同一级标准物质生产批号。

五、标准物质在测量中的作用

1. 标准物质在传递特性量值中的作用

标准物质是具有准确的特性量值、高度均匀与良好稳定性的测量标准,因此标准物质可以在时间和空间上进行量值传递。也就是说,当标准物质从一个地方被递交到另一个地方的测量过程,该标准物质的特性量值不因时间与空间的改变而改变,在这所说的“时间改变”是在该标准物质的有效期范围内。

标准物质作测量工作标准,正如标准物质定义所述:给物质或材料赋值。如同砝码通过天平确定被称物质的质量。在这种情况下应选用基体和量值与被测样品十分接近的标准物质。在测量仪器、测量条件和操作程序均正常的情况下,对标准物质与被测样品进行交替测量,或者每测 2～3 个样品插测一次标准物质。计算被测样品的特性量值。

$$x_{样}=\frac{y_{样}}{y_{标}}x_{标} \tag{6-1}$$

式中:$y_{标}$、$x_{标}$——分别表示标准物质在测量仪器上的测量值和标准值;

$y_{样}$、$x_{样}$——分别表示被测样品在测量仪器上的测量值和计算出的被测样品的量值。

被测样品的特性量值的不确定度为标准物质的特性量值的不确定度与用标准物质标定和测定被测样品的不确定度之合成。二级标准物质“UO_2芯块粉末中杂质元素系列成分分析标准物质”就是由国家一级标准物质“U_3O_8杂质元素系列标准物质”传递定值。

2. 标准物质作校准标准

这里有两种情况，一是用标准物质检定测量仪器的计量性能是否合格。即关系到仪器的响应曲线、精密度、灵敏度等。在此情况需选用与仪器测量范围相宜、量值成梯度的几种系列标准物质。另一种情况是用标准物质做校准曲线，为实际样品测定建立定量关系。此时，应选用与被测样品基体相匹配的系列标准物质，以消除基体效应与干扰成分引入的系统误差。要用与测定样品相同的方法、测量过程与测量条件逐个测定标准物质。这两种情况的实验设计与数据处理均基于最小二乘法线性回归原理。

3. 标准物质用作测量程序的评价

测量程序是指与某一测量有关的全部信息、设备和操作。这一概念包含与测量实施和质量控制有关的各个方面，如原理、方法、过程、测量条件和测量标准等。在研究或引用一种测量程序时，需要通过实验对测量程序的重复性、再现性和准确性做出评价。采用标准物质评价测量程序的重复性、再现性与准确性是最客观、最简便的有效方法。

对测量程序的评价可分为由一个实验室进行评价和由实验室间计划进行评价两种情况。实验室间测量计划的详细过程请参见 1SO 5725 和 ISO 指南 33:2000(E)。

4. 标准物质用于测量的质量保证

测量的质量保证工作，围绕着质量控制与质量评价采取一系列的技术措施，运用统计学与系统工程原理保证测量结果的一致性和连续性。当测量的质量保证工作需要对测量结果的准确度做出评价时，使用标准物质是一种最明智的选择。在此情况下，标准物质有两种主要用法。

(1) 用作外部质量评价的客观标准

内部质量评价的各种方法，只能评价测量过程是否处于统计控制之中，而不能提出使服务对象或者主管领导信服的，证明测量结果是准确的证据，因而，外部质量评价是十分必要的。目前国际上公认的用作外部质量评价最简便、最有效的办法是使用标准物质。由于标准物质还不能满足各个方面的需要，因而，近几年国际上又发展了一种熟练实验程序(Proficiency Testing Schemes)，用于外部质量评价。但这种方法只能评价参加实验室之间数据的一致性，对实验室的测量能力给予评价。使用标准物质作外部质量评价的方法很简单。质量保证负责人或者委托方，选择一种与被测物相近的标准物质，作为未知样品交给操作者测量；收集测量数据，计算出结果 $\overline{x}\pm t_{0.95}s$；然后，与所用标准物质的标准值 $A\pm u$ 进行比较。若 $|x-A|\leqslant\sqrt{u^2+(ts)^2}$，则可以判定该实验室的测量过程无可察觉的系统误差、测量结果是准确的。若出现大于符号，则表明测量过程有可察觉的系统误差。

(2) 用于长期质量保证计划

当一个例行测量实验室承担某种经济或者社会意义重大的样品的长期测量任务时，质量保证负责人应使用相应标准物质做长期的准确度控制图，以及时发现与处理测量过程中的问题，保证测量结果的准确性。

5. 标准物质在技术仲裁、控制分析与认证评价中的作用

在国内外贸易中，商品质量纠纷屡见不鲜，需要技术仲裁。在这种情况下，如果能选择到合适的，由公正和权威的机构审查批准的一级标准物质，进行仲裁分析，将十分有利于质

量纠纷的裁决。裁决负责人将标准物质作为盲样,分发给纠纷双方出具商品检测数据的实验室,测得结果与标准物质的保证值在测量误差范围内相符合的一方,被判为正确方。这种仲裁分析,要比找第三方作商品的仲裁分析更客观、更直接,因而也更有说服力。

当一个测量实验室承担贵重稀少样品的测量任务时,选择合适的标准物质作平行测量。根据标准物质测量结果正确与否,直接判断样品测量结果的可靠性。

近些年来,国内外十分重视出具公正数据测量实验室的认证工作,通过国家权威公正机构,对测量实验室承担某些检测任务的条件与能力进行全面的审查与评价,从而决定是否发授权证书。在审查、评价过程中,运用相应的标准物质是必不可少的。负责审查与评价的专家将标准物质作为盲样发给实验室,将其测量结果与标准物质的保证值进行比较。若在测量误差范围内一致,则表明该实验室有出具可靠数据的实际能力。

六、标准物质的正确使用

标准物质的正确使用包含正确的选择。正确使用(防止误用)和使用的注意事项如下。

(1) 要选择并使用经国家批准、颁布的有证标准物质。

(2) 要全面了解有证标准物质证书上所规定的各项内容并严格执行。

(3) 要选择与待测样品的基体组成和待测成分的含量水平相类似的有证标准物质。

(4) 要在有证标准物质的有效期内使用标准物质。

(5) 要注意标准物质的最小取样量,当小于最小取样量使用时,标准物质的特性和不确定度等参数可能不再有效。

(6) 应在分析方法和操作过程处于正常稳定的状态下,即处于统计控制中使用标准物质。否则会导致错误。

第三节 仪器设备的检查

学习目标:通过学习,了解仪器设备的检查知识。

通常,对设备进行状态检查及性能测试,确认设备是否处于正常状态,需要热机一段时间才能使性能稳定的设备应提前开机运行,为检测做好准备。

(1) 检查设备的供电、供气和供水设施是否正常。主要检查与设备相关的各种插座及开关是否安全有效。

(2) 检查设备能否正常开机。开机后是否运转正常,如有异响或其他报警,应立即停机,检查调试。

(3) 检查设备的控制软件能否正常开机运行。在硬件运行正常后,打开控制软件,检查控制软件是否正常;检查设备有无异常状态。

(4) 需要时,用标准物质或标样进行测量,检查设备是否已运行稳定,是否进入良好的工作状态。

第四节 高压釜的标定与等温区测量

学习目标：通过学习，了解高压釜等温区的测量方法和测量步骤。

一、校准和标定

高压釜测温热电偶、热电阻和记录系统应至少12个月校准一次且应满足在±3.0 ℃范围内。

正常使用的高压釜，每隔6个月要测量一次高压釜的内部垂直温度等温区，新的高压釜或经检修后的、加热体进行调整过的高压釜在进行试验前，都必须进行高压釜的等温区测量，并要求用于生产测试的高压釜垂直等温区范围应控制在±3.0 ℃之内(热电偶补偿校正之后)，这个容积被认为有效容积，热电偶应该位于高压釜有效容积的中部和两端附近。

压力测量装置应该每年校准，测量精度不低于1.0级。

高压釜的标定试验采用已知腐蚀速率的腐蚀控制标样，在高压釜等温区的上部、中部和下部各挂一腐蚀控制标样，进行72 h腐蚀，如果标样增重满足$\Delta\overline{w}-3\sigma\leqslant\Delta W\leqslant\Delta\overline{w}+3\sigma$，标样的外观是黑亮致密的氧化膜，说明高压釜已满足技术要求或已清洗干净，高压釜可以投入使用。如果有一个标样不合格，则应分析原因，找出不合格原因，重新做试验。

二、高压釜等温区的测量

高压釜等温区(有效容积或有效区域)是指满足腐蚀试验要求且温度差在有效范围内的高压釜轴向和径向三维空间区域(目前温度误差规定为±3.0 ℃之内)。

高压釜等温区中的有效区域包括轴向和径向三维空间，因此，等温区的有效区域的测量也应包含轴向方向和径向方向；由于径向方向测量需要对高压釜进行改造，需增加多根测温管，这里就不作介绍，本节主要对轴向方向等温区的测量过程做介绍说明。

高压釜等温区的测量，是在恒温状态下，利用一支测量热电偶(或热电阻)在高压釜轴向方向移动到不同点，测量轴向方向不同点的温度，并与控温点温度进行比较后所得到的温差值。

1. 测量前的准备

将高压釜平常使用的标准测温管换为等温区专用测温管。标准测温管一般的测温点在釜体轴向方向的中部，而专用测温管的长度略短于釜体内的轴向长度，换用专用测温管的主要目的是可以测量整个釜体轴向长度范围内的温度差。

在釜体内装入一定量的去离子水(分水腐蚀和汽腐蚀)，升温至规定值后，保温至恒定状态2 h左右，可以开始测量。为了减少测量误差，尽量在高压釜恒温状态进行测量。

2. 温差测量步骤

在高压釜热电偶测温管内放置两支热电偶，其中一支固定不动的为控温热电偶(1号)，与高压釜自控系统设备相连，控温点位置为标准测温管底部位置(0点)；另外一支热电偶为测温热电偶(2号)，与温度测量显示仪表相连，其测量位置可以上下移动，高压釜轴向方向等温区测量示意图见图6-1。

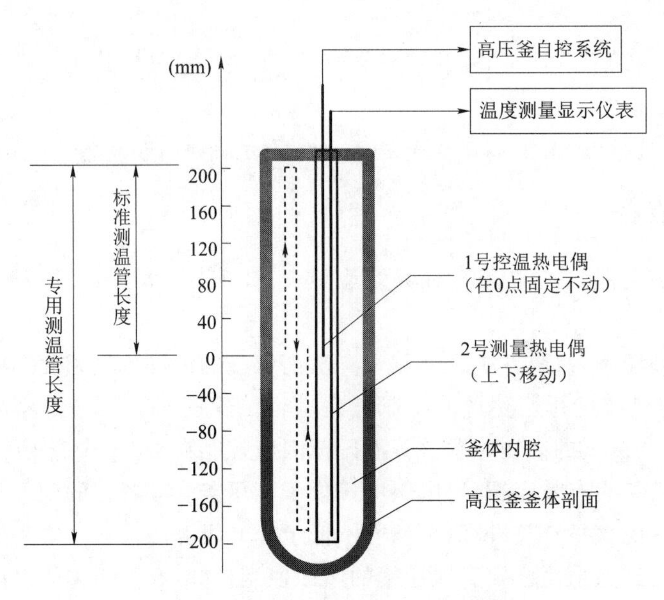

图 6-1　高压釜轴向均温区测量示意图

在 0 点处 1 号热电偶与 2 号热电偶之间的比对值之差为两套测温系统之间的温差。

$$\Delta t_{1-2}=t_{01}-t_{02} \tag{6-2}$$

式中：t_{01}——1 号热电偶在标准测温管底部(0 点)处的测温值,℃。

t_{02}——2 号热电偶在标准测温管底部(0 点)处的测温值,℃。

测温热电偶从 0 点开始慢慢向上移动,每移动 20 mm 测量一次该点的温度 t_x 和此时控温点温度(0 点)t_{01x},一直向上测量多个点后,再从上向下移动并重复测量一次相应的温度,直至移动到专用测温管底部为止;再从专用测温管底部向上每隔 20 mm 测量一次到 0 点为止,测量移动路线图见图 6-1。为确保测量的准确性,测量热电偶在移动到新的位置测量点后,至少需稳定 5 min,才能开始测量。

最后计算出每个测量点(x 点)的两次测量的平均值 $\overline{t}_x$ 和相应控温点(0 点)平均值 $\overline{t}_{01x}$。

计算结果即为高压釜等温区轴向方向该点(x 点)上的温差 Δt_x。

$$\Delta t_x=\overline{t}_x-\overline{t}_{01x}+t_{01}-t_{02} \tag{6-3}$$

式中：$\overline{t}_x$——为 2 号热电偶在轴向方向 x 点位置的测量平均值,℃;

$\overline{t}_{01x}$——测量 x 点位置时的 1 号热电偶在测温管底部(0 点)处的测量平均值,℃。

3. 均温区区域的讨论说明

高压釜等温区,水腐蚀试验和汽腐蚀试验的等温区是不相同的。对于水腐蚀的等温区必须满足两个条件:等温区温差必须满足 $\Delta t_x \leqslant 3.0$ ℃;其次试验样品必须完全浸没在水中。通过试验已证明,水腐蚀条件下,只要在水面以下其温差均能满足 $\Delta t_x \leqslant 3.0$ ℃。

对于水蒸气腐蚀的轴向方向某区间如果能满足 $\Delta t_x \leqslant 3.0$ ℃,即可将该区间规定为汽腐蚀的等温区范围。

通过长期的试验和验证,高压釜轴向方向等温区的区间范围大小的原因有以下几点:不同类型的高压釜其轴向等温区不同,轴向等温区与高压釜的容积大小、形状类型、腐蚀试验类型、加热炉的加热丝布置方式、加热炉保温效果有关。另外，高压釜在不同季节、不同条件下，其轴向等温区范围会有所变化，因此，为了确保高压釜轴向等温区范围的有效性，每6个月需测量并确定高压釜轴向等温区区域；新的或超过6个月未使用的高压釜和检修后的高压釜设备在进行腐蚀试验前也必须测量并确定等温区区域范围。

第五节 金相显微摄影技术

学习目标：通过学习，了解显微摄影的基本知识，掌握显微摄影的步骤和方法。

金相显微摄影是在光学显微镜下，对样品进行照相记录的过程。由于日常金相摄影的试样类似，图像不易辨别区分，因此需要及时记录照片信息，确认照片与试样的对应关系。

与日常摄影一样，根据摄影成像器材的不同，金相显微摄影分为胶片摄影与数码摄影。随着科学技术的发展，数码摄影因其方便快捷及容易复制传播、方便使用的特性而完全取代了传统胶片摄影，现代化的显微镜已不再配备胶片照相装置。

一、试样的要求

与普通显微观察相比，对摄影试样提出了较高的要求：

1. 样品磨面上的磨痕及其他缺陷要尽量少或没有。高倍摄影较低倍摄影时要求更高。

2. 试样的浸蚀应均匀、适度。低倍摄影可稍深些，高倍摄影应浅一些。底片的反差不能靠深浸蚀增加，否则会损失显微组织的细节。

3. 试样浸蚀后应立即摄影，以免表面无损减少反差。

二、胶片摄影的步骤

下面以胶卷照相为例，说明传统显微照相的步骤。

1. 标尺拍照

确定照相倍数，选择相应的物镜及变倍系数，拍摄一张标准刻线尺照片，用于放大照片时定倍。

2. 观察聚焦

在目镜中实时观察试样，并选取需要照相的视场，聚焦，使图像清晰。

3. 拍照

准备底片，根据需要选择拍照参数（如胶卷ISO、曝光补偿、测光模式），拍照。拍照后记录下拍照序号以便查询。

4. 底片处理

在暗室用显影液及定影液对底片显影及定影，充分冲洗，然后将底片晾干。底片的显影须在全黑环境下操作。

5. 印相及放大

印相操作在暗室红光环境下操作。

（1）用裁纸刀裁切相纸。

(2) 移动胶卷,选择标尺位置,用卡尺等工具测量标尺图像,确定照片放大倍数。

(3) 移动胶卷,选择胶卷位置,调焦使图像清晰。

(4) 在相纸背面用铅笔做好照片标记(如样品号或序号),然后将相纸卡在放大机上,启动曝光按钮对相纸曝光。

(5) 将相纸放入显影液中显影,图像显影后放入清水中充分冲洗。

(6) 将显影后的相纸放入定影液中定影,然后用水冲洗。

(7) 将照片在放大上光机上进行上光干燥,干燥后裁切掉多余部分。

三、数码显微摄影的步骤

数码摄影与胶卷照相操作不同,照相前,设备一般经过校准,标尺信息可直接调用,不需要每次拍摄标尺图像。由于照片是电子文件,因此需要在拍照时记录样品信息。

1. 观察聚焦

打开照相控制软件,在软件实时预览框中观察试样,并选取需要照相的视场,聚焦,使图像清晰。

2. 测光及拍照

(1) 测光,观察图像亮度是否适当,否则通过手动调节曝光时间及照明亮度进行调节。对于彩色图片,应调节白平衡使色彩真实。

(2) 点按按钮抓取图像。

3. 保存图像

输入样品信息,输入图像比例尺及放大倍数,保存图像。

第七章　样品制备

学习目标:掌握样品制备技术和方法。

第一节　样品图的绘制知识

学习目标:掌握零件图的绘制方法和要求。

一、零件图的画法

1. 图线的画法

在机械制图中采用粗细两种线宽。粗线线宽推荐系列为:0.25,0.35,0.5,0.7,1,1.4,2 mm,优先采用0.5及0.7 mm的线宽。同一图样中粗细线宽之间的比例为2∶1。常用图线见表7-1。

表7-1　图线

代码No.	线　型	一　般　应　用
01.1	细实线	过渡线;尺寸线和尺寸界线;指引线和基准线;剖面线;重合剖面轮廓线;短中心线;螺纹牙底线;表示平面的对角线;零件成形前的弯折线;范围线及分界线;重复要素表示线;锥形结构的基面位置线;叠片结构位置线;辅助线;不连续同一表面连线;成规律分布的相同要素连线;投影线;网格线
	波浪线	断裂处边界线;视图与剖视图的分界线[1]
	双折线	断裂处边界线;视图与剖视图的分界线[1]
01.2	粗实线	可见棱边线;可见轮廓线;相贯线;螺纹牙顶线;螺纹长度终止线;齿顶圆(线);表格图、流程图中的主要表示线;系统结构线(金属结构工程);模样分型线;剖切符号用线
02.1	细虚线	不可见棱边线;不可见轮廓线
02.2	粗虚线	允许表面处理的表示线
04.1	细点画线	轴线;对称中心线;分度圆(线);孔系分布的中心线;剖切线
04.2	粗点画线	限定范围表示线
05.1	细双点画线	相邻辅助零件的轮廓线;可动零件的极限位置的轮廓线;重心线;成形前轮廓线;剖切面前的结构轮廓线;轨迹线;毛坯图中制成品 的轮廓线;特点区域线;延伸公差带表示线;工艺用结构的轮廓线;中断线

注:1) 在同一张图样上一般采用一种线型,即采用波浪线或双折线。

同一图样中,同类图线的宽度应基本一致。虚线、点画线及双点画线的线段长短和间隔应各自大致相等。

两平行线(包括剖面线)之间的距离应不小于粗实线的 2 倍宽度,其最小距离不得小于 0.7 mm。

绘制圆的对称中心线时,应超出圆外 2～5 mm;首末两端应是线段而不是短划;圆心应是线段的交点。在较小的图形上绘制点划线或双点划线有困难时,可用细实线代替。

建议虚线与虚线(或其他图线)相交时,应线段相交;虚线是实线的延长处时,在连接处要离开。

2. 尺寸注法

机件的真实大小应以图样上所注的尺寸数值为依据,与图形的大小及绘图的准确度无关。

图样中的尺寸以毫米为单位时,不需标注计量单位的代号或名称,如采用其他单位,则必须注明相应的计量单位的代号或名称,如 30°(度)、cm(厘米)、m(米)等。

图样中所标注的尺寸,为该图样所示机件的最后完工尺寸,否则应另加说明。

零件的每一尺寸,一般只标注一次,并应标注在反映该结构最清晰的图形上。

一个完整的尺寸由尺寸数字、尺寸线、尺寸界线、箭头及符号等组成;尺寸线与尺寸界线一律用细实线绘制;尺寸数字按标准字体书写;同一张图上字高要一致;数字不能被任何图线所通过,否则须将图线断开;尺寸线必须单独画出,不能用其他图线代替,一般也不得与其他图线重合或画在其延长线上;尺寸线两端画箭头(或斜线),同一张图上箭头大小要一致,不随尺寸数值大小变化,箭头尖端应与尺寸界线接触;尺寸界线应自图形的轮廓线、轴线、对称中心线引出;轮廓线、轴线或对称中心线也可用作尺寸界线。

二、标准件和常用件的规定画法

在机器中广泛应用的螺栓、螺母、键、销、滚动轴承、齿轮、弹簧等零件称为常用件。其中有些常用件的整体结构和尺寸已标准化,称为标准件。

螺纹的规定画法如下:

1. 外螺纹

外螺纹的牙顶(大径)及螺纹终止线用粗实线表示,牙底(小径)用细实线表示,并画到螺杆的倒角或倒圆部分。在垂直于螺纹轴线方向的视图中,表示牙底的细实线圆只画约 3/4 圈,此时不画螺杆端面倒角圆,如图 7-1 所示。

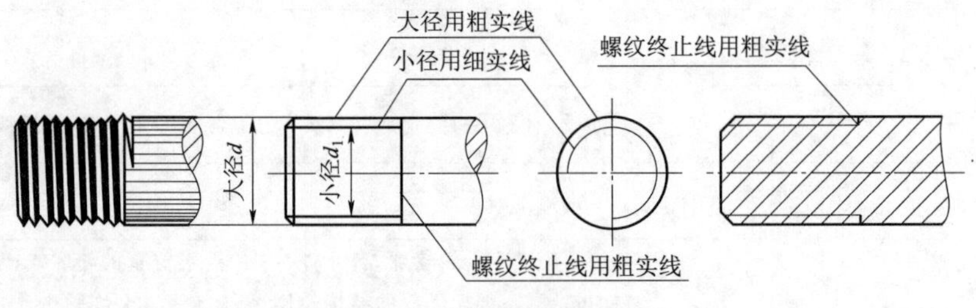

图 7-1　外螺纹规定画法

2. 内螺纹

如图 7-2 所示，在螺孔作剖视时，牙底（大径）为细实线，牙顶（小径）及螺纹终止线为粗实线。不作剖视时牙底、牙顶和螺纹终止线皆为虚线。在垂直于螺纹轴线方向的视图中，牙底画成约 3/4 圈的细实线圆，不画螺纹孔口的倒角圆。

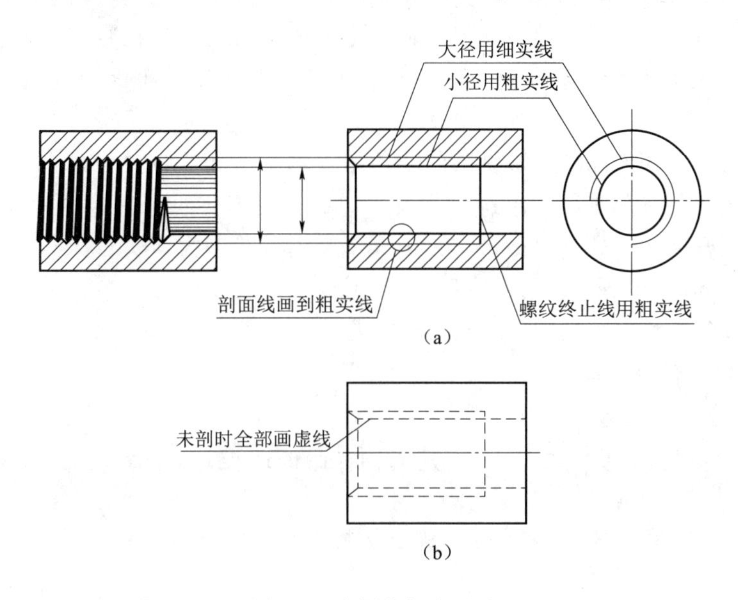

图 7-2 内螺纹规定画法

3. 内、外螺纹连接

国标规定，在剖视图中表示螺纹连接时，其旋合部分应按外螺纹的画法表示，其余部分仍按各自的画法表示。

第二节 分散介质的选择原则

学习目标：通过学习，学会选择粉末分散介质。

1. 对粉末颗粒具有好的润湿性和分散性。通常，润湿剂所占容积不大于 0.2%；

2. 黏度应适当，常用到的分散液包括：甘油-水溶液，0.2%六偏磷酸钠水溶液，异丁醇等。但异丁醇黏度较大，甘油-水溶液不易大量配制。

3. 选用的液体介质应不溶解试样，并不发生化学反应。毒性和腐蚀性小，挥发性不宜太大。

斯托克斯（Stokes）定律成立的条件是：悬浮的最大颗粒应在层流条件下沉降，即雷诺数 $Re<0.2$。悬浮介质的黏度值须满足：

$$Re=\frac{\rho_f hd}{\eta t} \tag{7-1}$$

引入临界值 $Re=0.2$ 进行计算，代入斯托克斯式得：

$$D_{stk}^3=\frac{3.6\eta^2}{(\rho_s-\rho_f)\rho_f g} \tag{7-2}$$

式中：η——液体介质的黏度，Ns/m²

ρ_s——粉末颗粒的密度，kg/m³；

ρ_f——液体介质的密度，kg/m³。

根据式(7-2)，若液体的黏度 η 太小，则将使能测定的最大粒径减小。而若液体的黏度过大，则会不必要地增加测量时间，且试样中的细颗粒沉降受布朗运动的干扰将会较为显著。

例 7-1：对于二氧化铀粉末，如颗粒直径 d 最大取 28 μm，则选择 0.2%六偏磷酸钠水溶液作为粒度测定的分散介质是否合适？(已知：二氧化铀颗粒密度 ρ_s=10 960 kg/m³，0.2%六偏磷酸钠水溶液密度 ρ_f=1 000 kg/m³，在 10～30 ℃时的黏度为 0.001 3～0.000 8 Ns/m²)

将 d=28 μm 和已知条件代入式(7-2)，得到颗粒最大直径为 28 μm 时，分散液体黏度 η 对应为 0.000 8 Ns/m²。因此，根据已知条件，选择温度为 10～30 ℃的 0.2%六偏磷酸钠水溶液作为分散介质是合适的。

第三节　金相样品制备方法

学习目标：通过学习，较为深入地了解金相制样的材料、制样要求及制样技巧，掌握金相制样技术。

一、金相试样的镶嵌

截割磨平的试样，如果形状尺寸合适，便可直接进行磨光、抛光操作。但是形状不规则，尺寸过于细薄，抛光磨光不易持拿的试样，需要镶嵌成较大尺寸，便于操作。软的、易碎的、需要检验边缘组织的试样，以及为了便于在自动磨光和抛光机上研磨的试样，都需要镶嵌。目前广泛应用的方法有塑料镶嵌法和机械夹持法。

1. 塑料镶嵌法

按照镶样所用塑料的性质和工艺，把塑料镶样分为两种。一种是在加热加压下凝聚成型的，称为热压镶嵌；另一种是室温浇铸成型的，称为浇铸镶嵌。

(1) 热压镶嵌

热压镶嵌最广泛用的材料热凝树脂(Thermosetting)是电木粉(Bakelite)和邻苯二甲酸二丙烯(Diallyphthalate)。

电木粉原是酚醛树脂加入木质填充料制成的人造塑料粉。热压镶嵌是在镶样机上进行。电木粉镶样能够满足前面所提出的要求，尤其是硬度高，抗腐蚀能力强，用作钢铁材料的镶样是较为满意的。

镶样的尺寸，没有严格的要求，一般以满足操作的方便及适应设备的要求为准则。根据经验镶嵌试样的直径约 25 mm，高度是直径的一半为宜。若镶样直径太小，磨光和抛光时易发生颤动。所镶嵌的金属试样亦不能过大，以免研磨过程中金属发生膨胀，使镶嵌塑料与金属间发生裂纹。如果试样不需要检查棱边，镶样之前，将尖锐的棱角稍加磨掉。所镶嵌的金属试样必须去掉油渍，干燥好。

关于热压镶嵌，还可用热固性树脂（Thermoplastic resins），常用的有聚苯乙烯（Polystyrene），聚氯乙烯（Polyester Chloride）和异丁烯酸甲脂（Methyl methacrylate）等，其中以异丁烯酸甲脂使用较广，这种塑料是有机玻璃原料。镶样的操作与电木粉一样，只是必须在压力下冷却，试样透明清亮。

（2）浇铸镶嵌

不能加热的试样，不能加压的软试样，大的形状复杂的试样和多孔性试样可以用各种硬化塑料浇铸镶嵌。可以冷镶，也可以热镶。所用镶嵌材料是树脂加硬化剂。冷镶应用的树脂有：聚酯树脂（Polyester resin），丙烯树脂（Acrylic resin）和环氧树脂（Epoxy resin）等。环氧树脂使用较多。固化剂一般用胺类。浇铸镶嵌时把一定量的树脂和固化剂彻底混合后，进行浇铸。浇铸后，在室温固化时有小的热量释放。如果混合好树脂不马上浇铸，按照树脂类型和存放温度，可以存放几分钟到几小时。若存放在零下温度的设备中，可储放几周而不固化。

用环氧树脂作浇铸镶嵌材料时，除了加胺类固化剂外，也常加入增韧剂邻苯二甲酸二酊酯。有时为了增加硬度也加入填充料，如氧化铝粉、硅粉等。浇铸前将环氧树脂、邻苯二甲酸二酊酯及所需要的填充料放入烧杯中，充分搅拌均匀，然后再加入胺类固化剂，搅拌均匀后即可使用。常用的几种浇铸镶嵌塑料的配方见表 7-2。

表 7-2　常用的浇铸镶嵌塑料配方

序号	原料名称	用量/g	固化时间/h	备　注
1	618 环氧树脂 邻苯二甲酸二酊酯 二乙烯三胺（或乙二胺）	100 15 10	室温：24 60 ℃：4～6	镶嵌较软或中等硬度的金属材料
2	618 环氧树脂 邻苯二甲酸二酊酯 二乙醇胺	100 15 12～14	室温：24 120 ℃：10 150 ℃：4～6	固化温度较高，收缩小，适宜镶嵌形状复杂的小孔和裂纹的试样
3	6101 环氧树脂 邻苯二甲酸二酊酯 间苯二胺 碳化硅或氧化铝粉（约 40 μm）	100 15 15 适量	室温：24 80 ℃：6～8	镶嵌硬度高的试样或淡化曾的试样。填充料的微粉可根据需要调整比例

环氧树脂对硬化剂加入量的变化比较敏感。使用上述配方时根据自己的试验可有变动。试样经清洁干燥后放入模内，模壁涂以真空油或硅油，便于脱模。

浇铸模可以用玻璃、铝、钢、聚四氟乙烯塑料（Teflon）等制成。大批量镶嵌试样，用浇铸镶嵌是经济的。

2. 机械夹持法

对于需要研究表层组织的试样，防止倒棱还可以应用机械夹具夹持试样，夹具应选择与试样硬度、化学性能近似的材料。确保磨光和抛光时，不出现磨损，浸蚀时不出现假组织。夹持时，要防止压力过大，试样发生变形。

二、磨光与抛光磨料

经截取镶嵌好的试样，表面粗糙，形变层厚。在显微镜检查之前，必须经过磨光与抛光。在磨光与机械抛光过程中的一个共同问题是磨料的选择。

金相试样磨光与抛光的磨料如表 7-3 所示。

表 7-3 机械磨光和抛光用化合物磨料的应用范围

磨光步骤		最细磨光	细磨	粗磨或初磨（＜500 μm）
抛光步骤	最细抛光 或最终抛光	细抛光	粗抛光 或预先抛光	
浮石			√	√
硅藻土		√	√	
SnO_2	√	√		
MgO	√	√		
Fe_2O_3	√	√	√	
Cr_2O_3	√	√		
混合刚玉			√	√
天然刚玉				√
人造刚玉		√	√	√
BeO	√	√		
Al_2O_3	√	√	√	√
SiC			√	√
B_4C			√	√
金刚石	√	√	√	√

从表 7-3 中看到能够应用于金相磨光和抛光全过程的磨料，只有氧化铝和金刚石，也就是说这两种磨料既适用于粗磨、细磨，也适用于粗抛、细抛。是金相样品制备的最好磨料。其次适合于磨光用的是 SiC 混合刚玉(Emery)和人造刚玉等；适合于抛光用的是氧化镁(MgO)、氧化铁(Fe_2O_3)和氧化铬(Cr_2O_3)。

1. 氧化铝

氧化铝(Al_2O_3)是广泛应用的磨料，它有高的硬度，与被磨制的材料一般不起化学反应。它可以制作砂轮、砂带、砂纸等用于磨光；制作散装的细分或灌装研磨膏用于抛光，均有良好的效果。

常用的 Al_2O_3 抛光粉粒度是在 15～0.3 μm。这种磨料，在制样技术上能满足要求，价格又便宜，为金相工作者所偏爱。

2. 金刚石

金刚石磨料具有极高的硬度，颗粒尖锐锋利，有良好的磨削作用，是很理想的抛光磨料。粒度一般在 45～0.25 μm，15 μm 以下适用于金相抛光。使用较多的是 10 μm、6 μm、3 μm 和 1 μm。

目前，散装金刚石粉用作金相磨料者很少，多半制成研磨膏或喷雾剂使用。

3. 碳化硅

碳化硅(SiC)具有高的硬度，有尖锐的棱角，锯齿状，磨削能力强，有黑色、绿色两种，绿色者较纯净，两者都具有玻璃光泽，是制造金相水砂纸的磨料，细粉可在蜡盘磨光上使用，一颗用于粗抛光，便宜而寿命长。

4. 混合刚玉

混合刚玉粉是一种天然生成的氧化铅和氧化铁的混合物，比氧化铝软，因为其中含有较软的氧化铁相 Fe_2O_3。此磨料用来制造干金相砂纸已有相当长的时间了。在有关的书籍或资料中，混合刚玉磨料等级的编号是 1、1/0、2/0、3/0，粗略地相当于 240、320、400 和 600 粒度(grit)。

5. 氧化镁

氧化镁(MgO)硬度较低，但是它具有尖锐的外形，良好的磨削刃口，极适合铝镁有色金属磨面抛光。而且氧化镁对于钢铁内非金属夹杂物的拖出作用很小，所以铸铁试样以及检验夹杂物的试样都可以用氧化镁抛光。

氧化镁极易潮解而起化学变化，若将氧化镁置于潮湿空气或水中，会缓慢地发生化学变化形成氢氧化镁。如果空气或水中有足够量的二氧化碳存在，则氢氧化镁又转变为碳酸镁。所以氧化镁粉必须严密保藏，使用时氧化镁抛光粉只能用蒸馏水调制，而且要求调制后立即应用。

6. 氧化铬

氧化铬(Cr_2O_3)本是一种不退色的绿色颜料，具有很高的硬度，抛光能力比氧化铝差。

7. 氧化铁

氧化铁又称红粉，是无水 Fe_2O_3 结晶，用红粉抛光可以得到极光亮的表面，所以在光学零件、精密仪器制造及珠宝首饰的制造中广泛采用，被认为是最优良的抛光材料。但用红粉制样容易产生变形扰乱层，并且会将夹杂物拖出。虽能得到极光亮的磨面，往往因抛光操作不慎，不能显示真正的组织，故使用受到一定限制。

三、金相试样的磨光

磨光是为了消除取样时产生的变形层。变形层消除的步骤，根据取样的方法不同，略有差异。一般是先用砂轮磨平而后用砂纸磨光。如果是用砂轮切割机或钼丝切割机截取的试样，表面平整光滑，可以直接在砂纸上磨光。

1. 试样磨光用砂纸(见表 7-4)

表 7-4　磨光用砂纸的编号、粒度和实际尺寸

磨料粒度标准 JB 3630—1984	磨料粒度国家标准 GB 2477—1983	干磨砂布粒度代号	耐水砂纸粒度代号	
P16	16	—	—	特粗磨
P20	20/22			
P24	24	4		
P30	30	—	—	粗磨
P36	36	3 1/2		
P40	40/46	3		
		2 1/2		
P50	54	—	—	中磨
P60	60	2		
P70	70	—	80	
P80	80	1 1/2	100. 120	
P100	90	—	—	
P120	100	1	150	
	120	0	180. 220	
P150	150	2/0	240. 260	细磨
P180	180	3/0	280. 330	
P220	220	—	320	
P240	240			
	W63	4/0	360	
P280	—		400	精磨
P320/P360	W50	5/0	500/600	
P400	W40	—	700	
P500				
P600/ P800	W28		800	
P1000/ P1200	W20		1 000	

现在金相用的砂纸有两类,一类是干砂纸,是在干的条件下磨光,这类砂纸是刚玉砂纸,多半是混合刚玉磨料制成的砂纸,一般呈灰棕色。这种砂纸的黏结剂通常是溶解于水的,所以砂纸必须干用,或者在无水的润滑剂条件下使用。

另一类砂纸是水砂纸，在水冲刷的条件下使用最好。这类砂纸是用碳化硅磨料，塑料或非水溶性黏结剂制成的。

2. 磨光操作

(1) 手工磨光

手工磨光是金相实验普遍应用的简单方法。磨制时，将砂纸平铺在玻璃或金属板上，一手将试样按住，一手将试样磨面轻压在砂纸上，并向前推行，进行磨光。直到试样磨面上仅留有一个方向的均匀磨痕为止。在试样上所加的压力应力求均衡，磨面与砂纸必须完全接触，这样才能使整个磨面均匀地进行磨削。在磨光的回程中最好将试样提起拉回，不与砂纸接触。一般来说，逐级选用150～800号砂纸即可。每更换一种粒度砂纸时，为了便于观察前一道砂纸所留下的较粗磨痕的消除情况，磨面磨削的方向应该与前1号砂纸磨痕方向成90°或45°。

(2) 机械磨光

把各种粒度的砂纸黏附在电动机带动的圆盘上进行磨光，用干砂纸磨光时，转动速度应低(偏下限)，用水砂纸磨光时转动速度可以高些，因为水砂纸有流水冲刷冷却。所用砂纸磨料粒度的选定，以及更换细一级砂纸盘时的操作等事项，同手工操作。磨光时用力要轻而均匀，注意试片不要发热。

四、金相试样的抛光

抛光的目的，一方面为抛掉磨面伤的痕迹，另一方面为消除磨面上的形变扰乱层。抛光的基本方法有机械抛光、化学抛光和电解抛光。目下也有把化学与机械抛光结合在一起，形成化学机械抛光，也有把电解与机械抛光结合在一起，形成电解机械抛光。机械抛光是普遍应用的方法。抛光是浸蚀前的最后一道操作，抛光结果的好坏与磨光是密切相连的，抛光前应仔细检查磨面的磨光质量，然后再进行抛光。

1. 机械抛光

(1) 机械抛光的设备

机械抛光设备，有自动抛光机和人工抛光机。有单盘、栓盘、多盘和变速抛光的装置。

(2) 机械抛光用织物和抛光微粉

抛光用织物的作用，大致是：

1) 织物纤维间隙能储存抛光微粉，微粉部分露出表面，从而产生磨削作用。而且能阻止磨料因抛光盘的离心力飞出散失。

2) 能储存部分润滑剂，保持抛光顺利进行。

3) 织物上纤维或绒毛与磨面间的摩擦，能使磨面更加平滑光亮。

抛光过程中抛光微粉的作用及其选择。一般认为抛光微粉的抛光作用是磨削作用。因此必须选择那些磨削效率高。使抛光表面产生缺陷最小的磨料。理想的磨料具有高的硬度，或者至少等于被抛光材料的硬度；磨料的粒度分布细致，尺寸均匀；磨料的形状具有多而尖锐的棱角。氧化铝粉从早期开始到现在一直是广泛应用的抛光磨料。从粗抛(10～15 μm)到最后细抛(≤1 μm)都有比较满意的效果。

(3) 机械抛光的操作

根据多年来的经验,机械抛光都是采用两个步骤即试样经磨光后首先粗抛,最后是细抛。除了抛光织物和磨料作用外,制备质量高的试样正确熟练的操作技能更是不可少的。

抛光时首先试样拿牢执平与抛光织物接触,压力要适当。如果用力过大,试样表面易发热变昏暗,而且会继续增厚形变扰乱层,对快速抛光好试样带来麻烦。如果用力太小,则使试样的抛光耗费时间。故手工抛光只能凭熟练的操作技巧和经验。

其次,在抛光时要将试样逆着抛光盘的转动而自身转动,同时也要由抛光盘边到中心往复移动。这样可以避免抛光表面产生“曳尾”现象。同时减少抛光织物的局部磨损。

第三,抛光时要不断地添洒磨料和润滑液。一般用三角烧瓶或塑料瓶把所需要的抛光粉(如 Al_2O_3)与蒸馏水或去矿质的水摇混成悬浮液倾洒在抛光织物上。当抛光粉发生沉淀时将其摇混均匀使用。最好在开动抛光机之前,在抛光织物上倾洒足够量的抛光液,抛光过程根据需要,少量地滴洒。

抛光用悬浮液的磨料浓度没有严格限制,一般是粗抛时浓度大些,最后细抛时浓度稀薄一些。我们一般常用的浓度是 1 L 水中 5～10 g Al_2O_3 或 10～15 g Cr_2O_3。

金刚石研磨膏的使用方法是,首先将其挤入容器中,根据类型用水或煤油等稀释调成适当的糊状,均匀地涂抹在润湿的抛光织物上,使其纳入织物的缝隙,开动马达进行抛光。使用低、中转速抛光盘。研磨膏用量要适中,避免浪费。

抛光时要适当地保持抛光织物上的润滑度,一般以试样上的润湿膜从抛光盘上拿起来2～5 s能干燥为宜。当磨光和抛光操作正常时试样抛光 2～5 min 即能完成。如果抛光织物太湿润,抛光时间又长,抛光面往往会出现蚀坑(俗称麻点)。如果抛光织物不清洁或磨料没有严密保存好混入尘粒,抛光面上会出现刻痕。这些缺陷严重时妨害检验,需要返回到600 号粒度的细砂纸磨光、重新抛光。

抛光好的磨面,表面光亮如镜,在低倍显微镜下观察,看不到制样过程产生的缺陷。这时就可以浸蚀显示组织,进行观察研究。若不进行浸蚀观察,应储放在干燥器内,避免磨面受潮生锈。

(4) 自动化和半自动化机械抛光

机械抛光日趋自动化,以减少手工操作时间,提高制样的效率和质量。尤其是大量生产检验和图像仪快速定量分析的需要,好的自动化或半自动化抛光设备是金相工作者非常希望得到的。近年来国外使用的自动抛光机有许多种。较复杂的是根据研磨原理,使磨面以较复杂的轨迹自动地来回移动;比较简单者磨面总是走一定的圆弧轨迹。有专用的自动抛光机;也有在普通抛光机上的自动抛光附件;有的设备可以同时抛光许多个试样,有的只能抛光一个试样。

2. 电解抛光

电解抛光(也称阳极抛光或电抛光)是以试样为阳极,不锈钢板为阴极,放入电解液中,接通电源,试样磨面产生选择性的溶解,使磨面逐渐得到光滑平整。

电解抛光与机械抛光相比,有许多优点。1) 软的金属材料机械抛光易出现划痕,需要用精细的抛光方法和熟练的抛光技术,才能得到好的抛光面,而用电解抛光则很容易得到一个无擦划残痕的磨面。2) 电解抛光对某些金属材料,试验一旦确立了抛光规范,用简单的操作技术就能得到好的磨面。而且重现性好。3）电解抛光不产生附加的表面变形，易消除表面变形扰乱层。4）对于较软金属材料用电解抛光法比机械抛光发快得多。5）电解抛光，能够抛光不同形状、大小的试样，对面积较大，多面或非平面试样抛光，抛光技术上，困难较小。

长时间的抛光，表面会出现波纹和棱角的圆滑化。为减小这些作用，电解抛光前的磨光应尽量减少表面层缺陷，或者电解抛光前，略微进行机械抛光，会得到很好的效果。

（1）电解抛光溶液

电解抛光溶液的成分是确定电解抛光质量的重要因素。根据电解抛光过程的特性和操作的需要，一般对电解液有下列要求。

1）应该有一定的黏度。

2）当没有电流通过时，阳极不浸蚀。在电解抛光过程中阳极能够很好地溶解。

3）应该包含一种或多种大半径离子，如$(PO_4)^{-3}$、$(ClO_4)^{-1}$、$(SO_4)^{-2}$或大的有机分子。

4）便于室温有效地使用，随温度的改变不敏感。

5）配置时应该简单、稳定、安全。

用于电解抛光的电解液，往往含有酸，如磷酸、硫酸、高氯酸，电离液体如水、醋酸或酒精，以及提高黏度的添加剂，如甘油、丁甘酸、尿素等。对于形成易溶解的氢氧化合物的金属，使用碱性电解液。在有关的金属手册中列出许多电解液供选用。

（2）电解抛光操作

电解抛光的操作步骤如下：

1）把电解液注入电解槽中，使其温度达到要求的温度。

2）阴极放入电解液中并与电源负极导线连接，断开电源开关。

3）测量试样抛光的表面积。

4）用洗涤剂彻底地清洗试样。

5）用蒸馏水漂洗试样，如果试样表面与水不完全湿润，再重复4）与5）的步骤。

6）用白金丝或铝丝捆扎好的试样与电源正极导线相连，关闭电源开关。

7）把试样放入电解液中，施加所要求的恰当电压。

8）如果需要的话，改变电极间的距离，调整电流密度。

9）达到所要求抛光时间后，拿出试样，断开电源开关，立即水漂洗、酒精漂洗，干燥后即得到抛光好的试样。

电解抛光所需要的时间，除与所用电解液有关外，还与抛光前试样表面磨光的程度有很大关系。磨面越平滑，抛光时间越短。反之，磨面越粗糙则抛光时间越长。

3. 化学抛光

化学抛光是试样浸入适当的抛光液中，不需要用外电流，进行表面抛光的方法。试样经砂纸磨光后，清洗干净放在抛光液中，摆动试样，几秒到几分钟之后，表面的粗糙痕迹去掉，得到无变形的抛光面。清洗干净后即可在显微镜下检验。

化学抛光过程兼有化学腐蚀。

化学抛光的溶液差不多总是包含有氧化剂，例如硝酸、硫酸和铬酸或过氧化氢。溶液含有黏滞剂，控制扩散和对流速度，使化学抛光过程均匀地进行。

经试验能用化学抛光的材料日益增多，尤其是纯金属。已经应用化学抛光制备试样的纯金属有Fe、Al、Cu、Ag、Be、Zn、Li、Zr、V、La、Ce、Pb等,非金属元素Si、B等也可以用化学抛光制样。

化学抛光的优点是简单,不需要什么特殊设备,只需要一个盛抛光液的玻璃杯和夹持试样的夹子就可以了。化学抛光的缺点是:抛光液消耗得快;试样的棱角易浸蚀;抛光表面光滑,但易出现不平坦,高倍检验受到限制。

五、金相试样制备过程的清洁问题

金相样品的制备要得到好的结果,清洁是相当重要的。伴随着磨光和抛光的每一步操作,必须相应地进行一次清洁,把磨光和抛光时的磨料颗粒从试样上完全消除,以免污损,影响下一步的制样效果。细抛到粗抛这一步特别关键,需要彻底地清洁。化学抛光和电解抛光之前,试验表面必须无油脂。试样表面上的残渣、手印和不易觉察到的膜,能够使试样各部分的浸蚀速度不一样,干扰浸蚀。

清洁的方法不少,最常用的是漂洗。可以直接在流水中冲洗;也可以在盛水容器中漂洗。漂洗时可以用柔软毛刷或棉花球拭擦。

超声波清洗是最有效和彻底的清洗方法。不仅能够消除表面的污染,而且能够把裂缝、空腔中保留的细颗粒物清除掉。超声波清洗只需要10～30 s。所以超声波清洗是目前最受欢迎的方法。

清洗后试验应当快速干燥。首先在酒精、苯或其他沸点的液体中漂洗,然后置于热空气吹干机下,使裂缝、孔洞中保留的液体蒸发,表面不留任何残迹。

六、金相试样显微组织的显示

1. 概述

抛光好的金相试样,要得到有关显微组织的信息,还必须经过组织的显现。长期以来习惯把这一操作称为浸蚀或腐蚀。

要使人眼能够识别抛光金相试样组织中的各种相或组成,必须采用各种方法来显示组织,使相或组成间的衬度增大。显示组织的方法很多,根据对抛光表面改变的情况,归纳为光学法、化学(或电化学)法和物理法。

光学法是基于Kohlor照明的原理,借助于显微镜上某些特殊装置,应用一定的照明方式来显示组织,包括暗场、偏光、干涉和相衬。应用光学法显示组织,显然有很大优点。化学法简便易行,是一般金相检验工作者经常应用的方法。但是重现性较差,要正确地显示好组织需要足够的经验和小心谨慎地操作。物理法显示组织包括阴极真空浸蚀、真空沉积镀膜和溅射沉积膜等。

2. 化学浸蚀

(1) 化学浸蚀的过程

化学浸蚀是试验表面化学溶解或电化学的溶解过程。纯粹的化学溶解是很少的。一般把纯金属和均匀的单相合金的浸蚀主要看作是化学浸蚀显示组织的过程。

(2) 化学浸蚀剂

浸蚀剂是为显示金相组织用的特定的化学试剂。各种金属和合金的浸蚀剂可查阅有关手册。

把各种浸蚀剂所包含的化学药品和溶剂归纳起来有：酸、碱、盐以及酒精、水等。

(3) 化学浸蚀操作

把抛光好的试样表面彻底清洗干净，最好立即用浸蚀剂浸蚀，浸蚀的操作方法有二，一是浸入法，把抛光面向下浸入盛有浸蚀剂溶液的玻璃皿中，不断摆动，但不得擦伤表面，达到一定的时间后，取出，立即流水冲洗，再用酒精漂洗，然后用热风吹干，这样就可在显微镜下观察。浸蚀的第二种方法是擦拭浸蚀法，用不锈钢或竹制钳子夹持蘸有浸蚀液的脱脂棉拭抛光面，待一定时间后停止擦拭，然后按上述操作顺序进行。很软的或浸蚀时间较长的金属材料，推荐用浸入法；浸蚀时抛光面上易形成膜或固体沉积物的金属材料，以及浸蚀时间短暂的金属材料，推荐用擦拭法。

金相试样抛光后，最好立即进行浸蚀，否则将因抛光面上形成氧化膜而改变浸蚀的条件。浸蚀后应快速用水冲洗，中止继续浸蚀作用，紧接着以最快的速度用酒精漂洗和热风吹干。使水在试样表面停留最短暂的时间，否则试样表面会有水迹残留，有时会错误地认为是附加相，影响正确地检验。为了保证得到清洁表面，以便观察和照相，用酒精漂洗后，可在下列三种不同的溶液中连续漂洗：1) 50 ml 丙酮＋50 ml 甲醇＋0.5 g 柠檬酸地溶液，2) 50 ml 丙酮＋50 ml 甲醇溶液，3) 化学纯地苯液体，经这样清洗干燥后，浸蚀表面清洁，组织清晰，效果极佳。

当试样浸蚀不足，浸蚀得太浅时，最好重新抛光后再浸蚀。如果不经抛光重复浸蚀，往往在晶粒界形成“台阶”，在高倍显微镜下，能够看得见伪组织，当试样过浸蚀，浸蚀得太深时，必须抛光后再浸蚀，必要时还要回到细砂纸上磨光。

3. 电解浸蚀

电解浸蚀是将抛光试样浸入合适的化学试剂溶液(电解浸蚀剂)中，通以较小的直流电进行浸蚀。

电解浸蚀主要用于化学稳定性较高的合金，如不锈钢、耐热钢、镍基合金等。这些合金用化学浸蚀很难得到清晰的组织；用电解浸蚀效果好，设备亦不复杂。只要用简单的电解抛光设备，按有关手册所给试剂和操作规范进行即可。或者在电解抛光以后，随即降低电压也可以进行电解浸蚀。

第四节　锆合金渗氢方法

学习目标：掌握渗氢方法。

一、高压釜渗氢

在高压釜容器加入氢氧化锂溶液作为渗氢液，在 360 ℃、18.6 MPa 压力下渗氢后，试样磨制抛光浸蚀，在金相显微镜上测量氢化物取向因子。

将锆合金包壳管试样放在装有渗氢液(氢氧化锂 21 g＋水 1 000 ml)的高压釜中，于(360±5)℃、(18.6±0.5)MPa 的环境下进行 1 h 的液态渗氢。试样经过磨平及抛光后，用浸蚀剂(硝酸 45 ml＋过氧化氢 45 ml＋水 10 ml)浸蚀试面 7～15 s 以显示氢化物片。然后在金相显微镜上以测量网格法测定氢化物取向因子 f_n 值。

二、氢气炉渗氢

在氢气炉炉温 400 ℃的氢气气氛条件下,控制氢气的流量和压力,对锆合金管进行渗氢,渗氢后样品再真空解吸热处理,试样磨制抛光浸蚀后,用金相显微镜测量氢化物取向因子。

第五节 粉末的混料及压制成型

学习目标:学会粉末配料方法及压制步骤,掌握烧结各阶段的知识。

一、配料

在天平上称取二氧化铀粉末量的0.3%硬脂酸锌,以干混方式先与5 g二氧化铀粉末混合,装在分样筛上,用毛刷擦筛,反复三次,使硬脂酸锌完全分散;然后与该批二氧化铀粉末一起装入磨口瓶内,手工摇 15 min 以上。

二、压制

采用重量装粉法,用电子天平称取生坯块所需的粉末量,装入阴模内,在液压机上压制成型。对于不易成形的粉末,根据实际情况可使用外润滑剂(硬脂酸锌或阿克腊)。生坯密度控制在(45%~55%)理论密度范围内;每块的生坯密度值与10块的生坯密度平均值相差不大于±0.5%理论密度,高径比为1~1.2,高度偏差保持在±0.51 mm的范围内。

第八章　分析检测

学习目标:掌握分析仪器的正确使用,掌握各种测试技术。

第一节　测量系统受控状态的确认及校准知识

学习目标:学习测量系统受控状态的确认内容及校准知识。

一、受控状态的确认

(1) 标识是否完整。测量设备或测量器具应有完整的检定合格标识及准用标识。

(2) 功能是否正常:测量设备及其控制软件应正常。

(3) 环境是否达标:实验室温湿度、抗震性能、抗电磁辐射性能等应满足使用要求。

(4) 按测量系统的要求使用,如精度、量程等。

(5) 用标样或计量器具确认:对有些设备,可用标样或计量器具测量或核查,检查确认是否正常。

二、校准

(1) 必须由专门部门检定校准的,必须定期送检。

(2) 不方便拆卸送检的,可由检定单位派专业人员到现场检定校准。

(3) 没有相关专业资质的单位进行检定的设备,可由本单位编制相应的校准程序,由获得授权的人员按程序检定校准。

第二节　高温拉伸性能试验

学习目标:学习高温拉伸性能试验方法及注意事项。

一、仪器及设备

(1) 试验机:一级 CMT4205 微机控制万能试验机,并符合 JJG 139—1999 的有关规定。

(2) 管材试样所采用的工装夹具:高温气动夹具。

(3) 高温炉:加热炉炉膛均温区的长度不得小于试样标距的 1.5 倍。均温区中温度应符合表 8-1 要求。

表 8-1　均温区中温度

试验温度	温度波动	温度梯度
<600 ℃	±3 ℃	3 ℃
600～900 ℃	±4 ℃	4 ℃

(4) 温度测量装置;测量或记录试样温度用 K 型热电偶(镍铬-镍硅)和 AI-808 温度控制器。温度测量仪器的灵敏度不大于 1 ℃。

二、试验条件

1. 拉伸速度:材料屈服前应力增加速度 5～10 N/(mm^2 · s);材料屈服后,活动夹头每分钟移动的距离应为原始标距长度的 0.1～0.5 倍。

2. 试验温度:试验温度根据要求确定。

三、测量前的准备

(1) 测量试样的原始尺寸并将其数据在记录本上记录。

(2) 测量试样的原始尺寸并记录。

(3) 装上高温夹具(包括塞头、气动夹具及高温引伸杆等)。

(4) 根据试样标距的要求,在试样上捆绑相应数量的热电偶,并保证结点与测温体接触良好。

(5) 接通试验机主机电源,依次打开显示器、计算机及打印机和气动夹具开关。

(6) 在 CMT4205 型微控万能材料试验机上安装高温炉,将试样连同夹具一起装在对开式高温炉内。高温炉的位置要保证试样标距在均温区内。

四、测量

(1) 打开高温控制器和高温炉电源开关,同时调整好设定温度,对高温炉进行升温。一般应在 2 h 内加热到试验温度。

(2) 等温度稳定后,保温 15～30 min,使整个均温区温度基本一致。

(3) 在 Windows 系统下,启动试验程序。

(4) 完成试验后,将试验结果存盘,打印试验结果。

五、试验结果处理

试验出现下列情况之一时试验结果无效:

(1) 试样在标距上或标距外断裂。

(2) 试验由于操作不当,如试样夹偏,温度超过规定偏差等造成性能不符合要求时。

(3) 试验中记录有误,或设备仪器发生故障影响试验结果准确性。

(4) 试样拉断后出现两个或两个以上颈缩。

第三节 管材内压爆破试验

学习目标:学习了解管材爆破试验方法。

一、适用范围

适用于锆及锆合金包壳管或经焊接后的室温闭端爆破试验,以检验材料强度、应变特性及其管焊缝耐压特性。

二、设备及工装

专用管材内压爆破装置、专用管材夹具。

三、原理

该系统由液压泵站、液压控制部分、液压执行部分与一些辅助装置所组成。当液压泵启动后，油箱中的油液经滤油器吸入泵中，泵输出的压力油可以经溢流阀流回油箱，也可以经节流阀、精密滤油器为伺服阀供油。当系统工作时，关闭节流阀，通过溢流阀将液压泵的输出压力调节为 21 MPa，然后打开节流阀，油通过滤油器进入伺服阀。在伺服阀上输入反向电流时，伺服阀输出的压力油进入增压缸小腔，经过单向阀进入增压腔，为加载作准备；给伺服阀加正向电流，电液伺服阀输出的流量和压力进入增压缸大腔，使活塞向前运动。增压腔内的油液受挤压后进入试件，给试样加载，直到爆破为止。

四、试验条件

(1) 在管材弹性变形阶段，加压速率应控制在(13.8±1.4)MPa/min；

(2) 试验应在(20±10)℃温度下进行。若试验温度超过这一范围，应在试验记录和报告中注明。

五、试样

试样应是成形的最终加工状态，其最大有效长度应大于外径的 10 倍(不含夹持及堵头部分)。

六、试验步骤

(1) 核对试样编号，检查试样是否符合要求，分别测量试样的外径、壁厚确定其平均直径、平均壁厚及最小壁厚，各测量值应精确到±0.01 mm 并输入计算机中。

(2) 将试样注满油后，拧紧在试验台上。

(3) 检查液压系统的连接是否正确，包括：油源、液压缸、电液伺服阀、传感器等。机械部分是否可靠。

(4) 检查传感器、应变片传感器和伺服阀到计算机的边线是否正确。

(5) 打开系统电源控制开关。

(6) 调节液压阀回路中的溢流阀，设定系统的供油压力达至 21 MPa。

(7) 打开计算机电源开关，进入 Windows 98 操作环境，点击桌面上管材内压爆破检测系统的图标，进入开机画面，延时 2.2 s 显示主控面板。

(8) 进入控制面板，进行参数设置，点击确认按钮，返回主控面板。

(9) 点击主控面板上的“开始系统”按钮，然后再点击主控面板上的“充油”按钮，此时主控面板上“充油”指示灯亮，表明充油正在进行。当“充油”指示灯熄灭，表示充油完毕。

(10) 点击主控面板上的“开始加载”按钮，此时系统开始加载，直至爆破试验结束。

(11) 立即通过溢流阀把压力调到零，然后按“停止”按钮使液压泵停止运行。

(12) 点击主控面板上的“生成实验报告”按钮，将出现提示对话框，需要写入试件爆破后的最大外径,试验员应手动测量,然后写入,点击"确认"按钮,生成爆破试验报告和管材内压爆破报告。

(13) 点击存盘工具可以将该管材内压爆破试验报告存盘,点击退出工具栏,并可以进入其他的操作,如:打开、剪切、打印。

(14) 试验完成后,退出计算机控制系统,并关闭计算机。

(15) 当出现意外情况时,点击"停止"按钮紧急卸载,恢复系统。

七、试验结果及处理

(1) 试样破口位置不在端头夹具处或不在热影响区内,试验数据方能有效。

(2) 如果操作不当,或设备仪器发生故障,影响试验结果准确性时,试验结果无效。

(3) 试验后在试样的最大鼓胀点测量圆周长(不包括断裂开口处),并准确到 0.1 mm。

爆破强度(S)的计算公式:

$$S=\frac{pD}{2t} \tag{8-1}$$

式中:S——爆破强度,MPa;

p——最大爆破压力,MPa;

D——平均外径-平均壁厚,mm;

t——试验前最小壁厚,mm。

周向最大延伸率 δ 的计算公式:

$$\delta_{总}=\frac{L_{max}-\pi D_0}{\pi D_0}\times 100\% \tag{8-2}$$

式中:$\delta_{总}$——破口处的总周向最大延伸率,%;

L_{max}——破口处周长,mm;

D_0——爆破前平均外径,mm。

第四节 燃料芯体承载性能测试方法

学习目标:学习芯块承载性能测试步骤,掌握测试计算方法。

芯块的承载试验主要检验烧结成品芯块在一定压应力下保持完整性的能力。每次取 20 个成品芯块样,10 个做试验,10 个备用样。试样用专用的试样盘装,以免混料和表面污染。

按 GB/T 10266《烧结二氧化铀芯块技术条件》中芯块承载能力试验要求及 EJ/T 687—2004《烧结二氧化铀芯块承载能力试验方法》进行试验。芯块或钆芯块承载试验时,通过电子试验机对每块芯块或钆芯块做轴向加压,在加压过程中记录产生 0.40 mm 或更大掉块时的载荷值,由测得的载荷值与承载面积计算出芯块承载能力。如加压过程中不产生掉块或掉块小于 0.40 mm,则一直加压到芯块承受轴向应力为 25 MPa 时停止加载,芯块承载能力记录为 25 MPa。

芯块或钆芯块承载能力试验结果测量相对不确定度优于 5.0%($k=2$)。

一、设备与材料

(1) 计算机控制电子式试验机，准确度不低于1级，量程不低于2 kN。

(2) 游标卡尺，分度值0.02 mm。

(3) 刷子。

二、试验条件

(1) 试验速度：0.1 mm/min。

(2) 试验温度：10～35 ℃。

(3) 试样：

1) 从每批成品芯块或钆芯块中随机选取，试验前不能对试样进行任何再加工。

2) 需给出每组试样的碟形直径、肩宽。试样的碟形直径和肩宽分别取该批芯块或钆芯块的平均值。

三、检验步骤

(1) 确认设备电源线和信号线连接无误，依次打开试验机、打印机、计算机电源开关，预热15 min。

(2) 启动试验软件。

(3) 在试验方法中选择芯块承载试验方案，输入样品文件存盘名。

(4) 打开保护罩，设置好行程限位挡圈。

(5) 在试样信息栏输入待测试样的碟形直径和肩宽尺寸，以及相应的样品信息，如试验日期、样品编号、委托单位等。

(6) 检查试验方案、运行参数是否选择正确，仔细核对输入试样信息，如不正确及时纠正。

(7) 将芯块或钆芯块试样竖放在下压盘的中心位置，调节好上压盘位置，然后关上保护罩。

(8) 试验机载荷传感器调零。

(9) 开始承载试验。

(10) 当试样出现掉块时，试验力曲线会出现明显的衰减，试验自动终止，测试软件将自动记录下掉块力值及相应的掉块应力。打开保护罩，取下试样，检查试样掉块情况：当掉块尺寸＜0.40 mm，重新该试样的承载试验；当掉块尺寸≥0.40 mm，记录下掉块尺寸，然后按7～9进行下一个试样的承载试验。

(11) 若试样没有产生掉块，试验将在压应力达到25 MPa时自动终止，测试软件将记录掉块应力为25 MPa。打开保护罩，取下试样，然后按7～9进行下一个试样的承载试验。

(12) 试验结束后，单击“生成报告”按钮，生成并打印试验报告。

(13) 用刷子将上下压盘清扫干净，设置好行程限位挡圈，关好保护罩，退出测试软件，依次关闭试验机、计算机、打印机电源。

四、结果处理

按要求进行结果判定。

(1) 每块芯块或钆芯块承载能力按式(8-3)计算:

$$\sigma_{PC}=\frac{p}{F_0}=\frac{p}{\pi a(d+a)} \tag{8-3}$$

式中:σ_{PC}——芯块产生 0.40 mm 或更大掉块时所承受的轴向应力,MPa;

p——芯块产生 0.40 mm 或更大掉块时所承受的载荷值,N;

d——芯块碟形直径,mm;

a——芯块肩宽,mm。

(2) 计算 10 块芯块或钆芯块的算术平均值作为平均掉块应力:

1) 10 块芯块平均掉块应力≥19 MPa 且任一单个芯块的掉块应力≥13 MPa,则合格。

2) 10 块芯块有两块及两块以上芯块掉块应力<13 MPa,则不合格。

3) 10 块芯块平均掉块应力<19 MPa 或任一单个芯块的掉块应力<13 MPa,则应取附加芯块 10 块进行检验,并计算全部 20 块芯块的平均掉块应力:如 20 块芯块平均掉块应力≥19 MPa,且其中掉块应力<13 MPa 的芯块不超过一块,则合格;如 20 块芯块平均掉块应力<19 MPa 或有两块及两块以上芯块掉块应力<13 MPa,则不合格。

(3) 如果设备仪器发生故障而影响试验结果准确性时,试验结果无效,应补做试验。

第五节　用热重分析仪测量铀氧化物的氧铀比

学习目标:通过对本节的学习,测试工应了解热重分析原理及影响因素,理解并掌握在氧铀原子比测定中常用的两种热重分析方法。

一、概述

1. 方法原理

许多物质在加热过程中常伴随质量的变化,这种变化过程有助于研究晶体性质的变化,如熔化、蒸发、升华和吸附等物质的物理现象;也有助于研究物质的脱水、解离、氧化、还原等物质的化学现象。

从热重法可派生出微商热重法(DTG),它是 TG 曲线对温度(或时间)的一阶导数。以物质的质量变化速率 dm/dt 对温度 T(或时间 t)作图,即得 DTG 曲线,DTG 曲线可以微分 TG 曲线得到,也可以用适当的仪器直接测得,DTG 曲线的峰顶,即失质量速率的最大值,与 TG 曲线的拐点相应;DTG 曲线上的峰数,与 TG 曲线的台阶数相等;峰面积则与失质量成比例,因此可用来计算失质量。DTG 曲线比 TG 曲线优越性大,它提高了 TG 曲线的分辨力。

热重法的仪器称为热重分析仪(热天平),给出的曲线为热重曲线。它是以试样的质量变化(损失)作纵坐标,从上向下表示质量的减少,以温度(T)或时间(t)作横坐标,自左向右表示增加。

2. 基本结构

热天平的主要组成：① 天平；② 加热炉；③ 程序控温系统；④ 气氛控制系统；⑤ 测量和记录系统。热天平的示意图如图 8-1 所示。

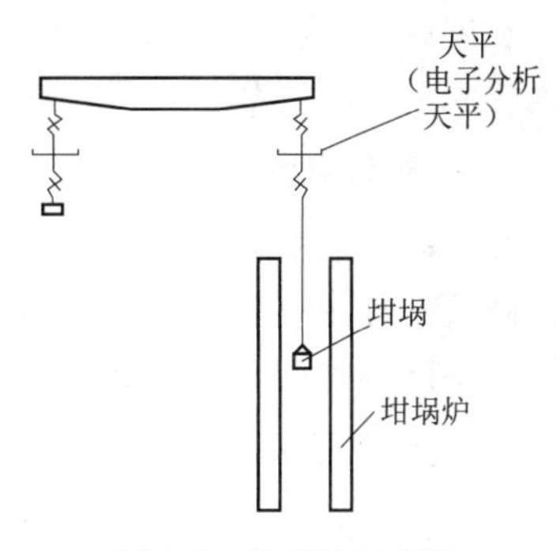

图 8-1 热天平示意图

(1) 天平：商品微量天平包括天平梁、悬臂梁、弹簧和扭力天平等各种设计。

(2) 加热炉及程序控温系统：炉子的加热线圈采取非感应的方式绕制，以克服线圈和试样间的磁性相互作用。一般高温炉温度可以达到 1 500 ℃，线圈可选用各种材料，如镍铬（$T<1\ 300$ K）、铂（$T>1\ 300$ K）、铂-10%铑（$T<1\ 800$ K）和碳化硅（$T<1\ 800$ K），用循环水或气体来冷却。也有的不采用炉丝加热，而用红外加热炉。这种红外线炉只需要几分钟就可以使炉温升到 1 800 K，很适于恒温测量。低温炉温度可降至−70 ℃，一般用液氮来制冷。

(3) 气氛控制系统：TG 可在静态、流通的动态等各种气氛条件下进行测量。在静态条件下，当反应有气体生成时，围绕试样的气体组成会有所变化。因而试样的反应速率会随气体的分压而变。一般建议在动态气流下测量。TG 测量使用的气体有：Ar、Cl_2、SO_2、CO_2、H_2、H_2O、N_2、O_2等。

(4) 测量和记录系统：测量系统是热分析仪器的核心部分。热重法是测定物质的质量与温度的关系，测量系统把测得的物理量转变为电信号，由计算机直接对电信号进行记录和处理，并同时显示分析曲线以及结果，报告由打印机输出。

二、热重分析的影响因素

1. 坩埚的影响

坩埚具有各种尺寸、形状，并由不同材质制成。坩埚和试样间必须无任何化学反应。一般是由铂、铝、石英或刚玉（陶瓷）制成的，但也有其他材料制作的。

石英和陶瓷将与碱性试样反应而改变 TG 曲线，聚四氟乙烯在一定条件下与之发生反应生成四氟化硅，铂对某些物质有催化作用，而且不适合于含磷、硫和卤素的高聚物。因此可按各自实验目的和物质的性质来选择坩埚。

2. 升温速率的影响

升温速率一般是 5 ℃/min、10 ℃/min、20 ℃/min，升温速率过快时，热滞后现象严重，热失重的曲线的起始温度和终止温度偏高，而且 TG 曲线上的拐点不明显，但快时曲线表现为转折，慢时有利于中间体的鉴定与解析，但测定时间长，曲线变得平坦。

3. 样品量的影响

样品量大时，对热传导和气体的扩散不利，曲线的清晰度变差，反应时间长，但可以扩大两个试样间的较小差异，少量时，可观测到分解的真实特点，人为误差小，因此在热重分析中，样品量在满足仪器的灵敏度的前提下尽可能的少。

4. 样品粒度的影响

样品粒度对热传导和气体的扩散较大，粒度不同会导致反应速率和 TG 曲线形状的改变。粒度越小,反应的面就越大,反应速率越快,起始温度和终止温度降低,反应区间变窄,所以实验前把样品尽量磨成小颗粒。

5. 气氛的影响

在静态气氛下,对于可逆的分解反应,升温时,分解速率增大,样品周围的气体浓度增大。随着气体浓度的增大,分解向相反方向进行,正反应的分解速率降低,将严重影响实验结果。实际中通常采用动态气氛。

6. 气体流量的影响

有些样品在加热升温时,分解或升华产生的挥发物可能会产生冷凝的现象,而使实验结果产生偏差。为此样品量要少,气体流量要合适。

三、热重法的应用

只要物质受热时发生质量的变化,就可用热重法来研究其变化过程。并且由于热重法操作简单、快速、准确、样品用量少,温度范围宽(室温至 1 500 ℃)等优点,因此应用范围较广。目前,热重法的应用可大致归纳成如下几个方面。

(1) 了解试样的热(分解)反应过程,吸湿性、脱水速率,例如测定吸附水、结晶水、结合水、配位水及相应的量等。

(2) 研究物质的热稳定性、抗热氧化性、热分解速率的测定及热降解、热氧降解动力学参数的测定。

(3) 用于研究固体和气体之间的反应,失重阶梯,失重量。

(4) 测定化合物的组成,确定物质的干燥工艺条件等。

1. 草酸钙的热重分析

(1) 原理

热重法(TG)是在程序控制温度下,测量物质质量与温度或时间关系的一种技术。许多物质在加热过程中常伴随质量的变化,这种变化过程有助于研究晶体性质的变化,如熔化、蒸发、升华和吸附等物质的物理现象;也有助于研究物质的脱水、解离、氧化、还原等物质的化学现象。从热重法可派生出微商热重法(DTG),它是 TG 曲线对温度(或时间)的一阶导数。以物质的质量变化速率对温度 T(或时间 t)作图,即得 DTG 曲线,DTG 曲线可以微分 TG 曲线得到,也可以用适当的仪器直接测得,DTG 曲线比 TG 曲线优越性大,它提高了 TG 曲线的分辨力。

$CaC_2O_4 \cdot H_2O$ 在加热过程中有几次失质量现象,从图 8-2 可以看出,温度在 25～100 ℃ 之间的曲线为一个平台,对应于化合物的原组分,在 100～226 ℃之间出现失重,失质量占试样总质量的 12.5%,相当于 1 mol $CaC_2O_4 \cdot H_2O$ 失去 1 mol 的 H_2O。在 226～346 ℃之间出现第二个平台,对应于 CaC_2O_4,在 346～420 ℃之间出现第二次失质量,失质量占试样总质量的 19.3%,相当于 1 mol CaC_2O_4 分解出 1 mol 的 CO。在 420～660 ℃之间出现第三个平台,对应于 $CaCO_3$,在 660～840 ℃之间出现第三次失质量,失质量占试样总质量的 30.3%,相当于 1 mol $CaCO_3$ 分解出 1 mol 的 CO_2。在 840～980 ℃之间出现第四个平台,对应于分解的最终产物 CaO。

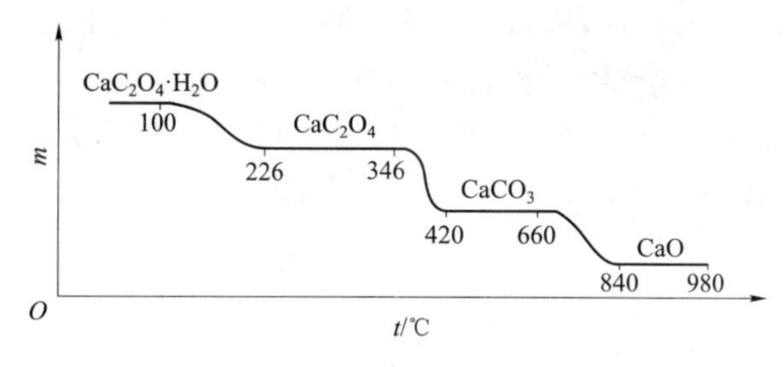

图 8-2　$CaC_2O_4 \cdot H_2O$ 的 TG 曲线

(2) 仪器与试剂

热重分析仪、陶瓷坩埚、镊子、草酸钙、氮气、空气。

(3) 步骤

先打开总电源、保护气氮气及冷却气空气；打开仪器，预热仪器后，打开炉子，用镊子把参比坩埚和样品坩埚分别放在参比台和样品台上，关闭炉子后按回零，然后取出坩埚把少量的草酸钙(约为坩埚的三分之一的量)放在坩埚里，关闭炉子；打开计算机，激活应用软件，输入样品名称、保存位置及氮气的流量(50 ml/min)，然后根据测试要求编写程序：

1) 初始温度 30 ℃；

2) 以 10 ℃/min 升温至 1 000 ℃。

单击“开始”，扫描谱图；实验完毕，等炉子的温度冷却到小于 300 ℃后，取出坩埚，关闭仪器和气体。

(4) 结果处理

激活数据处理软件，调出谱图，将扫描得到的草酸钙的分解谱图与已知标准谱图对照，判断所做的草酸钙是不是纯的样品，然后进行分析，写出分解后每个平台对应的温度，计算出每个过程中的失质量百分率及微商热重(DTG)曲线的变化较快的温度值，计算在每个过程中的失质量，判断分解产物，写出每步分解的方程式。

(5) 注意事项

1) 整个实验过程中要通氮气作为保护，以空气来冷却。

2) 实验时，避免仪器周围的物体剧烈振动影响到实验曲线。

3) 要轻拿轻放，防止破坏天平梁。

4) 放样品时，最好把下面的托盘移到天平下，以防放样品时样品撒落，污染仪器。

5) 样品的粒度较小，反应的面就越大。

2. 用热重分析仪测量铀氧化物的氧铀比

(1) 设备主要性能及结构

该仪器主要由扭力式微量天平、高温炉、气体控制面板和计算机等辅助设备组成。高温炉最高温度为 1 200 ℃，最大升降温速率为 50 ℃/min。扭力式微量天平最大量程为±200 mg，灵敏度为 0.1 μg。该仪器通过记录样品重量与温度关系的 TG 曲线图，可对微量试样的重量随温度变化提供精确的分析。

在用热重分析仪进行样品分析之前，应当完成以下的准备工作。

(2) 热重分析仪校准

热重分析仪采用标准草酸钙的分解实验来校准。

仪器在 20 ℃下稳定 5 min 后,从 20 ℃升温到 900 ℃,升温速率为 10 ℃/min。在 900 ℃下恒温 10 min;从 900 ℃降温至常温,降温速率为 40 ℃/min。

做坩埚的基线图和草酸钙样品的分解曲线图。根据草酸钙分解曲线计算 H_2O、CO、CO_2的失质量,再计算出质量百分率。如果其总失重优于 0.5%,则认为该仪器校准合格。

(3) 测量步骤

设置 P I D U,设置炉子的安全温度和编辑温度程序。根据试样量设置天平的量程。

在干净清洁的空坩埚中装入样品,待天平稳定后读取样品的质量(TG 值)。然后打开 carrier gas(氮气)阀门,在 experiment 窗口里输入实验名、内容、坩埚、气体和样品质量等项目,然后单击 starting the experiment 按钮。选择 display/real time drawing,打开温度和样品重量的记录曲线图。

在低温恒温段结束后,打开 Auxiliary gas 阀门。计算机按程序控制自动升温、保温及降温并采集数据。

做基线曲线。处理结果并保存。

打开 processing 软件调出 TG 曲线图。除本底(subtract base line),保存 TG cor 结果。

(4) 计算

对于二氧化铀芯块样品,选择计算的点(150 ℃,后 150 ℃),计算试样的质量变化值 $\mathrm{d}m\%$。根据公式计算芯块样品的氧铀原子比:

$$\mathrm{O/U}=\left[\frac{1}{1+\mathrm{d}m\%}\times\frac{\left(M_{\mathrm{U}}+\frac{8}{3}M_{\mathrm{O}}\right)}{M_{\mathrm{U}}}-1\right]\times\frac{M_{\mathrm{U}}}{M_{\mathrm{O}}} \tag{8-4}$$

对于二氧化铀粉末样品,选择计算的点(20 ℃,110 ℃,520 ℃),分别计算脱水的质量 $\mathrm{d}m_1\%$和氧化增质量 $\mathrm{d}m_2\%$。根据公式计算粉末样品的氧铀原子比:

$$\mathrm{O/U}=\left[\frac{1+\mathrm{d}m_1\%}{1+\mathrm{d}m_2\%}\times\frac{\left(M_{\mathrm{U}}+\frac{8}{3}M_{\mathrm{O}}\right)}{M_{\mathrm{U}}}-1\right]\times\frac{M_{\mathrm{U}}}{M_{\mathrm{O}}} \tag{8-5}$$

式中:M_{U}——铀原子量;

M_{O}——氧原子量。

(5) 运行条件与维护保养

1) 要求环境温度在 15～35 ℃,相对湿度＜85%。保证循环冷却水清洁干净,水压在 0.3 MPa 左右。

2) 有坚固的工作平台,使仪器在运行时不受外界振动的影响。不要暴露在腐蚀性气体和粉尘的环境中。

3) 要有稳定的电源,远离强电磁场及高频波且电源接地端应可靠接地。

4) 每次取放样品时,应盖住炉口以防物品掉入炉膛损坏热电偶。

5) 不能加载超过天平最大载荷量的物品,禁止通入带有腐蚀性的气体。

6) 不能在高温下终止试验以免炉子的性能受损。每次试验完毕,应取出坩埚清洗干净,以备使用。保持仪器表面干净无污物。

第六节 粉末的松装密度和振实密度

学习目标：了解松装密度的其他测定方法。了解松装密度和振实密度测定的影响因素。

一、松装密度的其他测定方法

1. 斯科特容量计法

本方法适用于不能自由通过孔径为 ϕ5.0 mm 标准漏斗的不同来源的二氧化铀粉末和其他粉末的松装密度测定。该方法是将一定的二氧化铀粉末以自然的或人为的方法通过仪器上部的筛网，交替经过四块挡板，使之呈松散状态地进入已知容量的量杯中，从而求得该粉末的松装密度。对于流动性不好的陶瓷二氧化铀粉末，松装密度可采用斯科特法。

斯科特容量计如图 8-3 所示，它包括如下几个部分：

（1）组合漏斗，其中包含有一层 16 目的黄铜筛网。

（2）容量计，方形，里面相对布置的四块挡板与壁成 30°倾角。

（3）圆柱形量杯。

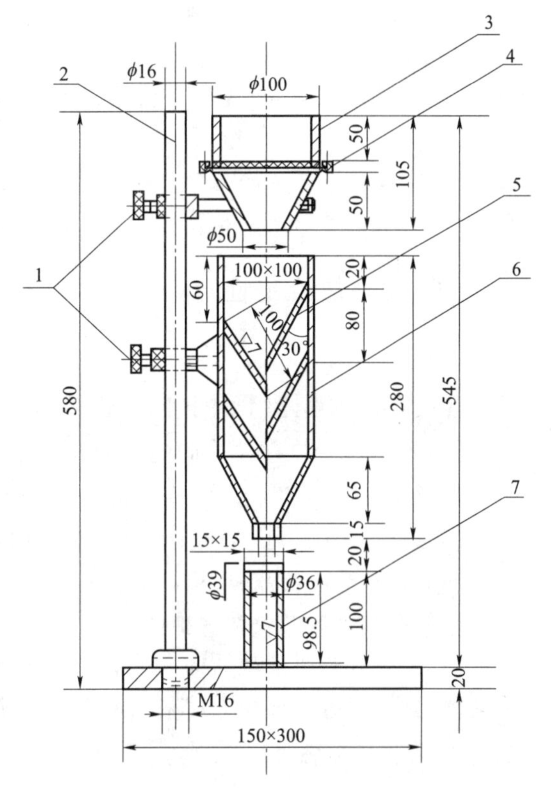

图 8-3 斯科特容量计

1—移动架；2—固定支架；3—漏斗；4—铜网；5—挡板；6—容量计；7—量杯

2. 振动漏斗法

振动漏斗法是一种模拟粉末成型过程中填模运动的松装密度测定方法。它的基本原理是将粉末装入带有振动装置的漏斗中，在一定条件下进行振动。粉末借助振动从一定高度的漏斗中自由落下，以松装状态充满已知容积的圆柱杯中，通过计算可求得此种状态下粉末的松装密度。所用的测定装置与霍尔漏斗法相似，只是多了振动器，具体的示意图可参见 GB/T 5061《金属粉末松装密度的测定 第 3 部分：振动漏斗法》，在此不作详述。

二、松装密度、振实密度测定的影响因素分析

松装密度是粉末自然堆积的密度，它取决于颗粒间的黏附力、相对滑动的阻力以及粉末体孔隙被小颗粒填充的程度。总体而言，粉末的松装密度受粒度及粒度分布、颗粒形状、颗粒内孔隙等因素的影响。

粒度对松装密度的影响：粒度小的细粉末易“搭桥”和互相黏附，对相互间的移动起阻碍

作用,故松装密度较小。

粉末粒度分布对松装密度的影响:粒度分布范围窄的粗细粉末,松装密度都较低;当粗细粉末按一定的比例混匀后,可获得最大的松装密度。此时粗颗粒间的大孔隙可被一部分细颗粒所填充。

粉末颗粒形状对松装密度的影响:形状不同的粉末其松装密度差异很大。一般球形粉末堆积紧密孔隙度低,松装密度大;而呈片状或其他不规则形状的粉末,颗粒间黏附易产生搭桥,会使孔隙度提高,从而降低粉末松装密度。

第七节 UO_2芯块热稳定性检验

学习目标:通过对本节的学习,测试工应了解二氧化铀芯块热稳定性的意义,能正确使用高温氢气复烧炉,掌握二氧化铀芯块的复烧试验方法。

一、UO_2芯块热稳定性

1. 芯块微观结构

UO_2坯块在烧结时,留下大小不一的气孔,其中小孔隙是UO_2粉末颗粒内部气孔留下的,而大孔则是UO_2粉末颗粒之间的空隙在烧结时形成的。通过金相分析后可知,芯块内部就像蜂窝形状存在很多UO_2不规则的多边形,称为晶粒,并且晶粒和晶粒之间有很多边界,称之为晶界,其中的小孔隙大多分布在晶粒内部,而大孔隙大多分布在晶界上。此外,孔隙和晶粒的大小和对应的数量不尽相同,芯块内部由孔隙大小及分布和晶粒大小和分布所构成的组织形态则称为芯块微观结构。

由上综述可知,芯块微观结构只是对芯块气孔和晶粒形态上的描述,不涉及芯块的化学成分和晶体结构,可通过金相方法来测定气孔和晶粒的大小和分布。

2. 芯块的胀肿和密实

UO_2芯块在反应堆内运行时会发生胀肿和密实现象,在堆外进行高温热处理时会发生密实而导致芯块体积收缩。肿胀是由于芯块在反应堆内运行时产生裂变气体引起的,而密实化现象则是芯块内部的小孔隙在受辐射或热激发下收缩或迁移到晶界后被大孔隙吞并后的结果。因此在芯块加工生产过程中,需要添加造孔剂,一方面是为了调节芯块的烧结密度,另一方面要使芯块具有一定数量的大孔隙来容纳这些裂变气体,使这些裂变气体不能逸出到燃料棒外面去。

芯块在高温热处理时,晶粒内部小孔隙的收缩过程和机理,人们进行了大量的研究后认为,孔隙周围存在过量的空位,在热激发作用下向晶界迁移,被晶界上的大孔捕获吸收,结果一方面小孔收缩,而另一方面晶界上的大孔扩张,如果小孔的收缩占主导则使芯块呈现密度增加,否则芯块密度会出现减小的反常现象,这种现象称为“氢曝”。

在实际生产中发现,晶粒大的芯块,其热稳定性要比晶粒小的要好些,即通过再烧结后的密度变化比小晶粒的芯块相对要小些,这也是由于大晶粒内部的小孔隙在再烧结期间迁移到晶界的行程比小晶粒要大,需要的时间比小晶粒要长,因此在相同的再烧结条件下(一致的保温时间和烧结温度),大晶粒芯块总的小孔收缩就会比小晶粒的要少,密度变化要小,热稳定性要好。

二、UO_2芯块热稳定性测定方法

UO_2芯块热稳定性测定方法主要有模型计算和复烧试验两种方法，而模型计算主要是用于核燃料科学研究，复烧试验主要是用核燃料生产过程中的质量控制。

对于模型计算方法，是基于上面提到的空位迁移机理而建立的一个和燃料芯块孔隙率以及孔隙分布相关的复杂计算公式，只有通过金相方法测定出燃料芯块具体的每个气孔尺寸等级的份额后才能计算，在生产中都不采用这种计算方法。

而复烧试验方法则是通过复烧试验后，测定芯块复烧前后密度的变化或外径尺寸（VVER燃料芯块）的变化来定量描述芯块的热稳定性。这种方法只能从宏观上了解某批燃料芯块微观结构抗密实化能力是否达到要求，比较适用于生产过程中的质量控制。

三、UO_2芯块复烧试验

UO_2芯块复烧试验是按约定的取样方法从一批芯块中选取一定数目（10～15块）芯块，按给定的方法测定芯块的密度或外径尺寸，经烘干处理后，放入高温烧结炉中，通入氢气在1 700 ℃以上再烧结一段时间（24 h），再次测定芯块的水测密度或外径尺寸，计算每个芯块密度或外径尺寸的变化。

在进行复烧试验之前，要通过水浸法或其他方法测定芯块试样的密度之后，放在烘箱中在100～150 ℃下烘干3～4 h。装炉前要按照原有的芯块顺序把样品放在料舟中，并记录好每个芯块对应的顺序和样品号。然后检查高温烧结炉主要部件的功能状态是否良好，这包括炉子的冷却水系统、气路管道系统、电气控制系统、炉子的密封性能、炉发热元件和热电偶测量端的位置，其中特别是热电偶的使用期限和测量端的位置。当确保这些部件的功能状态是良好后才能把芯块试样装载到合适的恒温区位置。

当装好炉后，关闭炉盖，通入氢气或其他气氛，检查炉子的气密性是否良好，然后打开冷却水系统，打开加热电源，启动炉子按操作规程进行升温，同时按要求记录炉子的各个运行参数。保温期间，要按时检查炉子的水、电、气系统，如果出现波动要及时调节，出现异常要及时处理。

在降温结束后，把料舟取出并检查装料位置和芯块的数目是否正确，然后把芯块按原来的顺序装回料盘，对烧后的芯块进行密度或外径尺寸测定。

1. 复烧试验对炉子的特殊要求

复烧试验离不开高温氢气烧结炉，性能稳定的高温烧结炉是得到正确检验结果的重要保证，芯块的热稳定性检验对炉子提出特别苛刻的要求。要求炉子在通入流动氢气的情况下最高温度能达到1 780 ℃，炉内发热元件能在1 700～1 730 ℃下工作500 h以上不断裂，炉内承载材料能在1 730 ℃下连续工作48 h以上并承载一定重量的芯块试样不变形。此外，炉子在1 700～1 730 ℃下的恒温区也有一定的要求，炉子的其他辅助部件，比如，温度控制，冷却水和烧结气氛的流量控制和调节以及报警功能等部件，特别是氢气的报警装置，这些关键部件也要有特别要求。

2. 炉子的温度测量

芯块复烧试验都是在1 700 ℃以上进行，因此温度测量在芯块热稳定性检验试验中是

项很重要的内容,所测量的温度是否是炉子内的实际温度,这会直接影响到试验结果的准确性和有效性。炉温的测量常使用高温系列热电偶如钨铼热电偶等。

3. 钨铼热电偶的使用

对于钨铼热电偶,热电极丝的熔点高(3 300 ℃),蒸气压低,极易氧化,在惰性或还原性气氛条件下(如氢气):其化学稳定性好,热电动势大,灵敏度高,价格便宜。常在 2 000 ℃以下使用,当温度高于 2 300 ℃时,数据分散。如果在有氧化气氛中使用,必须采用致密的保护管使之与氧隔绝才能使用。不能用于含碳气氛(如含碳氢化物的气氛中使用,温度超过 1 000 ℃ 易受腐蚀),因为钨或铼在含碳气氛中易生成稳定的碳化物,降低灵敏度,并会引起脆性断裂,在有氢气存在情况下会加速碳化。

目前主要是采用 WRe3/25 和 WRe5/26 两种型号的标准化热电偶来测量炉子温度,其中,WRe3/25(可写成 WRe3-WRe25 或钨铼 3-钨铼 25)热电偶,正极成分含 97%的钨和 3%的铼,负极成分含 75%的钨和 25%的铼;对于 WRe5/26 型,正极成分含 95%的钨和 5%的铼,负极成分含 74%的钨和 26%的铼。一般钨铼热电偶由测量端、工作端和连接导线组成,如图 8-4 所示,A-B 表示连接导线。可用温度计测量参考端 A 点温度值,再加上记录仪测量得到的温度就是炉子的温度。其中的连接导线采用与钨铼热电偶型号相配的补偿导线,有时也可采用阻值较小的普通铜导线作为补偿导线。按我国专业标准(ZB N 05002),用于钨铼热电偶补偿导线的型号和绝缘线芯着色见表 8-2。

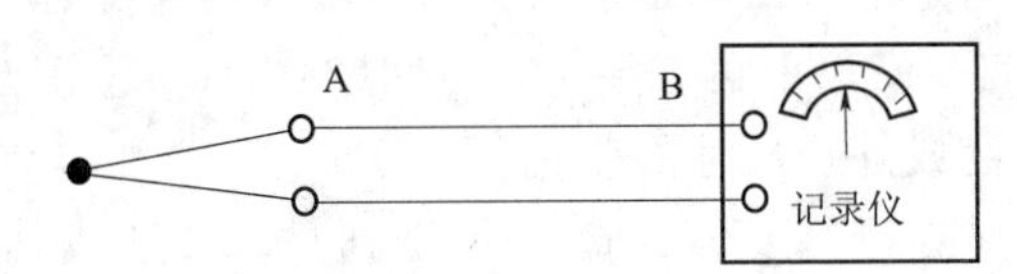

图 8-4 连接导线参考端示意图

表 8-2 钨铼热电偶的补偿导线的型号

型号	名称	配用热电偶	绝缘线芯材料及着色	
			正极	负极
WC3/25	钨铼 3/25 补偿导线	钨铼 3-钨铼 25	镍铬 10 (红)	铁 (黄)
WC5/26	钨铼 5/26 补偿导线	钨铼 5-钨铼 26	钴铁 23.5(红)	钴铁 17(橙)

复烧试验过程中,温度的测量一般由炉子的自动测温系统完成,而需要注意的是在装炉时要注意检查热电偶的位置是否正确和热电偶的连接状态是否良好。

4. 高温氢气烧结炉的使用和维护

对于不同类型和结构的高温烧结炉,其使用和日常维护只能参照具体的炉子操作手册和说明书以及操作规程。对于具备自动控温系统的炉子,在试验期间主要是注意观察冷却水和炉气的流量变化并适当调节,而对于手动控温的炉子,就要随时注意炉温的变化并及时调节,此外还要注意冷却水和炉气的流量变化并适当调节。

应对高温烧结炉(如 01WF8 型高温氢气炉)的各个主要部件和功能有比较全面的了解,并且要熟悉炉子基本结构、冷却水和气路管道系统,在炉子出现异常时才能够及时处理。一般用于复烧试验的高温氢气炉,发热元件都是钼质的环状钼片或环形网状钼丝,芯块试样可置于其中进行高温热处理。这种结构的发热元件,其温度分布是在横截面上靠发热体位置的温度最高。要熟悉炉子的恒温区测定方法，其中包括炉子工作到一定的周期后，炉子发热元件出现变形，更换了新的发热元件或炉体及周边的附属部件，炉子经维修后并可能改变炉子某些部件的工作参数时。高温氢气炉常见问题及处理见表 8-3。

表 8-3　高温氢气炉常见问题分析及处理

序号	问题	可能原因	处理办法
1	真空性能不好	密封圈没装好	将密封圈重新安放
		阀门未关紧	检查相关阀门并关紧
		真空泵油太黏或脏	更换真空泵油
		炉体(壳)有裂纹，并渗水	对裂纹进行焊接处理
2	温度升不上去	热电偶正负极接反	调换正负极
		热电偶短路	检查并处理短路处
3	管道压力低	阀门泄漏	检查阀门并作处理
		压力表与管道接头处泄漏	重新安装压力表
4	循环水压力不够	水箱缺水	检查水箱及补水装置
		管道内有空气	进行气泡排放

5. 氢气管道置换

当氢气管道需维修时或维修后，应先将其管道内气体用氮气或氩气进行置换，确保安全。氢气管道示意图如图 8-5 所示：关闭阀门 1、2、4，打开阀门 5、6，通入氮气，对 AB 段进行置换。

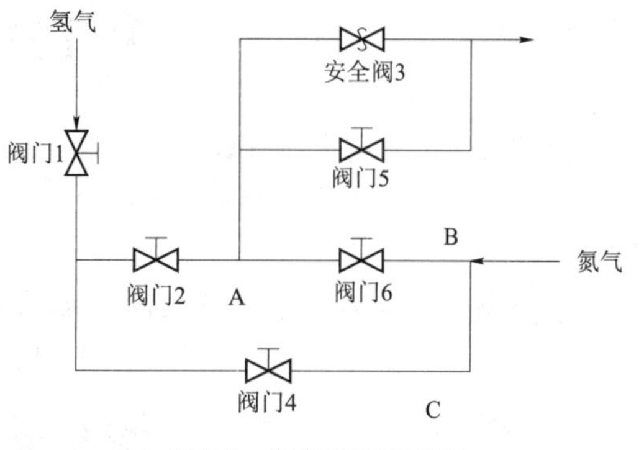

图 8-5　氢气管道示意图

四、UO_2芯块热稳定性检验方法

用复烧试验方法来进行 UO_2 芯块的热稳定性检验，而对于不同类型的 UO_2 燃料芯块，其检验方法也不一样，在此给出两种压水堆燃料芯块的热稳定性检验方法。

1. 测定芯块密度

对于实心带碟形倒角的 UO_2 芯块，采用浸水法或压汞法来测定芯块的烧前和烧后密度，并计算每个芯块的密度变化 $\Delta\rho$，然后按要求计算并填写试验报告单。

2. 测定芯块外径尺寸

对于空心带倒角的 UO_2芯块(VVER 燃料芯块)，用数显千分尺测定每个芯块烧前和烧后的外径尺寸 D_0 和 D_1，分别填写芯块烧前和烧后的试验报告单。计算每个芯块的外径尺寸变化 ΔD，所有芯块烧后外径尺寸变化平均值$\overline{\Delta D}$，所有芯块烧前外径尺寸平均值$\overline{D_0}$，再按公式$\overline{\Delta D}/\overline{D_0}$(%)来确定芯块的再烧结能力(热稳定性)。

第八节 锆及锆合金高压腐蚀性能检测

学习目标:通过学习,了解核材料腐蚀种类,掌握锆合金腐蚀知识。

核反应堆材料的腐蚀是指堆用材料(主要为金属及合金)与堆内介质如氧、氦、二氧化碳、水等相接触,发生化学、电化学变化或物理溶解而产生的破坏作用。

在核反应堆中,堆用材料,特别是堆芯材料(元件包壳)的工作环境是非常恶劣的,它们必须在强辐照场内,在高温、高压(压水堆)、高热流密度的流动介质中具有良好的使用性能。因此,不但要考虑它们的允许腐蚀量,而且还必须考虑腐蚀产物的特性。目前在水冷动力堆中广泛应用的锆合金包壳的腐蚀研究,它是腐蚀研究的一项重要内容,也是核燃料元件生产中重要的检验项目。下面主要介绍锆及锆合金、金属铀及二氧化铀的腐蚀问题及其抗腐蚀性能的检验。

一、核材料的腐蚀分类

核材料腐蚀的分类通常有以下几种分类法。

1. 按照反应堆堆型分类

有水冷堆腐蚀(包括重水堆、轻水堆),液态金属冷却堆腐蚀、熔盐堆腐蚀、有机冷却堆腐蚀、气冷堆腐蚀(包括二氧化碳、氦气等气冷堆)。

2. 按照腐蚀的形式分类

可将核反应堆材料腐蚀分成全面性腐蚀和局部性腐蚀两大类。

全面性腐蚀分布在整个金属的表面上。它可以是均匀的,也可以是不均匀的,如图 8-6 中的(a)(b)(c)所示。

局部性腐蚀主要集中在金属表面一定的区域,而其他部分几乎未腐蚀。图 8-6 中的(d)~(i)为局部性腐蚀的几种形式。局部性腐蚀包括下列几种类型:

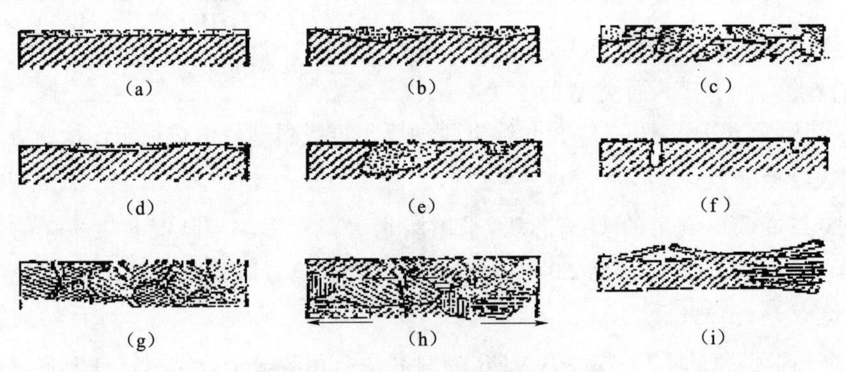

图 8-6 腐蚀破坏的类型

(a) 均匀腐蚀;(b) 不均匀腐蚀;(c) 选择性腐蚀;(d) 斑状腐蚀;(e) 溃疡腐蚀;(f) 点腐蚀;(g) 晶界腐蚀;(h) 穿晶腐蚀;(i) 表面下腐蚀

斑状腐蚀 腐蚀分布在相当广泛的表面积上,但深度不大。

溃疡腐蚀　也叫脓疮腐蚀，指在有限的面积上集中了比较深和比较大的损坏部分，如金属铀在水蒸气中的腐蚀。

点腐蚀（即针孔腐蚀）腐蚀集中在个别小点上，这种腐蚀常向纵深发展，有时甚至使金属发生穿孔现象。

晶界腐蚀　腐蚀沿晶粒边界作选择性破坏。在有拉应力的情况下，这种腐蚀更加危险。如铝合金及不锈钢就容易产生晶界腐蚀。

穿晶腐蚀　它是在遭受局部腐蚀时垂直最大拉应力线而产生腐蚀破坏的典型，其特点是腐蚀裂痕可以穿过晶粒。例如热交换器应力腐蚀破坏。

表面下腐蚀　腐蚀仍由表面开始，但主要向表面下蔓延。这种腐蚀常会引起金属的肿胀或裂缝，初期不易被发现。如对质量不好的金属板料用酸溶液除锈时，有时在表面上会鼓起许多瘤状物，这就是由于表面下腐蚀而引起的。

选择性腐蚀又可细分为组分的选择性腐蚀和组织的选择性腐蚀两种。由于腐蚀金属固溶体的组分之一优先地转入溶液，从而使金属表面逐渐地富集了另一组分，这就称为组分的选择性腐蚀。例如不锈钢在液态金属钠中的腐蚀。如果发生的是多相合金中任何一相的优先溶解，那就称之为组织的选择性腐蚀。铸铁在某些情况下腐蚀造成铁素体的溶解以及碳化物和石墨在表面的积累就是这种腐蚀形式的例子。

一般说来，局部性腐蚀比全面性腐蚀更危险，虽然在局部性腐蚀情况下金属的腐蚀量比全面性腐蚀情况下的小得多。

上述这种分类的方法能帮助我们认识各种腐蚀的现象，但并不涉及腐蚀的本质。

3. *按照腐蚀反应机理分类*

将核反应堆材料腐蚀分为化学腐蚀、电化学腐蚀和物理溶解腐蚀三大类。详细的区分见图 8-7。

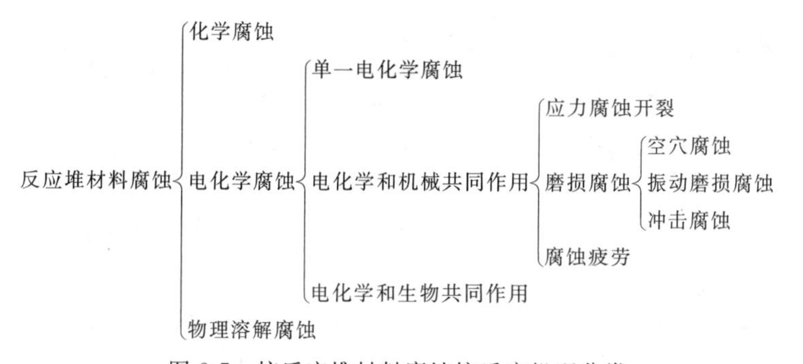

图 8-7　核反应堆材料腐蚀按反应机理分类

（1）化学腐蚀

金属和周围介质直接进行化学反应而引起的损坏，例如，核反应堆材料在某些高温气冷堆中发生高温氧化反应，在有机冷却堆中材料在有机冷却剂中的腐蚀。

（2）电化学腐蚀

金属和周围介质发生电化学反应而产生的腐蚀。在反应过程中有隔离的阴极区和阳极区，电子通过金属由阳极区流向阴极区。金属在电解液中的腐蚀，例如核反应堆材料在高温水中的腐蚀，就属于这一类。电化学腐蚀可包括微电池腐蚀和宏观电池腐蚀两种。

电化学腐蚀又可分为单一的电化学腐蚀、电化学和机械共同作用产生的腐蚀及电化学和生物共同作用产生的腐蚀。

1) 单一的电化学腐蚀

金属在电解液中的腐蚀只是单纯电化学作用的结果。

2) 电化学和机械共同作用产生的腐蚀

当电化学腐蚀(主要是微电池腐蚀)和机械作用同时进行时,二者可以相互促进,加速金属的破坏。这种腐蚀包括:

① 应力腐蚀开裂

应力作用的方向是一定的,应力的来源通常是金属经过不正确的热处理或冷加工过程产生的残留应力(内应力),有时也可能是外加负荷(外应力),或者二者同时存在。产生应力腐蚀的作用力必须是拉应力。开裂是应力和电化学腐蚀同时作用的结果。裂缝和拉应力方向垂直,有时穿过晶粒。应力腐蚀开裂的例子很多,例如铝合金、不锈钢以及镁合金产生的应力腐蚀开裂。

② 腐蚀疲劳

应力沿着两个相反的方向交替作用,应力来源于外部的各种机械作用。在腐蚀介质和交变应力的共同作用下,金属的疲劳极限大大降低,因而会过早地破裂。

③ 磨损腐蚀

同时存在电化学腐蚀和机械磨损,二者相互加速。

(3) 物理溶解腐蚀

金属与周围介质发生物理溶解反应而产生的腐蚀。例如,金属在液态金属中的溶解及质量迁移等。

二、锆及锆合金的腐蚀和吸氢

1. 锆及其合金在水和蒸汽中的腐蚀

由于锆及其合金大量应用于水冷堆,包括压水堆和沸水堆,因此,锆及其合金在水和水蒸气中腐蚀的研究有很大的实际意义。锆及其合金在水和蒸汽中的腐蚀氧化过程可具体描述如下过程:

(1) 由冷却剂(水、蒸汽或它们的混合物)—在氧化膜表面的水分子被膜吸附并获得电子后,形成氧离子和氢离子。

(2) 氧离子穿过氧化膜层到达金属,并形成 ZrO_2 分子而使膜生长。一部分氢也穿过膜而扩散到锆内,但并不是全部进入锆,有一部分留在冷却剂中。

(3) 膜的基本组成是单斜氧化锆。此膜十分致密,与金属表面的结合良好。

(4) 锆及其合金的氧化动力学不服从某一个定律,确切些,它不能用一个动力学方程式来表示。氧化的初始阶段通常用抛物线方程式来表示,这表明膜的生长速度与它的厚度成反比。在理论上这是通过二氧化锆晶体内的阳离子空位而扩散进入二氧化锆的晶格中去。抛物线定律的数学表达式为:$\Delta m = kt^{0.5}$,这里 Δm——增重,k——常数,t——时间。

(5) 当膜厚度接近于 1 μm,平方动力学关系式代之以立方关系,它代表的就不是氧穿透膜厚的简单的单值的过程了,立方抛物线的动力学方程应为:$\Delta m = kt^{0.33}$。

(6) 最后,当膜厚度达到 2~3 μm 的程度时,出现转折,也就是转变到线性定律的动力学。这种情况下的方程式为 $\Delta m = kt$。这时的氧化膜出现大小不一的微孔，纵向及横向的微裂纹。动力学的线性特性解释为：在紧贴着金属表面的氧化膜保存着很薄的一层没有孔洞和裂纹的二氧化锆。这个隔层的厚度是一定的，因此在线性动力学的情况下氧离子穿透此膜层的速度也是常数。

（7）在转折前的氧化过程中，膜的附着力好，呈黑色，有光泽且平滑。它具有很高的耐腐蚀性能，这种保护膜成分未达到化学计量值。它的分子式为 ZrO_{2-x}，这里 $x \leqslant 0.05$。当膜厚达到 2～3 μm 出现转折时，膜变成灰色，然后当膜厚增至 50～60 μm 时变白色，这种形成的膜具有化学计量的分子式，它是疏松的，易剥落的。这种膜是锆制件因腐蚀事故而报废的标志。在西方文献中这阶段的腐蚀被称为“breakway”，即破裂。在有应力的情况下，可以在较少的增重，亦即较薄的膜厚下发生破裂。在锆管、棒、焊接件，还有成品燃料元件进行高压釜腐蚀检验时凡出现白点、白条纹、白斑或其他发白的缺陷，该制件即报废。

锆的氧化增重与氧化时间的一般关系如图 8-8 所示。由图可见，在较长期的氧化时间内，氧化曲线可分为性质不同的两个阶段：当初期迅速氧化后，氧化速率将随时间延长而逐渐降低；当降到某一点后，氧化就以恒定的速率进行，其增重随时间而线性增加，这一点就称为转折点。与此反应过程相适应，转折前生成的氧化膜为黑色、致密、呈保护性的非化学计量的氧化锆；转折后的氧化膜则为白色、疏松、非保护性的化学计量氧化锆，易于呈薄片状剥落。

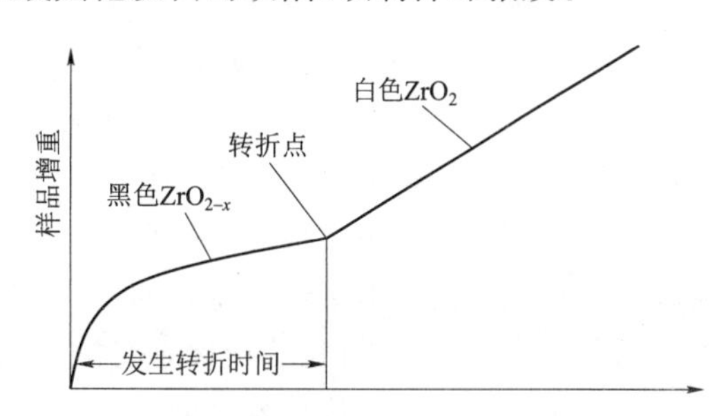

图 8-8　锆的氧化动力学曲线的一般形式示意图

氧化动力学发生“转折”是锆及其合金氧化的一个特点。这种现象并非锆所特有，和锆属于同一族的钛、铪也具有类似的行为。锆在空气中的氧化比在纯氧中的快，空气中的氮能加速氧化过程。

（8）锆及其合金的腐蚀和氧化过程极为复杂，因为氧化的动力学和特性与许多因素有关，影响氧化的因素有温度、合金元素、样品制备方法、样品纯度、氧压、氧化气氛的纯度等因素。主要是：

1）锆合金化学成分中的杂质和合金元素。

2）合金的组织状态，这是由金属从液态到浇铸、锻造、挤压、轧制和最终成品的加工及全部中间的和完工的退火制度决定的。

3）制件表面质量（酸洗、阳极处理、研磨、电抛光、喷砂）。

4）冷却剂成分（水中的杂质含量、氧和氢的含量、pH），在汽水混合物的情况下，看其含氧量。

5）冷却剂特性—堆芯进口与出口的温度、燃料元件表面的实际温度、压力管表面的实际温度（当有反应堆一回路的腐蚀产物沉积存在时，按沉积物下面的温度）、沸腾性质、流速。

6）中子场强度、中子场不均匀性及其扰动。

7）测定腐蚀时的快中子积分通量、制件在中子辐照下以及无辐照条件下置于冷却剂中的时间。

8）锆制件的力学情况-应力循环、摩擦、冲击、摆动以及其他与相邻制件的相互作用。

9）锆制件与异金属(如不锈钢)制件的接触。

2. Zr-Sn 合金的腐蚀

Zr-Sn 系合金在高温水和蒸汽中的腐蚀具有两个性质不同的腐蚀阶段:转折前的腐蚀和转折后的腐蚀。

在腐蚀转折前的早期阶段,形成的一薄层均匀致密、光泽黑亮的氧化膜具有保护性,腐蚀速率低,对进一步氧化有抑制作用,转折前这阶段生长的氧化膜为非化学配比的 ZrO_{2-x},这种致密的氧化锆中富有四方结构相。

当氧化膜的厚度达到约 2 μm 时,氧化加入转折后阶段,这个阶段生长的氧化膜是正常化学比的 ZrO_2,为单斜结构,氧化膜由黑色转变为灰色和白色,其速率增加而近似线性规律。在随后较长时间内这一线性速率会随氧化膜厚度而缓慢增加,当膜厚增加到一定厚度时发生剥落现象。

Zr-2 和 Zr-4 合金构件在反应堆中的工作寿命一般很长。Zr-2 合金压力管在 300 ℃水中的工作寿命为 20 年,大约在第三年发生转折,而有 17 年是工作在转折后的阶段。锆合金作为水冷堆动力堆燃料包壳,其寿命为 4～5 年。因此,转折前的腐蚀量对总腐蚀量的贡献较小,一般可忽略不计,主要根据转折后的线性腐蚀速率来评定其腐蚀性能。大多数锆合金腐蚀数据是在堆外高压釜条件下得到的,由于堆内工作条件更加苛刻,加之 Zr-2 和 Zr-4 合金能出现多次转折,这样将显著增加总腐蚀量,而且堆内外结果不一定完全吻合,因此,用转折后腐蚀速率外推堆内结构件寿命的方法仅作参考。

用 Zr-2 和 Zr-4 合金水冷动力的燃料元件包壳时,转折后的腐蚀对总腐蚀量来讲是主要的。因此,锆合金转折后的腐蚀速率是代表其腐蚀性能的主要参数。

3. 新型系列锆合金的腐蚀行为

核动力技术向高燃耗、长燃料循环周期的辐照趋势,对燃料元件包壳锆合金的抗水侧腐蚀性能提出了更高的要求。

目前比较成熟的新锆合金是美国西屋公司开发的 Zirlo 合金、俄罗斯开发的 E635 合金和法国法马通公司开发的 M5 合金,前两者是在 Zr-Sn 合金的基础上再加入铌,即 Zr-Sn-Nb 三元合金;M5 合金则是 Zr-1%Nb 合金基础上提高了氧含量,即 Zr-Nb-O 三元合金。堆外腐蚀试验在 300～500 ℃温度范围的纯水和蒸汽中,以及在 350～360 ℃加 LiOH 的水中进行,结果表明,ZIRLO 和 E635 合金在堆外高压釜 360 ℃含氢氧化锂的水中的抗均匀腐蚀性能都大大优于 Zr-Sn、Zr-Nb 系合金,但在 400 ℃蒸汽中的抗腐蚀性能却没有优势,这说明相同锆合金在不同的试验条件中的腐蚀规律不同。通常,含 Nb 锆合金在高压釜 500 ℃蒸汽中的抗疖状腐蚀明显优于 Zr-Sn 系合金。Zr-Sn-Nb 和 Zr-Nb-O 系合金不同之处主要是对氢氧化锂的敏感范围上,ZIRLO 和 E635 合金在含高氢氧化锂浓度的试验条件下更显示出其优越性,而 M5 合金在目前核电厂工况或稍高的氢氧化锂试验条件下显示出其优越性。此外,各国开发的各种新合金在堆内及堆外考验时都显示出非常好的抗腐蚀性能或优于 Zr-4 合金,这说明锆合金不同合金原始的结合与其腐蚀性能存在一定内在关系。

4. 疖状腐蚀

在反应堆运行条件下,锆合金表面除会出现均匀腐蚀外,还会出现局部腐蚀即疖状腐蚀。疖状腐蚀多出现于沸水堆中,在压水堆中也时有发生,在堆外高压釜的试验中,疖状腐蚀一般在450 ℃以上过程中产生。疖状腐蚀可导致包壳管的过早破损，因此，成为影响燃料元件寿命的关键因素。因此研究锆合金疖状腐蚀的发生发展和影响因素对于提高核反应堆的安全可靠性具有重要意义。

这种局部的疖状腐蚀现象，可在温度大于450 ℃和压力大于5 MPa的高温高压蒸汽中的堆外高压釜腐蚀试验中出现；腐蚀实验开始时，材料表面形成了一层大约1 μm厚的黑亮氧化层，随着时间的增加，在材料的局部区域会出现白色氧化物斑点，这就是疖状斑，即称非均匀（疖状）腐蚀，外观见图8-9。疖状腐蚀的特点是首先在表面出现圆形的白色斑点，表面凸起其分布各有不同，斑点直径可达0.5 mm或更大。这种斑点的厚度自几个μm到100～200 μm，白色斑点的分布各有不同。随着疖状斑的生长，有时成串积聚在一起，常常在整个燃料元件表面上连成一片白色层，并最终连成一片白色的氧化膜，细看时，这层是由大量的大小不一的白色斑点组成的。这种白色膜疏松易脱落，同时也增加了吸氢量。

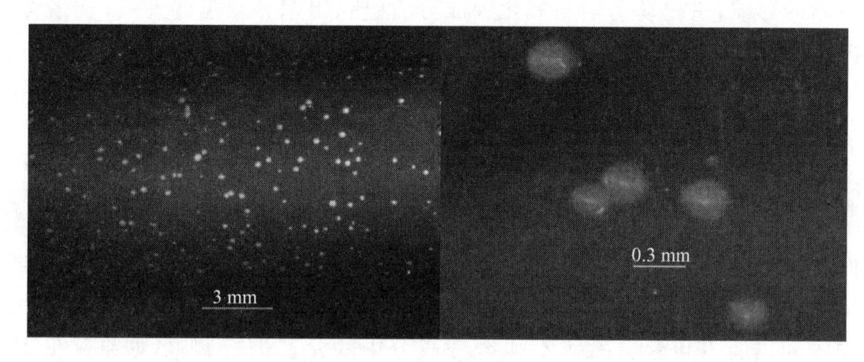

图8-9　锆合金表面上疖状斑形貌

疖状腐蚀通常是沸水堆燃料元件所特有的，沸水堆是在氧化性冷却剂的条件下运行。中子注量率也相当高，在德国的反应堆上，疖状腐蚀一律发生在所有的沸水堆燃料元件上。除燃料元件外，在元件盒的盒体表面上也发现有疖状腐蚀。

疖状腐蚀使包壳有效壁厚减薄0.1～0.15 mm，归根到底并不可怕，但是由于疖状腐蚀而造成的二氧化锆的剥落这种现象是危险的，因为冷却剂中富集了二氧化锆粉末时，可导致二氧化锆在一回路零件上的疏松的沉积，引起回路零件的腐蚀损伤。

锆合金的疖状腐蚀是一个系列复杂的过程，其腐蚀机理目前还没有一个定论，但通过研究可知，疖状腐蚀的影响因素主要有：加工工艺及表面处理、热处理、合金元素、第二相粒子和辐照等因素。

如果疖状腐蚀的各种影响因素都处于最佳状态就可以显著提高合金的疖状腐蚀抗力。为提高抗疖状腐蚀性能，应尽量提高锆合金产品的表面光洁度，避免划痕存在；用细砂带进行机械抛光是有效手段。如采用酸洗，应充分冲洗防止氟沾污；也可以采用预生氧化膜处理工艺提高锆合金的抗疖状腐蚀性能，工程上常采用400 ℃、10.3 MPa高温蒸汽72 h的预膜处理工艺。从热处理角度看，应对锆合金进行β淬火处理，而且还要尽可能减少β淬火后的退火次数以及每次退火的温度和保温时间，可改善抗疖状腐蚀性能；对锆-4合金而言，降低Sn含量、提高Fe+Cr含量，并严格控制C、N等杂质含量可以有效提高其疖状腐蚀抗力。发展含铌合金可以避免疖状腐蚀的发生，铌是抵抗疖状腐蚀最有效的元素，目前国内外开发的高燃耗新锆合金基本都含有元素铌，如Zirlo合金、M5合金、E635合金以及国内的NZ2

和 NZ8 合金等,其抗疖状腐蚀效果都比较好,如 M5 合金在堆外 500 ℃高压釜中运行 72 h,没有发生疖状腐蚀现象。

5. 接触腐蚀

近年来有关在 BWR 中锆合金包壳与其他金属部件(如控制棒、格架等)靠近或接触的地方出现局部腐蚀增加的现象受到重视。尽管在 20 世纪 60 年代就知道这种现象,但 1997 年才在欧洲核电厂发现了严重的接触腐蚀,在燃料棒定位格架处的氧化物厚度达 500 μm。国际上对其进行了研究,对其机理存在不同的认识,主要提出了电流腐蚀和局部辐射效应机理、电化学辐射机理。

6. 影响锆及锆合金腐蚀行为的因素

影响锆及锆合金腐蚀行为的因素较多,主要因素有以下几个方面:合金化与杂质对各阶段氧化动力学的影响;氧化动力学与氧化膜成分、性质、组织和缺陷的关系;氧化动力学与氧化膜及基体金属内的应力特征及应力水平的关系;合金组织的影响;冷却剂成分和参数的影响;快中子注量率和积分注量率的影响;表面加工状态、制件几何尺寸及其他因素的影响;辐照的影响。

(1) 合金元素的影响

锡是改善锆在水中耐蚀性的重要元素。Zr-Sn 合金的腐蚀与锆相似,其腐蚀速度随锡含量增高而变大,转折期则随锡含量增高而缩短,转折后的氧化膜仍显致密黏附状,直到增重达几百毫克/分米^{2}时,才发生成片剥落的情况。锡可以有效地抵消氮的有害作用,在一定程度上中和碳和铝的不利影响。对 Zr-4 合金成分中的元素进行调整,如果降低 Sn 的含量和限制 C 及 Si 的含量,提高 Fe 和 Cr 含量,可使标准 Zr-4 合金性能得到了显著的改善,即改进型 Zr-4 合金。此外,西门子公司开发了一种超低锡的 Zr、Sn、Fe、Cr 合金,与改进型 Zr-4 合金相比,进一步降低了锡含量和提高了铁和铬含量,其抗腐蚀性能明显优于改进型 Zr-4 合金。除 Sn 外,过渡金属含量也影响堆外腐蚀。添加 Nb 后可减少腐蚀,但 Nb 含量大于 0.4%时会增加腐蚀。

铌对腐蚀和力学性能都有好的作用,在 Zr-Sn 系合金的基础上加入适量的铌而发展了抗腐蚀性能大大优于改进型 Zr-4 合金的 Zr-Sn-Nb 系合金。

(2) 杂质元素的影响

锆中杂质对腐蚀性能影响极大。氮对锆的耐蚀性能影响极为显著,氮能加速其腐蚀转折,转折时间随氮含量增加而缩短,极大地增大了腐蚀速率。添加锡可以中和氮的有害影响。

碳的作用与氮一样,对锆的耐蚀性十分有害,锆在水中的腐蚀速度随碳含量增加而变大,但严重程度次于氮。碳的有害作用主要表现在:在碳化物析出的地方会发生选择性腐蚀。克服的办法是加合金元素锡阻止碳的有害作用,或用加工方法使碳化物相破碎而分散,增强基体的耐蚀性。

铝和钛对锆也是有害的。铝和钛都以低价阳离子形式存在于氧化膜中,这就使阴离子空位浓度增高。铝能增大初始腐蚀增重,增高腐蚀速率。

氧含量低时,不影响锆的耐蚀性,且适当增加氧能提高强度。氧含量达 0.5%时,对锆的耐蚀性仅有微小的影响,当含量超过 1.0%时,对锆的腐蚀速度有强烈影响。

氢也是一种有害的杂质元素，氢含量由0.005%增加到0.1%时，400 ℃蒸汽中的腐蚀显著加快。原始氢含量高，会使吸氢加速。此外，氢化物的析出也会加速锆的腐蚀。

（3）加工工艺及热处理的影响

锆合金与其他合金一样，通过改变加工工艺来改变合金的显微组织结构可以改善性能，锆合金的腐蚀性能与热处理后的显微组织有关，显微组织取决于加工过程的淬火条件、冷加工与中间退火、最终退火等。

加工工艺的正确与否，对锆的耐蚀性影响很大，这实际上是反映了冶金组织对耐蚀性的影响。如电弧熔炼海绵锆的试样从900 ℃或1 000 ℃的温度慢冷，其耐蚀性比从800 ℃或800 ℃以下慢冷的材料大有改善。

Zr-2和Zr-4合金经β工艺淬火，随后进行α处理和一系列冷加工，可使耐蚀性改善，提高强度并降低吸氢量。

Zr-2.5Nb合金在淬火而不加时效时，有很高的腐蚀速率，淬火加时效则有适当的抗腐蚀性和较低的吸氢。

在锆合金的研究中发现，Zr-2.5Nb合金和Zr-1.5Mo-0.5Cr-0.Fe-0.2Nb等合金焊接后的耐蚀性变差，如Zr-2.5Nb合金的焊缝和热影响区均显白色，如果进行热处理可改善其耐蚀性。

（4）表面状态和处理

锆合金的加工方式和处理方式会使合金的表明状态不同，因而锆合金的抗蚀性也不同。冷加工的原始表明有一流变层，由于应力的存在使合金的腐蚀加速。粗糙的表面，有划伤的表面也会使腐蚀加速或局部腐蚀加速，这种表面会导致过早出现白色氧化膜斑。如果锆合金表面被各种有害杂质污染均会恶化耐蚀性，用适当的酸洗工艺（$HF-HNO_3-H_2O$）可以除去表面的有害杂质的污染，同时可以除去表面畸变层，可以得到良好的抗蚀性，但是酸洗工艺最大的问题是造成氟的污染，在表面上残留氟氧化锆而用水不能除去。氟化物污染对腐蚀有非常不利的影响，结果使试样在高温蒸汽中生成一种疏松的白色腐蚀产物。

通过试验，机械抛光Zr-4包壳管保持原始表面状态的试样抗疖状腐蚀性能最差，如果通过正常的酸洗工艺去掉了表面形变层，清洁了表面，降低了腐蚀速率。通过预先在高压釜400 ℃进行预生氧化膜处理后，再经500 ℃试验时抗疖状腐蚀性能有较大改善，说明预生氧化膜处理能起到延缓疖状腐蚀的作用，但不能阻止疖状腐蚀的产生。

（5）腐蚀介质的影响

一般说，水中的杂质对锆的耐蚀性影响远不及其本身所含的杂质敏感。由于核动力反应堆一回路冷却水中加入有化学添加剂，因而会影响燃料元件包壳锆合金的腐蚀行为，PWR一回路水中加有硼酸来控制反应性，对腐蚀性能没有明显的影响；但加入的氢氧化锂，容易在氧化膜内浓缩而显著影响氧化。同时，水中的化学添加剂还影响冷却剂所带的金属杂质的溶解度，如自回路管道表面释放的腐蚀产物，水中各种杂质等会促使积垢沉积在燃料棒表面，造成温升，提高有效温度，从而影响腐蚀速率。特别是水介质中的溶解氧，对提高锆合金的腐蚀速率有明显的作用，必须要严格控制。因此，对反应堆一回路的水质有着严格的要求。

因此，确定腐蚀速率的重要因素之一是冷却剂成分，即水、蒸汽或水蒸气混合物。通过试验，在350 ℃汽水混合物中有空气存在时，可使腐蚀比同样条件而不含空气时加速3倍，在反应堆内回路中，由于水在中子作用下的辐照分解，水形成不稳定的亚稳核素基根，后者在水或水蒸气中的作用类似于氧。因此，Zr-Nb 合金对水和蒸汽中的氧含量很敏感。

(6) 温度、压力、流速、pH 和热流的影响

影响锆合金抗腐蚀性能的一个重要因素就是温度，一般说来，温度越高，发生转折越早，转折后腐蚀速率越高。特别是在较高的温度下，温度稍稍升高，腐蚀转折的时间可能提前很多，转折后的腐蚀速率也会成倍增加，这也是锆合金包壳元件的表面温度被限制在 350 ℃以下的一个重要原因。

堆内压力对 Zr-2 和 Zr-4 合金的腐蚀性能没有明显的影响。但在堆外高压釜蒸汽腐蚀试验中，压力对增重有显著影响，如在 400 ℃时，电弧熔炼海绵锆在 1.05 大气压和 105 大气压下的腐蚀增重相差 20～40 倍，这点与锆在氧气中的反应不同。

冷却剂的流速在较宽的范围内(0.05～10.20 m/s)变化，对 Zr-2 和 Zr-4 合金的腐蚀性能影响不大。

在硫酸、NH_4OH、NaOH、KOH 及 LiOH 水溶液中，当 pH 在 1～12 范围内，锆合金的腐蚀速度与 pH 之间没有明显的依赖关系，当 pH 高于 12 时，LiOH 易于在传热表面的隙缝中浓集，引起腐蚀加速。

在中性(pH＝7.0)和碱性(pH＝10.0，用氢氧化锂调节)水中，Zr-2 和 Zr-4 合金的腐蚀行为差别不大，但以在中性水或弱碱性水(pH＝8.0 左右)中时最为适宜。

热流对锆合金腐蚀的影响与氧化膜厚度有关。在热流的作用下，腐蚀速率是受金属表面保护性氧化膜层的温度的支配。由于热的传递作用，使金属、氧化膜界面到氧化膜外表面产生一个温差。氧化膜较薄时，热流的影响不大；氧化膜较厚时，热阻加大使温度升高，因而使腐蚀加速。

(7) 辐照的影响

中子辐照对锆合金的腐蚀有加速作用。加速作用的大小与快中子积分注量率和水中的含氧量有关。由于压水堆在氢过压的条件下运行，水中的含氧量比沸水堆的低，所以辐照的加速作用在压水堆中较小，在沸水堆中较大。运行经验表明，在压水堆环境中，辐照使 Zr-2 和 Zr-4 合金包壳腐蚀速率的增加一般不超过 2 倍。

7. 焊接与腐蚀

在不同国家和不同工厂里，当前在燃料元件的生产中采用了各种焊接方法，因而腐蚀问题也因焊接类型及其特点，换句话说因锆合金的成分和组织而各异。

从文献上得知德国广泛采用箱体内的氩弧焊或氦弧焊。在这种情况下腐蚀的根本问题是保证焊缝内部及热影响区内的含氮量在最低值。在德国所有用的锆锡合金，其腐蚀对于焊接时的组织变化不敏感，不需要对焊接构件进行专门的热处理，全部精力都放在焊接箱内的氮的清除上。

加拿大和美国采用磁力接触焊，将端塞焊接到管子上。在这种方法中，燃料元件的内、外表面产生很薄的焊缝液态金属层。因而实际上没有热影响区，也来不及吸附空气，确切些说是氮气，因为焊接过程在百分之一秒内完成。

燃料元件的高真空电子束焊在全世界有广泛应用。这种情况下不会发生焊接件的任何氧化，焊缝和热影响区的腐蚀问题有可能与所用的合金成分及组织有关。以上已提及锆锡合金不需要热处理。而锆-1％铌合金的情况就不同，特别是后一种合金。已经说过，锆-

2.5%铌合金在淬火后的耐蚀性差到不能使用，必须采取一次 500～580 ℃回火-时效，或者冷加工到 15%～30%变形量随即进行回火-时效。

文献讨论了 Zr-2.5%Nb 合金在电子束焊后进行热处理的问题，提出回火-时效的组织在于使不耐蚀的 α 相，即合金淬火时的产物分解，而生成 α 相与 β 相，它们的含铌量随着热处理的具体温度条件而变化。当必须达到最完全的回火-时效程度时，对于焊缝进行预冷压加工、焊缝的辊轧加工等都是可行的。

8. 锆及锆合金的腐蚀吸氢

反应堆用无缝锆合金包壳管在堆内长期运行过程中吸氢并形成氢化物使管材性能受到恶化，导致包壳性能降低，而产生氢蚀、氢脆和氢鼓包。氢化物是锆合金管生产的重要控制参数之一。在用锆合金作燃料包壳的 UO_2 燃料元件中，包壳的氢脆破坏是最受关注的问题。

腐蚀和吸氢现象是密切相关的。锆合金在水和蒸汽中的腐蚀反应为：

$$Zr+2H_2O \rightarrow Z_rO_2+4H$$

锆腐蚀后在表面形成氧化物，同时形成了氢。反应中释放出的氢有一部分(10%～30%)穿过氧化膜溶解于基体金属中，形成固溶体 $Zr(H)_{sol}$，或形成氢化锆：

$$Zr+H \rightarrow Zr(H)_{sol}$$

或

$$2Zr+3H \rightarrow 2Zr(H)_{1.5}$$

腐蚀的后果是包壳壁减薄，强度降低吸氢则导致包壳脆化。

目前，在沸水堆内的 Zr-2 合金包壳即在最大腐蚀速率条件下工作 5 年(325 ℃)，壁厚均匀减薄仅 35 μm，这对包壳强度和完整性几乎没什么影响。在典型的沸水堆和以氢过压的压水堆中，因腐蚀(氧化)造成的元件包壳壁厚损失的设计裕度分别规定为 0.01 mm/a 和 0.05 mm/a，两者均小于锆合金包壳的壁厚的制造公差，因此均匀腐蚀引起的壁厚损失不是关键问题。然而，吸氢脆化却可以造成堆内元件棒破损，而成为限制锆合金包壳寿命的因素。

Zr-2 和 Zr-4 合金在水和水蒸气中所吸收的氢主要来自：

(1) 腐蚀反应过程中产生的氢(腐蚀氢)。

(2) 溶解在水和水蒸气中的氢(溶解氢)。

(3) 在辐照作用下，一回路水辐射分解形成的氢(射解氢)。

(4) 在压水堆冷却水中特意加入的氢(加入氢)。加氢的目的是，使一回路水射解产生的氧与氢化合成水，以减少堆芯结构材料腐蚀。

第九节　合金氢化物取向因子测定方法

学习目标：通过对本节的学习，测试工应了解锆合金氢化物及其取向因子的概念和意义、氢化物生长的影响因素以及常用的渗氢方法。

一、氢化物的形貌

氢化物的形貌、尺寸大小、取向、结构和分布以及取向的一致性与氢含量、冷却速度和热处理有关。氢化物形貌与应力和显微结构相关,即与织构、晶粒大小、晶粒形状有关。氢化物的形貌和取向分布对材料的力学性能有明显影响。图 8-10 为典型的 Zr-2 合金氢化物显微照片。

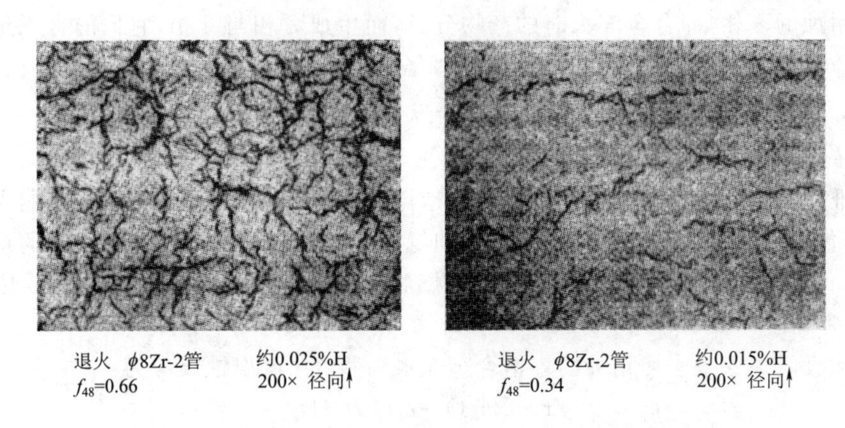

图 8-10 Zr-2 合金的氢化物

单个氢化物是针状或片状,在低倍下就可看出单个氢化物是大量氢化小片的复合材料,TEM 观察表现,氢化物通常是成排、缠绕和成堆的团状。氢化物的形貌是复杂的,像苞米须似的结构。γ-氢化物呈扁平的针状,而 δ-氢化物则是片层状,其厚度一般是 0.1~1.0 μm,其结构随氢含量以及氢化过程而异。

在低倍视场中,氢化物形貌似乎是连续的细条状,而在高倍视场中观察到氢化物却是断续排列的,其生长情况比较复杂。氢化物条的宽度值与氢含量并没有规律性的对应关系,尽管氢含量变化大,但氢化物条的宽度变化并不大。氢含量增加时,氢化物条的数量也相应增加。

二、氢化物取向和氢化物取向因子

1. 氢化物取向

氢化物具有明显的方向性。由于锆是密排六方晶格结构,它是各向异性的,在加工过程中形成织构,这种方向性使氢化物具有方向性。氢化物还具有一种应力取向效应,即在应力下会发生“转动”。氢化物在应力下析出时,倾向于垂直于拉应力而平行于压应力的方向。因此,对使用于反应堆中的锆合金包壳管来说,氢化物与周向的夹角越大(即呈径向分布),就越容易在应力下“转动”,也即应力取向的敏感性越大,容易变成完全的径向分布。

2. 氢化物取向因子

为了描述氢化物的取向,实践中引入一个氢化物取向因子来表征氢化物取向情况。氢化物取向因子的定义是:

$$f_n = \frac{\text{取向与参考方向在 } n^\circ \sim 90^\circ \text{之内的氢化物片条数}}{\text{取向在参考方向 } 0^\circ \sim 90^\circ \text{内的氢化物片条总数}} \tag{8-6}$$

这里 f_n 即氢化物取向因子,n 表示角度,实践中 n 值不同,例如有 f_{40}、f_{45}、f_{48} 等;参考方向通常是管材的切向(或周向)。

通常把取向与管材切向所成$(n\sim90)^\circ$之内的氢化物片（条）叫做径向氢化物，而把取向与管材切向$(0\sim n)^\circ$之内的氢化物片（条）叫做切向氢化物或周向氢化物。所以氢化物取向因子又叫径向氢化物取向比率。

f_n越小，则切向分布的氢化物的比率越大，径向基极分布越强。$f_n=1$，则氢化物呈径向分布，得到切向基极织构，这是最不利的情况。可见，f_n值越小越好。由于对蠕变强度有一定要求，氢化物取向往往要偏离切向某一角度为好（PWR 的约为 45°，BWR 的约为 30°）；实际上，加工中太小的 f_n值也不易得到，因此，通常规定一个上限值 $f_n\leqslant(0.3\sim0.5)$，这要通过合理的加工工艺，控制织构来保证。

三、影响氢化物取向的因素

氢化物的分布、形态和应力效应等问题都很复杂，影响因素也很多。影响氢化物的因素主要是加工工艺和热处理，还有应力状态、氢含量及热循环等因素。

1. 加工工艺的影响

一般认为，冷轧管的织构取决于加工参数 Q 值，对氢化物的取向影响较大。Q 值即减壁率和减径率之比。

$$Q=\frac{R_W}{R_D} \tag{8-7}$$

式中，R_W为管材加工中减壁率；R_D为减径率。Q 值有时取 Q_{iD} 和 $Q_{\overline{D}}$，即分母相应取内径变化率和平均直径的变化率。

管材加工是一个减壁减径过程。如采用空拉工艺，是一减径过程，$Q=O$，其应变平面由切向（压应变方向）和轴向（拉应变方向）构成。结果是基面取平行于拉应变而垂直于压应变的方向，即取径向，这种织构导致氢化物呈明显的径向分布。

图 8-11 是锆-1%铌合金包壳管内氢化物取向 f_n与加工过程中 Q 值的关系。

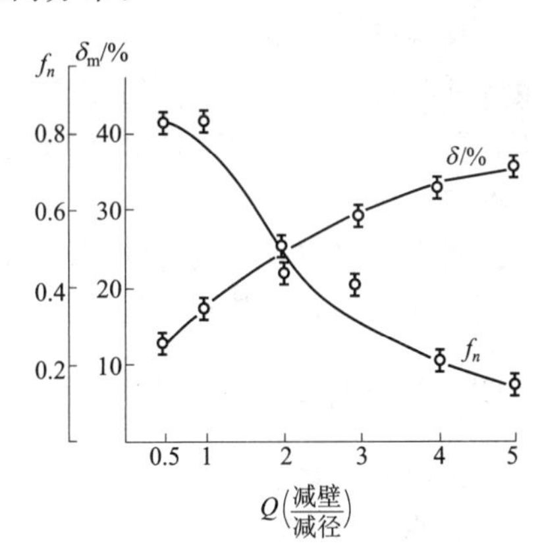

图 8-11　锆-1%铌合金包壳管内氢化物取向 f_n与加工过程中 Q 值的关系

2. 热处理的影响

实验证实，在完全再结晶温度以下退火时，退火对管材中氢化物取向无明显影响，但在再结晶温度以上退火时，就影响氢化物分布，而且，退火温度愈高，氢化物愈趋于混乱分布状态。因此，加工工艺对氢化物取向的影响主要还是指最后一次中间退火到加工出成品管的这一段加工工艺。

另外，铸锭在锻造开坯后经 β 水淬，对氢化物而言，也能使其分布更细。

3. 应力的影响

值得注意的是，如果在加热时溶解的氢化物，在冷却析出时处在应力作用下，则其取向要与拉应力垂直，与压应力平行，这叫做应力取向效应。相对于原来的取向，是在应力作用下的重新取向，所以又叫做应力再取向。锆管在冷加工过程中经过剧烈形变所造成的残余内应力，由高温冷却时的锆基体的各向异性所造成的热应力，以及使用条件下经受的工作应力等都可以影响氢化物的分布。即使是一个初始性能好的包壳管,由于一定条件下的应力取向效应,氢化物的取向也可能由切向变为径向,从而加剧氢脆。

图 8-12 说明氢化物形成与应力的关系,可以看出有应力的弯管中的氢浓度以及氢化物取向沿管壁厚度方向(也是应力状态)的变化。管子内侧是处于环向拉应力,这时氢化物沿径向平面析出,而在管子外侧氢化物倾向于沿惯习面析出,即主要沿切向。

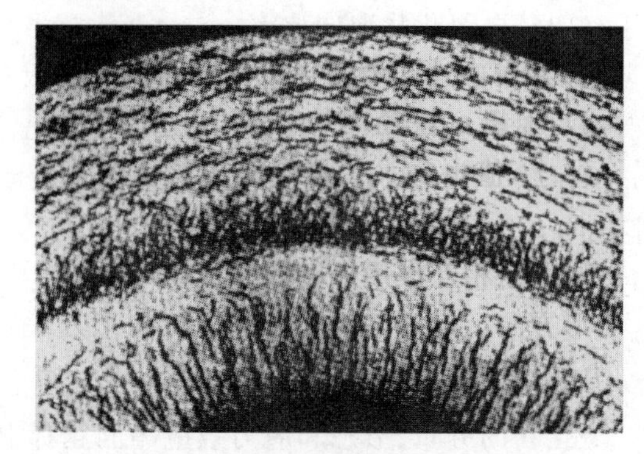

图 8-12　氢化物形成与应力的关系

取向效应产生的原因是当氢化物在垂直拉应力方向析出时,可部分地弛豫因氢化物析出而产生的 α 锆基体的晶格畸变。

一般认为,应力取向效应与织构、晶粒度及冷加工时的残余应力有关。

如果径向基极织构越强,那么在切向应力作用下,应力取向的敏感度越小;切向基极织构的锆合金管的氢化物应力取向效应最显著。从这个意义上说,也应尽量避免采用切向基极织构的锆管。

晶粒度越小,应力取向效应越明显。这是因为晶粒越细,有氢化物析出的晶粒的百分数越小,氢化物析出时的选择余地就越大。一般晶粒度小于 20～30 μm 或 9～10 级美国材料试验学会(ASTM)晶粒度标准时,应力取向效应就显著。大于 40 μm(ASTM:6～7 级)就不存在应力取向效应。

冷加工加剧应力取向效应。使氢化物再取向的临界切应力值在 $(7.03\sim10.55)\times10^3$ MPa。

在反应堆运行温度下,燃料芯块可能和包壳贴合,这会使包壳承受较大的切应力。但当温度降低时,由于芯块的热膨胀系数比包壳管的大得多,所以拉应力大部分可被松弛掉,甚至不再贴合。然而在功率调整,温度有波动的情况下,切向拉应力是存在的,这时必须考虑应力取向效应。

控制应力取向效应,从材料上是控制锆合金管的织构和晶粒度;从设计上则要使元件棒的内压始终低于一回路的外压。

四、氢化物取向对材料性能的影响

氢化物取向对材料的性能,主要是力学性能有明显的影响。图 8-13 是在内压试验时,Zr-1%Nb 合金管的延性随氢化物取向因子 f_n 的变化,当 f_n 大于 0.3 时,管子的塑性显著下降,Zr-1%Nb 合金管在进行内压试验时,管子的周向伸长率减少 1/3～1/2。所以在用于燃料包壳管的多数生产技术条件下,规定 f_{48} 在 0.1～0.3 之内。

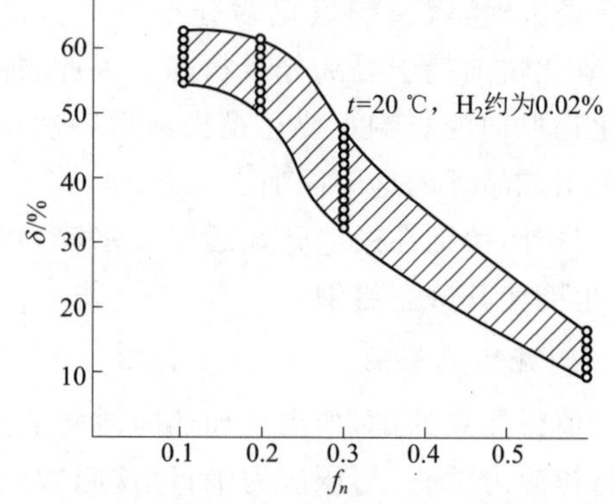

图 8-13　在内压试验时,Zr-1%Nb 合金管延性随氢化物取向因子 f_n 的变化

五、氢化物取向因子的测定方法

在生产用于核燃料元件的包壳管的技术条件中，氢化物取向因子已作为一项检测要求，被列入 ASTM 标准中。

测定氢化物取向因子即测定径向氢化物取向比率。通常是对管材试样进行渗氢、均匀化处理、用显微照相选取试样沿管壁横断面三层（外壁层、中间层、内壁层），测定具有代表性的显微结构中径向氢化物片（条）数和总的氢化物片（条）数。测量时采用网格法，也可用编程法。根据 ASTM B811 规定，径向氢化物片是取向在管子径向 40°以内，放大倍数为 100×，长度为 1.5 mm 长的氢化物片。由下式可计算出径向氢化物取向比率，即氢化物取向因子：

$$f_n = \frac{Q_{径}}{Q_{总}} \tag{8-8}$$

式中：$Q_{径}$——与径向成 n 角之间的氢化物片（条）数；

$Q_{总}$——取向为径向（$Q_{径}$）和周向（或切向）$Q_{周}$ 的总数。

实践生产中检验采用计算 f_n 和利用金相照片把实测的试样的金相照片与需方认可的标准显微照片作对比。

1. 样品制备

将锆合金包壳管试样放在装有渗氢液（氢氧化锂 21 g＋水 1 000 ml）的高压釜中，于（360±5）℃、（18.6±0.5）MPa 的环境下进行 1 h 的液态渗氢。试样经过磨平及抛光后，用浸蚀剂（硝酸 45 ml＋过氧化氢 45 ml＋水 10 ml）浸蚀试面 7～15 s 以显示氢化物片。然后在金相显微镜上以测量网格法测定氢化物取向因子 f_n 值。

2. 测定

在显微镜上，放大 500×，用加有测量网的目镜测量氢化物片。每个试样横截面上，按相距约 120°角等分选测有代表性的 3 个部位，每个部位由外壁到内壁测量 3 个视场，一个试样共测 9 个视场。每个视场中只记录大于 0.015 mm 长的氢化物，对弯曲的氢化物片上 >0.015 mm 的弯曲延长部分也作为单独片计算，取向为 n 角的氢化物片分别以 0.5 片计数。在每个视场中，测出与径向成 n 角之间的氢化物片数和该视场中总的氢化物片数。

3. f_n 值的计算

将 9 个视场中测得与径向成 n 角之间的氢化物片数和 9 个视场中测得的总的氢化物片数，计算氢化物取向因子 f_n 值。

第十节　不锈钢晶间腐蚀试验与分析

学习目标：通过对本节的学习，测试工应掌握不锈钢晶间腐蚀试验程序并能正确地进行结果评定。

一、原理

18-8 型奥氏体不锈钢在许多介质中具有高的化学稳定性，但在 400～800 ℃范围内加热或在该温度范围内缓慢冷却后,在一定的腐蚀介质中易产生晶间腐蚀。晶间腐蚀的特征是沿晶界进行浸蚀,使金属丧失机械性能,致使整个金属变成粉末。

二、晶间腐蚀产生的原因

一般认为在奥氏体不锈钢中,铬的碳化物在高温下溶入奥氏体中,由于敏化(400～800 ℃)加热时,铬的碳化物常于奥氏体晶界处析出,造成奥氏体晶粒边缘贫铬现象,使该区域电化学稳定性下降,于是在一定的介质中产生晶间腐蚀。为提高耐蚀性能,常采用以下两种方法。

1. 将 18-8 型奥氏体不锈钢碳含量降至 0.03%以下,使之减少晶界处碳化物析出量,而防止发生晶间腐蚀。这类钢称为超低碳不锈钢,常见的有 00Cr18Ni10。

2. 在 18-8 型奥氏体不锈钢中加入比铬更易形成碳化物的元素钛或铌,钛或铌的碳化物较铬的碳化物难溶于奥氏体中,所以在敏化温度范围内加热时,也不会于晶界处析出碳化物,不会在腐蚀性介质中产生晶间腐蚀。为固定 18-8 型奥氏体不锈钢中的碳,必须加入足够数量的钛或铌,按原子量计算,钛或铌的加入量分别为钢中碳含量的 4～8 倍。

三、晶间腐蚀的试验方法

按 GB/T 4334,晶间腐蚀的试验方法有五种方法,即 C 法、T 法、L 法、E 法和 X 法。这里介绍容易实现的 C 法和 E 法。

1. 试样状态

(1) 含稳定化元素(Ti 或 Nb)或超低碳(C≤0.03%)的钢种应在固溶状态下经敏化处理的试样进行试验。敏化处理制度为 650 ℃保温 1 h 空冷。

(2) 含碳量大于 0.03%不含稳定化元素的钢种,以固溶状态的试样进行试验;用于焊接钢种应经敏化处理后进行试验。

(3) 直接以冷状态使用的钢种,经协议可在交货状态试验。

(4) 焊接试样直接以焊后状态试验。如在焊后要在 350 ℃以上热加工,试样在焊后要进行敏化处理。

2. 试样制备

(1) 试样从同一炉号、同一批热处理和同一规格的钢材中选取。

(2) 铸件试样从同一炉号的钢水浇铸的试块中选取。

(3) 含稳定化元素钛的钢种,在该炉号最末浇铸的试块中选取。

(4) 焊后试样从产品相同的钢材和焊接工艺焊成的试样上选取。

(5) 试样热处理应在试样磨光前进行。试样表面无氧化、光洁。

3. 试验方法

C 法:草酸电解浸蚀试验。

(1) 试验溶液:100 g 草酸溶解于 900 ml 蒸馏水中。

(2) 试验程序:

1) 检验面用酒精或丙酮洗净,干燥。

2) 试样为阳极,不锈钢为阴极。

3) 容器内溶液的多少,视容器大小而定。

4）接通电源，电流密度按试样试验部分的表面积计算，每平方厘米 1 A，试验溶液温度为 20～50 ℃，试验时间为 15 min。

5）试验后试样洗净，干燥。在显微镜下放大 150～500 倍评定。

E 法：

（1）试验装置：锥形烧瓶、冷凝器、电炉。

（2）试验溶液：五水硫酸铜，加浓硫酸，用去离子水或蒸馏水溶解稀释。

溶液配制：以配制 1 000 ml 溶液为例，先用量筒量取约 700 ml 蒸馏水或去离子水，称 100 g 五水硫酸铜，倒入蒸馏水中。溶解完后，再量取 100 ml 浓硫酸，缓慢倒入溶液中，边倒边搅拌，然后加蒸馏水稀释至 1 000 ml。

（3）试验程序：

1）清洗试样：试样按要求制备好，用丙酮除油、洗净。

2）装炉：先在烧瓶底部铺上不少于 10 mm 厚的铜屑层，再放置试样，试样间应互不接触，检验面向上，在保证每个试样与铜屑接触的情况下，同一烧瓶中允许放几层同一钢种的试样，最上层样品上面的铜屑层厚度不少于 10 mm。

3）倒入溶液，溶液应高出最上层试样 20 mm 以上，装上冷凝器。

4）通冷却水后再接通电炉，调节电炉使烧瓶中的溶液保持微沸状态。在微沸状态下连续试验 16 h。

5）试验后取出试样，流水洗净、干燥。

四、试验结果的评定

1. C 法评定

用金相显微镜观察试样的浸蚀部位，放大倍数 150～500 倍，压力加工试样的腐蚀组织分为四级，见表 8-4，铸件、焊接件试样的腐蚀组织分为三级，见表 8-5。

表 8-4　压力加工试样的腐蚀组织评定

级别	组织特征
一级	晶界没有腐蚀沟，晶粒之间成台阶状
二级	晶界有腐蚀沟，但没有一个晶粒被腐蚀沟包围
三级	晶界有腐蚀沟，个别晶粒被腐蚀沟包围
四级	晶界有腐蚀沟，大部分晶粒被腐蚀沟包围

表 8-5　铸件、焊接件试样的腐蚀组织评定

级别	组织特征
一级	晶界有腐蚀沟，铁素体被显现
二级	晶界有不连续的腐蚀沟，铁素体被腐蚀
三级	晶界有连续的腐蚀沟，铁素体被严重腐蚀

2. E 法评定

E 法试验后的试样进行弯曲试验，试样弯曲用的压头直径，当试样厚度≤1 mm 时，压头直径为 1 mm;当试样厚度>1 mm 时,压头直径为 5 mm。压力加工件和焊接试样弯曲角度为 180°,焊管舟形试样沿垂直焊缝方向进行弯曲,焊接接头沿熔合线进行弯曲。铸钢件弯曲角度为 90°。

弯曲后的试样放大 10 倍进行观察,若只有一个试样上发现有裂纹,即有晶间腐蚀倾向。当试样不能进行弯曲或弯曲裂纹性质可疑时,用金相法评定。金相试样经轻微浸蚀后,在 150～500 倍金相显微镜上观察,如发现晶间腐蚀,即有晶间腐蚀倾向。

第九章　数据处理

学习目标:掌握对检验数据的平均值、标准偏差的计算,学会通过检验数据准确度、精密度指标判断结果。

第一节　检验数据的一般计算

学习目标:通过学习数据处理的一般知识,掌握对检验数据的平均值、标准偏差的计算,学会通过检验数据准确度、精密度指标判断结果。掌握称量结果所需不同单位之间的计算。

一、平均值与准确度

1. 平均值

平均值是将测定值的总和除以测定总次数所得的商。

若以 $x_1, x_2, \cdots, x_n$ 代表各次的测定值,n 代表测定次数,以 $\overline{x}$ 代表平均值,则

$$\overline{x} = \frac{\sum_{i=1}^{n} x_i}{n} \tag{9-1}$$

2. 准确度

准确度是测定值与真值的符合程度,用误差来表示,误差可用绝对误差和相对误差来表示。

(1) 绝对误差表示测定值与真值之差

$$\text{绝对误差}=\text{测定值}-\text{真值} \tag{9-2}$$

例 9-1:某铜合金中铜的含量测定结果为 81.18%,若已知真实结果为 80.13%,绝对误差是多少?

解:绝对误差=81.18%-80.13%=+0.05%。

(2) 相对误差是指绝对误差与真值之比

$$\text{相对误差}=(\text{测定值}-\text{真值})/\text{真值} \tag{9-3}$$

例 9-2:某铜合金中铜的含量测定结果为 81.18%,若已知真实结果为 80.13%,相对误差是多少?

解:相对误差=(81.18%-81.13%)/81.13%×100%=+0.06%

显然,准确度的高低或与真值符合程度的优劣,是通过比较而言的。误差越小,表示测定值与真值越接近,准确度越高。反之,误差越大,准确度越低。

二、极差、偏差、标准偏差与精密度

精密度表示各测量值相互接近的程度,可用不同的方法表示。

1. 极差

极差是指一组测量值中最大值与最小值之差，用 R 表示。

$$R=x_{最大}-x_{最小} \tag{9-4}$$

它表示测定值的最大离散范围，因此又称范围误差。

2. 偏差

偏差是指测定值与平均值之间的差值，用 d 表示。

$$d=x-\overline{x} \tag{9-5}$$

它表示测定值与平均值之间的偏离程度。偏差越大，表示精密度越低，偏差越小，表示精密度越高。偏差也分为绝对偏差和相对偏差。绝对偏差指个别测量值与平均值之差。相对偏差指绝对偏差相对于测量平均值的百分数。

$$相对偏差=\frac{d}{\overline{x}}\times 100\% \tag{9-6}$$

当进行无限多次测定时，为了说明一系列测定数据的精密度，通常以平均偏差 δ 来表示，平均偏差是指各单次测量值偏差的绝对值的平均值，即：

$$\delta=\frac{\sum|x_i-u|}{n} \tag{9-7}$$

在无系统误差情况下，无限多次测量时，平均值 $\overline{x}$ 趋近于真值(即式中表示的 u)。但在实际工作中，测量次数 n 不可能无限多，当进行有限次测量时，各单次测量值偏差的绝对值之和的平均值，即平均偏差 $\overline{d}$ 为：

$$\overline{d}=\frac{\sum|x_i-\overline{x}|}{n} \tag{9-8}$$

使用平均偏差表示精密度比较简单，但这种表示方法的缺点是：由于在一系列测定中，小的偏差的次数总是占多数，而大的偏差的测定次数总是占少数，按总的测定次数求得的平均偏差会偏小，大的偏差得不到反映，所以，用平均偏差表示精密度的方法在数理统计上不是很好。在数理统计中表示精密度最常用的是标准偏差。

3. 标准偏差与相对标准偏差

(1) 标准偏差的数学表达式为：

$$\sigma=\sqrt{\frac{\sum_{i=1}^{n}(x_i-u)^2}{n-1}} \tag{9-9}$$

式中：σ——均方差；

x_i——单次测定值；

u——无限多次测定条件下的总体平均值(此时接近于真值)；

n——测定次数。

实际上，测定次数一般不多，且总体平均值不可能知道，因此在有限测定次数情况下，用下述公式计算

$$S=\sqrt{\frac{\sum_{i=1}^{n}(x_i-\overline{x})^2}{n-1}} \tag{9-10}$$

式中：S——标准偏差；

x_i——单次测定值；

$\overline{x}$——有限次测定数据的平均值；

n——测定次数。

在数理统计中把式中$(n-1)$称为自由度，说明在 n 次测定中只有$(n-1)$个独立的可变的偏差。当测定次数无限多时，n 与$(n-1)$区别就很小，此时 $\overline{x}$ 趋于 u，同时 S 趋近于 σ。

单次测定结果的相对标准偏差(也称变异系数)可表示为：

$$相对标准偏差=\frac{S}{\overline{x}}\times 100\% \tag{9-11}$$

不难理解，当测定结果的单次标准偏差相异时，对被测物质含量越低，相对标准偏差越大，反之被测物质含量越高，相对标准偏差越小。

使用标准偏差表示精密度的好处是：由于对单次测定偏差加以平方，不仅避免了单次测定偏差相加时正负的相互抵消，更重要的是大偏差能更显著地反映出来，更能说明数据的分散程度。因此用标准偏差表示精密度比平均偏差好。通过下面例子可以明显看出。

例 9-3：分别用平均偏差和标准偏差比较两批数据的精密度。

第一批数据：10.3、9.8、9.6、10.2、10.1、10.4、10.0、9.7、10.2、9.7。

第二批数据：10.0、10.1、9.3、10.2、9.9、9.8、10.5、9.8、10.3、9.9。

解：将两批数据列表计算如下：

第一批测定数据			第二批测定数据		
x_i	$x_i-\overline{x}$	$(x_i-\overline{x})^2$	x_i	$x_i-\overline{x}$	$(x_i-\overline{x})^2$
10.3	+0.3	0.09	10.0	0.0	0.00
9.8	−0.2	0.04	10.1	+0.1	0.01
9.6	−0.4	0.16	9.3	−0.7	0.49
10.2	+0.2	0.04	10.2	+0.2	0.04
10.1	+0.1	0.01	9.9	−0.1	0.01
10.4	+0.4	0.16	9.8	−0.2	0.04
10.0	0.0	0.00	10.5	+0.5	0.25
9.7	−0.3	0.09	9.8	−0.2	0.04
10.2	+0.2	0.04	10.3	+0.3	0.09
9.7	−0.3	0.09	9.9	−0.1	0.01
$\overline{x}=10$	$\sum\lvert x_i-\overline{x}\rvert=2.4$	$\sum(x_i-\overline{x})^2=0.72$	$\overline{x}=10$	$\sum\lvert x_i-\overline{x}\rvert=2.4$	$\sum(x_i-\overline{x})^2=0.98$

第一批数据：

$$\overline{d}_1=\frac{\sum\lvert x_i-\overline{x}\rvert}{n}=2.4/10=0.24$$

$$S_1=\sqrt{\frac{\sum_{i=1}^{n}(x_i-\overline{x})^2}{n-1}}=\sqrt{\frac{0.72}{10-1}}=0.28$$

第二批数据:

$$\overline{d}_2=\frac{\sum|x_i-\overline{x}|}{n}=2.4/10=0.24$$

$$S_2=\sqrt{\frac{\sum_{i=1}^{n}(x_i-\overline{x})^2}{n-1}}=\sqrt{\frac{0.98}{10-1}}=0.33$$

对两批数据进行比较:因 $\overline{d}_1=\overline{d}_2$,用平均偏差不能判定两批数据的精密度好坏,但 $S_1<S_2$,故用标准偏差说明第一批数据精密度比第二批数据好。

三、准确度与精密度关系

准确度是指测量值与真值之间相互符合的程度,是由系统误差所决定的,而精密度是由偶然误差所决定的,两者含义不同,不能相互混淆,但两者之间是有联系的。

例 9-4:甲、乙、丙三人同时测定同一纯的氯化钠样品中的含量,测定结果的质量分数表示如下:

甲:60.54%、60.52%、60.52%、60.50%,平均值为 60.52%;

乙:60.70%、60.54%、60.52%、60.46%,平均值为 60.56%;

丙:60.66%、60.65%、60.64%、60.63%,平均值为 60.64%。

试比较甲、乙、丙三者分析结果的好坏。(Cl 原子的相对质量 35.45,Na 原子的相对质量 22.99)

解:(1) 通过计算纯氯化钠中氮含量的理论值(可认为真值)为 60.66%,将测定结果绘于下图中:

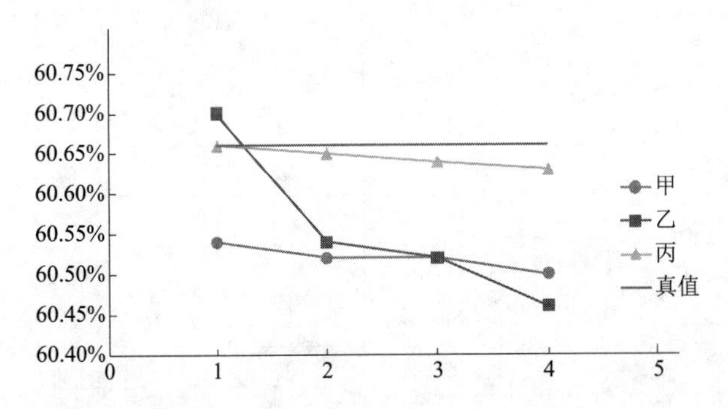

由上图可见:甲的分析结果精密度高,但平均值与真值相差较大,说明准确度低;乙的分析结果精密度低,准确度也差;丙的分析结果精密度和准确度都比较高。由此可得出下列结论:

① 精密度高,不一定准确度高,因为有系统误差存在。

② 准确度高,一定需要精密度高,精密度是保证准确度的先决条件。

(2) 分别计算甲、乙、丙所得分析结果的误差和偏差为:

甲:绝对误差=60.52%-60.66%=-0.14%;

相对误差=-0.14%/60.66%×100%=-0.23%;

标准偏差 $S_{甲}=\sqrt{\frac{\sum(x_i-\overline{x})^2}{n-1}}=0.016\%$；

乙：绝对误差=60.56%-60.66%=-0.10%；

相对误差=-0.10%/60.66%×100%=-0.16%；

标准偏差 $S_{乙}=0.10\%$；

丙：绝对误差=60.64%-60.66%=-0.02%；

相对误差=-0.02%/60.66%×100%=-0.033%；

标准偏差 $S_{丙}=0.013\%$。

绝对误差的绝对值甲>乙>丙；单次测定的标准偏差 $S_{丙}>S_{甲}>S_{乙}$。

结果证明：丙的测定结果的准确度和精密度都高，测定结果最好；甲的测定结果，虽然精密度好，但准确度差；乙的测定结果的精密度低，因此准确度也较差。

四、测量结果单位的换算

核燃料元件生产过程中，由于核物料样品性质不同，常常需要对测量结果的单位进行转换，以满足不同的检验要求。

当测量结果单位为 $\mu g/g\cdot UO_2$ 时，假设测量结果为 ω：

(1) 将称量结果单位换算为 $\mu g/g\cdot UO_2$

因为 UO_2 换算成 U 的换算因子 $K=0.8814$，则 $\omega(\mu g/g\cdot UO_2)=0.8814\times\omega(\mu g/g\cdot UO_2)$

(2) 将测量结果单位换算成百分含量(%)

$$\omega(\mu g/g\cdot UO_2)=\omega\times 10^{-4}(\%UO_2)$$

第二节　控制图基础知识

学习目标：学习控制图的基本知识。

一、基本概念

控制图又叫管理图，是用来分析和判断工序是否处于稳定状态并带有控制界限的一种有效的图形工具。它通过监视生产过程中的质量波动情况，判断并发现工艺过程中的异常因素，具有稳定生产、保证质量、积极预防的作用。控制图是在20世纪20年代，由美国质量专家休哈特首创的。经过半个多世纪的发展和完善，控制图已经成为大批量生产中工序控制的主要方法。分析测试质量控制图，则是专门用来分析和判断检验过程是否处于控制状态的带有控制界限线的图。

二、控制图原理

根据中心极限定理，无论总体是什么分布，其样本均值总是呈现正态分布或近似呈现正态分布。虽然质量特性值的分布有许多种类，只需讨论正态分布的情况。

如果质量特性值 χ 服从正态分布 $N(\mu,\sigma)$，则无论均值 μ 与标准差 σ 为何值，χ 落在区间 $[\mu\pm3\sigma]$ 之内的概率为0.9973，通常称为 3σ 原则，而落在区间 $[\mu\pm3\sigma]$ 以外的概率

约为 3‰,是一个小概率事件,按照小概率事件原理,在一次实践中超出 $\pm 3\sigma$ 范围的小概率事件几乎是不会发生的。若发生了,说明检验过程已出现不稳定,也就是说有系统性原因在起作用。这时,提醒我们必须查找原因,采取纠正措施,有必要使检验过程恢复到受控状态。

利用控制图来判断检验过程是否稳定,实际是一种统计推断方法。不可避免会产生两种错误。第一类错误是将正常判为异常,即过程并没有发生异常,只是偶然性原因的影响,使质量波动过大而超过了界限性,而我们却错误地认为有系统性原因造成异常。从而因"虚报警",判断分析测试数据异常。第二类错误是将异常判为正常,即过程已存在系统性因素影响,但由于某种原因,质量波动没有超过界限。当然,也不可能采取相应措施加以纠正。同样,由于"漏报警"导致不正常的分析测试数据,当做正常结果对待。不论哪类错误,最终都会给生产造成损失。

数理统计学告诉我们,放宽控制界限线范围,可以减少犯第一类错误的机会,却会增加犯第二类错误的可能;反之,缩小控制界限线范围,可以减少犯第二类错误的机会,却会增加犯第一类错误的可能。显然,如何正确把握控制图界限线范围的确定,使之既经济又合理,应以两类错误的综合损失最小为原则。一般控制图当过程能力大于 1 时,不考虑第二类错误。3σ 原则确定的控制图界限线被认为是最合适的。

三、控制图的形成

控制图是在平面直角坐标系中作出三条平行于横轴的直线而形成的。其中,纵坐标表示需要控制的质量特性值及其统计量;横坐标表示按时间顺序取样的样本编号。在三条横线中心线称为中心线,记为 CL(Central Line),上面一条虚线称为上控制界限,记为 UCL(Upper Central Line),下面一条虚线称为下控制界限,记为 LCL(Lower Central Line)。

控制图控制界限是用来判断工序是否发生异常变化的尺度。在实际工作中,无论在什么情况下(生产条件相同或不同),按一定标准制造出来的大量的同类产品的质量总是存在波动的。在生产过程中,质量控制的任务就是要查明和消除这类异常的因素,使工序始终尽量处于控制状态之中。在控制时,通过抽样检验,测量质量特性数据,用点描在图上相应的位置,便得到一系列坐标点。将这些点连起来,就得到一条反映质量特性值波动状况的曲线。若点全部落在上、下控制界限之内,而且点的排列又没有什么异常情况,则可判断生产过程处于控制状态,否则就认为生产过程中存在着异常波动,处于失控状态,应立即查明原因并予以消除。

四、控制图在预防和控制中的作用

控制图的基本功能是用样本数据推断工序状态,以防止工序失控和产生不合格品。其主要作用包括以下两个方面。

(1) 工序分析,分析工序是否处于控制状态。应按照抽样检验理论收集数据,绘制控制图,观察、判断工序状态。这一过程应实现标准化和制度化。

(2) 控制工序质量状态,通过工序分析,发现异常现象,查找原因并采取相应的控制措施,使工序质量始终处于受控状态,防止产生不良品。

对检验工序而言,大部分工序过程都很短,有的瞬间可以完成,如:机械性能测试,一般几十分钟,或数小时,如化学分析、仪器分析;也有长达十几小时的,如高压腐蚀试验。要想对短时间内完成的过程利用控制图进行监控是不现实的。分析测试的质量控制图,是指用于分析和判断在一定的周期内,连续重复同一工序的检验过程是否处于控制状态。同时,我们必须通过较长时间内连续分析测试同一控制样品的某一质量特性,才能绘制并利用控制图。控制样品的质量特性应尽可能与测试样品的质量特性一致。

第三部分　核燃料元件性能测试技师技能

第十章　检验准备

学习目标：了解核燃料元件技术条件、检测方法以及测量软件的使用。

第一节　核燃料元件技术条件

学习目标：了解核燃料元件技术条件的内容、查询方法。

一、核燃料元件技术条件

核燃料元件技术条件是核燃料元件生产的依据，规定了技术条件的适用范围、产品制造要求、参考标准、检验要求、性能指标、验收条件等等。产品需要达到的各项性能指标和质量要求包括诸如材料牌号、表面质量、物理性能、化学性能、力学性能、工艺性能、内部组织、交货状态等，有时还包括一些供参考的性能指标。

核燃料元件技术条件一般包括原材料技术条件、燃料组件技术条件及相关组件技术条件及技术图纸等等，由专业的核燃料研究设计单位设计，部分通用的技术条件也可由生产单位根据产品技术标准进行编写。管理上技术条件由生产单位的技术管理部门管理及分发。

二、核燃料元件的检测方法

在使用及查阅核燃料技术条件时，应明确适用范围，了解参考的生产及检验标准，并根据查阅目的进行分章浏览，掌握生产或检验应执行的标准及技术指标。

由于物理性能测试所包含的测试方法繁多，在此不一一进行详细的介绍，但技师应掌握相应技术条件中规定的检验标准及检验方法，并根据技术条件选择合适的检验方法。

第二节　测量软件管理

学习目标：掌握测量软件的应用知识，会测试设备及测试软件的操作。

一、基本概念

核燃料组件、相关组件生产和服务中所用计算机软件，按其使用功能分为：设备控制软件、产品加工软件和测量软件三类，主要进行测量软件的介绍。

1. 设备控制软件

用于设备操作过程中进行自动控制的软件。

2. 产品加工软件

指在设备原有功能外专门开发直接用于产品加工的软件。

3. 测量软件

指测量设备自带或附加（自行开发设计）的用于产品测量和结果处理的软件。对测量软件的要求主要包括计算方法的正确性、功能的完整性和操作的便利性三个方面。

二、测量软件的确认

（1）初次使用以及变更后的测量软件，在投入使用前必须对软件进行确认，以确保预期用途能力及测量结果的有效。

（2）新购置、技术改造、设备大修等设计软件的测量设备，在设备安装、调试结束后必须对测量设备进行检定和校准，确保测量设备量值的准确、可靠。

（3）使用部门通过测量设备配置的测量软件对测量标准或相关产品进行测量，实现软件测量功能，对软件进行确认测试，并将测试结果形成测量软件确认报告，由相关管理部门对报告进行审批，经批准同意后的测量软件方可用于产品的测量，当软件内容发生变更时，需重新进行确认测试。

三、测量软件的管理

（1）测量软件应由专人进行备份，并做好备份介质的标识。

（2）所备份的软件及软件使用情况应定期进行检查，做好检查记录。

（3）未经批准，任何人不得擅自对计算机软件进行配置和变更，应确保使用中计算机软件功能及测量软件和测量结果的有效性。

四、测量软件的操作

由于物理性能测试所包含的仪器测量软件种类繁多，包括高压釜腐蚀实验控制记录软件、金相图像采集软件、金相图像分析软件、力学实验设备控制测试软件、UO_2粉末及芯块物理性能测试实验软件、化冶复烧炉控制软件等，在此不一一进行详细的介绍，但技师应掌握仪器测量软件的安装及操作方法。

第三节 原始记录、检验报告的设计

学习目标:掌握原始记录及检验报告的设计知识。

检验报告是向客户提供的表明其送检物品性能的客观证据,也是向客户兑现承诺的客观证据。检验报告应准确、清晰、明确和客观地报告被检测物品的每一项检测参数的检测结果,并符合检测方法中规定的要求。

报告应包括客户要求的、说明检测结果所必需的和所用检测方法要求的全部信息。对于内部客户或有书面协议的客户,检验报告可用简化的方式报告检测结果;需要时,检测机构应能方便地向上述客户提供报告的信息。

一、检验报告

1. 每份检验报告应至少包括下列信息(有充分的理由除外)

(1) 标题(例如“检验报告”);

(2) 检测机构的名称、地址;

(3) 检验报告的唯一性标识,每一页上的标识(如页码和总页数),以及表明检验报告结尾的标识;

(4) 客户的名称、地址;

(5) 检测方法的标识;

(6) 检测物品的描述、状态和标识;

(7) 检测物品的接收日期和进行检测的日期;

(8) 检测机构或其他机构所用的抽样计划和作业指导书的说明(如抽样与检测结果的有效性和应用相关时);

(9) 检测结果的计量单位;

(10) 检验报告批准人的姓名、职务、签字或等效的标识;

(11) 本检验报告中的结果仅与送检物品有关或仅与抽样物品有关(需要时)。

2. 检验报告附加信息

当需要对检测结果作出解释时,检验报告中还应包括下列信息:

(1) 对检测方法的偏离、增添或删节,以及特殊检测条件的信息,如环境条件。

(2) 需要时,符合/不符合要求和/或规范的声明。

(3) 适用时,评定测量不确定度的声明。出现以下情况时,检验报告中还需要包括有关不确定度的信息:

① 不确定度与检测结果的有效性或应用的关系;

② 客户有要求;

③ 检测结果处于检验标准或规范规定的临界值附近时,不确定度区间宽度对判断符合性的影响。

(4) 适用且需要时,提出意见和解释。

(5) 特定方法、客户或客户群体要求的附加信息。

二、原始记录

每项检验记录应包含充分的信息,以便识别不确定度的影响因素,并确保该检测在尽可能接近原来条件的情况下能够重复。

记录应包括负责抽样、每项检测的操作人员和结果校核人员的标识。

三、检验报告的简化要求

要反映委托单位提供的有关试样信息,诸如:样品名称,样品号(批号、编号);物料样品的富集度;原材料复验的试样材料等;要反映检测时所使用的检验规程编号、版次,所用标准方法编号、版次;要反映准确的检验数据计量单位。

四、检验报告的编制、审查和签发

(1) 检测人员负责客观、真实地记录检测过程所需信息(包括但不限于检测物品预处理,观测到的现象、示值,结果计算),复核人员负责审核记录的信息。

(2) 检测人员负责提供检测原始记录和检测结果,对原始记录和检测结果负责,并根据有关技术条件、分析检验项目要求,编制检验报告;复核人员对原始记录、结果和检验报告进行审核。

(3) 质量负责人负责审核检测结果、原始记录和检验报告,并对检测结果负责。

(4) 授权签字人负责审核、签发检验报告,并对签发的检验报告负责。

(5) 发出检验报告还应统一编号,并按照规定时间进行保存。

五、意见和解释

(1) 当检验报告中包含意见和解释时,应在检验报告中说明,并应以区别明显的方式标注清楚。

(2) 检验报告中包含的意见和解释可以包括(但不限于)下列内容:

1) 关于检测/校准结果符合(或不符合)标准和/或规范规定要求的意见;

2) 是否符合合同要求的意见;

3) 如何使用检测/校准结果的建议;

4) 用于改进的指导意见和建议。

许多情况下,综合管理部负责通过与客户直接对话来传达并记录对检验报告的意见和解释。

六、检验报告的格式

检验报告格式设计应标准化,检验报告编排、说明,检测结果数据的表述方式应易于读者理解,以尽量减小误解或误用。检验报告的格式或内容如需变动,需经质量负责人批准才能进行修改。

七、检验报告的修改

(1) 对已发布的检验报告的实质性修改,应按照《不符合检测/校准工作控制程序》执行,对追加文件或资料调换的形式通知客户。

(2) 当有必要发布全新的检验报告时,需对重新发布的检验报告做唯一性标识,注明所替代的原检验报告的标识。

(3) 如有特殊需要,证书或报告可不包括客户有保密要求的信息。

(4) 对检验报告的补充规定(检验报告上不再进行类似说明):

未经本所书面批准,不得复制(全文复制除外)检验报告;复制报告未重新加盖检验结构专用检验章视为无效。报告无检测和复核人员签字无效。一般情况下,委托检验仅对来样负责。

第四节 标准物质的使用

学习目标:掌握核燃料元件物理性能测试常用标准物质或器具的使用知识。

一、物理性能测试标准物质分类

物理性能测试所用标准物质或器具包括通用标准物质或器具,如长度(标准刻线尺)、力学标准物质(砝码)。

同时还有专用标准物质,如金相检验用标准评级图谱、腐蚀外观标样、芯块密度标样等。下面主要介绍几种常用的标准图谱及标样。

二、金相检验用标准评级图谱

1. 晶粒度评级图谱

晶粒度评级图谱是用来评定材料晶粒大小的一系列图片,根据在规定的放大倍率下与标准图谱的比较,从而进行材料的晶粒度评定。

在使用时,用户应根据技术要求,选择 ASTM E112 或 GB/T 6394 中的图谱进行评定,图谱中的图片通常为放大 100 倍下的晶粒大小。采用与标准图谱进行比较的方法评级时,根据晶粒状态选择相应系列的评级图,在使用其他倍率评级时,应严格按照标准中列出的倍率放大评级,并按表进行换算。

2. 非金属夹杂物评级图

通常,核燃料元件原材料检验时,需要检查不锈钢中的非金属夹杂物。样品经抛光后,通常在放大 100 倍下进行评级。在 GB/T 10561—2005 中,详细描述了各类夹杂物的形态特征,使用者在显微镜下,辨别出夹杂物的类型,根据夹杂物的数量及大小进行分级评定。

将所观察的视场与本标准图谱进行对比,并分别对每类夹杂物进行评级。当采用图像分析法时,各视场应按有关关系曲线评定。

这些评级图片相当于 100 倍下纵向抛光平面上面积为 0.50 mm^2 的正方形视场。

根据夹杂物的形态和分布,标准图谱分为 A、B、C、D 和 DS 五大类。

这五大类夹杂物代表最常观察到的夹杂物的类型和形态：

(1) A类(硫化物类)：具有高的延展性，有较宽范围形态比(长度/宽度)的单个灰色夹杂物，一般端部呈圆角；

(2) B类(氧化铝类)：大多数没有变形，带角的，形态比小(一般<3)，黑色或带蓝色的颗粒，沿轧制方向排成一行(至少有3个颗粒)；

(3) C类(硅酸盐类)：具有高的延展性，有较宽范围形态比(一般≥ 3)的单个呈黑色或深灰色夹杂物，一般端部呈锐角；

(4) D类(球状氧化物类)：不变形，带角或圆形的，形态比小(一般<3)，黑色或带蓝色的，无规则分布的颗粒；

(5) DS类(单颗粒球状类)：圆形或近似圆形，直径$\geq 13\ \mu m$的单颗粒夹杂物。

3. 缺陷标样图谱

由于各类物理性能测试样品不易保存，也不便于查找使用，或者个别缺陷不易复现，我们将各种缺陷样品进行照相，归类整理为缺陷图谱。这些可以帮助检验人员确认识别各种缺陷，对检测结果进行判定。例如在对燃料棒压力电阻焊的质量评定过程中，根据图谱，可判定样品爆破后的断裂位置及判定是否合格。

三、腐蚀检验标样

1. 腐蚀控制标样

在腐蚀检验测量过程的每个环节中，由于操作者的熟练程度、高压釜的清洁度、控制系统的运行状态以及其他因素的变化等，都会使腐蚀结果的测量检验产生误差。因此就必须使用标准物质来监控腐蚀检验的有效性，判断测量仪器系统是否正常，测量方法和结果是否准确，找到产生误差的环节或原因。

在腐蚀检验中使用控制标样来监控试验的有效性，每次试验时在高压釜等温区的顶部、中部和底部所挂的控制标样，单位面积的腐蚀增重应介于标样腐蚀增重平均值$\pm 3\sigma$(σ为标准偏差)范围内。

2. 腐蚀外观标样

腐蚀外观检验标样为高压釜腐蚀样品外观缺陷达到技术要求的临界缺陷样品，即腐蚀样品的缺陷劣于该样品为不合格。或者该样品缺陷是对腐蚀检验没有危害的一种可接受的缺陷。

由于腐蚀检验是由检验人员的肉眼目视来进行观察后作出判定的，完全凭检验人员的实践经验，因试验人员每个人的视觉和经验的差异，势必造成对腐蚀结果评定的不一致，有可能造成错判和误判，因此腐蚀外观标样使用，对检验质量管理所实施的质量控制和质量评定时，都是必不可少的。

3. 腐蚀标样的存放

标样的制备、选取过程中应严格执行相关的工艺要求，制备条件与正常生产的条件相同。

标样制备、选取好后，应放置在专用的标样盒内。标样由检验单位指定专人保管，标样应保存在干燥、清洁的地方中。

如果检验人员发现标样有任何变化,应立即通知质保和技术部门,由技术、质保和检验部门确定该标样的有效性。

每一合同产品生产前由质保、技术部门对生产、检验所用的标样进行一次审查,以确定其准确性和有效性,必要时请用户参加审查。

第五节 测试设备的校准或期间核查

学习目标:掌握测试设备校准或期间核查的方法。

一、定义

校准是在规定条件下,给测量仪器的特性赋值并确定示值误差,将测量仪器所指示或代表的量值,按照比较链或标准链,溯源到测量标准所复现的量值上。

在JJF 1001—1998《通用计量术语及定义》中,将"校准"定义为:在规定条件下,为确定测量仪器(或测量系统)所指示的量值,或实物量具(或参考物质)所代表的量值,与对应的有标准所复现的量值之间关系的一组操作。

校准结果既可给出被测量的示值,又可确定示值的修正值;

校准也可确定其他计量特性,如影响量的作用;

校准结果可以记录在校准证书或校准报告中。

二、内容

理化实验室在检测设备管理过程中,一般由具有检定资质的专业单位对设备进行检定,本单位主要进行期间核查,检查检测设备是否处于良好的状态,确保测试设备符合检测要求。一般采用标准器具进行校准或核查。

1. 高压釜的期间核查内容

(1) 检查高压釜示值是否准确,核查时通常检测等温区温度是否均匀,以确保实验温度的有效性,一般要求轴向温差$\Delta t \leqslant 3$ ℃。

(2) 检查高压釜实验的有效性,核查时通常使用控制标样来监控试验的有效性,每次试验时在高压釜等温区的顶部、中部和底部所挂的控制标样,单位面积的腐蚀增重应介于标样腐蚀增重平均值$\pm 3\sigma$(σ为标准偏差)。

2. 力学性能测试的电子万能试验机的校准是检查仪器的示值是否准确,示值误差符合1级试验机要求(示值相对误差±1.0%,示值重复性相对误差1.0%)为合格。

3. 粒度仪的校准是测量GBW(E)12009玻璃微珠颗粒度标准物质体积中位径,要求测量值在标准物质给定值(36.7±3.3) μm范围内。

4. 比表面积测定仪的校准是检验GBW(E)130024玻璃微珠比表面积标准标准物质测定值是否在(1.44±0.16) m^2/g范围内或G8炭黑比表面积标准物质测定值应在(9.10±0.36) m^2/g范围内。

5. 高温氢气炉的核查是为了检查炉子的真空度是否满足要求,通常要求优于200 Pa。

三、实例

下面以金相显微镜期间核查为例,来介绍测试设备的校准步骤。

1. 设备与材料

（1）游标卡尺：精度不低于 0.1 mm。体视显微镜选择游标卡尺作为核查标准。

（2）标准刻线尺：量程 1.00～5.00 mm，精度 0.01 mm。普通的显微镜选择标准刻线尺作为核查标准。

2. 计量目标

（1）显微镜测微尺示值的准确性，相对偏差 $\delta \leqslant 1\%$ 时判为合格。

（2）像素点标尺示值的准确性，相对偏差 $\delta \leqslant 1\%$ 时判为合格。

3. 显微镜测微尺的期间核查

（1）选定显微镜常用的物镜和变倍系数。

（2）在显微镜上观察核查标准的图像，调整载物台，使核查标准的影像与测微尺至少有两格重合，读出两重合刻度线之间校准器具的刻度值 x_0 及对应的测微尺的格数 N。按式(10-1)计算在该放大倍数下显微镜测微尺每格代表的值 x。

$$x=\frac{x_0}{N} \tag{10-1}$$

（3）按上述步骤，选取不同的物镜和变倍系数，对各放大倍数下的测微尺进行核查。

4. 像素点标尺的期间核查

（1）以核查标准为标样，分别对常用物镜及变倍系数，采集清晰的标尺图像。

（2）选择标尺图像，使用像素点标尺校准命令标定像素点，重复 3 次，取算术平均值作为核查结果。

5. 结果判定

将期间核查结果 x 与计量检定部门检定周期内的检定结果 x_s 进行比较，按式(10-2)计算相对偏差 δ，当 $\delta \leqslant 1\%$ 时判为合格。

$$\delta=\frac{|x-x_s|}{x_s}\times 100\% \tag{10-2}$$

式中：δ——相对偏差；

x——期间核查结果；

x_s——检定周期内的检定结果。

第六节　选择测试设备及参数

学习目标：学会根据测试要求选择测试设备及参数

在物理性能测试时，按客户的任务委托书进行检测。在委托书中，应注明测试的要求，包括：样品名称、试样材料、执行的技术条件、执行的检验标准、具体检验内容、完成日期等。检验员应首先确认是否有相应的检验规程或检验标准，然后根据实验室的条件（如仪器设备、材料试剂、检验能力等），确认是否能完成检验任务。然后按照检验要求选择合适的设备及参数，完成检验任务，出具检验报告。

当检验项目为常规的检验项目，有合适的检验规程，应严格按检验规程的规定执行。

当检验项目有相应的检验标准而无检验规程，应按标准的规定执行。

当检验项目有多种标准或方法时,应与客户协商,确定检验方法然后进行设备及参数选择。

第七节 电子显微镜样品的制作知识

学习目标:学习扫描电镜样品制备知识。掌握电镜制样注意事项。

扫描电镜的样品制备简单,对于块状导电材料,试样制备是比较简单便捷的,除了大小要适合仪器样品座尺寸外,基本上不需要进行什么制备,用导电胶把试样粘接在样品座上,即可放在扫描电镜中观察。对于新鲜的金属断口样品不需要做任何处理,可以直接进行观察。但在有些情况下需对样品进行必要的处理。试样可以是块状或粉末颗粒,在真空中能保持稳定,含有水分的试样应先烘干出去水分,或使用临界点干燥设备进行处理。表面受到污染的试样,要在不破坏试样表面结构的前提下进行适当清洗,然后烘干。新断开的断口或断面,一般不需要处理,以免破坏断口或表面的结构状态。有些试样的表面、断口需要进行适当的侵蚀,才能暴露某些结构细节,且在侵蚀后应将表面或断口清洗干净,然后烘干。对磁性试样要预先去磁,以免观察时电子束受到磁场的影响。试样大小要适合仪器专用样品座的尺寸,不能过大,样品座尺寸各仪器不尽相同,一般小的样品座为 $\phi 3 \sim \phi 5$ mm,大的样品座为 $\phi 30 \sim \phi 50$ mm,以分别用来放置不同大小的试样;样品的高度也有一定的限制,一般在 5~10 mm。此外,还应注意以下几点:

(1) 样品表面附着有灰尘和油污,可用有机溶剂(乙醇或丙酮)在超声波清洗器中清洗。

(2) 样品表面锈蚀或严重氧化,采用化学清洗或电解的方法处理。清洗时可能会失去一些表面形貌特征的细节,操作过程中应该注意。

(3) 对于块状的非导电或导电性差的材料,观察前需在表面喷镀一层导电金属或碳,镀膜厚度控制在 5~10 nm 为宜,以避免电荷积累,影响图像质量,并可防止试样的热损伤。

(4) 对于粉末试样的制备,应将导电胶或双面胶纸粘贴在样品座上,再均匀地把粉末撒在上面,用洗耳球吹去未粘住的粉末,再镀上一层导电膜,即可上电镜操作。

第十一章　分析与检测

学习目标：掌握检测方法的评价，评估测量数据。

第一节　检测技术、方法的评价

学习目标：掌握检测技术、方法的评价方法。

核燃料元件物理性能测试常用的分析与检测仪器有高压釜、粒度仪、材料试验机、高温氢气炉、金相显微镜等。这些设备的相关检测技术和方法是否可靠，尤其是新检测技术和方法必须按相关新工艺、新技术管理程序的规定，经过严格评价后，才能投入使用。

一、测试设备的评价

对测量设备性能的评价，主要是确认设备的技术规格是否能满足检验要求，符合检验标准。例如，对金相显微镜的放大倍数的要求，高压釜的温度及压力要求，高温氢气炉的温度及气氛控制要求等。

二、测试方法的评价

对检测方法进行评价时，按照相应的标准，通过评价相应测量系统的不确定度，来确定新检测技术和方法的可靠性。具体的评价方法可参考不确定度的评定方法来进行。例如在更新设备或检验方法时，可按照与旧设备旧方法相同的不确定度评价方法，评价新设备新方法的测量不确定度，确认新设备新方法的是优于原设备原方法，还是不如原来的设备或方法。

第二节　质量控制图的使用

学习目标：掌握质量控制图的使用方法，会对控制图出现失控现象的原因进行分析。

一、控制图的确认

在使用前，首先应把绘图时搜集到的各组样本的平均值 $\overline{x}_i$ 和极差 R_i 值，分别在已画好的控制图上打点，一般在 $\overline{x}$ 图上用“·”表示，在 R 图上用“×”表示，并顺序连接各点，以确认生产（或检验）过程是否处于稳定状态。当发现点子超出控制线或控制线内的点子排列异常，应找出原因并加以消除，并剔除该点数据，按新的组数进行上述计算、重新绘制、打点和鉴别。当确认过程处于控制状态时，就可以把重新绘制的控制图用于对工序质量的控制。

由此也可说明，当测量条件（4M1E）因素必须改变时，切记必须及时调整控制界限线，使之适用于新的工序条件下对过程的是否受控进行分析和判断。

二、控制图的使用

在使用控制图时,按顺序,每搜集一组数就计算出 $\overline{x}$ 值与 R 值,(对 x 质量控制图则每搜集一个数据,不需计算),用点子描入相应的 $\overline{x}$ 控制图和 R 控制图中,并把打上去的点子按顺序直接连起来,对越出控制线的点,用圆圈将点子圈起来,如发现点子排列异常用大圈把异常部分圈起来。

具体使用控制图时,应遵循下列判断准则。

观察分析控制图上的点子,当同时满足下述条件时,可以认为检验过程处于统计的控制状态:

1. 连续 25 个点中没有 1 个点在控制界限线外;或连续 35 个点中最多 1 个点在控制界限线外;或连续 100 个点中最多 2 个点在控制界限线外。

2. 控制界限线内的点子排列无下述异常现象(见图 11-1)。

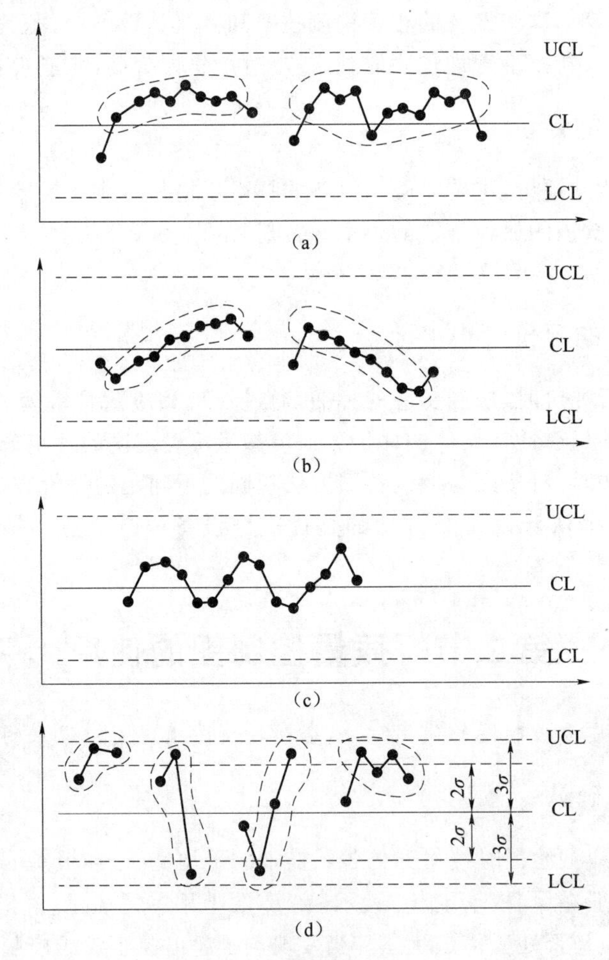

图 11-1 控制图排列异常

(a) 呈“链状”控制图;(b) 呈“趋势”控制图;(c) 有“周期性”变动控制图;(d) 点子靠近控制界限线的控制图

(1) 链状

连续 7 个点或更多点在中心线一侧;

连续 11 个点中至少有 10 个点在中心线一侧；
连续 14 个点中至少有 12 个点在中心线一侧；
连续 17 个点中至少有 14 个点在中心线一侧；
连续 20 个点中至少有 16 个点在中心线一侧。

（2）趋势

连续 7 个点或更多的点具有上升或下降趋势。

（3）呈周期变化

点的排列随时间的推移而呈周期性。

（4）点子靠近控制界限线

连接 3 个点中有 2 个点或连续 7 个点中至少有 3 个点落在 2S 与 3S 区域内。

很明显，当点子落在控制界限线外或控制界限线上，或控制界限线内的点子排列有异常，都应视为检验过程出现异常。如何处理则应具体问题具体分析。

三、质量控制图出现失控的原因分析

按照数理统计中“小概率事件”的原理，超出$\pm 3\sigma$范围的小概率事件几乎不会发生，若发生了，则说明测量过程已出现不稳定。也就是说测量过程中有系统性原因在起作用。控制图的使用无疑起了“预警”作用。

下面结合实践中经常遇到的事例进行讨论。

（1）当我们分析测试控制样品中的硅含量时，点子落在控制界限线外或控制界限线上，显然，表明此时检验过程中出现了异常，但是是否能判断过程失控，则有待于对一段时间内连续重复测试该样品，通过观察按时间顺序描绘的点子分布，才能确认。如果前后连续 35 个点中，仅此 1 个点落在控制界限线外或控制界限线上，且无其他异常现象，根据判断准则不足以判断为过程失控。原因是很可能分析测试该样品当天，样品受到了沾污，或处理样品时，操作不当引起丢失。显然，由此我们不能得出一段时间以来检验过程处于不稳定状态的结论。这里所说的控制是分析和判断工序的质量动态控制，是连续运行过程中的动态控制，不是对某时刻瞬间的静态控制。

（2）当我们使用的控制样品，保管不当，长期暴露在空气中，或在进行仪器分析时，主要分析设备关键电子元件逐渐老化，则在分析测试控制样品时，据此绘制的控制图，很可能出现，多个点在中心线一侧或点子排列趋势呈上升或下降趋势的异常现象。也许所有点子仍落在控制界限线内，但已表明检验过程有可能失控，处于不稳定状态，必须引起足够重视。对于控制样品保管不当出现的异常，足以说明该控制样品已失去控制样品的特性（如均匀性、稳定性），不能再用于绘制控制图。对于电子元件老化问题，一般短时间内是很难察觉的，控制图则比较容易暴露类似“渐变”性的系统原因引起的过程失控。此时，必须及时进行仪器维修，更换电子元件。

由上述例子可以说明质量控制图主要用来分析和判断某一周期内同一工序的检验过程是否受控，这种控制指的是连续运行状态的动态控制。基于质量控制图，是依据分析测试条件处于稳定状态下，收集一段时间内连续重复测试同一控制样品得到的一系列数据，通过数理统计确认的控制界限线。显然，在应用控制图时，同样应通过测试相同控制样品获得的测量值按时间顺序描点，再根据判断准则正确判断。

此外,判断时,还应正确理解掌握判断准则,不能仅凭控制图上点子是否落在控制界限线上或内、外来认定工序是否失控,还应根据点子连线的形状、趋势,进行具体分析。

同时,使用的控制样品(又称管理样品)是类似于标准物质的样品,具有一定的质量特性值,且认为样品特性是均匀的。为了保证绘制的控制图正确有效,且在应用控制图时,不会因控制样品原因,引起判断失误,必须对控制样品的制备、保管、存放予以足够重视。

第三节 特殊样品的检验

学习目标:学习特殊样品的检验,会针对特殊样品检验目的进行了解及分析。

在常规检验之外,为了分析生产工艺,提高产品质量,或者是确保产品的可靠性,理化分析单位总会接收到特殊的样品分析测试任务。针对特殊样品,该如何选择检测方法或标准呢?

(1) 了解样品信息:如样品的材料规格、样品的制备工艺、样品的热处理状态等等。

(2) 了解检验项目:根据项目查询是否有相应的检验标准。对于有相应的检验标准的样品,可按标准方法准备材料及试剂进行检验;对于没有相对应的检验标准的样品,可参考近似的标准进行检验,并注明检验标准方法。

(3) 了解客户的分析意图:及时与客户进行沟通,了解实验分析的目的,确定检验方案。对于不能认知或经验不足的项目,应向客户详细了解,必要时共同参与完成检验。

第四节 生坯块压制设计

学习目标:能够了解添加物的作用及配比知识。

一、添加物的作用

在芯体制备中常用的添加物有 U_3O_8 粉末、硬脂酸锌和草酸铵等。

1. 添加 U_3O_8 粉末的作用

芯体制备中添加 U_3O_8 粉末有以下几个方面的作用:

(1) 可以直接干法回收利用芯体制造过程中产生的废块(渣),有重要的经济效益;

(2) 可以改善二氧化铀粉末的压制性,有利于芯体制造。同时也有利于提高坯块强度,改善芯块质量;

(3) 可以造成一定的孔隙,降低芯体密度,起到芯体密度调节剂的作用。其降密系数为 0.15 左右。

2. 添加草酸铵的作用

芯体制备中添加草酸铵,可以降低芯块密度,并且在芯体内部造成一些大孔隙,用于改善芯体的微观结构。然而,草酸铵的添加却使混合粉末的压制性变差,而且随着添加量的增加,这种作用更显著。

3. 添加硬脂酸锌的作用

添加硬脂酸锌主要起润滑作用，增加坯块的强度，改善预压和成形芯体的质量，减少废品和对设备的损耗。

二、添加物的配比

1. 添加物配比的考虑因素

在芯体制备中除要考虑添加物对芯体最终密度的影响外，还要考虑添加物对配料粉末的混匀性、粉末的压制性、坯块强度、芯体的微观结构、芯块外观、杂质含量和芯体晶粒度等的影响。

2. 添加物的配比计算

在混合之前必须对加入到二氧化铀粉末中的添加物进行精确计算。因此，首先要弄清二氧化铀粉末的基体密度值，同时也要弄清添加物粉末对二氧化铀烧结密度降低的影响，然后再根据实际值进行计算。

在我们知道了原料 UO_2 粉末的基体密度、U_3O_8 和草酸铵的降密系数之后，如果有了最终芯块密度需要达到的目标值，并且也知道了 U_3O_8 和草酸铵允许添加的最大量（这是通过工艺合格性鉴定试验确定的），我们就可以进行混料前的计算。进行配料计算是科学组织工业生产的重要措施。

设 UO_2 粉末的基体密度值为 D_1，芯块最终达到的密度目标值为 D_0，U_3O_8 的添加系数 K_1，草酸铵的添加系数为 K_2，U_3O_8 的添加量为 x，草酸铵的添加量为 y，有关系式：

$$x=\frac{D_1-D_0-y\cdot K_2}{K_1}$$

$$y=\frac{D_1-D_0-x\cdot K_2}{K_2}$$

采用上述公式时，密度的单位用理论密度百分数（%相对密度）。由于添加系数是以密度降低百分数/单位添加量百分数表达的，因此，添加量也以 UO_2 质量为基的百分数（%）来表示。

例 11-1：1995 年生产的某批 UO_2 粉末，在进行基体密度实验时，压制了三种密度的生坯：5.7 g/cm³（压力 275 MPa）、5.8 g/cm³（压力 300 MPa）、5.9 g/cm³（压力 350 MPa），在 FHD 炉里以 1 750 ℃，推舟速度 35 min/舟的条件烧结，得到烧结块密度分别为 97.20%相对密度、97.45%相对密度、97.65%相对密度。

已知 U_3O_8 的降密（添加）系数（即添加 1% U_3O_8 时芯块理论密度的减少量）为 0.15，允许最大添加量为 16%；草酸铵的降密系数为 3.0，允许最大添加量 0.8%；最终芯块理论密度目标值为 94.75%相对密度。

考虑到实际生产中尽可能采用较低的成形压力，故拟采用的生坯密度为 5.85 g/cm³，在 FHD 推舟炉里以实验条件的工艺参数烧结，故用于计算的 UO_2 基体密度应为：

$$(97.45+97.65)/2=97.55\%\text{相对密度}$$

又考虑到 U_3O_8 的实际库存量，拟采用的添加量为 12%。于是，根据公式，得到

$$y=\frac{D_1-D_0-x\cdot K_2}{K_2}=\frac{97.55-94.75-12\times 0.15}{3}=0.33\%$$

即对于所述批 UO_2 粉末,在采用预定的工艺参数下进行生产,达到目标值的芯块密度,可以添加 12%的 U_3O_8 和 0.33%的草酸铵。

值得注意的是,在进行上述计算时,芯块密度的表达是以理论密度百分数表示的,而且,密度的测量方法也是一致的;芯块的基体密度应当大于 96.5%相对密度。同时还要考虑诸如硬脂酸锌等的添加量可能对芯块加工和最终密度带来的影响,在不能准确确定这些影响因素的具体值时,也可以用生产实际得到的统计数据与实验数据的差异作为一个常数项加到计算公式中,以表达这些复杂因素的综合效应;但是,不论是这些常数项,还是降密系数,都必须根据生产中的实际情况进行定期修正。

第五节　腐蚀控制标样和外观标样的研制

学习目标:学习腐蚀控制标样及外观标样的研制方法。

一、腐蚀控制标样(标准物质)的制备方法

在腐蚀检验测量过程的每个环节中,由于操作者的熟练程度、高压釜的清洁度、控制系统的运行状态以及其他因素的变化等,都会使腐蚀结果的测量检验产生误差。因此就必须使用标准物质来监控腐蚀检验的有效性,判断测量仪器系统是否正常,测量方法和结果是否准确,找到产生误差的环节或原因。

在腐蚀检验中使用控制标样来监控试验的有效性,每次试验时在高压釜等温区的顶部、中部和底部所挂的控制标样,单位面积的腐蚀增重应介于标样腐蚀增重平均值 $\pm 3\sigma$(σ 为标准偏差)范围内。

现将制备腐蚀控制标样的方法和过程简单介绍如下:

1. 小样的制备

一般采用均匀性稳定性较好的锆合金包壳管来制备,也可采用其他型材的锆合金材料来制备。根据标样要与被检试样材料相同或相近的要求,可选取同厂同批同炉的锆合金管材,车成 35～80 mm 的小样品,依次排号。

2. 标样的处理

可根据锆合金材料进行相应的处理:清洗、酸洗、漂洗、热洗等过程。

3. 腐蚀试验条件及技术要求

控制标样的腐蚀试验按照腐蚀试验条件进行水腐蚀和蒸汽腐蚀,也可根据需要制备不同试验条件的或不同腐蚀试验时间的控制标样。

4. 腐蚀增重计算

计算标样的腐蚀增重:

$$\Delta W=\frac{W_a-W_b}{A} \tag{11-1}$$

式中:ΔW——单位面积的腐蚀增重,mg/dm^2;

W_a——腐蚀后标样重量,mg;

W_b——腐蚀前标样重量,mg;

A——标样的表面积,dm^2。

5. 标样的腐蚀均匀性检验

同一根管的腐蚀均匀性检验和各根管之间的腐蚀均匀性检验,一般采用方差分析法进行,经检验,证明均匀后,才可定值。

6. 标样的稳定性检验

应进行至少半年的稳定性检验。

7. 标样的再现性试验

需要进行不同实验室间的再现性试验,一般不少于6个实验室。

8. 腐蚀定值

将全部样品统一编号,随机取样。腐蚀后,分别计算出水腐蚀或水蒸气腐蚀控制标样的单位面积增重和标准偏差。

二、腐蚀外观标样的制备方法

1. 外观标样的定义及目的

腐蚀外观检验标样为高压釜腐蚀样品外观缺陷达到技术要求的临界缺陷样品,即腐蚀样品的缺陷劣于该样品为不合格。或者该样品缺陷是对腐蚀检验没有危害的一种可接受的缺陷。

由于腐蚀检验是由检验人员的肉眼目视来进行观察后作出判定的,完全凭检验人员的实践经验,因试验人员每个人的视觉和经验的差异,势必造成对腐蚀结果评定的不一致,有可能造成错判和误判,因此腐蚀外观标样使用,对检验质量管理所实施的质量控制和质量评定时,都是必不可少的。

2. 外观标样的选取程序

(1) 产品制造车间(所)在生产前或和生产过程中,认为应对某项检验采用外观对比标样时,可按技术文件的要求制备或收集样品,然后通知技术部门,由技术部门组织有关部门共同对样品进行选取、评定。最后同意作为外观标样的样品应填写《标样认可证书》并上报技术部门,由技术部门、质保部门(必要时还要由设计部门和用户)批准生效后方可投入使用。

(2) 由技术部门根据产品图纸、技术要求提出所需使用的外观检验标样的技术要求、种类、规格和数量,会同质保部门和其他相关部门一起共同确定,然后由技术部门编制标样制备计划与任务书交生产调度部门,由生产调度部门分别向制造单位下达样品制备任务。承制单位对通过一定手段可以人为制造出来的外观检验标样进行制备,对不易人为制造出来的标样,在试验、生产时从试样中收集。

(3) 也可采用科研的方法进行技术攻关来制造外观检验标样。

三、质保要求和标样的存放

标样的制备、选取过程中应严格执行相关的工艺要求,制备条件与正常生产的条件相同。

标样制备、选取好后,应放置在专用的标样盒内。标样由检验单位指定专人保管,标样应保存在干燥、清洁的地方。

如果检验人员发现标样有任何变化,应立即通知质保和技术部门,由技术部门组织质保和检验人员确定该标样的有效性。

每一合同产品生产前由质保、技术部门对生产、检验所用的标样进行一次审查,以确定其准确性和有效性,必要时请用户参加审查。

第六节 图像分析基础

学习目标:学习图像分析仪器组成,了解基本测量原理。

应用图像分析仪定量研究材料的显微组织结构是近几十年来发展起来的新方法。图像分析仪代替人工自动测量具有准确性高、重现性好、速度快等特点。目前已在材料科学、生物学、固体物理、环境保护、地质矿产等领域获得了广泛的应用。

一、仪器的基本组成

1. 成像系统

功能是将试样(或图片)完成供图像仪分析的成像和放大。图像仪可以配接不同的成像仪器,如光学显微镜、电子显微镜、投影仪等。

2. 分析、处理系统

(1) 扫描器　功能是使图像完成光电转换。用扫描光束或电子束,在所分析的图像上进行扫描,原理是逐行扫描图像时得到一个电压和位置的函数,电压随图像明暗变化,因而将图像转换成电讯号,以提供我们测定空间结构的重要参数。

(2) 测量系统　将视频信号输送到仪器部分,经鉴别、图像处理、变换后进行测量。整个过程可由操作台手动控制,或电子计算机程序控制。

(3) 编辑器和修像器　可圈定被测物范围,勾去视场内污物,及对复杂图形加以处理。

3. 输出外围系统

将测量结果打印输出,或荧光屏上显示出来。

二、仪器测量基本原理

测量的基本原理可以用图 11-2 说明,和网格法原理一样,只不过它的网格更密,因此比网格法作人工测量更为准确。按照这一原理,图 11-2 中的组织 1、2 在定量时均可计入,而 3、4 则不能计入。

需要测量的物相必须选择出来,这就叫鉴别。鉴别的基础是灰度(即图像的黑白对比度)。因此,只有灰度上能区分的相方能进行定量测量。具体地讲:当扫描束从一个组成相移到另一个组成相时,由于灰度不同,导致脉冲变化,把一定长度上的脉冲数之和(a)和脉冲持续时间(b)记录下来。这样,就和用直线截过组织测量一样得到我们需要的可测量量 L_L、N_L、P_L等(见图 11-3)。然后经过计算机处理,给出测量结果。

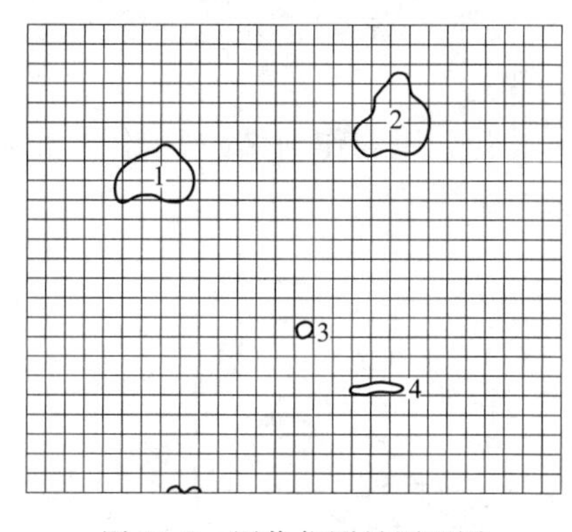

图 11-2　图像仪测量原理图

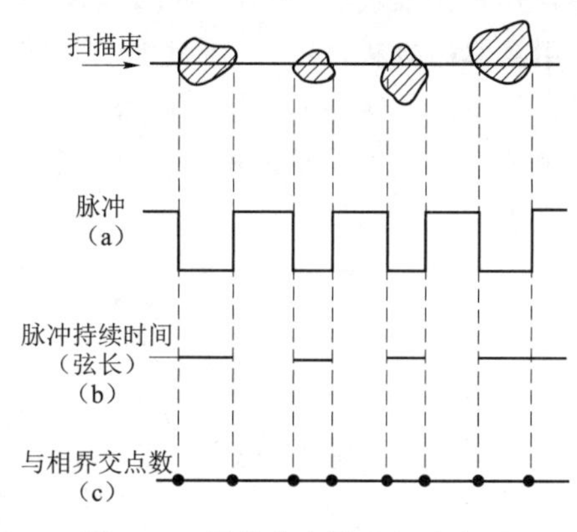

图 11-3　图像仪定量过程示意图

一般图像仪均具备如下测试功能：

(1) 面积测量——包括面积百分数、面积分布、粒子最大面积等；

(2) 周界测量——周界长、形状因子；

(3) 颗粒计数、弦长、平均间距及投影测量等。

第七节　数学形态学初步

学习目标： 通过对本节的学习，测试工应能理解形态学的初步知识，了解定量金相学测量原理及测量基本方法。

一、数学形态学

结构元是一个已知形状和尺寸的物体。从理论上讲，结构元可以取任意形状，但实际上常常要受到一定限制。仪器所采用的象点阵列(六角或正方)在很大程度上决定了实际可供选用的结构元类型。图 11-4 给出了结构元的几种极限情况。实际上，各向同性结构元是用圆内切正多边形近似的，非各向同性结构元则还存在取向问题。

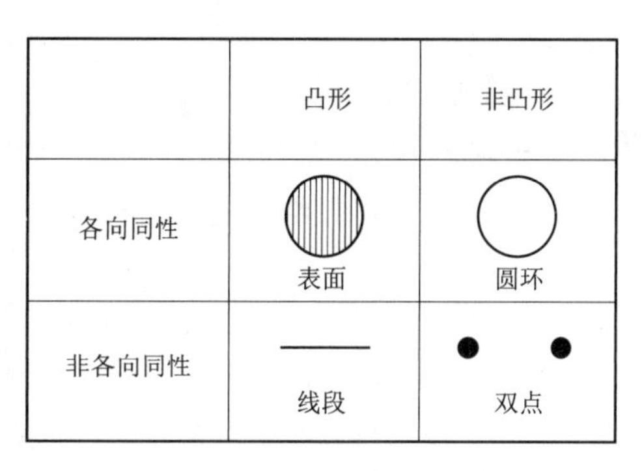

图 11-4　结构元的几种极限情况

利用结构元进行的形态变换主要有如下几种：

1. 侵蚀(erosion)变换

设几何 Y 部分地占据二维空间。取一个圆 B 作为结构元。该结构元由其圆心定义并置于 x 处，不断移动使其圆心陆续占据 R 中所有的 x 位置。所有满足判据 $B_x \subset Y$ 的 x 点将组成一个新的集合 E：

$$E = \{x \mid B_x \subset Y\}$$

也可记做 $E = Y(-)B$ 或 $E^B(Y)$

式中符号(－)表示“侵蚀”，E 即集合 Y 被结构元 B 侵蚀所得到的新集。由集合 Y 变换为集合 E 的过程称作侵蚀变换。

用类似的方法，可以采用其他形状的结构元定义侵蚀变换，图 11-5 示范了用圆、线段和双点三种不同的结构元对同一图像进行侵蚀变换的效果。

侵蚀变换可以重复进行，直至新集合 E 成为空集。若采用圆作为结构元，使一个特征物最终消失所需要的侵蚀次数给出该特征物的最大内切圆的尺寸。

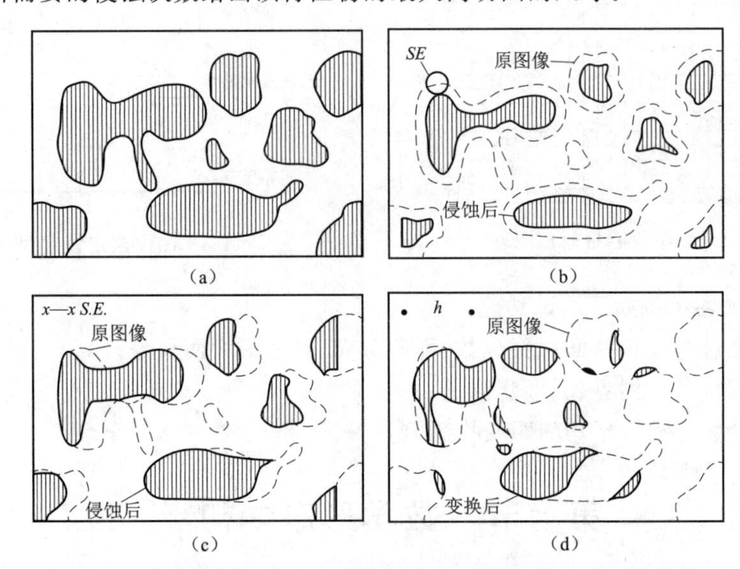

图 11-5　二维图像的侵蚀变换

(a) 侵蚀前的图像，阴影部分为集合 Y；(b) 用圆形结构元对 Y 侵蚀变换；
(c) 用线段结构元对 Y 侵蚀变换(水平方向)；(d) 用双点结构元对 Y 侵蚀变换(水平方向)

2. 扩张(dilation)变换

仍采用圆 B_x 作为结构元并进行与侵蚀变换中 B_x 的相同位移过程。所有满足判据 $B_x \cap Y \neq \varnothing$，即所有能使结构元 B_x 与集合 Y 接触的 x 位置将组成一个新的集合 D：

$$D = \{x \mid B_x \cap Y \neq \varnothing\}$$

也可记作　$D = Y(+)B$，或 $DB(Y)$

式中符号 $\varnothing$ 表示空集，(＋)表示扩张。由集合 Y 变换为集合 D 的过程称为扩张变换。图 11-6 示范了用结构元对二维图像扩张变换的效果。

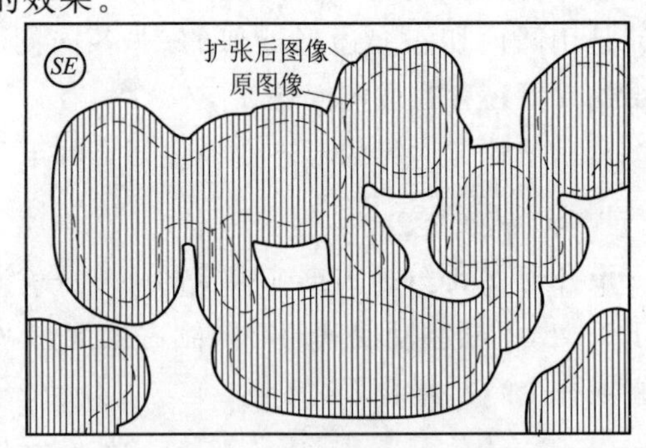

图 11-6　二维图像的扩张变换

类似于侵蚀变换，扩张变换也可以重复进行，也可以采用其他形状的结构元定义。

3. 开启(opening)变换

对集合 Y 侵蚀后再对所得新的集合用同一结构元进行扩张。用结构元 B 对集合 Y 的开启变换可以表示为：

$$Y_a = (Y(-)B)(+)B$$

或　$OB(Y) = DB(EB(Y))$

4. 关闭(closing)变换

在对集合 Y 扩张后再对所得新的集合用同一结构元进行侵蚀。用结构元 B 对集合 Y 的关闭变换可以表示为：

$$Y_b=(Y(+)B)(-)B$$

或

$$FB(Y)=EB(DB(Y))$$

图 11-7 示范了开启变换和关闭变换的效果。

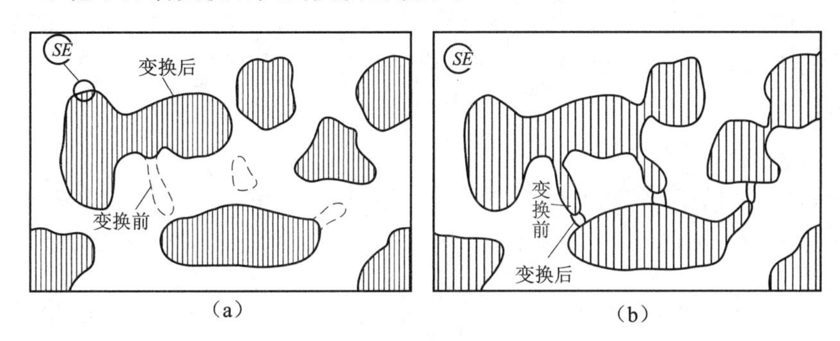

(a) (b)

图 11-7 二维图像的开启变换和关闭变换

(a) 开启变换;(b) 关闭变换

5. 骨架化(skeletonization)

是异种条件侵蚀变换，即对集合 Y 进行重复侵蚀变换，直至获得只有一个像素点宽度的“骨架”，如图 11-8 所示。该变换与无条件的重复侵蚀变换的不同之处在于，当骨架化变换所获得的新集合中某一部分仅剩下一个像素点宽度时，进一步的侵蚀操作对该处不再有任何影响。

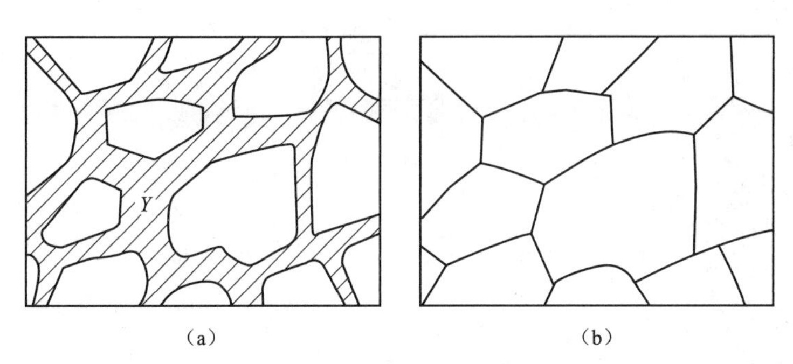

(a) (b)

图 11-8 二维图像的骨架化

(a) 骨架化前的集合 Y;(b) 变换后获得的骨架

二、定量金相

定量金相的基础是体视学。由于金属不透明，不能直接观察三维空间的组织图像，故只能在二维截面上得到显微组织的有关几何参数，然后运用数理统计的方法推断三维空间的几何参数，即用二维组织图像来解释三维组织图像，这门学科称为“体视学”。

用于做定量测量时显示显微组织图像的工具是多种多样的，凡是能显示测量对象的各类显微镜均可做定量测量。如光学显微镜、电子显微镜、场离子显微镜等，其中光学显微镜的使用较为广泛。测量可通过装在目镜上的测量模板直接观察到组织,也可以在投影显微镜的投影屏上或在显微镜组织照片上进行测量。测量手段可由人工进行,也可借助专门的图像分析仪进行。

定量测量的量必须具有统计意义,为了获得一个可靠的数据往往需要几百次至上千次的重复测量,因此,由人工测量得到定量信息是件耗时而乏味的工作,有时产生的误差也较大。为了解决这一问题,近几十年来人们探索进行自动图像测量取得了显著的进展。目前已有各种型号的定量图像分析仪,可以根据要求自动采集、记录、处理显微组织参数。定量图像分析仪的出现为定量金相工作的研究与应用开拓了广阔的前景,赋予定量金相工作以新的生命力。

1. 定量金相用的符号

定量金相中所用的测量量很多,为了工作方便,规定用统一的符号。以 P、L、A、S、V、N 等分别表示点、线、面(平面)积、曲面积、体积和个数。测量结果常用被测量对象的量与测试用的量的比值来描述,以带下标的符号表示。例 $N_A=\frac{\text{测量对象个数}}{\text{测量用的面积}}$ 表示单位面积上测量对象的个数;同理,P_L 表示单位测量线长度上和测量对象的交点数;S_V 表示单位测量体积中测量对象的面积。其他符号可依此类推。常用的基本符号即定义列于表 11-1 中。

表 11-1 基本符号及其定义

符 号	量 纲	定 义
P	—	点的数目
P_P	L^0	测量对象落在总测试点上的点分数
P_L	L^{-1}	单位测量用线长度上的点(相截的点)数
P_A	L^{-2}	单位测量用面积上的点数
P_V	L^{-3}	单位测量用体积上的点数
L	L	线的长度
L_L	L^0	线的百分数。在单位长度测量用的线上测量对象占的长度
L_A	L^{-1}	单位测量用面积上的线长度
L_V	L^{-2}	单位测量用体积中的线长度
A	L^2	测量对象或测量用的平面积
S	L^2	内界面积(可以不是平面)
A_A	L^0	面积百分数。在单位测量用的面积上测量对象占的面积
S_V	L^{-1}	单位测量体积中含有的表面积
V	L^3	测量对象的体积或测量用的体积
V_V	L^0	体积百分数。在单位测量用体积中,测量对象所占的体积
N	—	测量对象的数目
N_L	L^{-1}	每单位测量用线长度上遇到测量对象的数目
N_A	L^{-2}	每单位测量面积上遇到测量对象的数目
N_V	L^{-3}	每单位测量用体积中包含测量对象的数目
$\bar{L}$	L	平均截线长度,等于 L_L/N_L

续表

符　号	量　纲	定　义
$\overline{A}$	L^2	平均截面积，等于 A_A/N_A
$\overline{S}$	L^2	平均内界面积，等于 S_V/N_V
$\overline{V}$	L^3	测量对象的平均体积，V_V/N_V

2. 定量测量基本原理

定量金相中常用的量列于表 11-1 中，其中括号内的量是可以直接测量的，如 P_P、P_L、L_L、P_L 等；有些量是不能直接测量的，如 V_V、S_V、L_V、P_V 等用方框表示，可借助体视学基本公式找出它们与可直接测量量的关系，从而计算出来，故称为间接测量量。

定量金相中常用的几个基本公式列述如下：

$$V_V=A_A=L_L=P_P \tag{11-2}$$

$$S_V=\frac{4}{\pi}L_A=2P_L\left(L_A=\frac{\pi}{2}P_L\right) \tag{11-3}$$

$$L_V=2P_A \tag{11-4}$$

$$P_V=\frac{1}{2}L_V\cdot S_V=2P_AP_L \tag{11-5}$$

图 11-9 中箭头表示从一个量可以推算另一个量的关系。以上公式的导出除了要求测试时的随机性之外，没有其他附加条件，因此应用时不受组织形状、尺寸大小及分布的限制，公式本身不会给计算带来误差。但是测量次数的多少却直接影响测量值的可靠性，因此，公式的应用必须以随机、大量测量为条件。由公式可见，金相组织的定量测量就是建立在这些最简单、最基本量测量的基础上，通过二维截面上可直接测量的组织参数的测量，得到我们所需的三维组织参量。定量金相的内容是多样的，公式不限于此，其他公式需要时可参考有关资料或直接导出。

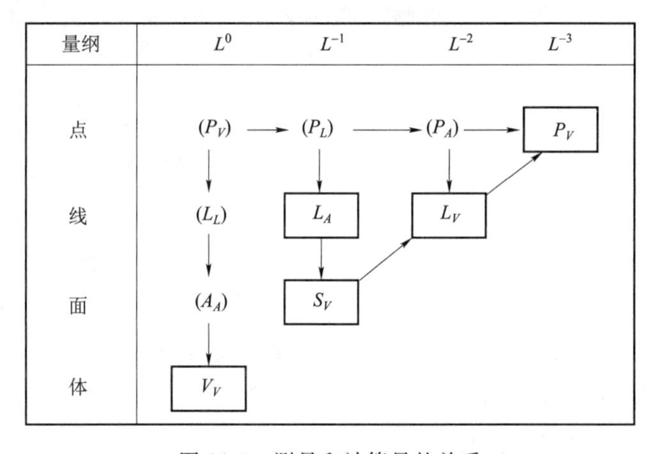

图 11-9　测量和计算量的关系

三、定量测量的基本方法

定量测量仅能在二维组织截面上进行，且有矢量，如截面上的晶界长度，也很难直接测得,但建立了它们与可直接测量量的关系后则可迎刃而解。因此,实际测量方法是很简单的,也就是计点、量长度或测量面积。

1. P_P的测量

此法最简单,又称点分析法。测试用点:可以是线,可以是测试网格的交点,或短测试线的端点。但测量时要求网格阵点(或随机点)落在对象的点数不大于1,如图11-10所示,即用相同的测试点数,符合这一条件时误差最小。图11-11表示网格阵点与被测量相间的关系。

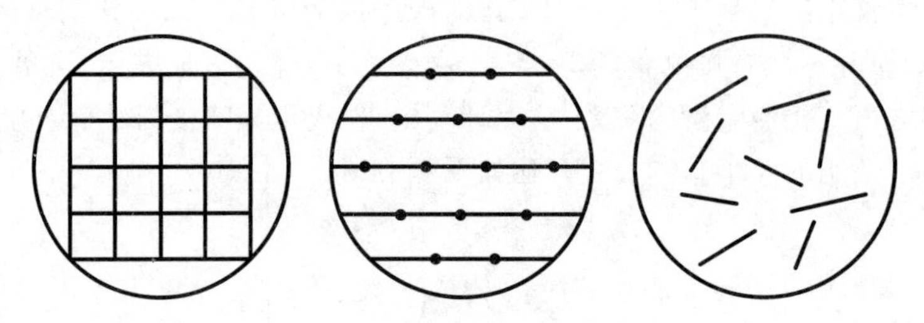

图11-10　点分析法常用的阵点

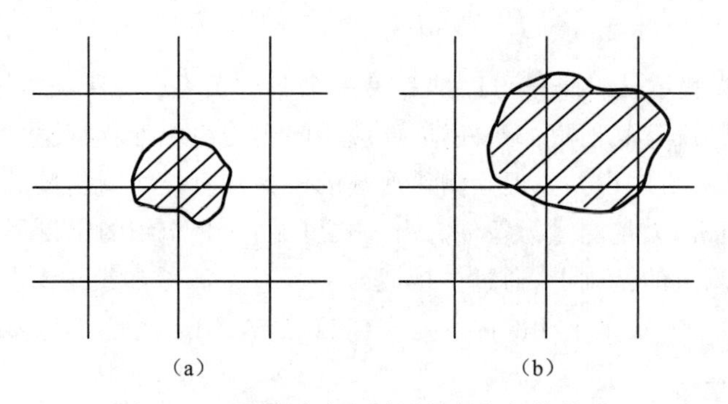

图11-11　网格阵点与被测量相之间的关系
(a) 正确;(b) 不正确

假设测量用P_T个随机点,有P个点落在测量对象上,则$P_P=\frac{P}{P_T}$。以图11-12为例:$P_T=30$,$P=5.5$(测试点落在测量相边界上,以1/2点计),$P_P=\frac{5.5}{30}=18\%$。

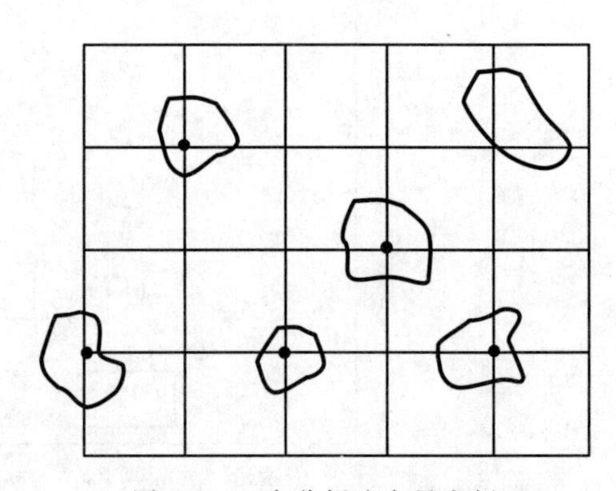

图11-12　点分析法定量实例

2. P_L的测量

P_L是单位长度测试线上,测试线与测量对象相截的点数。测试线可以是直线或一组同心圆组成,如图11-13所示。对随机分布的组织可使用单线或图11-13(a)中的一组平行线进行测量;如果待测的组织是有方向性的,通常需要对有向组织的方向轴转动一定角度来测量,图11-13(a)中的放射线可帮助我们确定所需要的角度;如果测量对象的有向性程度较高,为了减少误差,可采用图11-13(b)的圆周进线进行测量。

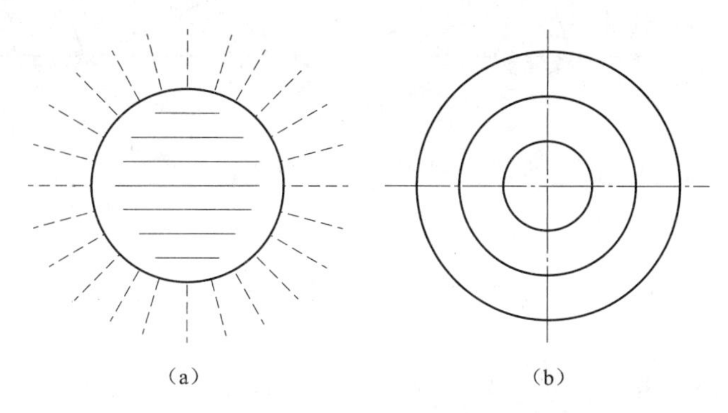

图 11-13 测量 P_L 用的测试线

由于实际的线组织具有一定的宽度，所以，测量线的端点可能落在线组织上，这时不能以一点计算。如图 11-14(a)所示，应以 1/2 点计；若测试线端点落在线组织的三叉结点上，如图 11-14(b)所示，此时，应以 3/2 点计。

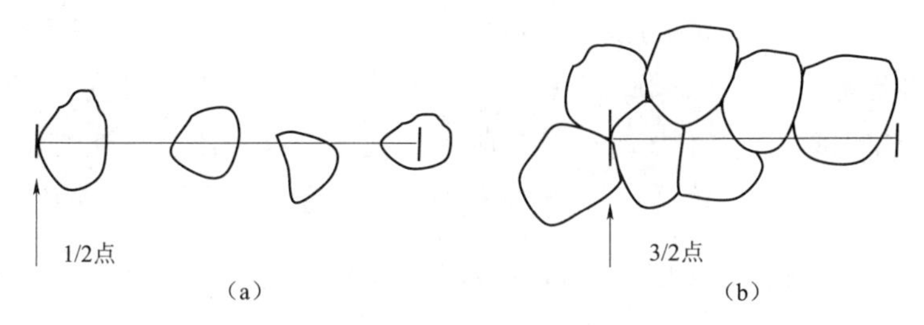

图 11-14 P_L 的测量

3. P_A 的测量

P_A 是指单位测试面积上点组织的数。点组织一般指晶界的三叉结点（根据拓扑关系，可由它计算出晶粒数目）即位错露头数等。

测试面积可任意选取，圆面积或方面积均可。如果测试面积的边线稍稍落在点组织上时，这个点以 1/2 点计。

4. N_L 的测量

N_L 是指单位长度测试线上遇到测量对象的个数。测量 N_L 与测量 P_L 很相似，同样是用直线或圆周线测量，不过此时计入的不是截点数，而是测量对象的个数。

(1) 对分离的凸形粒子，如分散分布的第二相，$N_L=\frac{1}{2}P_L$，见图 11-15(a)。

(2) 对单相组织，所有相接的晶粒都是统一相，显然 $N_L=P_L$。

(3) 如果第二相粒子不完全分离，而是有些粒子相邻接，如图 11-15(b)所示，β 相分布在 α 相基体上时，产生了 α-β 界面和 β-β 界面。这时 N_L 和 P_L 的关系为：

$$(N_L)_\beta=(P_L)_{\beta-\beta}+\frac{1}{2}(P_L)_{\alpha-\beta} \tag{11-6}$$

式中：$(P_L)_{\beta-\beta}$——单位长度测试线上，β—β 相相邻的截点数；

$(P_L)_{\alpha-\beta}$——单位长度测试线上，α—β 相相邻的截点数。

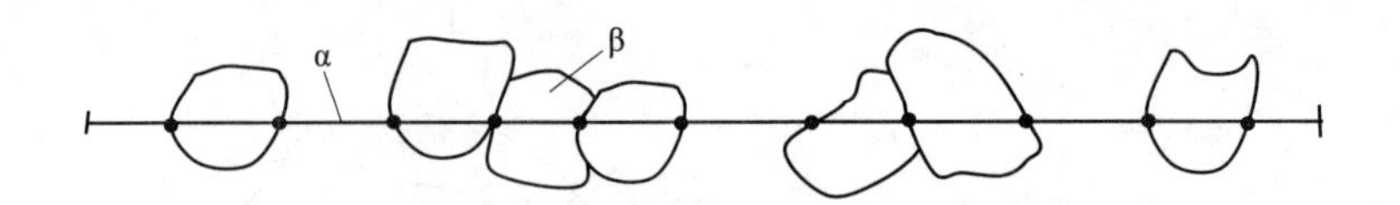

图 11-15　N_L的测量

5. N_A的测量

N_A是单位测试面积上测量对象的个数。这些测量对象可以是弥散的沉淀粒子、空洞、夹杂物或单相的晶粒个数。

测量用的面积采用圆或方形面积。测量时把全部落在测试面积内的个数记做 N_{tn}，把跨过测试面积边界的个数记做 N_B。

(1) 当测试用圆面积时，测试面积上测量对象的总个数：$N_t = N_{tn} + \frac{1}{2}N_B$。

(2) 当测试用方形面积时，对于单相晶粒个数的计算：$N_t = N_{tn} + \frac{1}{2}N_B - 1$。式中减 1 是考虑跨过方形面积的四个角的晶粒，它们占的面积不能以 1/2 计，而应以 1/4 计。

6. L_L的测量

L_L是指单位测试线长度上某测量对象所占的长度。这种测量方法又称线分析法。可以在目镜中插入有线刻度的玻璃片，直接在显微镜下测量；也可利用目镜中某一定点，通过移动载物台，记录移动载物台的总长度 L_T和该点通过测量对象的长度 l，则 $L_L = \frac{l}{L_T}$。L_L也是获得 V_V值常用的方法。

7. A_A的测量

A_A是单位测试面积上被测量对象所占的面积。这种方法很难在显微镜下直接测量，通常可采用以下两种方法测量：

(1) 求积仪在照片上求出欲测相的面积 A_i，再把总测试面积 L_T内的 A_i加合，得到：

$$A_A = \frac{\sum A_i}{L_T} \tag{11-7}$$

(2) 称量法，如果相纸厚度均匀，剪下测量相所占的部分，称重为 g，它和相应整张图重 G_T之比就是 A_A。

用人工测量 A_A的方法是较麻烦的，且不精确，故很少采用。但是利用自动图像分析仪可直接、准确地测得 A_A值。

四、描述组织的特征参数与定量

由于研究的目的不同，常常采用不同的特征参数描述组织，建立这些参数与可直接测量量间的关系，即可实现对组织的特征参数作定量描述的要求。

1. 晶粒大小

(1) 平均截线长

三维物体的截线长度用 L_3表示，它是指随机截取三维物体时，在物体内截线长度的平均值。如图 11-16 所示。当测量次数足够多,二维截面的平均截线长 L_2 等于 L_3。

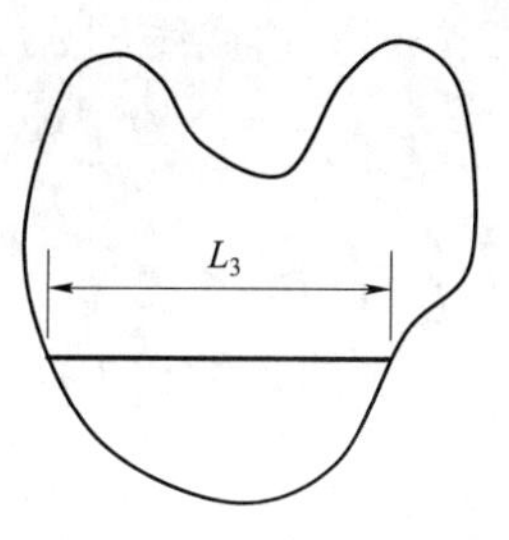

图 11-16　平均截线长图

用随机直线截取晶粒,若测量线总长度为 L_T,截过晶粒数为 N,则对连续分布的单相晶粒

$$L_3=\frac{L_T}{N}=\frac{1}{N_L};$$

对于第二相粒子 $(L_3)_\alpha=\dfrac{(L_L)_\alpha}{(N_L)_\alpha}$

（2）晶粒平均面积 $\overline{A}$

$\overline{A}$ 表示截面上晶粒面积的平均值,即:

$$\overline{A}=\frac{\sum A_i}{N}=\frac{1}{N_A} \tag{11-8}$$

（3）晶粒度

晶粒度是用来描述合金晶粒大小及复相合金中连续分布的基体晶粒大小的,按晶粒度的定义:

$$n=2^{G-1} \tag{11-9}$$

式中:G——晶粒度级数;

n——线放大倍数为 100×时每平方英寸的晶粒个数。换成每平方毫米的晶粒个数 N_A 时,

$$G=\frac{\log N_A}{\log 2}-1=\frac{\log\dfrac{1}{\overline{A}}}{\log 2}-1 \tag{11-10}$$

故已知 N_A 或 $\overline{A}$,即可评出晶粒度级别。

2. 分散分布的第二相粒子

（1）平均自由程 λ

平均自由程是指截面上任意方向的第二相边缘到另一个第二相边缘间的平均距离(见图 11-17)。平均自由程是个很重要的特征参量,对材料机械性能有较大影响,如钢中碳化物粒子的 λ 值愈小,钢的屈服强度愈高。由平均自由程的定义可得:

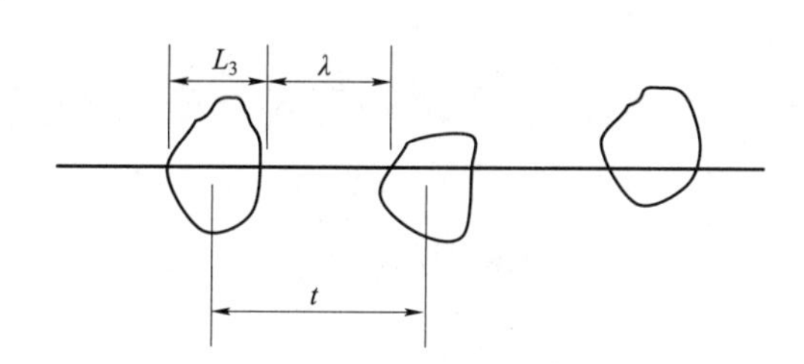

图 11-17　第二相粒子的平均自由程和平均距离

$$\lambda=\frac{1-(L_L)_\alpha}{(N_L)_\alpha}=\frac{1-(P_P)_\alpha}{(N_L)_\alpha} \tag{11-11}$$

（2）粒子的平均距离 t

粒子的平均距离是指相邻粒子中心距离的平均值。由定义可知

$$t=\frac{1}{(N_L)_\alpha} \tag{11-12}$$

$(N_L)_\alpha$——单位长度测试线上截过第二相粒子的个数。

(3) 平均截线长 L_3

$L_3=t-\lambda=\frac{(L_L)_\alpha}{(N_L)_\alpha}$,适用于线分析法得到。同时,我们还可以通过基本公式的换算得到用点分析方法测量的公式。

对于非连续相 $P_L=2N_L$,则

$$L_3=\frac{(L_L)_\alpha}{(N_L)_\alpha}=2\frac{(P_P)_\alpha}{(P_L)_\alpha} \tag{11-13}$$

式中:$(P_P)_\alpha$——α 相的点分数;

$(P_L)_\alpha$——单位长度测试线上与 α 相相截的交点数。

(4) 形状因子

形状因子是描述粒子形状复杂情况的参数。表达形式很多,现列述两种。

1) $Q=\frac{L_C}{L_3}$

其中:L_C——粒子平均周界长;

Q——形状因子。

$$L_C=\frac{(L_A)_\alpha}{(N_A)_\alpha}=\frac{\pi(N_L)_\alpha}{(N_A)_\alpha}\left(\because L_A=\frac{\pi}{2}P_L=\pi N_L\right)$$

$$L_3=\frac{(L_L)_\alpha}{(N_L)_\alpha}$$

$$\therefore\quad Q=\frac{\pi(N_L)_\alpha^2}{(L_L)_\alpha(N_A)_\alpha}$$

2) $Q=\frac{L_C}{\overline{A}}$

$$Q=\frac{(L_A)_\alpha/(N_A)_\alpha}{(A_A)_\alpha/(N_A)_\alpha}=\frac{(L_A)_\alpha}{(A_A)_\alpha}=\frac{\pi}{2}(P_L)_\alpha/(P_P)_\alpha$$

3. 第二相粒子空间参量

(1) 空间尺寸相同的粒子

粒子空间直径 $D=\frac{3}{2}L_3=\frac{4}{\pi}\frac{N_L}{N_A}$

粒子平均面积 $\overline{A}=\frac{\pi}{6}D^2=\frac{8}{3\pi}\left(\frac{N_L}{N_A}\right)_2$

单位体积中第二相粒子数 $nv=\frac{N_A}{D}=\frac{2N_A}{3L_3}=\frac{\pi(N_A)^2}{4N_L}$

(2) 空间尺寸不同的粒子

通常可将粒子按截面上尺寸分级(按一定尺寸间隔分),测出每级粒子的 V_V 值,得到截面上粒子的尺寸分布,如图 11-18 所示。

此外,将粒子按尺寸分组后,可把每组的尺寸看成是相同的,然后按上面的公式求出各组粒子系统的平均参数。

以 $\overline{V}$、$\overline{D}$、$\overline{S}$ 表示空间粒子的平均体积、平均直径、平均表面积。为计算这三个平均值引入一个参量，为粒子在截面上直径倒数的平均值。此时有：

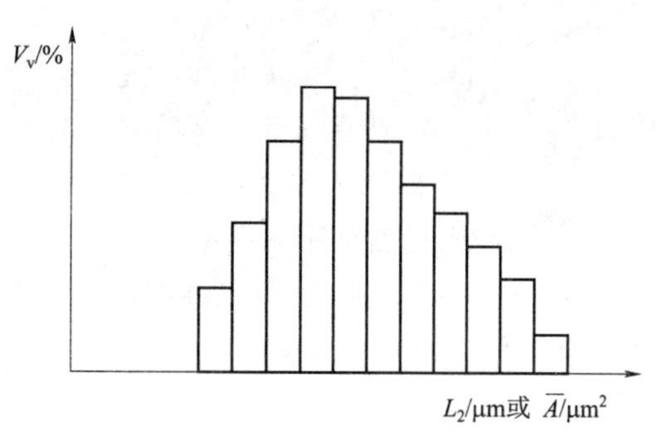

图 11-18　第二相粒子的尺寸分布

$$\overline{D}=\frac{\pi}{2\overline{m}}$$

$$\overline{V}=\overline{DA}=\frac{\pi}{2\overline{m}}\cdot\frac{A_A}{N_A}=\frac{\pi V_V}{2\overline{m}N_A}$$

$$\overline{S}=\frac{4\overline{V}}{L_2}=\frac{4\overline{D}\cdot\overline{A}}{L_2}=\frac{2\pi V_V/\overline{m}\cdot N_A}{L_L/N_L}=\frac{2\pi N_L}{\overline{m}N_A}$$

$$N_V=\frac{N_A}{\overline{D}}=\frac{2\overline{m}N_A}{\pi}$$

4. 片层状组织

很多共析或共晶产物是片层状的，人们往往关心它的片层厚度和平均自由程，因为这些参数对材料的力学性能关系甚密，且受转变过程控制，根据这一关系可分析或控制工艺过程。

(1) 片层间平均距离 t

片层间平均距离是指任意截线上相邻片层(同一相)中心间的平均距离，如图 11-19 所示。则有 $t=\frac{1}{N_L}$。设以 t_0表示空间相邻片层(同一相)中心间的真实距离，从体视学关系得出 $t_0=\frac{t}{2}$。

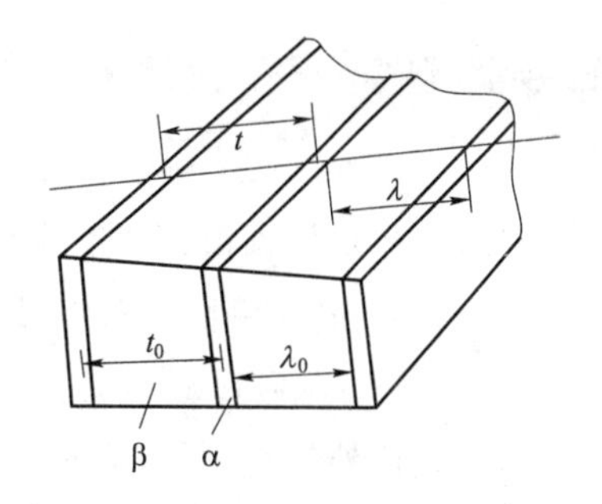

图 11-19　片层状组织参数

(2) 平均自由程 λ

平均自由程指相对量少的一相，相邻片层边缘间的平均距离。则 α 相的平均自由程：

$$\lambda_\alpha=\frac{(V_V)_\beta}{(N_L)_\beta}=(V_V)_\beta\cdot t$$

设以$(\lambda_0)_\alpha$表示 α 相在空间的真实平均自由程，同样由体视学关系可得：

$$(\lambda_0)_\alpha=\frac{1}{2}\lambda_\alpha$$

(3) 片层内界面 S_V

由公式 $S_V=2P_L$，对复相组织 $P_L=2N_L$，

$$\therefore S_V=4N_L=\frac{4}{t}$$

因此，测得平均间距 t，即可求出 S_V。

(4) 截面曲率

截面曲率的研究在金属学中具有重要意义，如第二相的粗化和晶粒的正常长大都与截面曲率有关。

曲率是描述曲线在某一点弯曲程度的。见图 11-20，将二维截面的曲线上，每点曲率的平均值定义为二维曲线的平均曲率：

$$\overline{k}=\frac{\Delta\theta}{L} \tag{11-14}$$

式中：$\Delta\theta$——P_1、P_2两点切线的交角；

L——P_1P_2曲线的长度；

$\overline{k}$——P_1P_2曲线的平均曲率。

由体视学关系得到：空间三维曲面的平均曲率和二维截面的平均曲率的关系是

$$\overline{K}=\frac{\pi}{4}\overline{k} \tag{11-15}$$

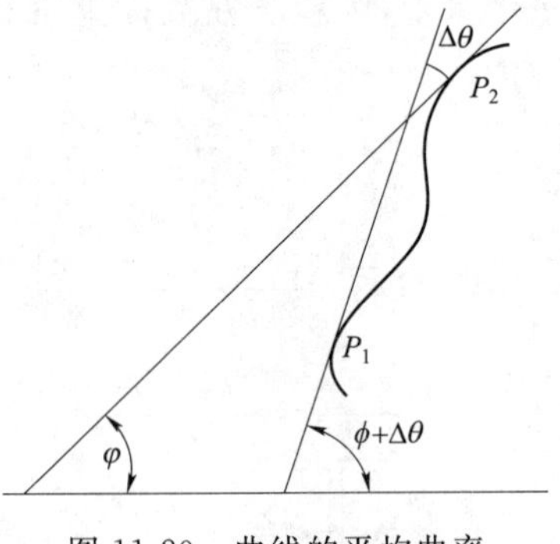

图 11-20　曲线的平均曲率

以复相合金中的第二相粒子为例，其周界是封闭曲线，每个粒子的平均曲率

$$\overline{k}=\pm\frac{2\pi}{L_C} \tag{11-16}$$

式中：L_C——粒子周界长。

正负号含义是：人为规定曲线逆时针方向测量，测量体在左侧，为正；测量体在右侧，为负。如图 11-21 所示。粒子在二维截面上的平均曲率 $\overline{k}=\frac{\Delta\theta}{L_A}$，

$$\Delta\theta=2\pi(N_A-N_{Ah}) \tag{11-17}$$

式中：N_A——单位测量面积上点粒子数；

N_{Ah}——单位测量面界上，粒子中的孔洞（或夹杂）数；

L_A——单位测试面积上粒子的总周界长。

当只讨论外界作用时，成堆粒子与单一粒子讨论相同，此时所不同处是 N_A 以单位测量面积上的粒子堆数计；如果每堆粒子的内界面也要考虑时，

$$\overline{k}=\frac{2\pi(N'_A-N'_{Ah})}{L'_A} \tag{11-18}$$

式中：N'_A——第二相粒子数；

N'_{Ah}——第二相粒子内的孔洞数；

$L'_A=L''_A+2L_{\alpha\alpha}$，其中：

L''_A——单位测试面积上，成堆粒子内界面的周界长。

$L_{\alpha\alpha}$——单位测试面积上，成堆粒子界面的周界长。

5. 有向组织参数

材料的组织由于相变或加工等原因，可能产生方向性，例如魏氏组织，加工后晶粒沿加工方向伸长，位错在滑移面排列等，都是有一定方向性的组织。当出现有方向性的组织时，若按常规方法测量 L_A、L_V、S_V等组织参数时会产生很大误差，因此，需要用特殊的方法来确定它们。此时，通常用两种操作测量，一是垂直于组织的规则方向测量，另一是平行于组织的规则方向测量。用这两个方向的测量量分别计算出规则部分及不规则部分的量，二者就是测量的总量。把规则部分的量和总量之比作为组织有规程度的量度。

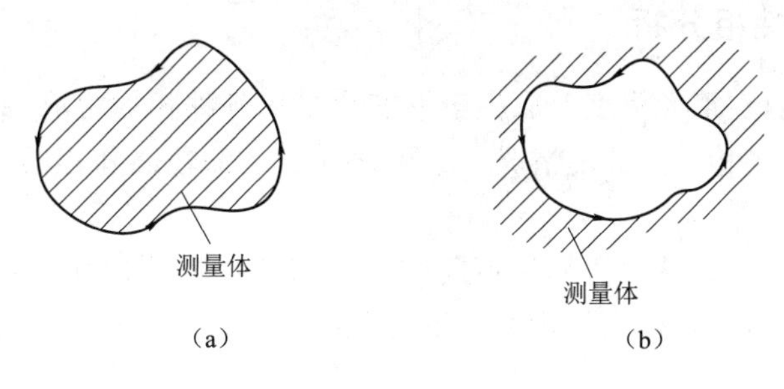

图 11-21 粒子平均曲率 $\overline{k}$ 的正负号定义

(a) $\overline{k}$ 为正值;(b) $\overline{k}$ 为负值

第八节 使用 X 射线衍射仪进行定性分析

学习目标:通过学习,了解 X 射线衍的检验原理,了解 X 射线定性分析技术。

一、X 射线基础

X 射线在晶体中的衍射是其散射的一种特殊表现,是由于 X 射线被晶体中各个原子的电子所散射,这些与入射 X 射线同样波长的相干散射互相干涉加强的结果。下面介绍 X 射线衍射的简要原理。

考虑一束平行 X 射线束投射到晶面指数为 hkl 的晶面上(见图 11-22),它将被晶面 1 反射,满足入射角与反射角相等且与平面的法线在一个平面内的条件。再考虑当在这束 X 射线中的两条射线分别在晶面 1 和晶面 2 反射,这两条反射线之间的光程差为 $SA'+A'T=2d\sin\theta$。这里 d 是晶面之间的距离,θ 是射线与晶面间的夹角。当光程差等于波长的整数倍时,这两条反射射线产生干涉加强,即:

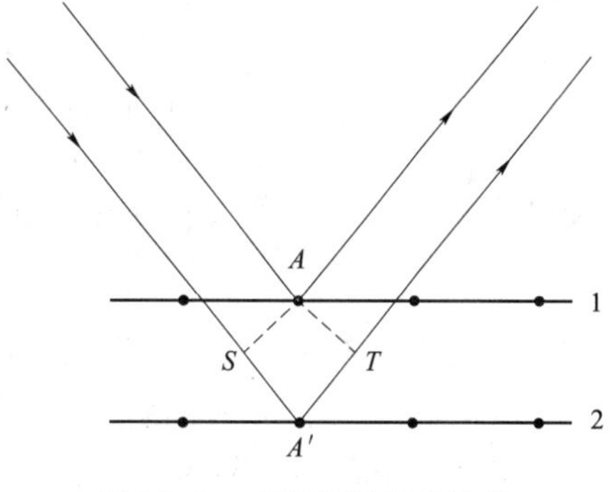

图 11-22 布喇格定律的推导

$$2d\sin\theta=n\lambda$$

其中 n 是正整数,称为衍射的级。这个公式就是布喇格定律。θ 称为布喇格角或半衍射角。由此可以得到,X 射线衍射的条件是:

(1) 入射线和反射线与反射晶面的法线在同一平面内,且在该法线两侧构成相同的角度。

(2) 对指定的晶面和波长,只有满足 $2d\sin\theta=n\lambda$ 的角度位置上才能得到衍射。

(3) 由于 $\sin\theta$ 的绝对值不大于 1,故 $\frac{n\lambda}{2d}\leqslant 1$,即 $\lambda\leqslant\frac{2d}{n}$。当 $n=1$ 时,只有 $\lambda\leqslant 2d$ 的 X 射线才可能产生衍射。

二、X射线定性相分析

钢和合金的性能,在很大程度上取决于钢和合金中各种相的组成、数量、形状、大小、分布状况和合金元素在各相内的分配情况。为了研究合金的性能和相的变化关系,必须进行相分析。

相分析的方法很多,每种方法都从不同的侧面描述材料的构成,其中X射线相分析有自己的特点。它所分析的是存在的物相而不是化学成分。当这些方法结合在一起,就能对材料作出全面的描述。

1. 散射因子和结构因子

(1) 原子散射因子。除氢原子外,各种原子都具有不止一个核外电子,分布在核的周围,在通常的X射线工作中,所用辐射的波长和原子的直径相差不多,因此各个电子的散射辐射的位相是不同的,造成了一个原子的散射振幅小于各个电子散射振幅的总和。定义原子散射因子为:

$$f=\frac{\text{受一个原子散射的相干散射波振幅}}{\text{受一个电子散射的相干散射波振幅}}$$

f 是$\frac{\sin\theta}{\lambda}$的函数。当 $\theta=0$,它等于原子(或离子)所包含的电子数。f 随$\frac{\sin\theta}{\lambda}$的增加而减小。

(2) 结构因子。晶体是由许多原子按一定的规律在空间排列构成的。当X射线被晶体衍射时,将是处在晶胞中各个不同位置的原子的散射波的叠加。定义结构因子 F 为:

$$F=\frac{\text{受一个晶胞内所有原子散射的相干散射波振幅}}{\text{受一个电子散射的相干散射波振幅}}$$

如果晶胞中每个原子散射时具有相角 ϕ,按 f 的定义:

$$F=\sum f_j e^{i\phi j}$$

这里i是虚数符号,求和对晶胞中所有的原子进行。可以求出 $\phi_j=hx_j+ky_j+lz_j$,(x_j,y_j,z_j)是第 j 个原子在晶胞中的坐标。

(3) 几种常见的金属晶体结构的结构因子

1) 体心点阵(如 α-Fe)。每个晶胞有两个相同的原子a,坐标为(000)和$\left(\frac{1}{2}\frac{1}{2}\frac{1}{2}\right)$,因此 $F=f_a e^{2\pi i(0)}+f_a e^{2\pi i(h+k+l)/2}=f_a[1+e^{\pi i(h+k+l)}]$。

当 $h+k+l=$偶数时,$e^{\pi i(h+k+l)}=1$,因此 $F=2f_a$;

当 $h+k+l=$奇数时,$e^{\pi i(h+k+l)}=-1$,因此 $F=0$,

因此,出现的衍射线指数依次为(110),(200),(211),(220),(310),…

2) 面心点阵(如铝)。每个晶胞中有四个相同的原子a。

$$\begin{aligned}F&=f_a e^{2\pi i(0)}+f_a e^{\pi i(hh+k)}+f_a e^{\pi i(k+l)}+f_a e^{\pi i(l+h)}\\&=f_a[1+e^{\pi i(h+k)}+e^{\pi i(k+l)}+e^{\pi i(l+h)}]\end{aligned}$$

当 h,k,l 全为奇数或全为偶数时,$F=4f_a$;

当 h,k,l 为混合的奇偶数时,$F=0$。

因此,出现的衍射线指数依次为(111),(200),(220),(311),…

3) 六角密堆结构(如镁)。每个晶胞有两个同样的原子 a,坐标为(000)和($\frac{1}{3}\frac{2}{3}\frac{1}{2}$)。

$$F=f_a\left[1+e^{2\pi i\left(\frac{h+2k}{3}+\frac{l}{2}\right)}\right]$$

当 $h+2k=3n$,l 为奇数,$F=0$;

当 $h+2k=3n$,l 为偶数,$F=2f_a$;

当 $h+2k=3n\pm l$,l 为偶数,$F=\frac{1}{2}f_a(1\mp\sqrt{3}i)$;

当 $h+2k=3n\pm l$,l 为奇数,$F=\frac{1}{2}f_a(3\mp\sqrt{3}i)$。

因此出现的衍射线指数为(100),(200),(101),(102),(110),…

从上面的例子可以看到:

a) 对给定的晶体结构,并不是 h、k、l 的全部组合都可能出现,某些衍射线的结构因子是零,也就是该组晶面不能产生衍射,这种观象称为系统缺席(系统消光)。根据系统消光,就可以确定该晶体的结构类型。

b) 每种结构都有自己的特定的系统消光,例如体心立方 $h+k+l$ 为奇数的衍射线和面心立方中 h、k、l 为混合的奇偶数的衍射线均不出现。

2. 定性相分析的基本原理

(1) 基本原理。每一种晶体物质都有自己特定的晶体结构和点阵参数。一般说来,不同的晶体的结构和点阵参数不会完全相同。所以,两种不同物相的晶体一般地将给出不同的 X 射线衍射花样,即给出不同的衍射线位置和强度。将未知物相的衍射花样与已知物相的衍射花样作比较,当花样彼此吻合时,就能判定该未知物相。已知物相的数量极为庞大,这样直接进行比较显然很困难,于是将这些已知物相的衍射数据按一定的方式排列,构成一张卡片,并按一定的规律进行编纂,使得比较易于进行。当试样是由多个物相构成时,试样的衍射花样是各组分物相的衍射数据的简单叠加,因此可用比较的方法将试样的组分物相辨认出来。

(2) 粉末衍射卡片的结构。经国际专门组织搜集和校核的物相衍射数可用卡片的形式加以保存,这种卡片现称为 JCPDS 卡,它的前身是 ASTM 卡。从 1949 年起到现在已有的无机物卡片超过 3.5 万张,每年补充卡片约 2 000 张整理成一组。现已有 35 组。为了检索方便,同时出版几种检索手册。每张卡片可分成 10 个栏目,每个栏目的内容简述如下(见图 11-23)。

1) 第 1 栏和第 2 栏。这两个栏目都分成 a~d 四个,1a~1d 为晶面间距值(d 值),2a~2d 为相应的相对强度。1a~1c 为三条在 $2\theta<90°$范围内的最强线,1d 为卡片所列 d 值的最大值。相对强度以最强线为 100。

2) 第 3 栏。栏中列出实验方法和条件,包括所用的辐射、辐射的波长、所用的滤片和照相机的直径。第二行列出所用方法能测量的最大 d 值和测量相对强度的方法。第三行是本栏目和 d 值的数据来源。

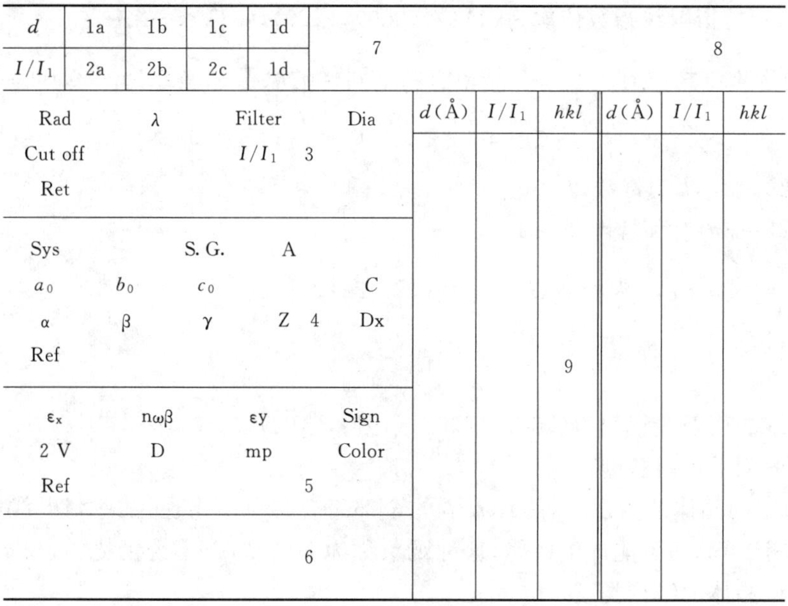

<table>
<tr><td>d</td><td>1a</td><td>1b</td><td>1c</td><td>1d</td><td rowspan="2">7</td><td colspan="6" rowspan="2">8</td></tr>
<tr><td>I/I_1</td><td>2a</td><td>2b</td><td>2c</td><td>1d</td></tr>
<tr><td colspan="6">Rad λ Filter Dia
Cut off I/I_1 3
Ret</td><td>d(Å)</td><td>I/I_1</td><td>hkl</td><td>d(Å)</td><td>I/I_1</td><td>hkl</td></tr>
<tr><td colspan="6">Sys S. G. A
a_0 b_0 c_0 C
α β γ Z 4 Dx
Ref</td><td colspan="6" rowspan="3">9</td></tr>
<tr><td colspan="6">εx nωβ εy Sign
2 V D mp Color
Ref 5</td></tr>
<tr><td colspan="6">6</td></tr>
</table>

图 11-23 JCPDS 卡片的结构

3) 第 4～6 栏。第 4 栏是晶体学数据，包括晶系、空间群、点阵参数和轴比$\left(A=\frac{a_0}{b_0},C=\frac{c_0}{b_0}\right)$，晶胞内化学式(或分子)数，按晶体学数据求出的密度和晶体学数据的来源。第 5 栏是试样的光学和物性数据，例如折射率、光轴、熔点、密度等以及数据的来源。第 6 栏是试样来源、制备方法、热处理条件以及本卡片与以前卡片的关系。

4) 第 7 栏和第 8 栏。第 7 栏列出试样的化学式和英文名称，第 8 栏列出矿物学名称或习惯名称。在第 8 栏的上方的方框内，有时标有星号★，字母 i，圈号 O 或字母 C，分别代表数据的可靠程度，星号表示数据可靠性高，以后依次为字母 i，无记号和圈号。字母 C 代表数据系按晶体学数据计算出。

5) 第 9 栏。列出了衍射数据，包括各衍射线的 d 值(用 Å 表示)，相对强度和衍射线的晶面指数。在相对强度项中，有时会出现符号 b 和 d，分别代表衍射线宽化和未能分别测量的双线。

6) 第 10 栏。在整个数据方框的左上角，表示卡片的编号。它由两部分组成，前面两位数表示数据组编号，后面的数字(不超过四位数)是该卡片在该组中的序号。

3. 粉末衍射卡索引

为了迅速地从数以万计的卡片中找出所需的物相卡片，必须利用索引。现有的索引有如下几种：哈那瓦特索引、芬克索引、名称索引、常用卡索引和矿物索引。前三种索引都分成有机和无机两种。

(1) 名称索引。按物相的英文名称的字母次序编排成索引，如其英文名称由几个词构成，在索引中将出现几次。图 11-24(a)给出了索引中的一个小节。每种物相占一行，由名称，化学式，三条最强线的 d 值，卡片号和 I/I_c 构成。d 值右下角的数字代表该衍射线的相对强度，以最强线为 10(记作 X)。I/I_c 是相对于 d-Al_2O_3 的衍射强度，其意必将在下节说明。在某些化学式后面标有数字和字母，代表了该相的单胞中包含的原子数及该相的布喇非点阵类型。在行首的符号是数据的可靠性符号。

对所有的索引，最后两项都是相同的。

						File No.	I/I_c
	Oxide：Iron	FeO	1.52_x	1.51_x	1.29_6	6-711	
•	Oxide：Iron/Hematite syn	Fe_2O_3	2.69_x	1.69_6	2.51_5	13-543	2.60
	Oxide：Iron	$(Fe_3O_4)_{56}F$	2.44_x	1.43_5	1.55_4	26-1136	
	Oxide：Iron	$FeFe_2O_4$	2.60_x	1.40_5	2.03_4	28-491	
i	Oxide：Iron/Magnetite syn	γ-Fe_2O_3	2.51_x	1.47_4	2.95_3	25-1402	

(a)

2.50－2.44(±0.01)　　File No.　I/I_c

⋮

										File No.	I/I_c
	2.44	2.62	5.11	4.75	4.57	2.50	6.90	3.17	$RbNb_4Cl_{11}$	22－1187	
i	2.44	2.62	2.24	1.22	1.15	1.47	1.37	1.43	$(Al_2Hf)_{12}H$	17－420	
C	2.51	2.61	2.04	3.79	2.54	1.25	1.59	1.46	$(CeRh_2Si_2)_{10}U$	30－308	10.90
•	2.45	2.61	2.78	1.90	1.61	1.47	1.37	1.34	$(Mg)_2H$	4－770	2.00
i	2.43	2.61	2.05	1.43	1.48	4.57	3.36	2.86	$BeMgAl_4O_3$	8－11	

⋮

(b)

图 11-24　粉末衍射卡索引片断

(a) 名称索引；(b) 哈那瓦特索引

(2) 哈那瓦特索引和芬克索引。这两种索引也分别称为三强线索引和八强线索引。在每种物质占有的一行中，列出了八个 d 值数据。在哈那瓦特索引中，按三条最强衍射线的 d 值分别据第一个 d 值位置，剩下的两个 d 值按大小排列，在索引中，每个物相将出现三次。在芬克索引中，按最强的前八条衍射线的 d 值大小次序循环排列，因此每个物相将出现六次。在 d 值后面的化学式、卡片号和 I/I_c。在这两种数值索引中，按第一个 d 值的数值分成若干区间，在每个区间中又以第二个 d 值的大小按次序编排。

(3) 常用卡索引和矿物索引。它们实际上都包括了名称索引和三强线索引两个部分。和上面的索引不同处在于它们仅是部分 JCPDS 卡片的索引。矿物索引使用的是矿物学名称。根据国外某些实验室的统计，所有这些卡片的使用频率相差悬殊，最常用的仅千余张。这些卡片构成了全部卡片的一个亚组，称为常用卡。常用卡索引就是对这些卡片编制的。

4. 检索操作

(1) 单相情形。将测量到的 d 值依次排列成表，以其最强线的强度为 100。选取最强的几个 d 值(大于三个)，分别作为第一强线，然后将索引中后两条最强线与选取的线作比较，选出三个 d 值均符合的条目。再将索引中该条目的后五个 d 值与测量值作比较，若全部符合则抽出该条目的卡片，进一步核对。在进行比较时，要注意误差窗口的选择，即允许测量值与索引上列出值之间有合理的误差。误差的大小与实验方法、试样状态等都有关，一般地，随衍射角增加，误差窗口应逐步减小。在核对时，应以 d 值为准，适当参考强度值。

由于试样状态和制样上的因素,强度可能有偏离。除了存在强烈织构的试样,一般较强的衍射线总保持为较强。

表 11-2 给出了一个例子。表中第 3、4 行给出于测量到的某试样的 d 值和相应的 I/I_1 值。其中第 2、1 和 3 个 d 值为最强的衍射线。以 2.22 为第一强线,在哈那瓦特索引中先找到 2.24-2.20 的 d 值间隔,再寻找第二、第三强线为 2.57 和 1.57 的条目,发现如下两个条目符合。

$2.22_{\times}$ $1.57_{\times}$ 2.58_8 1.34_8 1.28_8 1.00_8 0.91_8 0.86_8 ScN 3—91

*$2.22_{\times}$ 2.57_6 1.57_6 1.34_2 0.99_2 0.91_2 1.28_1 0.86_1 MnO 7—230

取出卡片仔细核对,发现 MnO 符合得更好。考虑到试样来源和化学分析(光谱定性)结果,肯定是单相 MnO。MnO 的衍射数据也列于表 11-2 中以便比较。

表 11-2 单相分析示例

编号	2θ	d	I/I_1	JCPDS 卡片 7-230		
				d	I/I_1	hkl
1	34.95	2.566	70	2.568	62	111
2	40.60	2.221	100	2.223	100	200
3	58.75	1.572	60	1.571	58	220
4	70.20	1.341	20	1.340	21	311
5	74.00	1.281	13	1.283	13	222
6	87.80	1.111 5	10	1.111 2	11	400
7	98.20	1.020 0	10	1.019 8	10	331
8	101.70	0.994 0	20	0.993 8	18	420
9	116.30	0.907 5	15	0.907 4	15	422
10	128.60	0.855 5	13	0.855 4	13	511
11	157.20	0.786 0	5	0.785 7	4	440

(2) 复相情形。在金属和合金中,常常遇到几个物相共存,在这种情形,分析较麻烦些,但基本手续与单相相同。这时可适当选择稍多的衍射线来进行比较。在检索时从强的衍射线开始,当有三条衍射线数据与索引中某条目的前三条强线一致时,继续校核后续的五个 d 值,并根据对试样的了解,确定该条目的化学式中的元素是否可能存在或该相是否可能出现。如果都是合理的,记下卡片号码,然后对其他衍射线继续检索。要注意到,大多数卡片上的数据可能比测量值更完整,同时不同的物相可能有衍射线彼此重叠,以及试样条件不同或实验条件不同造成的相对强度的差异。最后将全部可能物相的卡片抽出,作进一步校核,确定实际存在的物相。

表 11-3 是黄铜管在使用一段时间后内壁的衍射数据。以最强的三条线 2.11,1.83 和 1.30 检索,找到 Cu 是一个合理的可能的物相,但测量值均偏小。由于黄铜是铜-锌合金,在固溶状态时,铜基本点阵的点阵参数会因合金元素的加入而改变,但这种改变应表现在所有的衍射数据中。在剩余的线中,以较强的 2.59,2.46 和 2.80 继续检索,同时也注意可能的 d 值重叠,最后获得 ZnO 是另一可能存在的物相。将这两张卡片的数据与测量数据按次序排列,并仔细比较 d 值和强度。可以看到测量数据全部被解释,数据

吻合程度良好，结果合理，因此可以肯定该黄铜管内壁是由铜固溶体的基体和氧化锌构成。

表 11-3　复相分析示例

编号	d	I/I_1	4-836　Cu		5-644 ZnO	
			d	I/I_1	d	I/I_1
1	2.80	W			2.816	71
2	2.59	MW			2.602	56
3	2.46	MW			2.476	100
4	2.11	VVS	2.088	100		
5	1.90	VW			1.911	29
6	1.83	VS	1.808	46		
7	1.474	VW			1.477	35
8	1.295	VVS	1.278	20		

注：1. 本例是用照相法获得数据，故数据精度稍低；

2. 强度系目估值，符号代表：VVS 最强，VS 较强，MW 中强，W 弱，VW 较弱。

5. 定性相分析中的几个问题

(1) X 射线定性相分析不是万能的，在某些情形也可能分析不出结果。例如，当某些元素溶解在另一元素的基体中时，相分析不但不能知道溶质元素，甚至有时连基体元素也不能确定。这时，其他的分析方法如光谱定性分析、比重测定、颜色观察等将对分析结果的合理性和唯一性作出判断。因此，X 射线相分析需要其他分析手段的配合。

(2) 定性相分析能获得明确结果的前提是测量数据的可靠性，因此必须仔细地进行实验。另一方面，由于试样的复杂性，尤其在多个相并存时，有时必须反复进行多次实验才能得到完整、可靠的数据。

(3) 当待测样品中需分析的是其微量相（如某些钢中的沉淀相），直接进行 X 射线衍射不一定能获得满意的结果。如能将微量相进行富集，将会给出很好的结果。富集的方法很多，例如电解萃取、化学萃取、电镜常用的复膜萃取以及机械萃取等。前两种是常用的方法。化学萃取是利用某些物相在适当的溶液中被溶解，另一些物相却不受影响而保留下来，使保留的物相得到富集。电解萃取是利用不同的相在适当的电解液中具有不同的电解电位，选择合适的电位可以产生选择性电解，而使某些相被有意识的溶解掉，另一些相则作为电解剩余物被保留。电解萃取在研究钢中碳化物或其他沉淀相时应用很多。

(4) 在对初步选出的卡片进行核对和评判时，必须根据对试样的来源、工艺过程和热处理过程等各方面的知识的了解，才能获得合理的结果，排除似是而非的结果。

(5) 定性相分析是一项非常细致的工作，尤其当试样中存在众多物相时，特别需要仔细和耐心，微小的疏忽就可能导致漏检或判断错误。

(6) 随着计算机的广泛使用，愈来愈多的仪器带有计算机，愈来愈多的单位采用了计算机检索，以代替人工的繁复机械的劳动。可是，计算机检索一般不能给出最后的和唯一的结果,而是提供一系列可能的结果,就如人工检索时初步选出的卡片一样。最终结果的获得仍需分析者进行最后的甄别。

第九节　扫描电子显微镜分析

学习目标:通过对本节的学习,测试工应能了解扫描电镜的特点、分析步骤及样品制备。

一、扫描电子显微镜概述

现代的扫描电子显微镜是 Oatley 和他的学生从 1948—1965 年在剑桥大学的研究成果。第一台商品扫描电子显微镜是 1965 年由英国的剑桥仪器公司生产的。目前,最好的场发射扫描电子显微镜分辨率可达 0.5 nm。扫描电子显微镜问世之后,已经在许多领域中得到广泛应用。

扫描电子显微镜有许多突出的优点。

(1) 透射电子显微镜的分辨率虽然很高,但是一般只能观察物体内部的二维平面结构;扫描电子显微镜能够直接观察样品表面的立体结构,并且具有明显的真实感。

(2) 扫描电子显微镜的放大范围很广,可以从放大镜的水平(10 倍)很容易地改变到光学显微镜的水平(几百倍)和透射电子显微镜的水平(几十万倍),因而可以认为扫描电子显微镜填补了光学显微镜和透射电子显微镜之间的空隙,并且即使在高倍观察时,也能得到高亮度清晰的图像。

(3) 扫描电子显微镜主要观察样品的表面结构,因而对样品的厚度没有限制。例如,金属一类的导电样品,可以直接观察;而非导电材料只要镀上一层金属薄膜就可以观察。因而在样品处理上比光学显微镜和透射电子显微镜要简单得多。

(4) 光学显微镜和透射电子显微镜的放大倍数增加时,透镜的焦距和景深便随之减小;而扫描电子显微镜在改变放大倍数时,焦距不变,景深也基本上不减少,因此在观察与照相时都很方便。

(5) 当扫描电子显微镜与电子衍射技术或者与 X 射线显微分析技术相结合的时候,就成为分析电子显微镜,可以对样品进行综合分析。

(6) 对扫描电子显微镜来说,由于图像不是直接由透镜来形成的,而是按照信号顺序依次记录下来的,这样不仅可以避免因透镜缺陷带来的对图像分辨率的影响,而且容易把图像录在磁盘上,便于以后在需要时可以随时再现,或者用计算机作进一步加工处理,从而提高图像的质量。

1. 原理

扫描电子显微镜是利用聚焦电子束在样品上扫描时激发的某些物理信号(如二次电子)来调制一个同步扫描的显像管(CRT)在相应位置的亮度而成像的一种显微镜。扫描电子显微镜(SEM)的电子枪发出的电子束经过栅极静电聚焦后成为 $\phi 50\ \mu m$ 的点光源,然后在加速电压(2～40 kV)作用下,经 2～3 个磁透镜组成的电子光学系统,会聚成几纳米的电子束聚焦到样品表面。在末级透镜上有扫描线圈,在它的作用下,电子束在样品表面扫描。由于高能电子束与试样物质的相互作用,产生各种信号,如二次电子、背散射电子、吸收电子、X 射线、俄歇电子、阴极发光和透射电子等。这些信号被相应的接收器接收,经过放大器放大后送到显像管的栅极上，调制显像管的亮度。由于扫描线圈的电流与显像管的相应偏转电流同步，因此试样表面任意点的发射信号与显像管荧光屏上的亮度一一对应。试样表面由于形貌不同，对应于许多不相同的单元（像元），它们在电子束轰击后，能发出为数不等的二次电子、背散射电子等信号，依次从各像元检出信号，再一一送出去。得到所要的信息，就可以合成出放大了的表面形貌的像。

2. 实验技术

在扫描电子显微镜中，用来成像的信号主要是二次电子，其次是背散射电子和吸收电子。用于分析成分的信号主要是X射线和俄歇电子。二次电子像形成衬度原理源于形貌衬度、原子序数差异衬度和电压造成的衬度。入射角 α 越大，二次电子产额越多。二次电子可经过弯曲的路程到达探测器，即背着检测器的面发出的二次电子也可到达探测器，故二次电子像没有尖锐的阴影，显示较柔和的立体衬度。原子序数差异在一定程度上也可造成衬度。当原子序数大于20时，二次电子产额与原子序数无明显变化，只有轻元素和较轻元素二次电子产额与组成成分有明显变化。电压对二次电子衬度也有影响，对于导体，正电位区发射二次电子少，在图像上显得黑，负电位区发射二次电子多，在图像上显得亮，形成衬度，适于集成电路的观察。背散射电子像形成衬度原理主要源于原子序数和表面的凸凹不平。背散射电子走直线，故它的电子像有明显的阴影，背散射电子像较二次电子像更富于立体感，但阴影部分的细节由于太暗看不清，对分辨率有点影响。

相对而言，扫描电子显微镜的样品制备远比透射电子显微镜样品制备简单，主要是因为扫描电子显微镜是通过接收从样品中“激发”出来的信号而成像的，它不要求电子透过样品即不要求样品很薄，可以使用块状样品。扫描电子显微镜主要用于看块状材料的表面形貌和对样品表面进行化学成分分析。表面形貌观察的一个主要应用是看断口形貌，不同材料有不同的性质，这些性质会反映在断口的形貌上，根据断裂面的形貌，可观察材料的晶界（小角或大角），有无范性形变，塑性如何。观察断口的形貌，只要将样品折断（不可将断口磨平，否则破坏了断面），将断面放到扫描电子显微镜下观察即可。扫描电子显微镜样品的尺寸不像透射电子显微镜样品那样要求小和薄，扫描电子显微镜样品可以是粉末状的，也可是块状的，只要能放到扫描电子显微镜样品台上即可。

导电样品不需要特殊制备，可直接放到扫描电子显微镜下看。非导电样品，在电子显微镜观察时，电子束打在试样上，多余的电荷不能流走，形成局部充电现象，干扰了电子显微镜观察。为此要在非导体材料表面喷涂一层导电物质，如常用的有金和碳，涂层厚0.01～0.1 μm，并使喷涂层与试样保持良好的接触，使累积的电荷可流走。为了减少充电现象，还可采用降低工作电压的方法，一般用1.5 kV可消除充电现象。

二、样品制备

扫描电子显微镜样品的制备技术相对来讲较简单，根据检测的物理信号不同，对样品表面的处理也有所不同。这里受篇幅的限制，只介绍日常用得最多的二次电子像的样品制备方法。如果样品是导电样品，将允许尺寸的样品放入样品室观察前先需用丙酮、酒精或甲苯这类溶剂清洗掉样品表面的油污，或在超声波清洁器中去除油污，也可用复型剥离及化学刻蚀等方法去除在高放大倍数下易分解的碳氢化物等的沾污，因为这些物质分解后会在样品表面沉积一层碳和其他产物，当放大倍数缩小时，图像中原视域就成为暗色的方块。如果样品是绝缘体或导电性能较差的样品,如陶瓷、半导体,高分子、不需固定脱水处理的生物样品及一些无机材料等,只需清洁样品之后,用离子喷镀仪在样品表面喷镀一层金产生导电层就可观察了。

不论样品导不导电,块状样品都得借助于双面胶带将样品粘在铜或铝样品台上,并用银粉导电胶连通样品与样品台,或直接用石墨导电双面胶带粘贴样品,使吸收电子能流入接地的样品架,以尽量减少因表面充电效应或热损伤引起的起泡、龟裂、像漂移、像散不稳定等现象,尤其是生物样品、聚合物等。颗粒样品,如果是干燥的粉末,可直接撒在粘有双面胶带的样品台上,抖去或用洗耳球吹去松散的颗粒,并用导电胶涂在胶带四周再喷金,再将载玻片粘在样品台上,待溶剂挥发后,涂好导电胶再蒸金。如果是含水或含有挥发性物质的样品,必须先去除水分或挥发性物质,再喷金观察。去除水分的方法有很多种:烘箱干燥、湿度干燥、置换干燥、真空干燥、冷冻干燥、临界点干燥等,根据样品的不同特点和要求选择不同的方法。湿度干燥是将样品保持在一定的湿度下干燥,真空干燥与冷冻干燥都是用真空喷镀仪抽真空,使水分挥发。

不同的是后者将样品投入液氮或其他骤冷剂然后再抽真空,水分从固态直接升华,使得通常的液相蒸发带来的表面张力减小,减少样品损伤。临界点干燥的原理是借助某种挥发性液体的临界状态的特征:即某种挥发性液体,随着温度升高其饱和蒸气压增高,液相蒸发速度加快,同时密度下降,气相的密度却增高,当达到某一特定的温度和压力,即临界温度和临界压力时,液相与它的蒸气相处于两相平衡,两相的密度相同,界面张力为零。这时若将温度维持在略高于该临界温度,缓慢地排放蒸气相,即可使液相渐渐转变为蒸气相。

当以这类液体为置换液时,就可达到干燥样品并保护样品原形的目的。CO_2和氟利昂13($CClF_3$)的临界温度和压力分别为304 K、311 K和7.39 MPa、3.78 MPa,是理想的置换液,前者更便宜而且易于得到。由于脱水后的生物样品总含有乙醇或丙酮,在转移到干燥器的过程中易风干,故用以与置换液相容的中间液乙酸戊醋置换。它的挥发性较小,并因它气味很重,在通入液体CO_2置换后,可根据置换排出的气体中是否带有这种异味来判断置换是否彻底。能与氟利昂13相溶的中间液是乙醇。蒸金方法现在普遍使用的是离子镀膜法,通常用性能稳定、导电性好、镀膜颗粒较细的金、铂、金-钯等材料作为金属镀膜,将其放在上方的阴极上,样品放在下方的阳极上,抽真空到10^{-1} mmHg左右时,在两电极间加直流电压,电子从负偏压的靶中放射出来,在飞向阳极的途中与残余气体分子相撞产生离子和额外电子,在距靶面一定距离处呈现辉光放电现象(如果样品不够干燥,辉光呈蓝色),电离出的正离子飞向阴极靶,靶中那些已获得足够能量的靶原子,断开与周围原子的键合,从原靶面被溅射出来,飞向阳极,以温散的方式覆盖在样品表面。用这种方法镀膜,膜层厚度易于控制,均匀性好,操作简单可靠,已逐渐取代真空镀膜法。一般,样品表面较平整时,较薄的镀层就形成连续膜,而且不致掩盖表面细节;如果表面不平整,则需要较厚的镀层才能保证所有边缘、孔洞和凸肩处的满膜连续。生物样品的制备视具体的样品而异,有的可直接镀膜观察,有的需干燥(临界点干燥或冷干燥)后再镀膜,有的还需先固定甚至双固定。

三、分析步骤

1. 开机

(1) 先开冷却水,然后开总电源,开真空系统电源。

(2) 待系统达到所要求的高真空真空度(绿色指示灯亮后),打开操作系统的电源就可以开始工作了。

2. 更换样品

将系统放气,打开样品室,换好样品,重新抽到要求的真空度。

3. 观察样品

(1) 将工作电压加到所需的数值,如 30 kV,然后将灯丝电流慢慢开到锁定的位置。

(2) 转动样品台移动把手,调整放大倍数从最小慢慢增大,寻找要观察的视域,仔细调整焦距、消像散,调节亮度、对比度直到获得最满意的图像,拍照记录。

4. 关机

(1) 先后依次关灯丝电流、工作电压,关闭操作系统电源和真空系统电源,关闭总电源。

(2) 15 min 后关闭冷却水。

第十节　透射电镜分析应用

学习目标:通过对本节的学习,测试工应能了解透射电镜的原理及样品制备方法。

一、概述

电子显微镜与光学显微镜的成像原理基本一样,所不同的是前者用电子束作光源,用电磁场作透镜。另外,由于电子束的穿透力很弱,因此用于电镜的标本须制成厚度约 50 nm 的超薄切片。这种切片需要用超薄切片机(Ultramicrotome)制作。电子显微镜的放大倍数最高可达近百万倍,由照明系统、成像系统、真空系统、记录系统、电源系统 5 部分构成,如果细分的话:主体部分是电子透镜和显像记录系统,由置于真空中的电子枪、聚光镜、物样室、物镜、衍射镜、中间镜、投影镜、荧光屏和照相机构成。

电子显微镜是使用电子来展示物件的内部或表面的显微镜。高速的电子的波长比可见光的波长短(波粒二象性),而显微镜的分辨率受其使用的波长的限制,因此电子显微镜的理论分辨率(约 0.1 nm)远高于光学显微镜的分辨率(约 200 nm)。

透射电镜的总体工作原理是:由电子枪发射出来的电子束,在真空通道中沿着镜体光轴穿越聚光镜,通过聚光镜将之会聚成一束尖细、明亮而又均匀的光斑,照射在样品室内的样品上;透过样品后的电子束携带有样品内部的结构信息,样品内致密处透过的电子量少,稀疏处透过的电子量多;经过物镜的会聚调焦和初级放大后,电子束进入下级的中间透镜和第 1、第 2 投影镜进行综合放大成像,最终被放大了的电子影像投射在观察室内的荧光屏板上;荧光屏将电子影像转化为可见光影像以供使用者观察。

二、透射电子显微镜的样品制备

透射电子显微镜的出现,为金相分析开辟了新的前景,一开始人们试图把电镜应用于金相分析,但由于试样对电子束的强烈散射作业,使电子束的传统能力受到很大的限制,通常 100 kV 的电镜只能穿透 100～200 nm,因而不能把金相样品直接放到电镜中进行观察,直到 20 世纪 40 年代初,出现了复型技术,即使用另一种物质支撑厚度小于 100 nm 的薄膜把金属表面的浮雕复制下来,然后在电子显微镜中观察,才成功地显示了材料中的显微组织。20 世纪 50 年代初,又成功地将复型技术应用于金属断口,了解了金属断裂的一些重要的微观特征,后来又发展了萃取复型及金属薄膜直接透射观察等技术,从而进一步地将金属的微观形态、晶体结构、微区化学成分分析有机地联系起来。

1. 复型技术

常用的复型方法有一次复型和二次复型两种,复型材料常用碳或塑料。

(1) 一次复型

1) 塑料一次复型

常采用 2%~3%和面胶醋酸溶液或 1%~2%Formvar(聚醋酸甲基乙烯酸)氯仿溶液。将上述溶液滴在样品表面(视样品大小滴 1 滴或几滴),让其自然干燥或放在灯泡下干燥,用透明胶纸贴紧后撕起,用载玻片固定后放置真空喷涂仪中投影,然后用二甲苯溶液溶去胶纸,经蒸馏水清洗后用电镜专用铜网捞起即可观察。

2) 碳一次成型

将制备的金相试样直接放入真空喷涂仪中,观察面朝上,当真空度达到 10^{-4} Torr (1 Torr=133.332 4 Pa)时就可蒸发金属 Cr 和 C,其中 Cr 为投影金属,C 形成 C 薄膜,然后将样品取出,用电解腐蚀方法将碳膜从样品上分离出来,常用的电解液为 10%盐酸酒精溶液,待碳膜浮起后经 3%盐酸酒精溶液清洗后可用铜网捞起即可。碳一次复型示意图如图 11-25 所示。

(2) 二次复型

二次复型就是两次复型,第一次用醋酸纤维纸(AC 纸)做负复型;第二次用碳制成二次复型膜,

制备方法:样品表面滴一至几滴醋酸酯,贴上 AC 纸→干燥→揭下→印面朝上放入喷涂仪中进行 C→Cr 薄膜制备→丙酮溶液中溶解 AC 纸→新鲜丙酮清洗后用铜网捞起,图 11-26 所示为二次复型示意图。

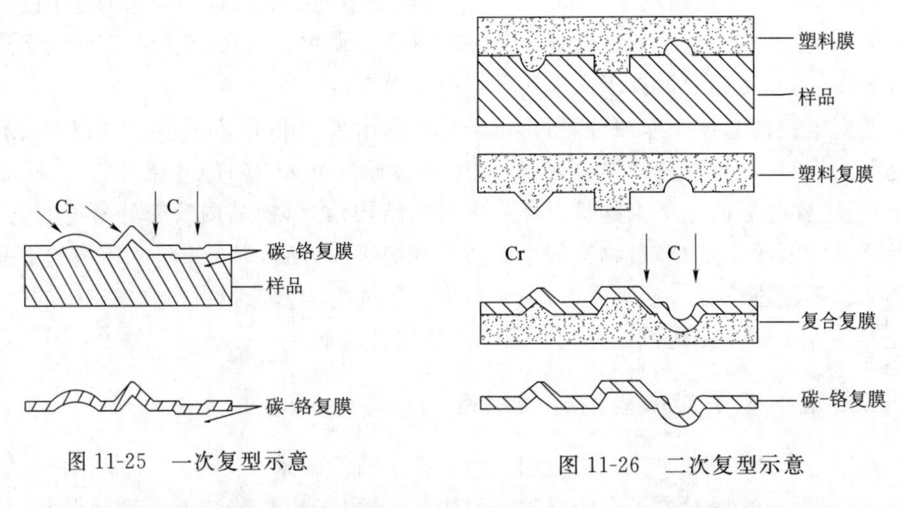

图 11-25 一次复型示意

图 11-26 二次复型示意

制作复型用的 AC 纸可自己制备,将市场购得的醋酸纤维素溶于丙酮中,其比例为 7%~10%,待完全溶解后即成胶液,将这种胶液倒入大规格的培养皿中(如 ϕ150 mm),盖

上盖子，让其自然干燥，1～2 d后完全干燥，取下保存好备用，其厚薄可通过倒入胶容量的多少来控制。

(3) 两种复型法优缺点比较

1) 碳一次复型。具有较高的分辨率，可达 5 nm，在电子束下照射较稳定，但制法麻烦，需要电解腐蚀，会损坏样品。

2) 二次复型。制法简单，不破坏样品表面，可重复制样，切碳膜在电子束照射下较稳定，此法特别适合难以搬进实验室的大样品，但由于 AC 纸作过渡复型，故分辨率没有一次碳复型高，一般只能达 20 nm。

3) 塑料一次复型。塑料在高速电子轰击下，高分子将产生聚合作用，引起复型本身的结构变化，从而毁坏了复型的细微特征，因而一般只能做低倍观察，目前很少采用这种方法。

(4) 萃取复型

萃取复型是将金属的某些组成相选择地提取下来，且保持原来在金属中的位置，对提取的粒子可利用电子衍射方法进行结构分析。常用的萃取复型方法与前述一次碳复型相同，只是在制备金相试样时一定要选择恰当试剂将需提取的粒子显示出来，并适当地对于试样深腐蚀，另外也可采用 AC 纸把深腐蚀后明显露出的粒子粘贴下来，按二次复型方法进行。

(5) 投影技术

投影就是在真空喷涂时蒸发一层对电子散射能力大的重金属，其目的是为了获得清晰的电子图像，投影角度一般为 15°～45°，具体视样品而定，一般组织较细小的可用小角度，较粗的组织投影角适当增大，断口复型的投影角常常较大。常用的投影金属为 Cr、Au、Pt 等。普通制备复型用的喷涂仪都有两组加热器，用来蒸发碳，碳源用一对光谱碳棒，其中一根磨成尖头，另一根磨成平面，互相接触，利用接触电阻加热使碳棒蒸发。金属 Cr 放置于用钨丝绕成的坩埚中蒸发。

(6) 复型象的衬度效应

当一束平行的电子束通过样品时，样品对电子束产生散射现象，同时一部分电子被样品吸收，因而当样品的某一部分达到一定厚度时，由于散射和吸收作用使此处没有电子通过，在荧光屏上就成黑区；反之，样品越薄，透过电子越多，荧光屏就越亮，于是得到明暗不同的衬度，如图 11-27 所示。

衬度可用下式来表示：

$$G = N_A \frac{\sigma_\alpha}{A} \rho (t_2 - t_1)$$

式中：G——衬度；

N_A——阿伏加德罗常数；

σ_α——单个原子散射本领；

A——原子量；

ρ——试样密度；

t——试样厚度。

由上式看出 G 除了与试样厚度差 Δt 有关外，还与样品的 A、ρ、σ_α 有关，重金属的 A、ρ、σ_α 都比较大，因而在复型上投一层重金属可增大电子图像的衬度。

(7) 复型电子图像的分析

对于金相工作者来说,如何判别电子图像上凹凸问题是较感兴趣的。主要根据影子来判别。

1) 对一次碳复型

样品上凸起,影子在颗粒外;样品上凹下,影子在颗粒内。

2) 对二次复型

样品上凸起,影子在颗粒内;样品上凹下,影子在颗粒外。

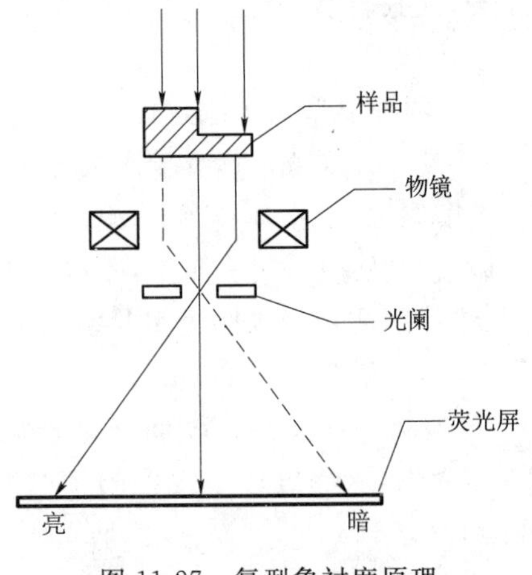

图 11-27 复型象衬度原理

2. 金属薄膜

由于复型只能反映试样表面的围观形貌特征,不能反映金属材料的内部结构。金属薄膜直接透射不仅可以有效地发挥电子显微镜的高分辨率的特长,同时对样品的围观形貌、成分、晶体结构、晶体缺陷等联系起来分析,并可充分发挥各种附件的作用。

金属薄膜制备起来较复杂,最终要得到 100～200 μm 的薄膜,且不能有任何组织结构变化,其制备步骤简述如下:

(1) 利用砂轮切割机,手锯或电火花切割等方法从大块样品上切取 0.2～0.4 mm 的薄片。

(2) 用砂纸将薄片两面由于切割造成的损伤层磨掉,可用 502 胶水粘贴在金属垫块上磨。

(3) 化学抛光减薄。选用适当的试剂进行化学减薄,直至 0.05 mm 厚左右,使用的抛光试剂视不同材料而定。也可不经过化学减薄而慢慢用手工方法磨至 0.05 mm 左右。

(4) 最终减薄。将预薄膜(0.05 mm 厚)支撑透射电镜观察用的金属薄膜,目前较常用的是电解减薄,可采用手工方法或专用装置进行制备。

1) “窗口”法

取一薄片,周围涂耐酸漆,中间留一“窗口”作抛光用,不锈钢作阴极,样品用镊子钳住作阳极。抛光纸刚穿孔时立即停止抛光,取出样品用酒精清洗,剪下穿孔附近的薄片,孔的旁边为最薄区域,一般能使电子束穿透,抛光时必须选择适当的电解液,并控制一定的电压和电流,不能使样品表面有腐蚀现象,对于一般钢铁材料常用 10%～15%高氯酸酒精溶液,电解液容器置于冰水浴中保持低温。

2) 双喷电解抛光

近年来发展起来的双喷电解抛光装置,是一种比较先进的制样设备,它具有制样速度快、成功率高等优点,其装置结构示意图如图 11-28 所示。抛光时将预减薄得到的 0.05 mm 薄片先冲剪成 ϕ3 mm 的小圆片,用 PTFE(聚氯氟乙烯)夹具夹住圆片,放入双喷抛光仪上进行减薄,由于双喷仪上装有光敏自动检测仪,当薄片刚穿孔时立即自动切断电路,这样制得的圆片周围厚、中间薄且正好是 ϕ3 mm,故不需要使用铜网作支持,可直接放入电镜中观察,这样可供选择的视域不受铜网的限制,所以目前都采用这种制样方法。

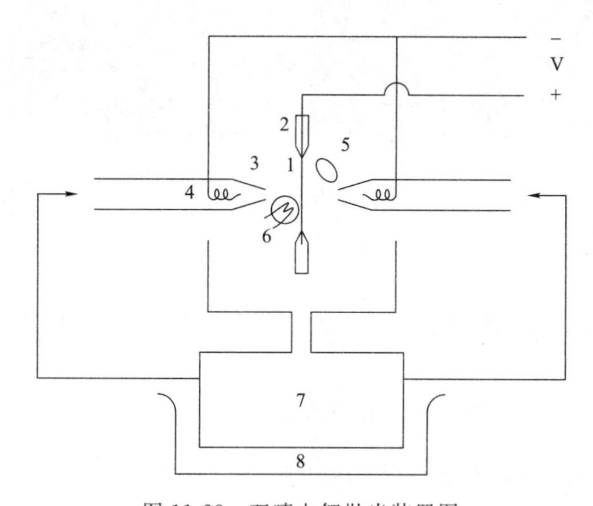

图 11-28　双喷电解抛光装置图

1—样品；2—样品架；3—喷嘴；4—铂丝；5—放大镜；6—灯泡；7—电解液泵；8—冷浴

3）粒子减薄

粒子减薄是利用高速粒子轰击试样表面而对试样减薄，用这种方法获得薄膜样品观察起来比较满意，其透射面积较大。但制备时轰击时间很长，常常需要花几十小时，故常用于难以采用双喷减薄的试样，如半导体、矿物、氧化物、陶瓷灯材料等。

第十二章　数据处理

学习目标：掌握质量管理知识和数据评价。

第一节　核燃料元件生产工艺的质量控制技术

学习目标：能掌握质量保证大纲及相关程序文件。

一、质量保证法规和政策部门的管制

为了确保人民的健康和安全，保护环境免受核污染，各核电国家都建立了国家安全管理部门（在我国为国家安全局），通过多种途径对核电工业实施全面的安全和质量管制，对裂变物质非法使用实施监督。

政府通过立法程序颁布强制性的法规，对核电工业的安全和质量提出管制要求，与核电安全和质量有关的企业单位都必须严格遵守这些法规，违反法规要追究责任。我国政府颁布了一系列核安全法规，HAF 003(91)《核电厂质量保证安全规定》（以下简称《规定》）是核电站安全法规的第四部分，它对陆上固定式热中子反应堆核电站的质量保证提出了必须满足的基本要求，规定中提出的质量保证原则，除适用核电站外，也适用于其他核设施。

与核电站一样，政府对核燃料元件制造厂的建造和运行执行许可证制度，即国家核安全局事前必须对其建造和运行的安全性进行审查，符合法规才发给建造和运行许可证，安全分析报告是评审的主要内容，质量保证大纲是安全分析报告的组成部分。许可证持有者必须遵守许可证所规定的条件，其中包括核燃料元件制造厂必须按法规的要求贯彻实施质量保证大纲、建立质量保证体系，并使其有效运行。

国家核安全局及其派出机构对所在地区的核设施制造、建造和运行现场派驻监督组执行安全监督任务，其中包括对质量保证大纲有效性的监督检查，对违犯法规或不遵守许可证条件都有权采取强制性措施，可命令其采取安全措施或停止危及安全的活动，对无故拒绝监督或拒绝执行强制性命令的将依其情节轻重，给予警告、限期改进、停工或者停业整顿、吊销核安全许可证的处罚；造成严重后果，构成犯罪的，由司法机关依法追究刑事责任。

二、质量保证大纲的制定和有效实施

为了保证核电站的安全，对核电站负有全面责任的营运单位必须制定和有效地实施核电站质量保证总大纲和每一种工作（例如厂址选择、设计、制造、建造、调试、运行和退役）的质量保证分大纲。核燃料组件和相关组件（以下简称燃料元件）是核电站反应堆最重要的堆芯部件，它的质量对核电站的安全与经济运行有着直接的影响，核燃料元件制造厂按照《规定》和营运单位的要求制定核燃料元件制造质量保证大纲。制造厂的质量保证大纲（概述）经逐级审查，由厂长（总经理）批准并发布后，方可执行其中涉及的活动。核燃料元件制造厂质保大纲（概述）须经核电站营运单位认可。

燃料元件制造质量保证大纲(概述)对控制燃料元件的采购、设计、制造、检验、试验、包装、运输、贮存、交付使用和售后技术服务进行了描述,它包括质量目标的确定,管理性和技术性质量活动及其要求的规定,所要求的控制和验证活动及其程序,以及组织人事安排、职责分工等,并且一整套质量保证大纲程序予以支持,核燃料元件制造厂按质量保证大纲的要求建立和完善质量保证体系。质保大纲规定:凡影响核燃料元件制造质量的活动必须按批准的程序、细则、图样和技术条件来完成;对所用的程序、细则和文件必须建立清单,并定期发布,以确保各单位使用最新的版本;所有参与和燃料元件质量有关的人员必须按培训程序进行培训、考核,根据各自的职责,熟悉质量保证大纲中的有关规定并予以有效执行;为了按照工程进度实施质量保证大纲,需要制定大纲实施计划,在以工作任务分析的基础上明确各单位的责任,确定各项工作的实施顺序和相互关系,对重要项目还应排出实施的详细日程表;为了确保大纲的有效性和质量保证体系的正常运转,应进行质量验证、质保监查和管理部门审查等质保活动,如发现问题应采取相应的纠正措施,包括必要时对程序或/和大纲进行修订。

对主要的原材料和零部件供货单位应制订质量保证大纲交燃料元件制造厂评审认可,并接受其监查。

三、质量保证大纲文件的结构和内容

核燃料元件厂必须按《规定》的要求将质量保证大纲形成文件,质量保证大纲文件可以采取不同的形式,但必须包括两种基本类型,它们是:

1. 管理方针和程序

包括:

(1) 质量保证大纲概述(一般简称质量保证大纲)。

(2) 一整套大纲程序。大纲程序是一种以有计划有组织的方式指导整个工作的管理工具。它们用于单位内部管理及单位间的工作协调,这些程序是管理性的,它们必须对质量保证大纲概述中所提出的指导方针和计划的工作进一步的阐述,并给出如何完成这些工作的细节。大纲程序必须对执行任务提供详细资料和指导,但一般不包括技术数据。大纲程序应按逻辑顺序和标准化格式制定。

2. 技术性文件

技术性文件用于安排、指导和管理该项工作及用于制定验证各单位所负责工作的措施,它包括:

(1) 工作计划和进度。为迅速且有组织地进行各单位所有阶段的工作,必须把工作计划和进度形成文件,如流程图、进度表或特定的其他形式,对于复杂的计划,可以采用多层次计划体系。

(2) 工作细则、程序和图纸。为对管理程序、工作计划和进度的实施提供必要的资料和指导,需要编制工作细则、程序和图纸等工作文件。工作文件的类型和格式依据其用途而异,但必须适于有关人员使用,内容清楚、准确,工作文件的编制要遵循管理程序的要求,文件的类型和编制力求标准化。

质量保证大纲文件如有两种或两种以上语种版本时,应确定一种有效版本。

第二节 检测结果评价

学习目标:掌握使用标准物质或标准器具对检测结果进行评价的方法。

在检测结果出现异常值时,首先应检查确认检测过程是否受控,检验人员是否严格执行作业要求。除此之外,我们还可以采用标准物质或标准器具对测试结果进行评价。

按照与待检样品相同的测试方法,测定一个标准样品或标准器具,如操作无误而标样测试结果与标样的参考值一致,说明本次测试结果没有出现明显的误差。但测试试样的性能应与标样接近,否则不能说明问题。

第三节 测量结果不确定度的评定

学习目标:通过学习知道标准不确定度、合成标准不确定度、扩展不确定度的评定,正确表示测量不确定度。掌握评定测量结果不确定度的方法,能正确评定和表示测量不确定度。

一、测量不确定度评定步骤

1. 评定不确定度的基本程序

对测量不确定度来源的识别应从分析测量过程入手,即对测量方法、测量系统和测量程序作详细研究,为此应尽可能画出测量系统原理或测量方法的方框图和测量流程图。

不确定度可能来自:对被测量的定义不完善;实现被测量定义的方法不理想;取样的代表性不够,即被测量的样本不能代表所定义的被测量;对测量过程受环境影响的认识不周全,或对环境条件的测量与控制不完善;对模拟仪器的读数存在人为偏移;测量仪器的分辨力或鉴别力不够;赋予计量标准的值或标准物质的值不准;引用于数据计算的常量和其他参量不准;测量方法和测量程序的近似性和假定性;在表面上看来完全相同的条件下,被测量重复观测值的变化。

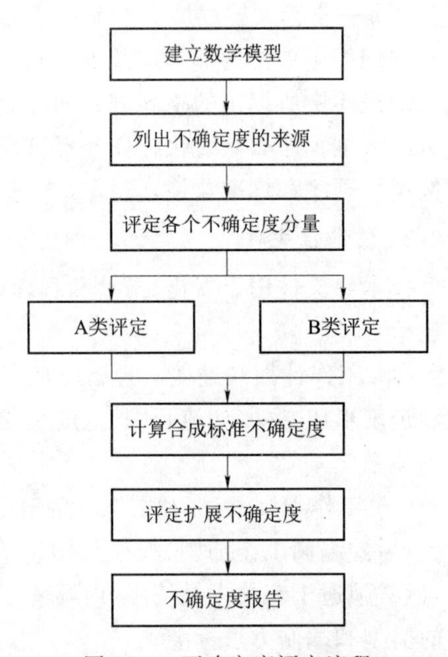

图 12-1 不确定度评定流程

有些不确定度来源可能无法从上述分析中发现,只能通过实验室间比对或采用不同的测量程序才能识别。

在某些检测领域,特别是化学样品分析,不确定度来源不易识别和量化。测量不确定度只与特定的检测方法有关。

2. 建立测量过程的模型

建立测量过程的模型,即被测量与各输入量之间的函数关系。若 Y 的测量结果为 y,输入量 X_i 的估计值为 x_i,则

$$y=f(x_1,x_2,\cdots,x_n)$$

在建立模型时要注意有一些潜在的不确定度来源不能明显地呈现在上述函数关系中，它们对测量结果本身有影响，但由于缺乏必要的信息无法写出它们与被测量的函数关系，因此在具体测量时无法定量地计算出它对测量结果影响的大小，在计算公式中只能将其忽略而作为不确定度处理。当然，模型中应包括这些来源，对这些来源在数学模型中可以将其作为被测量与输入量之间的函数关系的修正因子（其最佳值为 0），或修正系数（其最佳值为 1）处理。

此外，对检测和校准实验室有些特殊不确定度来源，如取样、预处理、方法偏离、测试条件的变化以及样品类型的改变等也应考虑在模型中。

在识别不确定度来源后，对不确定度各个分量作一个预估算是必要的，对那些比最大分量的三分之一还小的分量不必仔细评估（除非这种分量数目较多）。通常只需对其估计一个上限即可，重点应放在识别并仔细评估那些重要的分量特别是占支配地位的分量上，对难于写出上述数学模型的检测量，对各个分量作预估算更为重要。

3. 标准不确定度分量的评估和计算

(1) A 类不确定度分量的评估——对观测列进行统计分析所作的评估

1) 贝塞尔公式法

在重复条件或复现性条件下，对同一被测量独立重复观测 n 次，得到 n 个测得值 $x_i(i=1,2,\cdots,n)$，被测量 X 的最佳估计值是 n 个独立测得值的算术平均值 $\overline{x}$。

$$\overline{x}=\frac{1}{n}\sum_{i=1}^{n}x_i \tag{12-1}$$

单次测量结果的实验标准差为：

$$u(x_i)=s(x_i)=\sqrt{\frac{1}{n-1}\sum_{i=1}^{n}(x_i-\overline{x})^2} \tag{12-2}$$

观测列平均值即估计值的标准不确定度为：

$$u(\overline{x})=s(\overline{x})=\frac{s(x_i)}{\sqrt{n}} \tag{12-3}$$

2) 极差法

一般在测量次数较少时，可采用极差法评定获得 $s(x_i)$。在重复性条件或复现性条件下，对 x_i 进行 n 次独立重复观测，测得值中的最大值与最小值之差称为极差，用 R 表示。在 x_i 可以估计接近正态分布的前提下，单个测得值的实验标准偏差可按下面的公式计算：

$$s(x_i)=\frac{R}{C} \tag{12-4}$$

式中：C——极差系数。

极差系数 C 及自由度 υ 可查表得到（表 12-1）。

表 12-1 极差系数 C 及自由度 υ

n	2	3	4	5	6	7	8	9
C	1.13	1.69	2.06	2.33	2.53	2.70	2.85	2.97
υ	0.9	1.8	2.7	3.6	4.5	5.3	6.0	6.8

被测量估计值的标准不确定度按下式计算

$$u(\overline{x})=s(\overline{x})=s(x_i)/\sqrt{n}=\frac{R}{C\sqrt{n}} \tag{12-5}$$

例 12-1:对某被测件的长度进行 4 次测量的最大值与最小值之差为 3 cm,查表 12-1 得到极差系数 C 为 2.06,则长度测量的 A 类标准不确定度为:

$$u(\overline{x})=\frac{R}{C\sqrt{n}}=\frac{3}{2.06\times\sqrt{4}}=0.73\ \text{cm},\text{自由度为 }2.7$$

3) A 类测量不确定度的评估一般是采取对用以日常开展检测的测试系统和具有代表性的样品预先评估的。除非进行非常规检测,对常规检测的 A 类评估,如果测量系统稳定,又在 B 类评估中考虑了仪器的漂移和环境条件的影响,完全可以采用预先评估的结果,这时如果测量结果是单次测量获得的,A 类分量可用预先评估获得的 $u(x)$,如提供用户的测量结果是两次或三次或 m 次测得值的平均值,则 A 类分量可用 $u(\overline{x})=s(\overline{x})=\frac{s(x_i)}{\sqrt{m}}$获得。

4) 进行 A 类不确定度评估时,重复测量次数应足够多,但有些样品只能承受一次检测(如破坏性检测)或随着检测次数的增加其参数逐次变化,根本不能作 A 类评估。有些检测和校准则因难度较大费用太高不宜作多次重复测量,这时由上式算得的标准差有可能被严重低估,应采用基于 t 分布确定的包含因子。即用 $T=\frac{t_{0.95}(\upsilon)}{k}$(其中 $\upsilon=n-1$)作安全因子乘 $u_A=u(x_i)$后再和 B 类分量合成。

(2) B 类不确定度分量的评估——当输入量的估计量 x_i不是由重复观测得到时,其标准偏差可用对 x_i的有关信息或资料来评估。

B 类评估的信息来源可来自:校准证书、检定证书、生产厂的说明书、检测依据的标准、引用手册的参考数据、以前测量的数据、相关材料特性的知识等。

1) 若资料(如校准证书)给出了 x_i 的扩展不确定度 $U(x_i)$和包含因子 k,则 x_i 的标准不确定度为:

$$u=u(x_j)=\frac{a}{k}$$

这里有几种可能的情况:

① 若资料只给出了 U,则 $a=U$;若没有具体指明 k,则可以认为 $k=2$(对应约 95%的包含概率)。

② 若资料只给出了 $U_p(x_i)$(其中 p 为包含概率),则包含因子 k_p 与 x_i的分布有关,此时除非另有说明一般按照正态分布考虑,对应 $p=0.95$,k 可以查表得到,即 $k_p=1.960$。

③ 若资料给出了 U_p 及 υ_{ieff},则 k_p 可查表得到,即 $k_p=t_p(\upsilon_{\text{ieff}})$。

2) 若由资料查得或判断 x_i的可能值分布区间半宽度与 a(通常为允许误差限的绝对值),则:

$$u_B=u(x_j)=\frac{a}{k}$$

此时 k 与 x_i在此区间内的概率分布有关(参见 JJF-1059 附录 B)。常见非正态分布的置信因子及 B 类不确定度关系见表 12-2。

表 12-2 常见非正态分布的置信因子及 B 类不确定度关系

分布类型	$p/\%$	k	$u_B(x_j)$
三角	100	$\sqrt{6}$	$a/\sqrt{6}$
梯形(β=0.71)	100	2	$a/2$
矩形	100	$\sqrt{3}$	$a/\sqrt{3}$
反正弦	100	$\sqrt{2}$	$a/\sqrt{2}$
两点	100	1	a

3) 输入量的标准不确定度 $u(x_i)$引起的对 y 的标准不确定度分量 $u_i(y)$为：

$$u_i(y)=\frac{\partial f}{\partial x_i}u(x_i)$$

在数值上，灵敏系数 $C_i=\frac{\partial f}{\partial x_i}$(也称为不确定度传播系数)等于输入量 x_i，变化单位量时引起 y 的变化量。灵敏系数可以由数学模型对 x_i 求偏导数得到，也可以由实验测量得到。灵敏系数反映了该输入量的标准不确定度对输出量的不确定度的贡献的灵敏程度，而且标准不确定度 $u(x_i)$只有乘上该灵敏系数才能构成一个不确定度分量，即和输出量有相同的单位。

(3) 合成标准不确定度 $u_c(y)$的计算

1) 合成标准不确定度 $u_c(y)$的计算公式：

$$u_c(y)=\sqrt{\sum_{i=1}^{n}\left(\frac{\partial f}{\partial x_i}\right)^2u^2(x_i)+2\sum_{i=1}^{n-1}\sum_{j=i+1}^{n}\frac{\partial f}{\partial x_i}\frac{\partial f}{\partial x_j}\cdot r(x_i,x_j)\cdot u(x_i)u(x_j)}$$

实际工作中，若各输入量之间均不相关，或有部分输入量相关，但其相关系数较小(弱相关)而近似为 $r(x_i,x_j)=0$，于是便可化简为：

$$u_c(y)=\sqrt{\sum_{i=1}^{n}\left(\frac{\partial f}{\partial x_i}\right)^2u^2(x_i)} \tag{12-6}$$

当$\frac{\partial f}{\partial x_i}=1$，则可进一步简化为：

$$u_c(y)=\sqrt{\sum_{i=1}^{n}u^2(x_i)} \tag{12-7}$$

此即计算合成不确定度一般采用方和根法，即将各个标准不确定度分量平方后求其和再开根。

2) 对大部分检测工作(除涉及航天、航空、兴奋剂检测等特殊领域中要求较高的场合外)，只要无明显证据证明某几个分量有强相关时，均可按不相关处理，如发现分量间存在强相关，如采用相同仪器测量的量之间，则尽可能改用不同仪器分别测量这些量使其不相关。

3) 如发现各分量中有一个分量占支配地位时(该分量大于其次那个分量三倍以上)，合成不确定度就决定于该分量。

4. 扩展不确定度 U 的计算

(1) 通常提供给客户的应是特定包含概率下的扩展不确定度，当选择约 95%的包含概率时，包含因子可取 $k=2$，即 $U= 2u_c(y)$。

(2) 如果可以确定合成不确定度包含的分量中较多分量或占支配地位的分量的概率分布不是正态分布(如矩形分布、三角分布),则合成不确定度的概率分布就不能估计为正态分布,而是接近于其他分布,这时就不能按(1)中的方法来计算 U 了,例如合成不确定度中占支配地位的分量的概率分布为矩形分布,这时包含因子应取为 $k=1.65$ 即 $U=1.65u_c(y)$ 才对应 95%的包含概率。

(3) 如果合成不确定度中 A 类分量占的比重较大,如 $u_c(y)<3$ 而且作 A 类评估时 U_A 重复测量次数 n 较少,则包含因子 k 必须查 t 分布表获得。

(4) 测量不确定度应是合理评估获得的,出具的扩展不确定度的有效数字一般取 2 位有效数字。

5. 检测实验室的不确定度报告

除非采用国际上公认的检测方法,可以按照该方法规定的测量结果表示形式外,在检测完成后,除应报告所得测量结果外,还应给出扩展不确定度 U。

不确定度报告中应明确写明:

(1) 相对不确定度的表示应加下标 r 或 rel。例如:相对合成标准不确定度 u_r 或 u_{rel};相对扩展不确定度 U_r 或 U_{rel}。测量结果的相对不确定度 U_{rel} 或 u_{rel}。

(2) 不确定度单独表示时,不要加"±"号。

(3) 通常最终报告的 $U_c(y)$ 和 U 根据需要取一位或两位有效数字。

对于评定过程中的各不确定度分量 $u(x_i)$ 或 $u(y)$,为了在连续计算中避免修约误差导致不确定度而可以适当多保留一些位数。

(4) 当计算得到 U 有过多位的数字时,一般采用 GB/T 8170 进行修约,有时也可以将不确定度末位后面的数都进位而不是舍去。

二、测量不确定度评定的示例

1. 标准不确定度的 B 类评定方法举例

例 12-2:校准证书上给出标称值为 1 000 g 的不锈钢标准砝码质量 m_s 的校准值为 1 000.000 325 g,且校准不确定度为 24 μg(按三倍标准偏差计),求砝码的标准不确定度。

解:$a=U=24\ \mu g$,$k=3$,则砝码的标准不确定度为:

$$u(m_s)=24\ \mu g/3=8\ \mu g$$

例 12-3:校准证书上说明标称值为 10 Ω 的标准电阻,在 23 ℃ 时的校准值为 10.000 074 Ω,扩展不确定度为 90 μΩ,包含概率为 0.99,求电阻校准值的相对标准不确定度。

解:由校准证书的信息知道:

$$a=U_{99}=90\ \mu\Omega,\ p=0.99;$$

设为正态分布,查表得到 $k=2.58$,则电阻的标准不确定度为:

$$u(R_S)=90/2.58=35\ \mu\Omega$$

相对标准不确定度为:$u(R_S)/R_S=35/10.000\,074=3.5\times10^{-6}$。

例 12-4:纯铜在 20 ℃时线膨胀系数 a_{20}(Cu)为 16.52×10^{-6} ℃$^{-1}$,此值的误差不超过 $\pm0.40\times10^{-6}$ ℃$^{-1}$,求 a_{20}(Cu)的标准不确定度。

解:根据手册提供的信息,$a=0.40\times10^{-6}$ ℃$^{-1}$,依据经验假设为等概率的落在区间内,即均匀分布,查表得 $k=\sqrt{3}$。

铜的线热膨胀系数 a_{20}(Cu)的标准不确定度为:

$$u(a_{20})=0.40\times10^{-6}\text{℃}/\sqrt{3}=0.23\times10^{-6}\text{℃}$$

2. 单点校准的仪器测量例子

例 12-5:用 GC-14C 气相色谱仪测定氮中甲烷气体的含量例子。

假若被测氮中甲烷气体的含量为 $C_{被}$,其摩尔分数大约为 50×10^{-6};

选择编号为 GBW 08102 的一级氮中甲烷气体标准物质,其含量为 $C_{标}=50.1\times10^{-6}$,其相对扩展不确定度为 1%,用该标准气体校准气相色谱仪,则有:

$$\frac{C_{被}}{A_{被}}=\frac{C_{标}}{A_{标}}$$

故

$$C_{被}=C_{标}\frac{A_{被}}{A_{标}} \tag{12-8}$$

式中:$C_{被}$——被测氮中甲烷气体含量;

$C_{标}$——一级标准氮中甲烷气体含量;

$A_{被}$——被测气体在色谱仪中测得的色谱峰面积;

$A_{标}$——一级标准氮中甲烷气体在色谱中测得的色谱峰面积。

表 12-3 给出氮中甲烷一级气体标准物质(瓶号为 009638)和被测氮中甲烷气体(瓶号为 B0203011)的色谱测定数据。

表 12-3 色谱测定数据表

样品编号		009638	B0203011
色谱峰面积测量数据	x_1	1 160	1 140
	x_2	1 159	1 153
	x_3	1 159	1 139
	x_4	1 152	1 153
	x_5	1 153	1 142
	x_6	1 153	1 155
面积平均值 $\bar{x}$		1 156	1 147
面积测定的标准偏差 S		3.7	7.4
面积测定的相对标准偏差 $S/\bar{x}$		0.4%	0.7%

按照公式(12-9),由不确定度传播公式有:

$$\left[\frac{u_c(C_{被})}{C_{被}}\right]^2=\left[\frac{u_c(C_{标})}{C_{标}}\right]^2+\left[\frac{u_c(A_{被})}{A_{被}}\right]^2+\left[\frac{u_c(A_{标})}{A_{标}}\right]^2 \tag{12-9}$$

$C_{标}$的相对扩展不确定度为 1%,按 95%置信概率转化成标准不确定度则有:

$$\frac{u_c(C_{标})}{C_{标}}=\frac{1\%}{1.96}=0.5\times10^{-2}$$

$C_{标}$在色谱仪上测定峰面积,由表 12-3 可以看出相对标准不确定度为 0.4×10^{-2}。

$C_{被}$在色谱仪上测定峰面积,由表中可以看出相对标准不确定度为 0.7×10^{-2}。

由于是比较测定,色谱仪测定时B类不确定度可以几乎相互抵消,因此按式(12-9)有:

$$\left[\frac{u_c(C_{被})}{C_{被}}\right]^2=(0.5\times10^{-2})^2+(0.4\times10^{-2})^2+(0.7\times10^{-2})^2=0.000\ 09$$

故
$$\frac{u_c(C_{被})}{C_{被}}=0.009\ 5$$

由式(12-8)有:

$$C_{被}=1\ 147/1\ 156\times50.1\times10^{-6}=49.7\times10^{-6}$$

故

$$u(C_{被})=0.009\ 5\times49.7\times10^{-6}=0.48\times10^{-6}$$

取 $k=2$

则
$$U(C_{被})=2\times0.48\times10^{-6}=0.96\times10^{-6}\approx1.0\times10^{-6}$$

结果表示成:$(49.7\pm1.0)\times10^{-6}$

例 12-6:用K型热电偶数字式温度计直接测量温度示值400 ℃的工业容器的实际温度,分析其测量不确定度。

K型热电偶数字式温度计其最小分度为0.1 ℃,在400 ℃经校准修正值为0.5 ℃,校准的不确定度为0.3 ℃,测量的数学模型为:

$$t=d+b \tag{12-10}$$

式中:t——实际温度,℃;

d——温度计读取的示值,℃;

b——修正值,℃,$b=0.5$ ℃。

测量人员用K型热电偶数字式温度计进行10次独立测量,得到平均值及平均值的标准偏差为:

$$d=400.22\ ℃$$
$$s=0.33\ ℃$$

由式(12-10)得

$$t=400.22+0.5=400.72\ ℃$$

不确定度分析:

第一,测量的A类不确定度为0.33 ℃;

第二,修正值的校准不确定度为0.3 ℃,按正态分布转化应为0.3/1.96=0.15 ℃

第三,温度计最小分度为0.1 ℃,假定读取到其一半,按均匀分布则读数产生的标准不确定度为$\frac{0.1}{2\sqrt{3}}=0.029$ ℃

将以上三项合成得:

$$u_c(t)=\sqrt{0.33^2+0.15^2+0.029^2}$$
$$=0.37\ ℃$$

取 $k=2$,则有:

$$U(t)=0.37\times2=0.74\approx0.8\ ℃$$

结果表达为:

$$(400.7 \pm 0.8)\ ℃$$

例 12-7:用数字多用表测量电阻器的电阻数学模型为:

$$R = R_{SZ} \tag{12-11}$$

式中:R——电阻器的电阻值,kΩ;

R_{SZ}——数字多用表示值,kΩ。

数字多用表为 5.5 位,其最大允许差为±(0.005%×读数+3×最小分度);数字多用表最小分度为 0.01 kΩ。

在相同条件下用数字多用表测量电阻器 10 次电阻,得到平均值和平均值的标准偏差为:

$$R_{SZ} = 999.408\ \text{k}\Omega$$

$$S = 0.082\ \text{k}\Omega$$

引用最大允许差按均匀分布得校准产生的标准不确定度为

$$\frac{0.005\% \times 999.408 + 3 \times 0.01}{\sqrt{3}} = 0.046\ \text{k}\Omega$$

将以上两项合成得:

$$u_c(R) = \sqrt{0.082^2 + 0.046^2} = 0.094\ \text{k}\Omega$$

取 $k=2$,则有:

$$U(R) = 0.094 \times 2 = 0.19\ \text{k}\Omega$$

$$R = 999.408 \approx 999.41$$

结果表示成:

$$(999.41 \pm 0.19)\ \text{k}\Omega$$

第四节 对测量方法及测量结果的评价方法

学习目标:掌握不同方法测量结果评价方法。

一、检验分析准确度的方法

1. 分析结果准确度的检验

常用的检验方法有三种。但这些方法只能指示误差的存在,而不能证明没有误差。

(1) 平行测定

两份结果若相差很大,差值超出了允许差范围,这就表明两个结果中至少有一个有误,应重新分析。两份结果若接近,可取平均值,但不能说所得结果正确无误。

(2) 用标样对照

在一批分析中同时代一个标准样品,如操作无误而标样分析结果与标样的参考值一致,说明本次分析结果没有出现明显的误差。但分析试样的成分应与标样接近,否则不能说明问题。

(3) 用不同的分析方法对照

这是比较可靠的检验方法。如用等离子体发射光谱法测定铀物料中铁的结果与原子吸收光谱法的结果取得了一致,则证明此结果是可靠的。反之,说明两种方法中至少有一种方法的测定结果不准确。

2. 分析方法可靠性的检验

为了验证一个新的分析方法的可靠性,可用标样对照法或标准方法对照法。这两种方法都用 t 检验法。可检验测定值和“真值”在一定置信概率下是否存在显著性差异。

t 检验法的统计量

$$t=\frac{\overline{x}-\mu}{\frac{s}{\sqrt{n}}} \tag{12-12}$$

式中:t——被检验平均值;

μ——真值,给定值或标准值;

$s/\sqrt{n}$——平均值的标准偏差。

这个公式可以比较两组测定数据平均值的差异。将计算所得的 t 值与所确定置信度相对应的 t 值(表 12-4)进行比较,如果计算的 t 值大于表中所列的 t 值,则应承认被检验的平均值有显著性差异,即被检验的方法有系统偏差,反之,则不存在显著性差异,方法可靠。

表 12-4　t 检验临界值表

v	$t_{0.95}$	$t_{0.99}$	v	$t_{0.95}$	$t_{0.99}$
1	12.71	63.66	9	2.26	3.25
2	4.30	9.92	10	2.23	3.17
3	3.18	5.84	20	2.09	2.84
4	2.78	4.60	30	2.04	2.75
5	2.57	4.03	60	2.00	2.66
6	2.45	3.71	120	1.98	2.62
7	2.36	3.50	∞	1.96	2.58
8	2.31	3.35			

(1) 标样对照法

此法是需要检验的分析方法对标样做若干次重复测定,取其平均值,然后用 t 检验法比较此平均值和标样的定值,从而判断分析方法是否有系统误差。

例 12-8:用某种新方法分析国家一级标准物质八氧化三铀中的铁,进行 11 次测定,获得以下结果:$\overline{x}=30.48$,$s=0.11$,$n=11$。标准物质中铁的定值 31.60。试问这两种结果是否有显著性差异(置信度 95%)?

解:$t=\frac{|\overline{x}-\mu|}{s/\sqrt{n}}=\frac{|30.48-31.60|}{0.11}\times\sqrt{11}=33.8$

查 t 值表(表 12-4),$t_{0.05,10}=2.23$,因为 $33.8>2.23$,说明所得结果与标样结果有显著性差异,此新方法有系统误差。

(2) 标准分析方法对照法

此法是用新方法与标准分析方法对同一试样各作若干次重复测定,将得到的两组数据进行比较。设两组测定数据的平均值、标准偏差和测定次数分别为：$\overline{x}_1$、s_1，n_1和$\overline{x}_2$、s_2，n_2。计算两个平均值之差的t值公式(12-13)，式(12-14)为合并标准偏差，因总数据来自两组数据，所以计算合并标准偏差时，自由度$f=n_1+n_2-2$。

$$t=\frac{x_1-x_2}{s}\times\sqrt{\frac{n_1n_2}{n_1+n_2}} \tag{12-13}$$

$$s=\sqrt{\frac{(n_1-1)s_1^2+(n_2-1)s_2^2}{n_1+n_2-2}} \tag{12-14}$$

为了简化起见，有时不计算合并标准偏差。若$s_1=s_2$，则$s=s_1=s_2$；若$s_1\neq s_2$，则式中常采用较小的一个值。将计算所得的t值与表12-4中的t值($f=n_1+n_2-2$)比较后进行判断。

例12-9：用新方法与《二氧化铀芯块中杂质元素的测定》国家标准方法测定同一含铀物料中锌的含量，其报告如下：新方法$\overline{x}_1=48.38$，$s_1=0.12$，$n_1=6$；$\overline{x}_2=48.50$，$s_1=0.11$，$n_2=5$。问新方法与标准方法是否有显著性差异(置信度95%)？

解：$t=\frac{|\overline{x}_1-\overline{x}_2|}{s}\times\sqrt{\frac{n_1n_2}{n_1+n_2}}=\frac{|48.38-48.50|}{0.11}\times\sqrt{\frac{5\times6}{5+6}}=1.80$

当自由度$f=n_1+n_2-2=6+5-2=9$时，置信度95%，查t值(表12-4)，$t_{0.05,9}=2.26$，因为$1.80<2.26$，说明所得结果与标样结果没有显著性差异，此新方法没有系统误差。

二、提高分析精密度和准确度的方法

除了选择适当的分析方法和最优化测量条件，使用校正过的器皿和仪器，必要的提纯试剂等之外，还可以采取以下措施来提高测定的精密度和准确度。

1. 提高精密度的措施

(1) 增加测定次数

随着测定次数的增加，取多次测量的算术平均值作为分析结果，随机误差即可以减少。平均值的精密度常以平均值的标准偏差来衡量。如对一个样品进行n次测定，单次测定的标准偏差为s，平均值的标准偏差则为：

$$\overline{s}=s/\sqrt{n}$$

上式表示平均值的标准偏差与测定次数n的平方根成反比，测定次数的下降速度远比平均值的标准偏差的增长速度慢得多。

(2) 降低空白值

在痕量分析中，元素的测定值同空白值往往处于同一数量级水平。试样中某一成分的含量都是由测得的表观分析结果减去平行测定的空白值而得出的。实验表明，空白值大或不稳定，所得结果精密度就差，因此降低空白值就能提高痕量分析的精密度。

2. 提高测定准确度的措施

(1) 校正

当某个误差不可能消除时，往往可以应用校正值对它造成的影响进行校正，以提高准确度。例如用重量法测定二氧化硅时，由于二氧化硅的沉淀实际上是不完全的，因此，精确分析应当用硅钼蓝光度法测定滤液中的二氧化硅，对结果进行校正。

(2) 空白试验

对微量元素的测定,毫无例外地应进行空白试验,而对常量元素的测定则视情况而定,不一定都要做空白试验。

(3) 增加测定次数

在消除系统误差的前提下,增加测定次数提高了测定的精密度,同时提高了测定的准确度。

第五节　异常数据及其处理

一、异常数据产生的原因

在检验中,检验员、被检验对象、所用计量器具、检验方法和检验环境构成检验系统,此系统或多或少地存在误差,故任何检验均存在误差。检测误差超出可控范围,就会出现异常数据。

异常数据产生的原因:

(1) 检验员操作失误。检验员工作时的心情、责任心、疲劳、视力、听力、操作技术水平及操作固有不良习惯等,都会引起检验误差。

(2) 计量器具误差。一些计量器具在设计原理上存在近似关系或不符合原理而造成误差;又由于计量器具的零件的制造、装配质量存在误差给计量器具带来误差;在量值传递中带来的误差等。任何计量器具都存在误差。

(3) 标准件(物质)误差。在检定、校验计量器具中由于所用标准的误差给计量器具带来误差。

(4) 检验方法误差。由于所用检验方法不完善而引起检验误差。

(5) 检验环境误差,如检验周围的温度、湿度、尘埃、振动、光线等不符合规定要求而引起检验误差。

此外,尚有不明原因引起的检验误差。应从检验系统中去查找产生检验误差的各种原因。

二、系统误差发现及减少的方法

系统误差对检验结果的影响规律是其值大于零则检验结果值变大;其值小于零,则检验结果值变小。

1. 发现系统误差的方法

(1) 发现定值系统误差的方法

方法1:如果一组测量是在两种条件下测得,在第一种条件的残差基本上保持同一种符号,而在第二种条件的残差改变符号,则可认为在测量结果中存在定值系统误差,表12-5是用两把量具测量的结果,其中前5个数值是用一把量具,后5个数值是用另一把量具。

从表12-5中可知,这两把量具中至少有一把的示值超差或零位失准。

方法2:若对同一个被测量在不同条件下测量得两个值Y_1、Y_2,设Δ_1和Δ_2为测量方法极限误差,如果$|Y_1-Y_2|>\Delta_1+\Delta_2$,则可认为两次测量结果之间存在定值系统误差。

例如，在测长仪上对一个工件进行测量，由两个检验员分别读数，甲检验员读得 $Y_1=0.0123$ mm，乙检验员读得 $Y_2=0.0126$ mm，请检查它们读数之间是否存在定值系统误差？有经验的检验员估读的极限误差为 0.1 刻度，故 $\Delta_1=\Delta_2=0.001\times0.1$ mm $=0.0001$ mm(0.001 mm 是测长仪的分度值)。$\Delta_1+\Delta_2=0.0002$ mm，而 $|Y_1-Y_2|=|0.0123-0.0126|=0.0003$ mm，结果是：$|Y_1-Y_2|>\Delta_1+\Delta_2$，故认为它们之间的测量结果存在定值系统误差。

表 12-5 测量残差

序号	测量结果 x_i/mm	平均值 X/mm	残差 $V=x_i-x$/mm
1	25.885	25.889	−0.004
2	25.887		−0.002
3	25.884		−0.005
4	25.886		−0.003
5	25.895		−0.004
6	25.89		+0.007
7	25.893		+0.004
8	25.892		+0.003
9	25.891		+0.002
10	25.892		+0.003

(2) 发现变值系统误差的方法

进行多次测量后依次求出数列的残差，如果无系统误差，则残差的符号大体上是正负相间；如果残差的符号有规律地变化，如出现(＋＋＋＋－－－－)或(－－－－＋＋＋＋)情况则可认为存在累积系统误差；若符号有规律地由负逐渐趋正，再由正逐渐趋负，循环重复变化，则可认为存在周期性系统误差。

2. *减少系统误差的方法*

(1) 修正法。取与误差值相等而符号相反的修正值对测量结果的数值进行修正，即得到不含有系统误差的检验结果，一些计量器具附有修正值表，供使用时修正。

(2) 抵消法。通过适当安排两次测量，使它们出现的误差值大小相等而符号相反取其平均值可消除系统误差。

(3) 替代法。测量后不改变测量装置的状态，以已知量代替被测量再次进行测量，使两次测量的示值相同，从而用已知量的大小确定被测量的大小。例如在天平上称重量，由于天平的误差而影响到称的结果。为了消除这一误差，可先用重量 M 与被测量 Y 准确平衡天平，然后将 Y 取下，选一个砝码 Q 放在天平上 Y 的位置使天平准确平衡，则 $Y=Q$。

(4) 半周期法。如果有周期性系统误差存在，则对任何一个位置而言，在与之相隔半个周期的位置再进行读数，取两次读数的平均值可消除系统误差。

3. *随机误差发现及减少的方法*

随机误差的产生原因大抵上是由于影响随机时空变化的因素。

随机时空变化的因素很多,变化很复杂,它们对误差影响有时小,有时大,有时符号为正,有时符号为负,其发生和变化是随机的。但是,在重复条件下,对同一量进行无限多次测量,其随机误差值的分布规律服从正态分布规律。即随机误差的特点服从正态分布。

在检验中增加测量次数是减少平均值随机误差的有效方法。

三、异常数据的检验和处理

1. 异常数值

在检验所得的一组数值中,有时会发现其中一个或某几个数值与其他大部分数值有明显差异,这种数值可能是异常数值(离群值),也可能不是异常数值。

例如检验得 10 个数值;6.5,6.8,6.3,6.6,7.0,6.9,7.0,10.0,6.0,6.3。从中看到 10.0 比其他 9 个数大许多,它可能是异常数值,但是否是异常数值,必须经过检验后才能下结论。如果是异常数值,则必须对它进行处理,因为它严重歪曲了检验结果,过去将异常数值称为粗大误差、人为误差等。

2. 产生异常数值的原因

产生异常数值的原因可能是生产中人、机、料、法、环突然发生变异所致。也可能是测量中测量条件和测量方法突然变异或者是检验员看错量具的示值或者是读错数、记录错所致。如果人、机、料、法、环、测突然发生变异,应立即停止生产,待恢复正常后再继续生产;如果是检验员失误应立即纠正。

3. 可疑数值的取舍

在分析测试的数据总有一定的离散性,这是由偶然误差引起的,是正常的。但往往有个别数据与其他数据相差甚远,这个数据如果是过失误差造成的就必须舍弃,但这个数据是否是由过失误差引起的,往往在实际工作中难以判断,只能说这种数据是可疑值。是否应舍去需要用数理统计方法进行处理,不可轻易取舍。

可疑值的取舍问题,实质上就是区分偶然误差和过失误差两种不同性质的误差问题,统计学处理可疑值的方法有很多种,下面重点介绍几种常用方法。

(1) “4d”检验法

用“4d”法判断可疑值的取舍步骤如下:

将可疑值除外,计算其余数据的平均值 $\overline{x}$;

将可疑值除外,计算其余数据的平均偏差 $\overline{d}$;

计算可疑数据 x 与平均值 $\overline{x}$ 之差的绝对值 $|x-\overline{x}|$;

判断:当 $|x-\overline{x}|>4\overline{d}$ 时,则数据 x 舍去,反之,则保留。

例 12-10:标定盐酸标准滴定溶液的浓度 $C_{(HCL)}$,得到下列数据:0.101 1、0.101 2、0.101 0、0.101 6,问第 4 次测定的数据是否保留?

解:除去 0.101 6 检验结果,平均值 $\overline{x}=0.101\ 0$;平均偏差 $\overline{d}=0.000\ 07$

则 $|0.101\ 6-0.101\ 1|=0.000\ 5>4\overline{d}(4\overline{d}=0.000\ 3)$

故第 4 次测定数据应舍去。

(2) Q 检验法

用 Q 检验法进行可疑值取舍的判断时,首先将一组数据由小到大排列为:x_1、x_2、…、

x_{n-1}、x_n，若 x_1 或 x_n 为可疑值，则根据统计量 Q 进行判断。

若 x_1 为可疑值时，

$$Q=\frac{x_2-x_1}{x_n-x_1} \tag{12-15}$$

若 x_n 为可疑值时，

$$Q=\frac{x_n-x_{n-1}}{x_n-x_1} \tag{12-16}$$

当 Q 值计算出后，再根据所要求的置信度查 Q 值表（表 12-6），若所得 Q 值大于表中的 Q 表值时，该可疑值应舍去，否则应予以保留。

表 12-6　Q 值表（置信度 90% 和 95%）

测定次数(n)	2	3	4	5	6	7	8	9	10
$Q_{0.90}$	…	0.94	0.76	0.64	0.56	0.51	0.47	0.44	0.41
$Q_{0.95}$	…	0.98	0.85	0.73	0.64	0.59	0.54	0.51	0.48

例 12-11：用 Q 检验法判断上例中的数据 0.101 6 是否应舍去。

解：将测定数据由小到大排列为 0.101 0、0.101 1、0.101 2、0.101 6，

$$Q=\frac{0.1016-0.1012}{0.1016-0.1010}=0.67$$

查 Q 值表，当置信度为 95%，$n=4$ 时，$Q_{表}=0.85$。$Q<Q_{表}$，因此 0.101 6 这个数据应保留。

（3）格鲁布斯检验法

用格鲁布斯检验法进行可疑值取舍判断时，首先将一组数据由小到大排列为：x_1、x_2、…、x_{n-1}、x_n。然后计算出该组数据的平均值及标准偏差，再根据统计量 $\lambda(\alpha, n)$ 进行判断。

若 x_1 为可疑值时，

$$\lambda=\frac{\bar{x}-x_1}{S} \tag{12-17}$$

若 x_n 为可疑值时，

$$\lambda=\frac{x_n-\bar{x}}{S} \tag{12-18}$$

当 λ 值计算出后，再根据其置信度查 λ 值表（见表 12-7），若计算所得 λ 值大于 λ 值表中的 $\lambda_{表}$ 时，则可疑值应舍去，否则应予以保留。

表 12-7　$\lambda(\alpha, n)$ 数值表

测定次数(n)	置信度 α		测定次数(n)	置信度 α	
	95%	99%		95%	99%
3	1.15	1.15	7	1.94	2.10
4	1.46	1.49	8	2.03	2.22
5	1.67	1.75	9	2.11	2.32
6	1.82	1.94	10	2.18	2.41

续表

测定次数 (n)	置信度 α		测定次数 (n)	置信度 α	
	95%	99%		95%	99%
11	2.23	2.48	14	2.37	2.66
12	2.29	2.55	15	2.41	2.71
13	2.33	2.61	20	2.56	2.88

例 12-12:用格鲁布斯法判断上例中的数据 0.101 6 是否应舍去(置信度 95%)。

解:将测定数据由小到大排列为 0.101 0、0.101 1、0.101 2、0.101 6。

$$\overline{x}=0.1012, S=0.0003,$$

$$\lambda=\frac{0.1016-0.1012}{0.0003}=1.33$$

查 λ 值表,当置信度为 95%,$n=4$ 时,$\lambda_{(0.95,4)}=1.46$。$T<T_{(0.95,4)}$,因此 0.101 6 这个数据应保留。

由上面例题可见,三种方法对同一组数据中可疑值取舍进行判断时,得出的结论不同。这是由于 4d 法虽然运算简单,但在数理上不够严格,有一定局限性,这种方法先把可疑值排外,然后进行检验,因此容易把原来属于正常的数据舍去,目前已很少应用这种方法。Q 检验法符合数理统计原理,但原则上只适用于一组数据有一个可疑值的判断,且要求一组数据里应含 3~10 个数据,当测定数为 3 次时,最好补测 1~2 个数据再检验判断以定取舍。格鲁布斯法,将正态分布中两个重要样本参数 $\overline{x}$ 和 S 引入进来,方法的准确度较好。因此三种方法通常以格鲁布斯法为准。

(4) 狄克逊准则

狄克逊法是对 Q 检验法的改进,它是根据不同的测定次数范围,采用不同的统计量计算公式,因此比较严密。其检验步骤与 Q 检验法类似,这里不再详述。统计量 r 的计算公式见 Dixon 检验临界值表(见表 12-8),同样,当计算的 $r<r_{表}$ 时,这个数据应保留,否则应舍去。

表 12-8 Dixon 检验临界值表

测定次数	置信度		统计量	
	95%	99%	x_1 为可疑值	x_n 为可疑值
3	0.970	0.994	$r_{10}=\frac{x_2-x_1}{x_n-x_1}$	$r_{10}=\frac{x_n-x_{n-1}}{x_n-x_1}$
4	0.829	0.926		
5	0.710	0.821		
6	0.628	0.740		
7	0.569	0.680		
8	0.608	0.717	$r_{11}=\frac{x_2-x_1}{x_{n-1}-x_1}$	$r_{11}=\frac{x_n-x_{n-1}}{x_n-x_2}$
9	0.564	0.672		
10	0.530	0.635		

续表

测定次数	置信度		统计量	
	95%	99%	x_1 为可疑值	x_n 为可疑值
11	0.619	0.709	$r_{12}=\frac{x_3-x_1}{x_{n-1}-x_1}$	$r_{12}=\frac{x_n-x_{n-2}}{x_n-x_2}$
12	0.583	0.660		
13	0.557	0.638		
14	0.546	0.641	$r_{22}=\frac{x_3-x_1}{x_{n-2}-x_1}$	$r_{22}=\frac{x_n-x_{n-2}}{x_n-x_3}$
15	0.525	0.616		
16	0.507	0.595		
17	0.490	0.577		
18	0.475	0.561		
19	0.462	0.547		
20	0.450	0.535		
21	0.440	0.524		
22	0.430	0.514		
23	0.421	0.505		
24	0.413	0.497		
25	0.406	0.489		

可疑值的剔除还有其他一些不常用的方法，如拉依达准则、肖维勒准则、罗马诺夫斯基准则、拉依达准则、x^2 检验法等。

第六节　控制图的绘制和使用

学习目标：掌握控制图的绘制，根据控制图判断数据可靠性。

一、控制界限的确定

控制图的上、下控制界限是判断工序是否失控的主要依据。因此，绘制控制图的主要内容之一就是确定经济、合理的控制界限。

根据 3σ 原则，通常控制图以样本的平均值 $\overline{x}$ 为中心线，上、下取 3 倍的标准偏差($\overline{x}\pm 3\sigma$)来确定控制图的控制界限。因此，把用这样的控制界限作出的控制图叫做 3σ 控制图。这就是休哈特最早提出的控制图形式。

如前所述，工序在受控状态下产生出来的产品，其总体的质量特性为正态分布。根据正态分布的性质，取 $\overline{x}\pm 3\sigma$ 作为上、下控制界限。这样，质量特性值出现在 3σ 界限之外的概率很小，仅为 3‰，即 1 000 个零件中仅仅可能出现 3 个不合格品。因此，人们通常把这种确定控制界限的原则称为“千分之三法则”。采用 3σ 法则确定控制界限时，有

$$\text{UCL}=E(x)+3D(x)=\mu+3\sigma \tag{12-19}$$

$$\text{LCL}=E(x)-3D(x)=\mu-3\sigma \tag{12-20}$$

$$\text{CL}=E(x)=\mu \tag{12-21}$$

式中，x 为样本统计量；$E(x)$为 x 的平均值；$D(x)$为 x 的标准偏差。

二、控制图绘制示例

1. 单值(X)控制图

(1) 搜集数据:在分析测试系统(5M1E)处于稳定状态下,搜集近期连续重复测试同一控制样品得到的某一质量特性值数据。数据至少 20 个以上。

(2) 数据处理:求取 x_1、x_2、x_3、…、x_n 的算术平均值 $\overline{x}$,并计算单个测量值的标准偏差 S 且过程能力指数≥1。

(3) 绘制控制图:纵坐标为质量特性值 x_i,横坐标为分析测试样品的时间。图上绘有三条线,上面一条虚线叫上控制界限线(简称上控制线),用符号 UCL 表示,$\text{UCL}=\overline{x}+3\dfrac{S}{\sqrt{n}}$;中间一条实线叫中心线,用符号 CL 表示,$\text{CL}=\overline{x}$;下面一条虚线叫下控制界限线(简称下控制线),用 LCL 表示,$\text{LCL}=\overline{x}-3\dfrac{S}{\sqrt{n}}$。

使用时,在分析送检样品的同时,分析测试控制样品,把测得的控制样品质量特性值用点子,按时间顺序一一描在图上。根据点子是否超越上、下控制线和点子的排列情况来判断检验工序是否处于正常的控制状态(见图 12-1、图 12-2)。

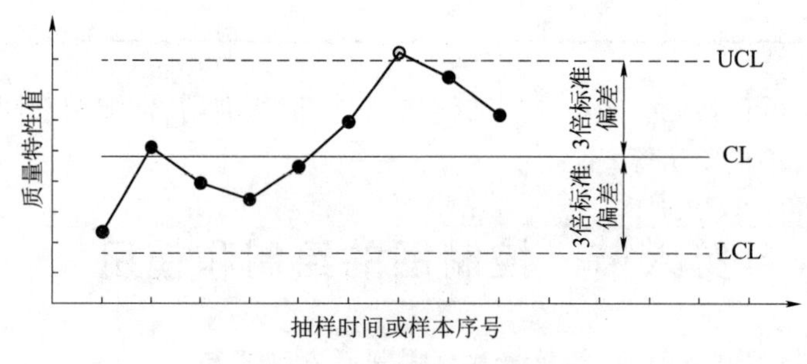

图 12-2　控制图的基本形式

单值(X)控制图是控制图的基本形式,是实验室里最常用的一种控制图。

2. 均值($\overline{x}$)极差(R)控制图

绘图方式基本与单值(X)控制图相同,不同处在于用一组样本点的均值($\overline{x}$)代替单值控制图中的(X),每次(同一时间)分析测试的样本个数用 n 表示,一般 $n=3\sim5$,组数(按时间顺序分组)用 k 表示。例如:每组样本个数 $n=5$,组数 $k=12$,则搜集了 60 个数据。此时纵坐标为质量特性值的平均值 $\overline{x}$(或极差 R),横坐标为分析测试样本的组号(按时间顺序)。

作图步骤如下:

(1) 计算各组平均值 $\overline{x}$ 和极差 R,得到 $\overline{x}_1$、$\overline{x}_2$、…、$\overline{x}_5$ 及 R_1、R_2、…、R_5。

平均值的有效数字应比原测量值多取一位小数。

(2) 计算 $\overline{\overline{x}}$ 和 $\overline{R}$,$\overline{\overline{x}}=\sum\overline{x}_i/k$,$\overline{R}=\sum R_i/k$

(3) 计算控制限:

对 $\overline{x}$ 图:$\text{CL}=\overline{x}$,$\text{UCL}=\overline{\overline{x}}+A_2\cdot\overline{R}$,$\text{LCL}=\overline{\overline{x}}-A_2\cdot\overline{R}$

式中 A_2 为随每次抽取样本个数 n 而变化的系数。由控制图系数选用表(见表 12-9)

查得。

表 12-9 控制图系数选用表

系数＼n	2	3	4	5	6	7	8	9	10
A_2	1.880	1.023	0.729	0.577	0.483	0.419	0.373	0.337	0.308
D_4	3.267	2.575	2.282	2.115	2.004	1.924	1.864	1.816	1.777
E_2	2.660	1.772	1.457	1.290	1.134	1.109	1.054	1.010	0.975
m_3A_2	1.880	1.187	0.796	0.691	0.549	0.509	0.43	0.41	0.36
D_3	—	—	—	—	—	0.076	0.136	0.184	0.223
d_2	1.128	1.693	2.059	2.326	2.534	2.704	2.847	2.970	3.087

注：表中"—"表示不考虑。

对 R 图：$\mathrm{CL}=\overline{R}$，$\mathrm{UCL}=D_4\overline{R}$，$\mathrm{LCL}=D_3\overline{R}$

式中 D_4、D_3 为随每次抽取样本个数 n 而变化的系数。同样由表 12-9 查得。

一般把 $\overline{x}$ 控制图与 R 质量控制图上、下对应画在一起，称为 $\overline{x}-R$ 控制图。前者观察工序平均值的变化，后者观察数据的分散程度变化。两图同时使用，合称 $\overline{x}-R$ 控制图，可以综合了解质量特性数据的分布形态。

以某氯碱厂烧碱蒸发浓度为例。

烧碱蒸发浓度数据记录见表 12-10。

表 12-10 烧碱蒸发浓度数据记录表

组号	时间	测定值						$\overline{x}$	R
		x_1	x_2	x_3	x_4	x_5			
1		420	419	415	418	418		418.0	5
2		419	424	423	420	421		421.4	5
3		420	420	419	418	420		419.4	2
4		421	421	420	419	417		419.6	4
5		420	423	422	420	419		420.8	4
6		420	420	420	419	421		420.0	2
7		423	423	419	421	418		420.8	5
8		418	417	419	415	423		418.4	8
9		423	420	418	420	421		420.4	5
10		416	418	420	419	417		418.0	4
11		417	418	416	420	423		418.8	7
12		421	420	418	413	421		418.6	8
13							Σ	5 034.2	59

根据表 12-10 中数据计算控制限：

对 $\overline{x}$ 图：$\mathrm{CL}=\overline{\overline{x}}=419.52$

$$UCL=\overline{\overline{x}}+A_2\cdot\overline{R}=419.52+0.577\times4.9=422.35$$

$$LCL=\overline{\overline{x}}-A_2\cdot\overline{R}=419.52-0.577\times4.9=416.69$$

对 R 图：$CL=\overline{R}=4.9$

$$UCL=D_4\overline{R}=2.115\times4.9=10.36$$

$CLC=D_3\overline{R}$，查表 D_3 无值，不考虑。

烧碱蒸发浓度均值($\overline{x}$)控制图见图 12-3，烧碱蒸发浓度极差(R)控制图见图 12-4。

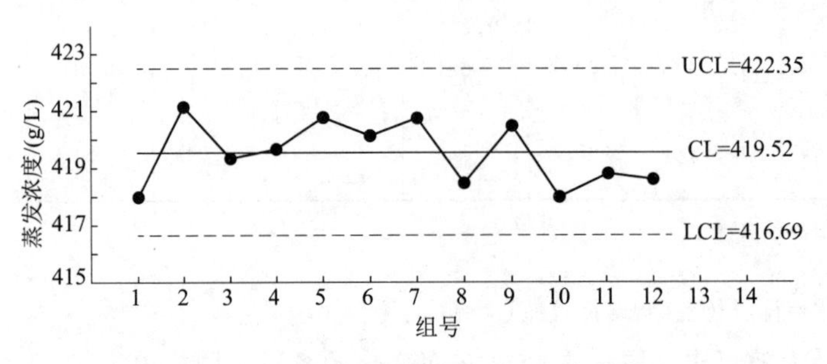

图 12-3 烧碱蒸发浓度均值($\overline{x}$)控制图

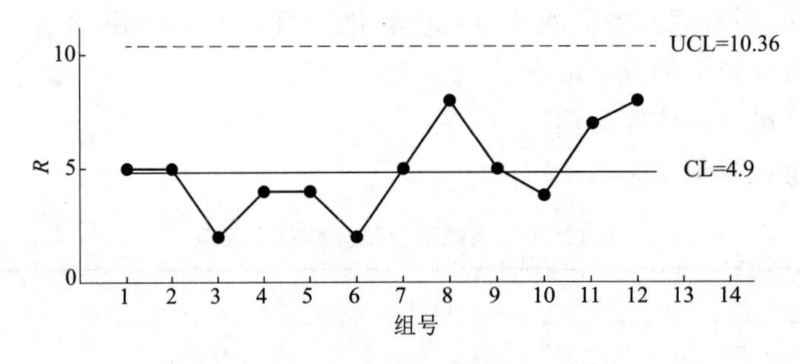

图 12-4 烧碱蒸发浓度极差(R)控制图

三、控制图的观察与分析

对控制图进行观察、分析是为了判断工序是处于受控状态还是处于失控状态，以便决定是否有必要采取措施，消除异常因素，使生产恢复到受控状态。控制图的判断，一般是依据数理统计中“小概率事件”的原理进行的。

1. 受控状态的判断

工序是否处于受控状态，也就是工序是否处于统计控制状态或稳定状态，其判断条件有二。这也是判断工序是否处于受控状态的基本准则。

(1) 点必须绝大多数落在控制界限内。

如果点的排列是随机地处于下列情况，则可认为工序处于受控状态。

1) 连续 25 个点没有一点在控制界限外；

2) 连续 35 个点中最多有一个点在控制界限外；

3) 连续 100 个点中最多有两个点在控制界限外。

因为用少量的数据作控制图容易产生错误的判断，所以至少取 25 个点才能进行判断。

从概率理论可知,连续35个点中,最多有一点在控制界限外的概率为0.995 9,至少有两点在界外的概率为0.004 1,即不超过1%,是个小概率事件;连续100个点中,最多有两个点在控制界限外的概率为0.997 4,而至少有三个点在界限外的概率为0.002 6,也不超过1%,也是小概率事件。根据小概率事件不会发生的原则,故规定了上述几条规则。

(2) 在控制界限内的点排列无缺陷,或者说点无异常排列。

2. 失控状态的判断

只要控制图上的点出现以下任一情况时,就可判断工序为失控状态,即有异常发生。

(1) 点超出控制界限或恰好在控制界限上;

(2) 控制界限内的点排列方式有缺陷,即为非随机性排列。

在3σ界限内的控制图上,正常条件下,点越出界限的概率仅有0.27%。这是一个小概率事件。若不是发生异常状态,点一般不会越出界限。若仅仅在控制图上打几个点便发生界外点,则可认为生产过程中出现了异常的状态,即失控状态。

此外,即使所有点均落在3σ界限内,但如果有下列情况发生,即点在控制界限内的排列方式有缺陷,也可判断是出现了异常状态,即失控状态。这些情况的发生也都是小概率事件。

(1) 相对于点的中心线一侧,连续出现7点“链”的情况时,就认为是有异常情况发生,即认为工序是处于失控状态。这时,就要采取措施,消除这些异常原因。在实际生产中,如果连续出现5个点落在中心线同一侧时,就应当注意工艺操作了;连续出现6个点时就要开始调查原因了。

(2) 点在中心线一侧多次出现(例如,连续11个点中至少有10个点在中心线同一侧出现;连续20个点中,至少有16个点在中心线同一侧出现)时,就要采取措施,消除异常原因。

(3) 点按次序连续上升或者连续下降的倾向。一般把连续有7个点或7个点以上的上升或下降的倾向作为判断是否异常的标准。

(4) 点靠近控制线出现的情况,其判断标准是连续3点中有2点(或连续7点中,有3点以上,再或者是连续10点中有4点以上)超出了2σ控制界限,则认为有异常发生。

(5) 点具有周期变动的情况。点虽然全部进入控制状态(控制界限内),但是如果出现周期性的变动,也就表明有异常情况发生。

第十三章　仪器设备维护与保养

学习目标：掌握常见分析设备、仪器的维护保养方法。

第一节　仪器设备

学习目标：了解设备结构及其工作原理，了解检验技术的基本理论，了解和掌握量具的结构原理及各项技术要求，熟练掌握测量相同软件具体使用方法，熟练掌握测量原理、方法、步骤。会正确检查量具的外观质量和它的技术状态，会正确操作使用量具去完成测量检验任务。能够正确维护保养量具。

一、沉降式粒度仪

以 SA-CP20 粒度仪为例介绍说明沉降式粒度仪的结构。

SA-CP20 粒度仪是一种典型的沉降式粒度分析仪，主要由光学系统、旋转部分、样品池、数据运算处理装置和记录仪等部分组成。其工作系统简图见图 13-1，原理是将测定点设定于悬浊液中一定的深度，观察该点浓度随时间变化的增量，并用光透法来检测出该浓度。SA-CP20 内部设有水平轴向的马达，在该轴上固定了两个圆盘，在一个圆盘(旋转盘)上，安装了其长轴与圆盘半径方向一致的中空长方体样品池，并且为了使测定光学系统的光能横照样品池，故将旋转圆盘固定，这样便可测定自然沉降。另外马达转动便可测定离心沉降。这样只有当样品转到测定位置，才能从受光元件中取出信号。为此由装在转轴上的另一个圆盘(位置检测用的圆盘)，检测出样品池已转到测定位置的信号，并根据该信号使电子开关同步，以取出测定信号，从而进行离心沉降的测定。被取出的信号先送放大器放大，再通过对数转换器，变成对数形式的吸光度信号。将该信号作模数转换，送至微处理的 CPU(中央处理机)，在那里根据事先在键盘上设定的测定条件，变换成粒度分布，直接打印输出。

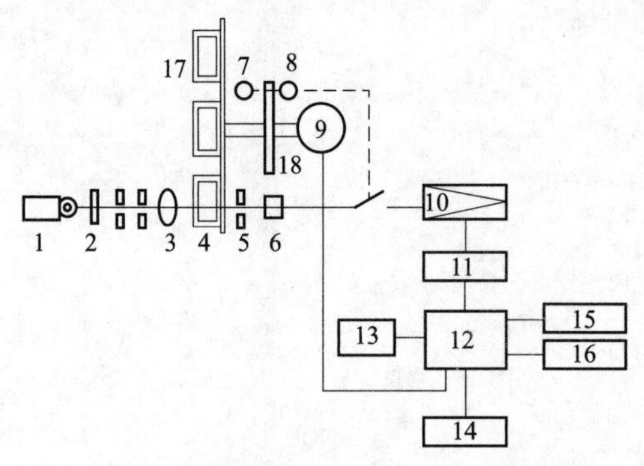

图 13-1　SA-CP20 粒度仪工作系统简图

1—光源；2—滤光片；3—镜片；4—样品池；5—狭缝；6—硅充电池；7—测定位置检出光源；8—测定位置检测受光元件；9—马达；10—放大器；11—对数转换器；12—CPU；13—显示器；14—打字机；15—键盘；16—定时器；17—转盘；18—测定位置检测盘

二、激光粒度分析仪

以 LA-300 激光散射粒度仪为例介绍说明激光粒度仪的仪器结构。

1. 激光散射粒度仪结构和工作原理

该仪器主要由光学测量系统(激光器和光电探测器),样品循环系统(循环泵和超声波发生器),计算机和打印机组成,能对粒径为 0.1～600 μm 的粉末颗粒做粒度分布测量。

LA-300 激光散射粒度仪工作系统简图见图 13-2。LA-300 激光散射粒度仪的光学系统为一个规则的激光衍射分析器。通过傅里叶透镜将一束向前散射的激光聚光成像在位于焦距处的圆环形探测器上。当然,仅用这种方法来测量大量细小颗粒是很困难的。使用波长为 650 nm 的激光通过前向散射方式测量极小颗粒是不可能的。要测量这样的颗粒,则需要收集侧向、反向或极化散射光的强度。LA-300 型光学系统采用七套分离的探测器(见图 13-2):六个广角和反向散射探测器以及一个由 36 个元件组合构成的圆环形前向散射探测器。这意味着:(1) 小角度的前向散射光能被环形探测器检测;(2) 大角度和反向散射被前置多角度探测器检测。从而使得该仪器的测量范围很广。

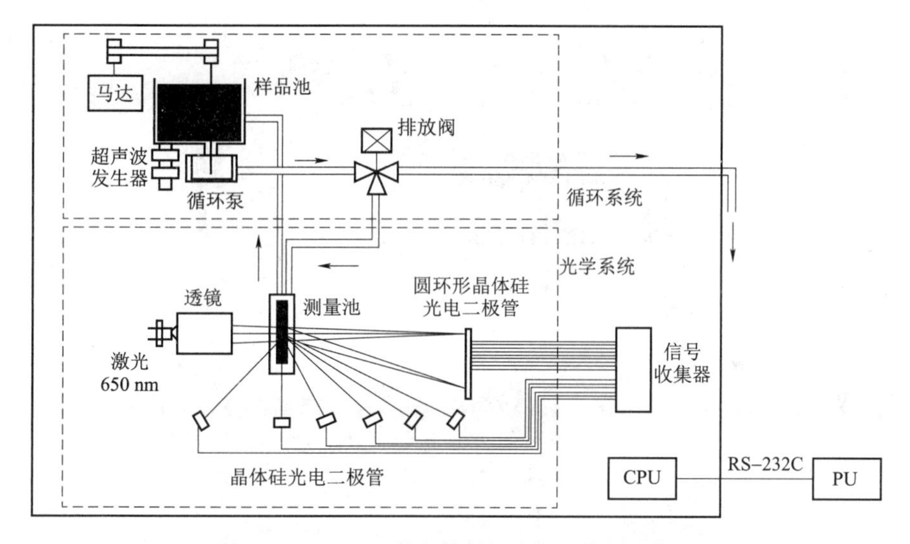

图 13-2　LA-300 激光散射粒度仪工作系统简图

2. 维护保养要求

(1) 要求环境温度在 15～35 ℃,相对湿度<85%。

(2) 有坚固的工作平台,使仪器在运行时不受外界振动的影响。

(3) 不要暴露在腐蚀性气体和粉尘的环境中。

(4) 不要安装在温差大的地方,避免阳光直射或空调对吹。

(5) 远离强电磁场及高频波。

(6) 电源稳定。

(7) LA-300 接地端应可靠接地。

(8) 保持仪器表面干净无污物。

(9) 测样完毕,一定要将循环系统清洗干净。

(10) 仪器启动后,如果长时间不用,应关机,否则会缩短激光器的使用寿命。

(11) 测量完毕,取出样品池,用棉签清洗,晾干后用纱布包好。给仪器盖好防尘盖。

3. 常见故障排除

(1) 当 LA-300 主机电源开关打开后,电源指示灯不亮。此时应检查电源线是否连接正确,接触良好,如电源线连接正确,则说明保险管被烧,更换保险管。

(2) 当散射光强度出现巨大波动时,可能是光轴位置不对,校准光轴。如校准光轴后仍存在此问题,则说明光源被破坏,更换激光光源。

(3) 稳定性低,可能由于室温波动太大或测量环境有剧烈振动引起,应稳定室温,消除振动。

三、几何密度测量仪

几何密度测量系统组成如图 13-3 所示。

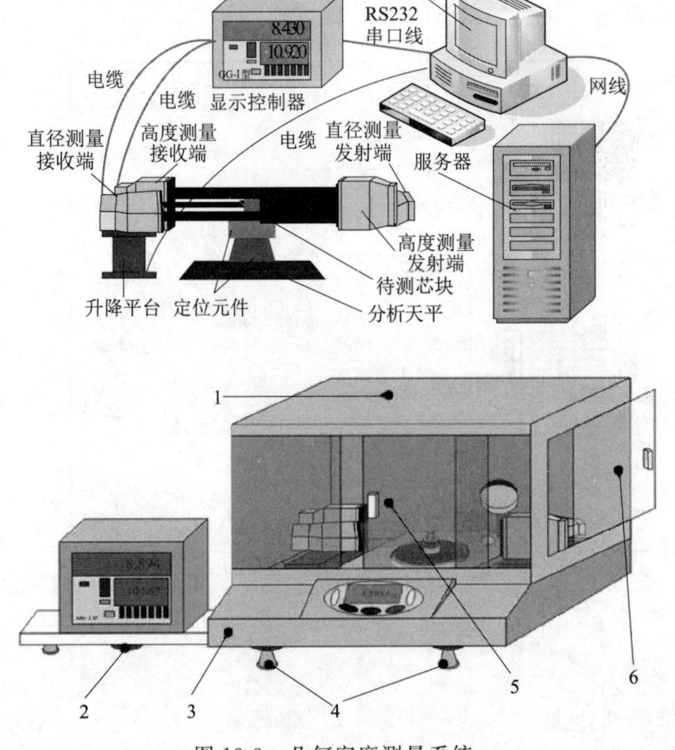

图 13-3　几何密度测量系统

1—外框;2—固定螺母;3—测量平台;4—水平调节螺母;5—防风罩门(前面);6—防风罩门(侧面)

该套测量系统是用于二氧化铀芯块直径、高度、几何密度等的精确测量,并利用计算机监视测试全过程,实现测量数据的自动采样(具备手动输入)、结果显示、计算分析和具备频率分布图、波动图的生成、存储、输出、打印等。数据处理系统存储的数据具有随时调用、待查和计时功能。

1. 硬件系统组成结构

系统组成结构如图 13-4 所示。

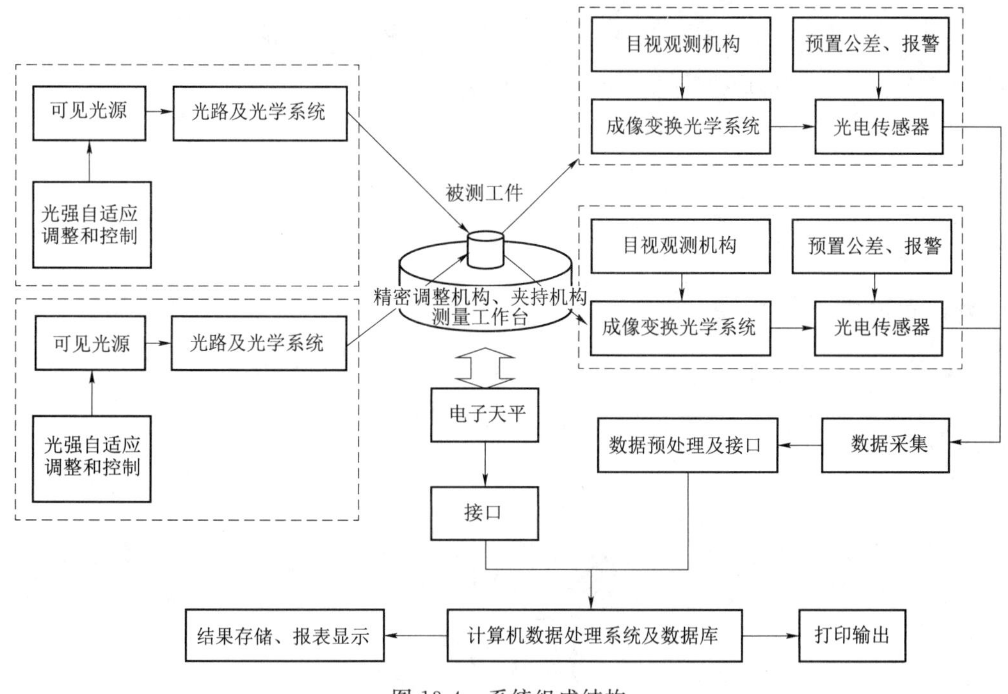

图 13-4　系统组成结构

2. 软件系统设计

本系统软件采用 Visual C++ 6.0 编写而成，数据库本地采用 Access 2003，远程服务器采用的是 Sql server 2000。系统由登陆模块、测量模块、报表模块、查询模块、数据库模块、用户管理模块、环境设置模块、多串口模块和网络模块等构成。

(1) 登陆模块完成对用户权限的判断，这是根据超级管理员在用户管理模块中，给用户设置权限来判断用户是否具有测量、报表、查询、管理和设置的权限，实现对不同用户进行管理，确保数据和系统的安全性。

(2) 测量模块主要完成系统对硬件进行初始化、数据采集与显示、超差提示以及重新测量。其中对硬件的初始化主要是选择合适的测量模式、设置阈值、使用经过计量鉴定的标准块进行定标。

(3) 数据库模块主要是对测量得到的数据、用户名及密码和用户权限进行存储。

(4) 报表模块和查询模块主要是按格式进行数据库导入、保存为电子文档(即 Excel 格式)及打印等操作。

四、碟形深度测量仪

碟形深度测量仪(见图 13-5)采用高精度光栅作为测微传感器及测量平台、定位装置，测量范围：0～2 mm；分度值：0.000 5 mm；示值误差±0.001 0 mm。

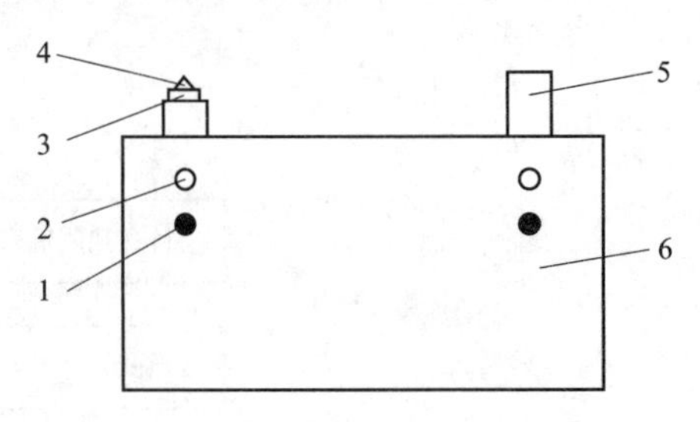

图 13-5 碟形深度测量仪

1—清零按钮;2—采集按钮;3—测量基面;4—球形测头;5—套筒;6—主体

五、光栅测量显微镜

光栅测量显微镜(见图 13-6)采用高精度光栅作为测微传感器,测量范围:X:0～50 mm;Y:0～15 mm;分度值:0.000 5 mm;示值误差±0.001 5 mm;仪器重复精度±0.001 0 mm。

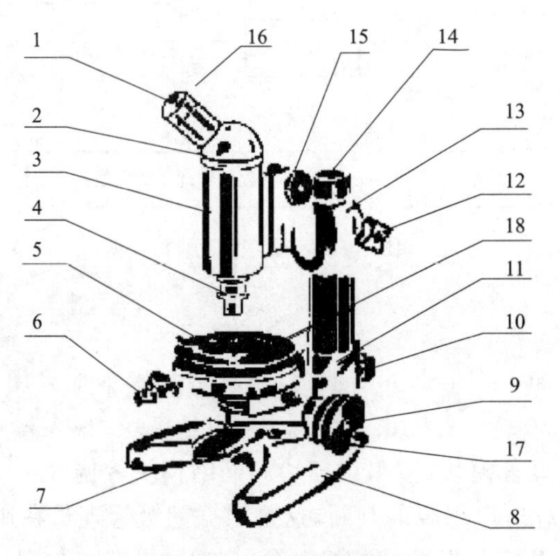

图 13-6 光栅测量显微镜

1—目镜;2—棱镜座;3—镜筒;4—物镜;5—测量工作台;6—Y 轴测微器;7—反射光源;8—底座;9—X 轴测微器;10—旋手;11—平台;12—旋手;13—支架;14—立柱;15—调焦手轮;16—目镜止动螺钉;17,18—光栅传感器

六、垂直度测量仪

垂直度测量仪(见图 13-7)采用高精度光栅作为测微传感器和一套自动机械,测量范围:6～15 mm;分度值:0.000 5 mm;示值误差±0.001 mm;仪器重复精度±0.001 mm。

七、角度测量仪

角度测量仪(见图 13-8)采用光栅图像式显微镜测量范围:X 轴 0～50 mm,Y 轴 0～15 mm,分度值:0.001 mm,示值误差:± 0.001 mm。

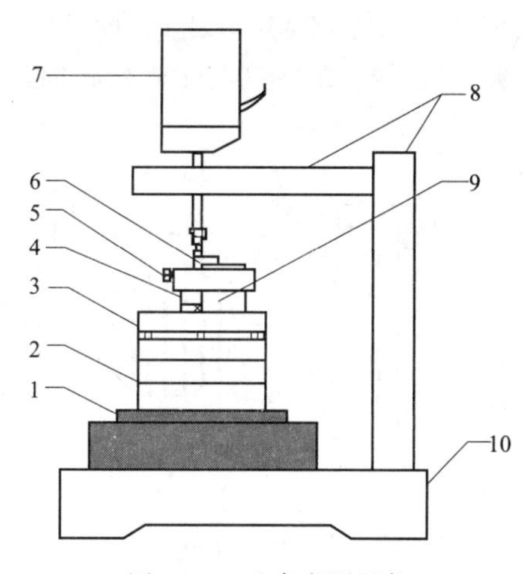

图 13-7 垂直度测量仪

1—旋转台；2—二维移动台；3—倾斜台；4—升降台；5—固定螺钉；6—被测芯块；7—光栅位移传感器；8—支架；9—V 型定位块；10—底座

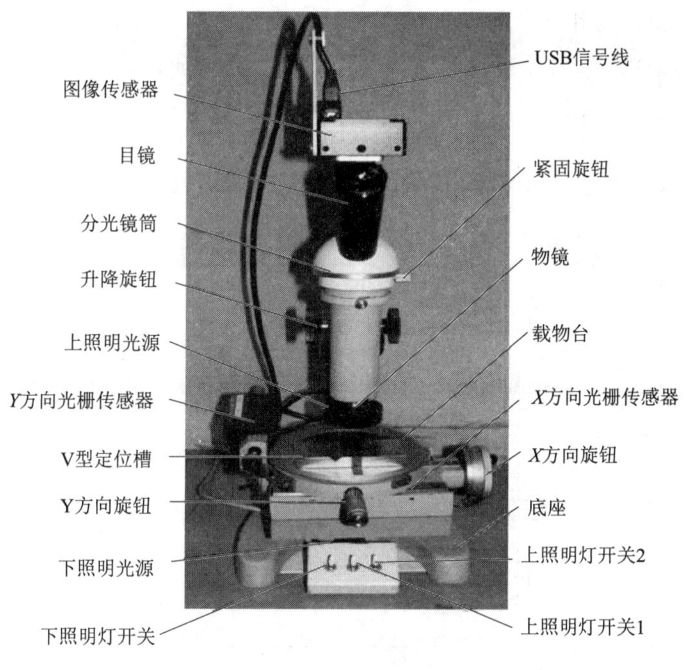

图 13-8 角度测量仪

八、光栅传感器

光栅传感器分为长光栅和圆光栅两种，长光栅(一般统称光栅)用于测量直线位移。光栅的基本元件是主光栅和指示光栅，如图 13-9 所示。主光栅 1 又称标尺光栅，是一个刻有大量均匀线纹的长条形玻璃尺或金属尺。主光栅长度由测量范围决定，刻线密度由测量精度决定。芯块测量所采用的光栅测量范围在 0～10 mm、0～25 mm、0～50 mm，刻线密度都采用 50 线。相距 W 由刻线宽度 a 和缝隙宽度 b 组成，即 $W=a+b$，一般取 $a=b=W/2$。指示光栅 2 也是刻有线纹的玻璃尺，线纹的密度与主光栅相同，只是尺寸比主光栅短得多。

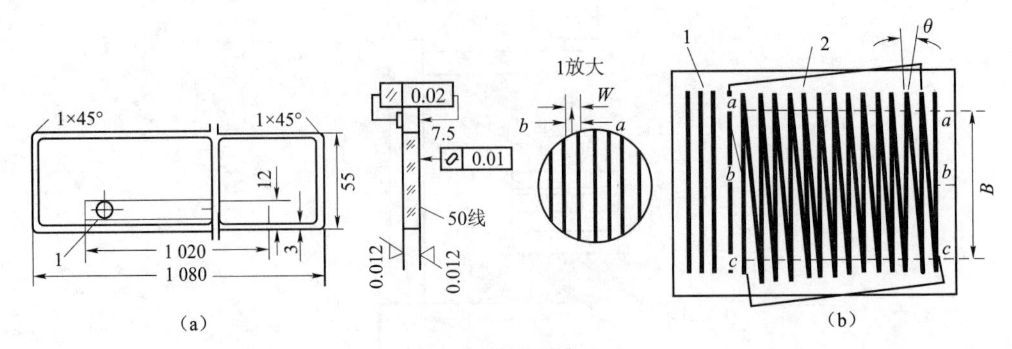

图 13-9　光栅莫尔条纹

(a) 光栅；(b) 莫尔条纹

工作时，将主光栅的刻线面叠合在一起，并使两者沿刻线方向成一个很小的角度 θ。由于遮光效应，在光栅上出现明暗相间的条纹，即莫尔条纹。

目前，光栅传感器常用于线位移的静态和动态测量。其优点是精度高，其缺点是对测量环境有一定要求，油污、灰尘等会影像光栅传感器工作的可靠性。

九、浮标式气动量仪

技术参数如表 13-1 所示。基本元件如图 13-10 所示。

表 13-1　QFP 型浮标式气动量仪的主要技术参数

名　　称	QFP-2 型	QFP-5 型
公称放大倍数/倍	2 000	5 000
全范围示值误差/μm	≤2.0	≤1.5
基准点示值误差/μm	1.2	0.8
示值误差/μm		≤0.5
稳定度/(μm/10 min)	≤1.0	≤0.5
最高放大倍数	4 500	1 000
最大测量间隙/μm	≥150	≥80
供气压力特性/μm	≤1.0	≤0.5
相应时间/s	≤1.5	1.8
全范围内示值范围	90	35
分度值/μm	2.0	≤1.0
工作压力/MPa	0.25	≤0.25

十、B531H 数显测厚千分表

用于测量固定于表架上的千分表测头测量相对于表架侧测量的直线位移量，并由千分表进行读数的测量器具，称为测厚千分表，见图 13-11。

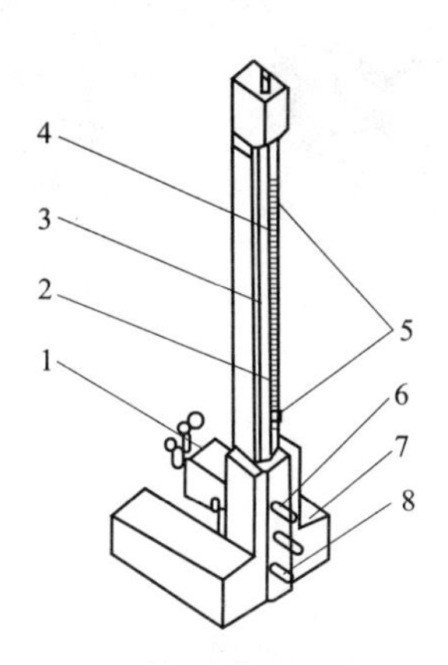

图 13-10　浮标式气动量仪(单管)

1—进气阀；2—刻度尺；3—锥度玻璃管；4—浮标；
5—界限指针；6—放大倍数调整旋钮；
7—“零”位调整旋钮；8—输出接头

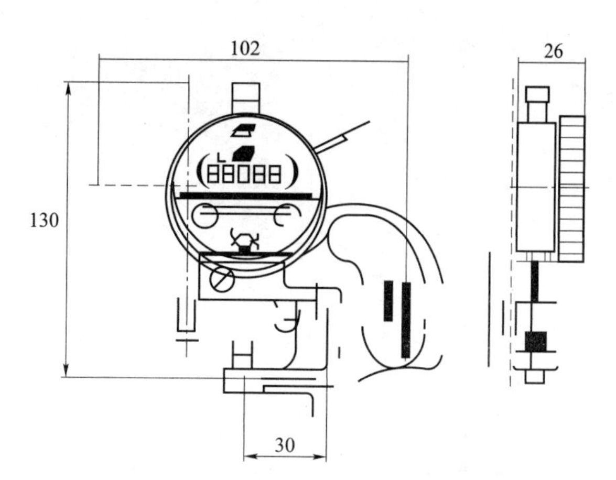

图 13-11　数显测厚千分表

1. 性能指标

(1) 测量范围：0～10 mm。

(2) 分辨率：0.001 mm。

(3) 示值误差：±0.002。

2. 功能

(1) 任意位置置零。

(2) 公制/英制数据转换。

(3) 数据保持。

(4) 自动断电。

(5) 具有数据输出口，可通过 JR-01 容栅转接器与计算机数据通信。

3. 使用方法

置零键“ZERO”：在正常计数时，按动此键显示器数字全为零。

公制/英制转换键“mm/in”：按动此键，显示出相应的提示符号 mm 或 in，并显示公制或英制测量数据。

4. 使用要求

(1) 测量前应清洁测量面并置零，按动提升机构时不能太快过猛，以防止测量面碰伤。

(2) 当数显表静止不动 5 min 后，数显数字自动消隐。欲恢复显示，只需按动提升机构或按动“mm/in”键即可。若仍不显示，则需取下电池，30 s 后再重新装上即可恢复正常显示。

(3) 应保持测厚表的清洁，注意防潮，避免油和水等侵入表内；在使用前后，应用绸布将测量面及测杆擦拭干净，以保持测厚表的正常工作。

十一、TG150/TG130 光栅测微传感器

光栅测微传感器如图 13-12 所示。

图 13-12　光栅测微传感器

1. 技术指标

(1) 测量范围:TG150 型 0～50 mm;TG130 型 0～30 mm。

(2) 最大移动速度:300 mm/s。

(3) 测量力:<2.5 N。

(4) 工作温度:10～40 ℃。

(5) 存储温度:0～55 ℃。

2. 使用要求

(1) 光栅传感器与接口插头座插拔时应关闭电源后进行。

(2) 严防任何异物进入光栅传感器壳体内部。

(3) 定期检查各安装连接螺钉是否松动。

(4) 光栅传感器严禁剧烈震动及摔打,以免损坏光栅尺。

(5) 不能任意改动主栅尺与副栅尺的相对间距,否则一方面可能破坏传感器精度,另一方面可能导致主栅尺与副栅尺相对摩擦,从而造成光栅尺报废。

十二、手动垂直度测量装置

采用组合系统测量垂直度(见图 13-13)。使芯块旋转 360°,测芯块两端相对于圆柱面的端面跳动量作为该端的垂直度,构成如下:

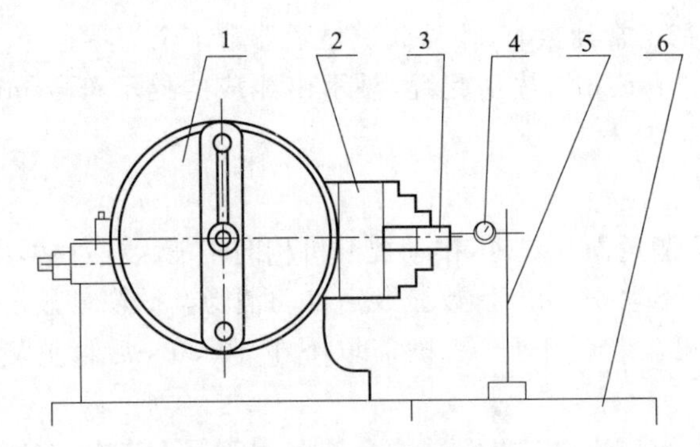

图 13-13　二氧化铀芯块垂直度的测量

1—万能分度头;2—三爪自定心卡盘;3—芯块;4—千分表;5—表座;6—平板

(1) FW-80 万能分度头。

(2) 光栅电子数显千分表:测量范围:0～10 mm;分辨率:0.001 mm。

(3) 平台:1 000 mm×1 000 mm;精度:1 级。

(4) WWZ-220 万能微调千分表座辅助设备。

十三、光栅数显表

该表采用单片微机和先进的电子细分技术,可直接与光栅位移传感器配接。

1. 基本功能

(1) 正反向可逆计数。

(2) 任意位置清零。

(3) 任意位置置数。

(4) 直径/半径选择。

(5) 公制/英制选择。

(6) 过零(绝对零位)保持。

(7) 过零(绝对零位)计数。

(8) 超速报警 I 溢出报警。

(9) 线性修正和存数功能。

(10) 串行数据输出。

2. 技术指标

(1) 显示位数:8 位。

(2) 分辨率:0.5 μm。

(3) 输入信号:12 V 或 TTL 电平方波、正弦波。

(4) 信号频率:50 kHz(MAX)。

(5) 传感器连接插座:七芯插座。

十四、高温氢气烧结炉的基本结构

复烧试验用的高温氢气烧结炉,一般有竖式和卧式两种,比如实际生产用的氢气烧结炉(如推舟炉),结构紧凑,占地面积小,容量小。炉子的结构也因类型而异,但其主要部件有电气控制、冷却水系统、气路管道、测温系统、炉体以及其他相关附属部件。比如 01WF8 型高温氢气烧结炉,其冷却水系统采用循环水和自来水双系统,气路管道包括氢气、氮气和天然气,而电气控制实现自动和手动双重控制,炉子的水、电、气实现计算机实时监控。

1. 高温氢气烧结炉的使用和维护

对于不同类型和结构的高温烧结炉,其使用和日常维护只能参照具体的炉子操作手册和说明书以及操作规程。对于具备自动控温系统的炉子,在试验期间主要是注意观察冷却水和炉气的流量变化并适当调节,而对于手动控温的炉子,就要随时注意炉温的变化并及时调节,此外还要注意冷却水和炉气的流量变化并适当调节。

对高温烧结炉(如 01WF8 型高温氢气炉)的各个主要部件和功能要有比较全面的了解,并且要熟悉炉子基本结构、冷却水和气路管道系统,才能在炉子出现异常时能够及时处理。一般用于复烧试验的高温氢气炉,发热元件都是钼质的环状钼片或环形网状钼丝,芯块试样可置于其中进行高温热处理。这种结构的发热元件,其温度分布是在横截面上靠发热体位置的温度最高。要熟悉炉子的恒温区测定方法,其中包括炉子工作到一定的周期后,炉子发热元件出现变形,更换了新的发热元件或炉体及周边的附属部件,炉子经维修后并可能改变炉子某些部件的工作参数时。

2. 炉子的温度测量

芯块复烧试验都是在 1 700 ℃以上进行,因此温度测量在芯块热稳定性检验试验中是项很重要的内容,所测量的温度是否是炉子内的实际温度,这会直接影响到试验结果的准确性和有效性。炉温的测量常使用高温系列热电偶如钨铼热电偶等。

3. 钨铼热电偶的使用

对于钨铼热电偶,热电极丝的熔点高(3 300 ℃),蒸气压低,极易氧化,在惰性或还原性气氛条件下(如氢气):其化学稳定性好,热电动势大,灵敏度高,价格便宜。常在 2 000 ℃以下使用,当温度高于 2 300℃时,数据分散。如果在有氧气氛中使用,必须采用致密的保护管使之与氧隔绝才能使用。不能用于含碳气氛(如含碳氢化物的气氛中使用,温度超过 1 000 ℃易受腐蚀),因为钨或铼在含碳气氛中易生成稳定的碳化物,降低灵敏度,并会引起脆性断裂,在有氢气存在情况下会加速碳化。

目前主要是采用 WRe3/25 和 WRe5/26 两种型号的标准化热电偶来测量炉子温度,其中,WRe3/25(可写成 WRe3-WRe25 或钨铼 3-钨铼 25)热电偶,正极成分含 97%的钨和 3%的铼,负极成分含 75%的钨和 25%的铼;对于 WRe5/26 型,正极成分含 95%的钨和 5%的铼,负极成分含 74%的钨和 26%的铼。一般钨铼热电偶由测量端、工作端和连接导线组成。可用温度计测量参考端 A 点温度值,再加上记录仪测量得到的温度就是炉子的温度。其中的连接导线采用与钨铼热电偶型号相配的补偿导线,有时也可采用阻值较小的普通铜导线作为补偿导线。按我国专业标准(ZB N 05002),用于钨铼热电偶补偿导线的型号和绝缘线芯着色见表 13-2。

表 13-2 钨铼热电偶的补偿导线的型号

型号	名称	配用热电偶	绝缘线芯材料及着色	
			正 极	负 极
WC3/25	钨铼 3/25 补偿导线	钨铼 3—钨铼 25	镍铬 10(红)	铁(黄)
WC5/26	钨铼 5/26 补偿导线	钨铼 5—钨铼 26	钴铁 23.5(红)	钴铁 17(橙)

复烧试验过程中,温度的测量一般由炉子的自动测温系统完成,而需要注意的是在装炉时要注意检查热电偶的位置是否正确和热电偶的连接状态是否良好。

4. 高温氢气炉的维护保养

(1) 日常维护

1) 保持设备外观整洁,检查水路管道,气路管道有无跑、滴、漏的现象。

2) 检查钨铼热电偶是否完好,位置是否正确,有无计量检定合格证并在有效期内(每班)。

3) 每周需对设备的电气仪表和计算机通电 1 次,按正常开机顺序,保证通电每次时间不低于 1 h(节假日顺延)。

4) 设备闲置,一周以内,需要手动对设备抽真空,保持设备处于负压状态(1 次/周)。

5）工作完毕应清洁设备和工作现场。

（2）设备巡检、检查

1）日常巡检

① 检查电器控制系统（温度、电流、电压、程序等）是否正常（每班）。

② 检查水路系统（水压、水温、水流、阀门等）是否正常（每班）。

③ 检查气路系统（阀门、真空、压力、流量、燃烧火焰等）是否正常（每班）。

④ 检查监控系统运行是否正常（每班）。

⑤ 设备运行时，当班人员做好检查和记录。

2）全面检查

① 检查和维护循环水系统，保证设备水路系统正常（1次/月）。

② 检查和维护电器控制（包括计算机）系统，对设备升温，保证电器控制系统正常（1次/月）。

③ 检查和维护压空、氢气、氮气、氩气、天然气管路及阀门，保证气路系统正常（1次/月）。

④ 检查和维护真空系统，保证真空系统正常（1次/月）。

⑤ 每月对设备进行一次全面检查，并作好相关记录（1次/月）。

（3）保养内容

1）对设备进行整体检查，记录保养前的技术参数，极限真空度、最高温度、压升率、升温曲线等。

2）升降机构及炉盖旋转机构的检查：检查升降机构的运行情况，驱动电机、传动机构、丝杠、螺母等零部件的工作状况。

3）水路的检查：检查各路水流继电器是否正常，水流是否正常，并维修或更换异常水流继电器。

4）气路的检查：检查气路系统上各个电磁阀工作是否正常，检查密封圈是否良好，更换老化或损坏的密封圈，维修或更换异常和不可靠的电磁阀。

5）机械泵的检查：检查泵组运转是否正常，有无异常噪声，泵油是否清洁足量，根据实际情况进行维护，每两年一次或根据实际情况需对泵组的泵油进行更换。

6）对炉体的外围零部件进行检查，对电极、热电偶、压力变送器观察口进行检查，发现不良或老化器件，进行必要的更换。

7）电气控制的检查和维护：检查各元器件工作是否稳定可靠，各元器件的动作是否可靠，触点是否接触良好，发现不良或老化器件，进行必要的更换。

8）加热电源的检查与维护：检查各元器件工作是否稳定可靠，各元器件的动作是否可靠，触点是否接触良好，及时发现不良或老化器件，进行必要的更换。

9）保养结束后进行一次空炉升温试车，采用正式温度曲线升温。

十五、高压釜系统试验装置

1. 高压釜系统装置结构组成

系统主要由高压釜、电阻炉、控制部分组成。工作时高压釜釜体放置在坩埚或电阻炉内，检验样品放置在釜内，通电升温至规定的温度和压力，并恒温 24 h、72 h、336 h 或其他规定时间；釜温由控制设备进行调节和控制，并由计算机实时记录釜温、炉温、釜压的变化情况。设备装置简图见图 13-14。

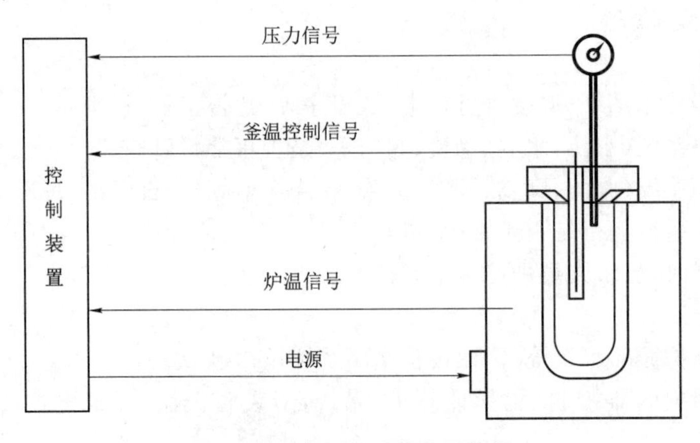

图 13-14 高压釜系统装置简图

2. 高压釜

高压釜是用于产生高温高压水和水蒸气，是进行高温高压下的部件测试，如稳定性和腐蚀性的测试。高压釜主要由釜体、釜盖、法兰盘、安全阀、放汽阀、主螺母螺栓、压力表连接接管、散热接头、安全爆破装置、数显压力变送器、测量仪表等部分组成，见图 13-15。高压釜全部采用 300 系列不锈钢或镍基合金材料制造，主要受压元件为锻件。釜体与法兰有一体结构式的，也有釜体通过螺纹与法兰连接的，釜盖为正体平板盖，两者由周向均布的主螺栓、螺母紧固连接。

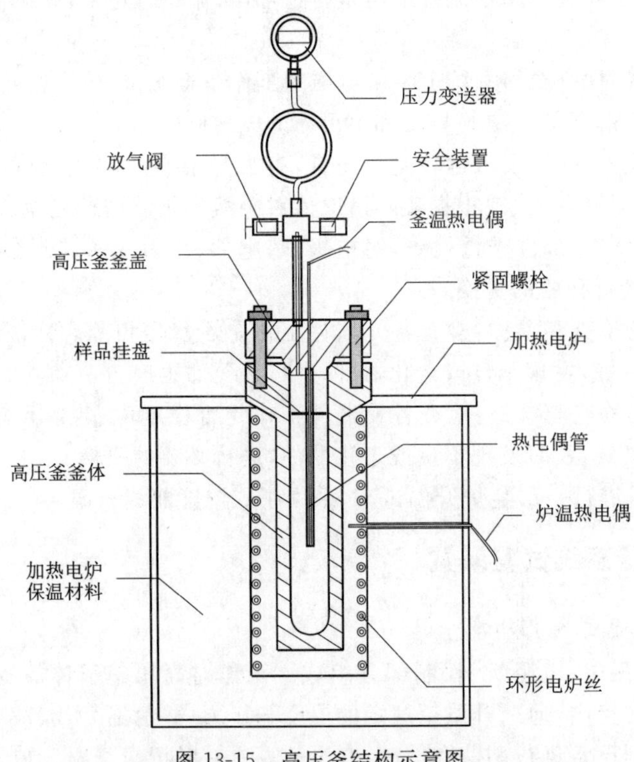

图 13-15 高压釜结构示意图

高压釜主密封口均采用圆弧面与平面、圆弧面与锥面的线接触的密封形式，依靠接触面的高精度和光洁度的硬密封或采用密封圈，达到良好的密封效果。

高压釜的主要技术参数有：设计压力、设计温度、容积、安全阀或安全爆破片泄漏温度及压力、使用条件等。

3. 加热炉

高压釜加热炉采用电阻式红外辐射直接加热，电阻式加热炉主要由炉壳、炉衬、炉芯、电阻式加热丝、保温材料构成的。

加热炉的主要技术参数有：工作区额定温度、工作区尺寸、额定功率等。

4. 控制系统装置

控制系统主要参数为釜温、釜压及炉温，以上三个参数分别来自于安装在高压釜上的热电偶（热电阻）、压力传感器（压力表）和安装在加热炉上的热电偶。

釜温和釜压是高压釜腐蚀检验控制的关键参数。

5. 自动控制系统的组成

从广义的角度讲，一般把测量元件、变送器、调节器、执行机构、被控对象等组成的整体称为自动控制系统。

6. 调节器的调节规律和原理

调节器的调节规律：调节器接收了偏差信号（输入信号）以后，它的输出信号（即控制信号）的变化规律，也就是说，调节器的输入信号 e 与其输出信号 u 之间的关系。

控制系统的工作原理：由热电偶或热电阻测到的电信号被送到调节器或工控机中，将获得的电信号与调节器的温度设定值进行比较，比较后得到的偏差信号经放大处理后送到PID运算器里面进行运算，并输出具有PID调节规律4～20 mA信号给电压调整器，电压调整器根据获得的电信号输出相应的脉冲，触发可控硅导通角的大小，来控制炉体的加热功率。

7. 主要仪器仪表

对高压釜中使用到的热电阻、热电偶、压力表和压力变送器、安全阀、各种显示仪表，应根据其作用，分成A类和B类。A为一类仪表和仪器，其校准期限为半年或一年；B为二类仪表和仪器，其校准期限为一年或更长。对于各种仪表和仪器，应在它的有效期内使用。

各类仪表的详细介绍参见基础知识有关内容。

8. 高压釜的维护保养

（1）使高压釜保持清洁，每次做完腐蚀试验后，需要彻底清洗干净，抽干釜内积水，并用干净的滤纸或烧杯盖好釜口，使釜体保持干燥清洁，防止腐蚀釜体。

（2）至少在一个月内需对螺母和螺栓涂抹一次高温润滑脂，以便保持螺母和螺栓的润滑光洁，防止螺母与螺栓咬死。

（3）高压釜每12个月更换一次高压釜安全爆破片，使高压釜处在安全可靠状态；如果在使用过程中发现爆破片有漏气、破损等异常状态时，也必须更换爆破片。

（4）每周打扫一次设备卫生，保持设备清洁和整洁（节假日顺延）。

（5）数据库维护：为避免由于系统软件硬件的损坏，造成保温曲线和保温数据的丢失，应定期将计算机自控系统内的数据库进行备份，即把“D:\高压釜运行数据”中的文件数据进行复制。

(6) 在无生产任务时,每周开机运行 2 次,检查设备是否正常运行(节假日顺延)。

十六、金相显微镜

金相显微镜是用于观察金属内部组织结构的重要光学仪器。所有光学仪器都是基于光线在均匀的介质中作直线的传播,并在两种不同介质的分界面上发生折射或反射等现象构成的。

1. 显微镜的成像原理

利用物镜透镜可将物体的像放大,但单个透镜或一组透镜的放大倍数是有限的,为此,要考虑用另一透镜组将第一次放大的像再行放大,一边得到更放大倍数的像。显微镜就是基于这一要求设计的。显微镜中装有两组放大透镜,靠近物体的一组透镜为“物镜”,靠近观察的一组透镜称为“目镜”。

显微镜的放大倍数应为:

$$M=\frac{\Delta}{f_1}\cdot\frac{D}{f_2}$$

式中:f_1——物镜焦距;

f_2——目镜焦距;

Δ——显微镜的光学镜筒长;

D——人眼明视距离,$D\approx 250$ mm。

2. 显微镜的光学系统

光学系统主要构件是物镜和目镜,其任务是完成金相组织的放大,并获得清晰的图像。

(1) 物镜

1) 物镜的类型

物镜的优劣直接影响显微镜成像的质量,这于像差的校正有关,因此,物镜是根据像差校正程度分类的。对映像质量影响最大的是球面差、色差和像场弯曲,前两项对映像中央部分的清晰度有很大影响,而像场弯曲对摄影边缘部分有极大影响。表 13-3 是按校正程度分类的显微镜物镜。

国产物镜标有类别的汉语拼音字头,如平面消色差物镜标以“PC”;西欧各国产物镜多标有物镜类别的英文名称或字头,如平面消色差物镜标以“Planarchromatic 或 Pl”,消色差物镜标以“Achromatic”,复消色差物镜标由“Apochromatic”。

表 13-3 显微镜物镜及像差校正程度

物镜	球差	色差	像场弯曲
消色差物镜	黄绿波区校正	红绿波区校正	存在
复消色差物镜	绿紫波区校正	红绿紫区校正	存在
半复消色差物镜	多个波区校正	多个波区校正	存在
平面消色差物镜	黄绿波区校正	红绿波区校正	已校正
平面复消色差物镜	绿紫波区校正	红绿波区校正	已校正
消像散物镜	已校正	已校正	已校正

2）物镜的数值孔径

物镜的数值孔径表征物镜的聚光能力，是物镜的重要性质之一，增强物镜的聚光能力可提高物镜的鉴别率。数值孔径通常以符号“N. A.”表示。物镜数值孔径均有直接标注，如0.30，0.65等分别表示物镜的数值孔径为0.30，0.65。

通常，有两个提高数值孔径的途径：

① 增大透镜的曲率或减小物镜的焦距；

② 增加物镜与观察物之间的折射率 n。

物镜的鉴别率及显微镜的有效放大倍数：

物镜的鉴别率是指物镜具有将两个物点清晰分辨的最大能力，以两个物点能清晰分辨的最小距离 d 的倒数表示。d 越小，表示物镜的鉴别率越高。

物镜的数值孔径愈大，入射光的波长愈短，则物镜的鉴别率越高。

金相显微镜的鉴别率最高只能达到物镜的鉴别率，故物镜的鉴别率又称为显微镜的鉴别率。因为目镜是不能进一步增大整个光学系统鉴别率的，它最多用来保证物镜鉴别率的充分利用。

3）垂直鉴别率

垂直鉴别率又称景深，即成像面沿轴向移动仍能保持图像清晰的范围。如果要求较大的垂直鉴别率，最好选用数值孔径小的物镜，或减小孔径光阑以缩小物镜的工作孔径，这样就不可避免地降低了显微镜的分辨能力。

4）物镜的放大率

物镜的放大率是按设计的光学镜筒长来标定的，必须在指定的镜筒长度上使用，否则其放大倍数将改变。放大率标以15×，20×等分别表示其放大倍数为15倍，20倍。

5）物镜的性能标志

物镜的主要性能已标注在物镜的外壳上。

（2）目镜

目镜是用来观察物镜所形成的像的放大镜。其作用是：使在显微观察时，于明视距离处形成一个清晰放大的虚像；而在显微摄影时，通过投影目镜在成像平面上得到一个放大的实像；此外某些目镜（如补偿目镜）除放大作用外，尚能将物镜造像的相差予以校正。

目镜的种类有：惠更斯目镜、雷斯登目镜、补偿型目镜、放大型目镜、测微目镜、双筒目镜。

（3）照明系统

一般金相显微镜采用灯光照明，借棱镜或其他反射方法使光线投在金相磨面上，靠金属本身的反射能力，部分光线被反射而进入物镜，经放大成像最终被我们所观察。

1）光源的种类

金相显微镜中最普遍应用的是白炽灯和氙灯，此外还有碳弧灯、水银灯、单色光灯等。

一般大型金相显微镜同时备有白炽灯和氙灯两种照明光源，以备普通明视场观察及特殊情况的组织观察、显微摄影之用。

2）照明方式

明视场光路照明。明视场照明是金相研究中的主要采光方法。光源发射的光线，经过物镜照射到试样表面上，由试样表面反射的光线，复又经过物镜、目镜成像。如果试样表面光滑,那么显微镜中观察到明亮的一片;而反光能力差的相或产生漫散射的地区将变得灰暗。

暗视场照明光路行程。暗视场与明视场发热区别在于:明视场中经垂直照明器转向后的入射光束通过物镜直射到目的物上,而暗视场则是使入射光束绕过物镜斜射于目的物上。这样的光束是靠环形光阑及环形发射镜获得的。

暗视场适用于观察平滑视野上细小的浮点微粒。常用于鉴别非金属夹杂物。

(4) 光阑

在金相显微镜的光路系统中,一般装有两个光阑,以进一步改变映像质量。靠近光源的一个叫孔径光阑,后一个叫视场光阑。

孔径光阑的作用是控制入射光束的大小,对某些相差的大小有重要影响:缩小孔径光阑可减小球差和轴外像差,加大景深和衬度,使映像清晰。但却会使物镜的分辨能力降低。理论上合适的孔径光阑大小应以光束刚刚充满物镜后透镜为准。实际观察时无法检查后透镜光线充满的情形,按经验可取下目镜直接观察筒内灯丝映像面积占整个筒面积的1/2~3/4时,为适宜的孔径光阑。

视场光阑于光程中所处的位置为:经光学系统造像于金相磨面上。因此,调节视场光阑大小可改变视域的大小,但并不影响物镜的鉴别率。视场光阑愈小,映像衬度愈佳。故为了增加衬度可将视场光阑缩小到最低限度,即观察视调至与目镜内视域同样大小。在摄影时则调节至画面尺寸为限。

(5) 滤色片

滤色片的作用是吸收光源发出的白色光中波长不合需要的部分,只让一定波长的光线通过,从而得到一定波长的光线。因而,滤色片是金相显微摄影(黑白)时一个有力的辅助工具,用以得到优良的金相照片。

使用滤色片的目的主要有:

1) 增加映像衬度或提高某种彩色组织的维系部分的鉴别能力。

2) 校正参与残余像差。

3) 得到较短的单色光以提高鉴别率。

3. 机械系统

显微镜的机械系统主要有底座、载物台、镜筒、调节螺丝及照相部件等:

(1) 底座 起支撑整个镜体的作用。

(2) 载物台 用于放置金相样品。

(3) 镜筒 是物镜、垂直照明器、目镜及光路系统其他元件的连接筒。

(4) 调节螺丝 工调节镜筒升降之用。

4. 金相显微镜的观察方法

金相显微镜有明场、暗场、偏光、微分干涉等观察模式。

(1) 明场

明场照明是金相研究中最主要的观察方法。在该模式下,入射光线垂直地或近似垂直地照射在试样表面,利用试样表面反射光线进入物镜成像。如果试样是一个镜面,在视场内是明亮的一片,试样上的组织将呈色影像衬映在明亮的视场内,因此称为“明场”照明。

观察时，将光源调节到适当亮度，经过调焦可以看到物象的真实形态及色彩。通常的观察、测量及照相使用明场照明。

(2) 暗场

暗场照明时照明光线通过物镜的外周照明试样，照明光线不入射到物镜内，则可以得到试样表面绕射光而形成的像。如果试样是一个镜面，反射光线不进入物镜，在视场内是漆黑一片，只有不平处的光线有可能进入物镜成像。暗场主要用于观察缺陷。

(3) 偏光

偏光照明是在显微镜中装入起偏镜和检偏镜，调节检偏镜时，只有某个平面方向内的光线才能通过被观察到。偏光用于观察各向异性的材料组织。

(4) 微分干涉

在微分干涉模式下，调节棱镜，可以观察到试样具有立体感的浮雕像。有利于高倍观察难以分辨的组织。

5. 显微镜的操作与维护

金相显微镜是精密的光学仪器，操作者必须充分了解其结构特点、性能及使用方法，并严格遵守操作规程。

(1) 显微镜应放置在干燥通风，少尘埃及不发生腐蚀气氛的室内。室内相对湿度应小于70%，要注意适时通风。但同时仪器不宜长期受阳光直射。室内温度过低显微镜机械部分的润滑油脂容易冻结，使操作困难，在冬季可用空调或电炉维持室内温度。

(2) 显微镜使用后，应取下镜头收藏在置有干燥剂的容器中，并注意经常更换干燥剂；在显微镜物镜、目镜装置处放上防护罩，以防尘埃进入镜体；最后用罩子将整个显微镜体盖好，仪器周围或内腔最好放置防霉剂，如甲醛-萘酚、麝香草酚等慢性挥发药品。

(3) 操作时双手及样品要干净，决不允许将浸蚀未干的试样在显微镜下观察，以免腐蚀物镜等光学元件。

(4) 操作时应精力集中，接通电源时应通过变压器，装卸或更换镜头时必须轻、稳、细心。

(5) 聚焦调整时，应先转动粗调螺丝，使物镜尽量接近试样，然后边从目镜中观察，边调节粗调螺丝，使物镜逐渐接近样品，直到看到显微组织映像时，再使用细调螺丝调至映像清晰为止。

(6) 油浸物镜用后应立即擦净。方法是：首先用镜头纸将镜头表面残留的油擦去，再浸润少许(1滴)二甲苯溶液或丙酮擦拭。最后用干净镜头纸(或绸布)擦干净，擦干的目的是防止将镜头内粘合树脂脱溶，损坏物镜。

(7) 显微镜的光学元件严禁用手或手帕等擦摸，必须先用专用的橡皮球吹去表面尘埃，再用干净的驼毛刷或镜头纸轻轻擦净。

第二节　常用量仪、量具的维护、保养

学习目标：通过对本节的学习，测试工应了解常用量仪、量具的测量原理，能对其进行正确地维护、保养，能分析可能的故障原因。

计量是生产中的“眼睛”,量具是计量的“眼睛”,每个使用量具的人,均应像爱护自己的眼睛一样爱护量具。但是,仅仅爱护是不够的,重要的是要正确维护和保养量具。量仪、量具必须经常做好保养工作,这样不仅可以增长使用年限和维持仪器原来的精度,同时在可以运用中减少故障,也保证了工作的顺利进行。

一、二氧化铀芯块几何尺寸、垂直度、几何密度测量系统

本测量系统必须在洁净的测量环境下运行。

本套测量系统在使用中要避免测头、各测量基准、转动部位遭受碰撞,并保持清洁,长时间不使用时应作防锈处理并加盖防护罩。

各传动部位按要求定时加润滑油。

每个测量器不能随意改变插口。拔接时应关闭电源。

计算机系统设置不能随意改变,未经授权不得进入测量程序数据库作任意改动。并不能使用来源不明的软盘、光盘、优盘等。以免使测量系统的计算机感染病毒破坏系统。

若测量系统长时间不使用,应定期通电运行除湿。在生产启动前要对整套量仪进行除尘和开油封处理,直到与芯块接触部位完全无油污为止。

计算机启动后须输入正确口令。关机前退出所有应用程序方可正常关机。测量过程完毕后要关闭整个系统的电源。

表 13-4 所示为常见故障与可能原因对照表。

表 13-4　常见故障与可能原因对照表

常见故障	可能原因	解决方法
显示窗无显示	1. 未开电源 2. 电源电缆插头未接好	1. 打开电源 2. 确认电源关闭情况下接好插头
显示窗显示 0.0.0.0.0.0	传感器插头未接好	确认电源关闭情况下接好对应传感器插头
显示窗显示 0	清零按钮未复位	确认清零按钮复位
旋转台不动作	1. 未开电源 2. 电源电缆插头未接好 3. REM 按钮被按下 4. 正反转按钮被按下	1. 打开电源 2. 确认电源关闭情况下接好插头 3. 将 REM 按钮按起 4. 将正反转按钮按起
按下采集按钮数据不采集	1. 未开电源 2. 采集按钮未接好 3. 程序未选中对应模块 4. 对应模块已经采集完毕	1. 打开电源 2. 确认电源关闭情况下接好插头 3. 选中对应模块 4. 进行下一模块的采集
按下清零按钮数据不清零	1. 未开电源 2. 清零按钮未接好	1. 打开电源 2. 确认电源关闭情况下接好插头
手动不能转动旋转台	电机控制器电源未关闭	关闭电机控制器电源

1. QFB 浮标式气动量仪

气源压力要在 0.29～0.69 MPa(3～7 kg/cm^2),并且要滤去压空中的油、水和杂质。

每次工作前，在通入压缩空气的条件下，将空气过滤器下部的放水阀打开，将积存的水分放除，防止使用时亦进行同样工作。放大倍数旋钮和零位旋钮不得拧得太紧和太松。使用完毕，将测头和校对规擦净存放。

量仪要实行周期标定制度。

2. 15J测量显微镜

该测量显微镜不论在使用或存放时应避免灰尘、潮湿、过冷、过热与含有酸碱性的气体。

平时仪器未使用时应罩上目镜，使灰尘不致落到棱镜表面上。

显微镜应经常上目镜，使灰尘不致落到棱镜表面上。

透镜表面若有灰尘，应先用驼毛刷拭去。

透镜的擦拭采用脱脂过的亚麻布或镜头纸，再用专用的橡皮球吹去污垢。

透镜表面若有油渍污垢时，可用脱脂棉花蘸少许酒精和乙醚混合液（或二甲苯）轻轻擦拭。

镜管内的灰尘，可用毛织品摩擦过的火漆梆吸去，或将目镜取下后，用牙刷等轻轻刷扫，然后用专用的橡皮球吹除。

3. 机械传动部分的保养

（1）调焦齿轮条滑槽、测微传动丝杆、X—轴滑板滑槽和立柱表面都必须有适当的油脂达到润滑保护的作用。

（2）机械部分所附油脂因为日久硬化或灰尘积累，必须进行清洁，所用清洁液为汽油、酒精和乙醚混合液（或二甲苯），然后擦上少许润滑脂。

（3）显微镜出厂前皆经过慎重校验，为了保持原有精度，除工作移动的部件外，其余部分必须拆卸修理。应在专门技术人员指导下方可进行，或送有关工厂检修。

（4）齿轮显微镜要实行周期检定制度。

4. 光栅传感器

严格防止任何液体、异物进入光栅传感器壳体内部。

光栅传感器的信号线插拔时应关闭电源后进行。

定期检查各安装连接螺钉是否松动。

为保证光栅传感器使用的可靠性，可每隔一年用乙醚和乙醇混合液（各50%）清洗擦拭光栅尺面及指示光栅面，保持玻璃光栅尺面清洁。

光栅传感器严禁剧烈振动及摔打，以免破坏光栅尺。

不要自行拆开光栅，更不能任意改动主栅尺与副栅尺的相对间距，否则可能破坏其精度和造成主、副栅尺的相对摩擦，损坏铬层造成报废。

光栅传感器应避免在有严重腐蚀作用的环境工作。

光栅传感器要实行周期检定制度。

5. FW80型万能分度头及三爪自定心卡盘

分度头和卡盘的精度和使用期限决定于它的维护保养程度。

在使用和搬动过程中，严禁碰撞和冲出，以确保其精度。

分度头采用的润滑点大部分采用标准外露油杯，只有分度头顶部一丝堵为注油润滑蜗轮副之用。在工作前必须将各润滑点注入20号润滑油一次。

分度头底座定位键是单面定位,故安放于工作台时必须向操作者方向紧靠T型槽侧面。

安装卡盘时,必须将卡盘螺孔内油脂清除。

卡盘在使用过程中要定期洗刷,以免内部发生故障影响精度。

要严格实行周期检定制度。

6. 铸铁平板

为了防止平板发生变形,在安装平板时,要将支承支在主支点处。支承时,尽量将平板的工作面调整到水平面内。

为了防止平板发生永久变形,检验完毕后,要把样品拿走,不要长时间放在平板上。平板上放置的分度头、表座等物品应经常变化位置。否则要降低精度等级。

严禁水滴在铸铁平板上。

使用完毕,要及时擦净工作面,如果比较长时间不用,最好涂一层黄油,并铺上一层白纸。

平板要实行周期检定。

7. V形架、微调千分表座

使用完毕应将各个部位擦干净存放好。

避免磕碰。

如较长时间不使用,要涂防锈油后保存。

8. 量块、校对柱

量块和校对柱只能允许作检定计量器具和精密测量。

量块和校对柱都不能剧烈磕碰,因为剧烈的磕碰会使其壁面损坏,也会使其内部应力改变而发生变形。

要远离磁场,防止被磁化。

为了防止变形,在使用和存放时要特别注意量块和校对柱的姿势。

为防止锈蚀,不允许用手直接接触其工作面,特别严禁有汗、有水的手接触。使用时用竹夹或戴上洁净的白纱手套。

使用完毕,用绸布擦净,若长期不用应涂上防锈油,并放入盒内固定,置于干燥器内。

为保证国家长度量值的统一,要实行按期检定量块和校对柱。

二、其他常用量器维护

1. 数显千分尺

使用千分尺要轻拿轻放,不得使硬物磕碰千分尺。万一磕碰了千分尺,则要立即检查其外观质量、各部分的相互作用和校对零位,如果发现不合格,应送到计量部门检修。

当液晶显示屏数字出现闪烁时,表明电压低于工作下限。应更换相同型号规格的电池。

不准用砂布等硬物摩擦或擦千分尺的测量面与测微螺杆。

数显千分尺禁止水等液体接触,也不允许在液晶显示屏和千分尺固定套筒、微分筒之间注入煤油、酒精、机油、柴油或凡士林等。转动不灵敏时只可在测微螺杆的螺纹轴套部位放入少许润滑油。

数显千分尺用完后要用软质干净绸布擦拭，然后放入盒内固定位置，放在干燥处，有条件可放入干燥器内。长期存放要在测微螺杆上涂防锈油，两测量面不要接触。

数显千分尺要实行周期检定。

2. 数显千分表

数显千分表要实行周期检定制度。

测杆应保持清洁，以防卡滞。

防止碰撞。使用中要轻拿轻放，不使千分表受到剧烈振动。不用时，不要过多地拔动测头，使表内机构做无效运动，这样可延长其使用寿命。

不允许把千分表浸入油、水等液体内。

不使用时，应让数显千分表的测量杆自由放松（特别是碟形深度专用数显千分表更应注意），使表内机构处于自由状态，以保持其精度。

用毕要将表的各部位擦净放入盒内，不得在测量杆上涂防锈油等黏性大的油脂，应存放于干燥、无磁性的地方。

千分表架用毕后也要擦净保存，当干燥完毕后，可以稍微松开表架上装夹轴套的手轮。

当电池电压低于工作下限时，即数字闪烁时，应更换电池。

3. 电子天平

在安装天平时要考虑防震。

天平电源要正确连接，切勿使适配器受潮，所接电源必须与变压器上刻出的输入电压值一致。

在调校天平时，应考虑电子天平的灵敏度与其工作环境的匹配性，并在预热过程执行完毕后进行调整。天平改变了场所或者环境湿度有了改变及仪器搬动后，都必须重新调校。

电子天平各部位应定期擦拭保持清洁，液体不能进入机壳内。

电子天平不能超载，开关门应小心。

较长时间不用时，应放置干燥剂。

应专人保养，并记录。

要严格实行周期检定制度。

第三节　仪器安装和工作环境的要求

学习目标：通过学习，熟悉仪器安装及环境要求。

对一台从未使用过或新的仪器，在动手操作之前，必须认真阅读仪器使用说明书，详细了解和熟练掌握仪器各部件的功能，仪器设备安装、调试、检定应严格按其安装、调试指导书和检定规程执行。在使用仪器的过程中，最重要的是注意安全，避免发生人身、设备事故。仪器的日常维护保养也是不容忽视的。这不仅关系到仪器的使用寿命，还关系到仪器的技术性能，有时甚至影响到分析数据的质量。仪器的日常维护保养是分析人员必须承担的职责。因此操作仪器时应严格遵守《检验规程》《设备操作维护规程》《设备检修规程》的要求。

一、仪器安装和工作环境的要求

分析仪器包括的范围很广,像显微镜、力学试验机、粒度仪都是高精密的仪器,所以分析仪器对工作环境的要求也较高,在安装时需要注意以下几点。

1. 电源

作为精密测量仪器,要求有相对稳定的电源,供电电压:交流电源 210~230 V,15 A 或更大,电压变化一般不超过 5%,确保稳定的电压。

(1) 使用自动调压器或磁饱和稳压器,不能使用电子稳压器,因为电子稳压器在电压高时形成电脉冲,影响电子计算机、微处理器及相敏放大器的工作,引起误动作。

(2) 仪器供电线路不与大功率用电设备如通风机、空调机、马弗炉等共用一条供电线路。

(3) 仪器必须连接地线。地线电阻要小于 5 Ω,计算机地线电阻要小于 0.25 Ω,防止相互干扰。

(4) 在仪器的使用中,禁止在过压或欠压下工作。

2. 地面

确保仪器放置平稳,避免振动。

3. 外界温度和湿度

温度最好在 10~35 ℃,避免在有很大温差处安装使用;应在湿度 20%~80%的地方安装仪器。

4. 安装

在平整坚固的平台上安装仪器。工作台具有较好的防震设施,台面应有较好的水平度。有条件可在仪器与台面之间垫上一层具有一定弹性的材料。

5. 气氛及排气

不要使用爆炸性气体作为气氛,另外通常情况下不宜采用氧气,因为大部分物质在一定的温度下极易被迅速氧化,并释放出大量的热量,以至于温度在瞬间急剧升高,并可能超过仪器最高温度上限。由于测试过程中,试样可能会释放出有害气体,因此要采用有效的排气、通风措施,及时把有害气体排到室外,并确保室内空气的流通。

6. 避免在以下地点安装仪器

阳光能够直射或暴晒,附近有较大的振动源、油腻处、尘污处或暴露在腐蚀性气体处,有较高的局部接地电流和高压、电闸噪声等强电场和强磁场,有加热器或空调制出的热空气或冷气处。

二、仪器工作环境要求

1. 室温

放置仪器的实验室的环境温度应满足仪器使用要求。

2. 湿度

实验室相对湿度一般控制在 45%~65%,上限不超过 80%。要定期更换仪器内的干燥剂。当湿度大时应用去湿机对放有仪器的实验室进行去湿处理。

3. 防尘

实验室内的尘土对仪器的光学系统和电子系统都会产生不良影响,因而实验室应尽可能减少尘土的污染。

4. 防震和防电磁干扰

仪器必须安装在牢固的工作台上,尽可能远离强烈震动的震源,如机械加工、强通风电动机、公路上来往车辆等都会影响仪器的正常工作。外界电磁场使仪器电子系统产生扰动,尤其影响光源灯的稳定性,导致仪器的电子系统工作不稳定。因此仪器的电源最好采用专用线,不要与用电量变化大的其他大型仪器共用电源。

5. 防腐蚀

仪器工作室与化学操作室必须分开,避免化学操作室的酸雾及其他腐蚀性气体进入工作室;当测量具有挥发性或腐蚀性样品溶液时,必须安装抽风装置,实验结束时,应及时对仪器进行清理。

含有挥发性、腐蚀性的样品或化学试剂不能放在有仪器的工作室中。

第十四章　技术管理与创新

第一节　装配图的绘制

学习目标：了解装配图的作用、内容；掌握装配图的表达方法；掌握装配的基本知识。

一、概述

1. 装配图的作用

装配图是表达机器或部件的图样。装配图是表达设计意图和进行技术交流的重要工具。在进行设计、装配、调整、检验、使用和维修时都需要装配图，它是指导生产的重要技术文件。

2. 装配图的内容

一张完整的装配图主要包括以下内容：

(1) 一组图形

运用必要的视图和各种表达方法，表达出机器或部件的装配组合情况，各零件间的相互位置、连接方式和配合性质，并能由图中分析了解到机器或部件的工作原理、传动路线和使用性能。

(2) 必要的尺寸

装配图中只需注明机器或部件的规格、性能及装配、检验、安装时所必需的尺寸。

(3) 必要的技术条件

利用文字说明或标注符号指明机器或部件在装配、调试、安装和使用中的技术要求。

(4) 零件序号和明细表

为了便于看图，图样管理和组织生产，装配图中必须对每种零件编写序号，并编制相应零件明细表，以说明零件的名称、材料、数量等。

(5) 标题栏

包括机器或部件的名称、图号、比例以及责任者签名等内容。

二、装配图的表达方法

1. 装配图的规定画法

(1) 两相邻零件的接触面或配合面只画一条线。但当两相邻零件的基本尺寸不同时，即使间隙很小也要画两条线。如螺栓与螺钉孔之间的连接。

(2) 两相邻零件的剖面线倾斜方向应相反，或方向相同但必须间隔不同。同一零件在各剖视图、剖面图中剖面线的方向、间隔应保持一致。

(3) 在剖视图或剖面图中，若剖面厚度小于或等于 2 mm 时，可用涂黑代替剖面符号。

若相邻两零件剖面均需涂黑时，两剖面间应留一定间隙，以示区别。

(4) 对于紧固件（螺栓、螺母、垫圈、销等）和实心件（轴、手柄、连杆等），当剖切平面通过其基本轴线或对称平面时，均按不剖处理。

2. 装配图的特殊表达方法

(1) 假想画法

即图中用双点划线表示的部分。主要用于在装配图中需要表示运动件的极限位置时，可将运动件画在一个位置上，用双点划线画出运动件运动极限位置；或在装配图中当需要表达与装配体有装配关系的相邻零件时，可用双点划线画出相邻件轮廓线。

(2) 简化画法

一是对某些复杂形体简化画出，二是对相同零件省略画出。对于装配中若干相同的零件组（如螺栓连接件零件组），可以只画出一组零件的装配关系，以便标注序号，其余的只用细点划线画出中心位置即可。装配图中的滚动轴承的另外一边允许用交叉细实线表达。装配图中零件上的某些工艺结构，如圆角、倒角、退刀槽等允许省略不画。

(3) 拆卸画法

就是在装配图中，可假想沿着某些零件的结合面，选取剖切平面或假想按把某些零件拆去后绘制，需要说明时加标注“拆去……”。

(4) 展开画法

是为了表示传动机构的传动路线和装配关系，可假想按传动顺序沿轴线剖开，然后依次摊平在一个平面上，向选定的投影面投影所画出剖视图的方法。

装配图一般除遵循规定画法表达外，其他表达方法不一定同时都用到，而是根据实际需要选取。

3. 读装配图的方法和步骤（以图 14-1 为例）

识读装配图的主要目的是：了解机器或部件的名称、作用、性能和工作原理；了解各零件间的装配关系，各零件的作用、结构特点；了解机器或部件的技术要求等。

识读装配图的具体方法和步骤如下：

(1) 看标题栏和明细表，作概括了解

从图 14-1 中标题栏可知，装配图名称为燃料棒，比例为 2∶1。从明细表可知，该部件由 6 种零件组成。

(2) 分析视图

装配图中共采用了 1 个基本视图和局部放大图表达装配关系，即主视图和局部放大图。

1) 主视图采用的全部剖视，表达了下端塞 1、隔热片 2、燃料芯块 3、弹簧 4、包壳管 5、上端塞 6 零件之间的装配关系和连接方式；主视图中上端塞采用了局部剖视，以便看清上端塞 6 的孔。

2) 局部放大图表达了包壳管 5 和燃料芯块 3 之间的相互尺寸关系。

(3) 分析工作原理和装配关系

燃料棒作为核燃料元件的核心部件，其用途和装配方法参照后面教材所述。

(4) 分析零件

从明细栏中可看到各零件的序号、代号、名称、数量、材料等内容。

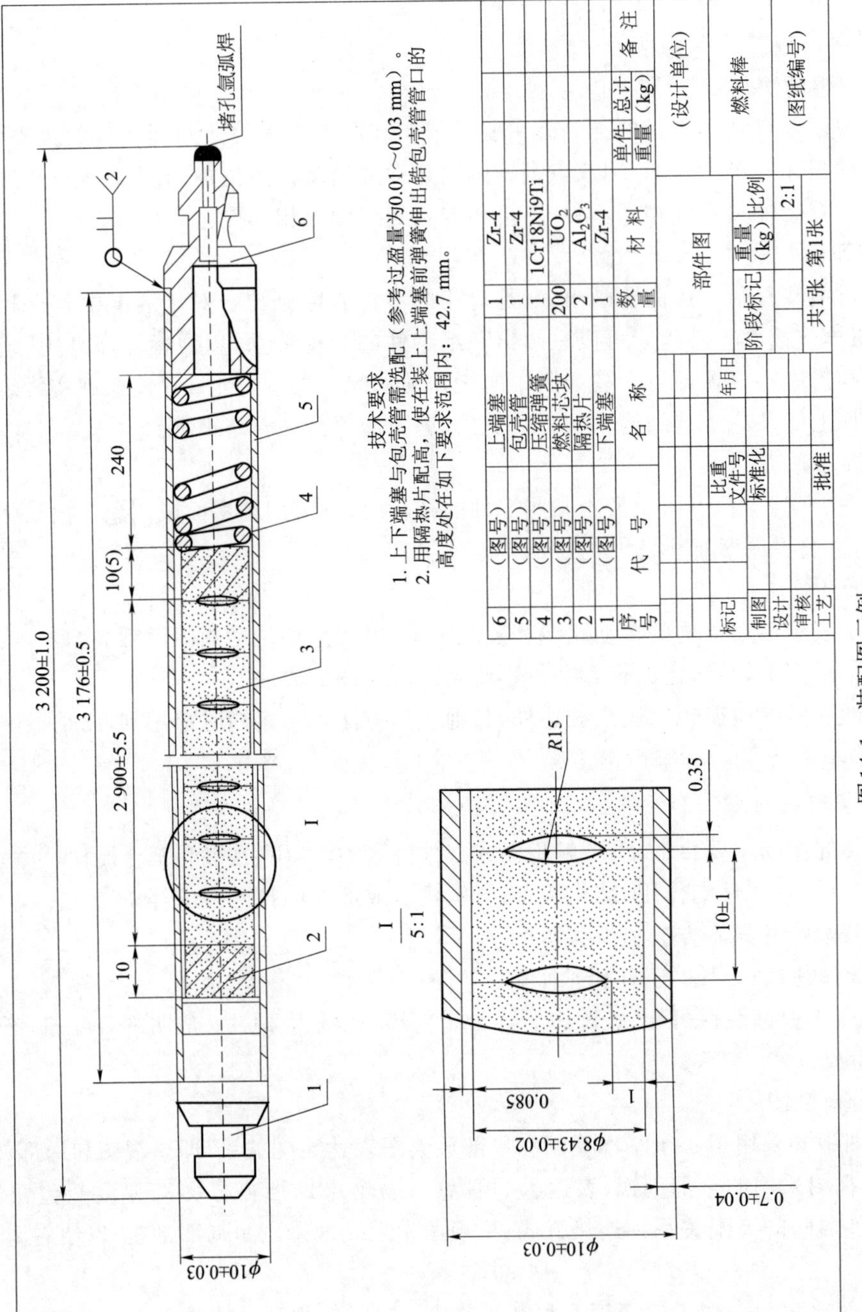
堵孔氩弧焊
技术要求
1. 上下端塞与包壳管需选配（参考过盈量为0.01～0.03 mm）。
2. 用隔热片配高，使在装上上端塞前弹簧伸出锆包壳管口的高度处在如下要求范围内：42.7 mm。
3 200±1.0
3 176±0.5
2 900±5.5
240
10(5)
10
φ10±0.03
I
5:1
R15
0.35
10±1
0.085
φ8.43±0.02
0.7±0.04
1
6 （图号） 上端塞 1 Zr-4
5 （图号） 包壳管 1 Zr-4
4 （图号） 压缩弹簧 1 1Cr18Ni9Ti
3 （图号） 燃料芯块 200 UO2
2 （图号） 隔热片 2 Al2O3
1 （图号） 下端塞 1 Zr-4
序号 代号 名称 数量 材料 单件重量 总计重量（kg） 备注
标记 比重 文件号 年月日
制图 标准化
设计
审核
工艺 批准
部件图
阶段标记 重量（kg） 比例
2:1
共1张 第1张
（设计单位）
燃料棒
（图纸编号）

图14-1 装配图示例

(5) 分析尺寸

除了安装、外形等尺寸以外，还有配合尺寸，如上、下端塞分别与包壳管之间的配合过盈量为 0.01～0.03 mm。

(6) 归纳小结

通过对装配图的上述分析，我们对该部件有了一个概括的了解。为了更全面、透彻地读懂装配图，还要对全部尺寸、技术要求及每个零件的装拆方法进行研究，进一步了解其设计意图和装配工艺等。

实际阅读装配图时，并非一定按上述先后顺序进行，而往往还要同时进行综合思考，以获得更好的看图效果。此外，对于复杂部件或机器的工作原理和结构特点，仅靠装配图还不能完全看懂，还要结合立体图、工作原理图以及相关专业知识(如力学、液压等)的学习和积累才行。

第二节　安全用电常识

学习目标：掌握安全用电常识，了解电流对人体的危害及急救措施。

一、电流对人体的伤害

电流对人体伤害的严重程度与以下几个因素有关：通过人体电流的大小；电流通过人体的时间；电流通过人体的部位；通过人体电流的频率；触电者身体健康状况：通过人体的电流越大，时间越长，危险越大；电流通过人体的脑部和心脏时最为危险；工频电流对人危险最大，而直流电流或高频电流危险性则稍差；男人、成年人、健康者对电流的抵抗力相对要强些。

二、人体触电的方式与触电急救

1. 触电的方式

因人体接触或接近带电体，所引起的局部受伤或死亡现象称为触电。按人体受伤的程度不同，触电可分为电伤和电击两种。

(1) 电伤是指人体外部受伤，如电弧灼伤，与带电体接触的皮肤红肿以及在大电流下熔化而飞溅出的金属末(包括熔丝)对皮肤的烧伤等。

(2) 电击是指人体内部器官受伤。电击是由电流流过人体而引起的，人体常因电击而死亡，所以它是最危险的触电事故。

2. 触电急救

(1) 触电解救

凡遇有人触电，必须用最快的方法使触电者安全地脱离电源。

(2) 现场急救

在触电者脱离电源后，应立即进行现场急救并及时报告医院。当触电者还未失去知觉时，应将他抬到空气流通、温度适宜的地方休息，不让他乱走乱动。当触电者出现心脏停跳、无呼吸等假死现象时，不要慌乱，而应争分夺秒地在现场进行人工呼吸或胸外挤压。就是在送往医院的救护车上也不可中断,更不可给假死者注射强心针。

1）人工呼吸法适用于有心跳但无呼吸的触电者。其中口对口(鼻)人工呼吸法的口诀是:病人平卧在地上,鼻孔朝天颈后仰。首先清理口鼻腔,然后松扣解衣裳。捏鼻吹气要适量,排气应让口鼻畅。吹2秒停3秒、5秒一次最恰当。

2）胸外挤压法适用于有呼吸但无心跳的触电者。其口诀是:病人仰卧硬地上,松开领扣解衣裳。当胸放掌不鲁莽,中指应该对凹膛。掌根用力向下按,压下3到5厘米。压力轻重要适当,过分用力会压伤。慢慢压下突然放,1秒一次最恰当。

3）当触电者既无呼吸又无心跳时,可同时采用人工呼吸法和胸外挤压法进行急救。其中单人操作时,应先口对口(鼻)吹气两次(约5 s完成),再做胸外挤压15次(约10 s完成),以后交替进行。双人操作时,按前述口诀执行。

3. 常用安全用电措施

安全用电的原则是不接触低压带电体,不靠近高压带电体。常用安全用电措施有:

(1) 火线必须进开关

火线进开关后,当开关处于分断状态时,用电器上就不带电,不但利于维修,而且可减少触电机会。

(2) 合理选择照明电压

一般工厂和家庭的照明灯具多采用悬挂式,人体接触机会较少,可选用于220 V电压供电;工人接触较多的机床照明灯则应选36 V供电;在潮湿、有导电灰尘、有腐蚀性气体的情况下,则应选用24 V或12 V,甚至是6 V电压来供照明灯具使用。

(3) 合理选择导线和熔丝

导线通过电流时,不允许过热,所以导线的额定电流应比实际输电的电流要大些。熔丝的选择应适当,过大和过小都起不到相应的保护作用,严禁用铜丝或铁丝代替熔丝。

(4) 电气设备要有一定的绝缘电阻

电气设备的金属外壳和导电线圈间要有一定的绝缘电阻,否则,当人触及正在工作的电气设备的金属外壳时就会触电。

(5) 电气设备安装要正确

电气设备要根据说明进行安装,不可马虎从事。带电部分应有防护罩,高压带电体更应有效加以防护,使一般人无法靠近高压带电体。必要时应加联锁装置以防触电。

(6) 采用各种保护用具

保护用具是保证工作人员安全操作的用具,主要有绝缘手套、鞋,绝缘钳、棒、垫等。

家庭中干燥的木制桌凳、玻璃、橡皮也可充当保护用具。

(7) 正确使用移动工具

使用手电钻等移动电器时必须戴绝缘手套,调换钻头时须拔下插头:不允许将220 V普通电灯作为手提行灯而随便移动,行灯电压应为36 V或低于36 V。

(8) 电气设备的保护接地和保护接零

正常情况下,电气设备的金属外壳是不带电的,但绝缘损坏时,外壳就会带电。为保证人触及漏电设备的金属外壳时不会触电,通常采用保护接地或保护接零的安全措施。

第三节 技术、设备及安全方面的文件编制要求

学习目标：掌握检验规程、设备操作维护规程、岗位安全规程的编写要求。

一、熟悉格式

物理性能测试岗位的各项规程内容通常包括：适用范围、引用文件、方法提要、术语、设备与材料、检验步骤、归档等内容。

二、编写方法

编写人员按照既定的格式编写规程时，按照以下方法进行规程的编写。

(1) 学习和理解具体技术条件及技术图纸。

(2) 学习和理解相关标准，为将相关要求落实到检验规程做准备。

(3) 编制检验规程。按照要求的格式，把已确定的检验项目、检验步骤、检验方法、检验频率、验收准则(必要时)等内容编写进检验规程中。

第十五章　实验室管理

第一节　实验室耗材需求分析

学习目标:掌握需求分析内容。

物理性能测试实验室的耗材需求分析应包括:制样材料及试剂、标准物质、计量器具、设备易耗备品备件。实验室从本实验室的常规检验项目需求进行准备。在编写采购计划时,应充分了解耗材的有效期、采购周期,注明规格及数量。

(1) 对化学试剂,注明纯度及数量。

(2) 对材料,注明规格及数量。

(3) 对标准物质,注明规格、等级、数量。

(4) 对设备耗材,注明规格、数量。

(5) 对于特定的耗材,注明生产厂家、耗材订货号、规格及数量。

第二节　测试实验室安全及环境控制知识

学习目标:掌握实验室安全及环境控制知识。

1. 化学设计使用安全及环境设计保护

根据实验室常用的各种化学试剂的特性,应分别具备相应的安全防护措施。

需要防火防爆的试剂:酒精、丙酮等

需要防人员灼伤的试剂:硫酸等

对环境有污染的设计:硫酸、渗透试剂等

因此,实验室应配备防火器材、防灼伤的劳动保护样品,废旧试剂的管理程序等。

2. 实验室的温控、湿度控制条件

对于配置三坐标测量机、万能工具显微镜、影像测量仪等微米级检测设备的实验室,应具备保温的绝热层的墙壁,具备恒温恒湿度的温控及除湿设备,必要时,还应具备防震的防震沟。

根据需要,配置影像测量仪、万能工具显微镜等光学检测仪器的实验室,其光照不宜太强。相反,用于外观目视检测的实验室,光照条件一般不小于 500 LUX,达到 1 000 LUX 更佳。

核燃料元件零部件性能测试实验室的清洁度仪器非常高,一般要求具备一定的密保性,以防止外界的灰尘进入。防老鼠等虫害也是实验室建设应该考虑的重要关注点。

第三节　计量器具配置及检定要求

学习目标：掌握计量器具配置的基本知识及检定要求。

一、计量器具的配置

计量器具的配置，最能显示检测技师的技能水平。全面掌握产品图纸及技术指标，熟悉产品的结构特点、产量要求、效率要求、检测设备的结构及性能、实验室的场地情况、检验平台的规格尺寸、温控及湿度控制条件、人员配置等情况，同时还要了解最新的检测技术发展动态，向厂商收集或通过网络收集足够的计量器具产品目录。

准确、高效、经济是计量器具的配置原则。计量器具的不确定度一般应满足被测元素的公差的1/3～1/10，常选用1/4～1/6，公差非常小时，一般计量器具的精度难于满足要求，这时可选用1/2。配置计量器具时，应特别注意其对实验室的温度、湿度、清洁度、光照度等条件的要求，不能配置实验室条件满足不了其使用条件的计量器具。

量规作为一种高效、简便的检测手段，值得在实验室广泛使用。量规的设计参考本书的相关章节。

二、计量器具的检定要求

前面已经介绍过，计量器具根据其精密度、所检产品的重要程度、检验场所（如属于加工者自检所用的计量器具，还是专检人员所用的计量器具，是控制设备关键测试的计量器具，还是控制非关键的计量器具），可分为A、B、C三类。

A类计量器具，是最重要的关键计量器具，直接用于控制产品质量，或用于控制影响产品质量的关键设备的关键参数。其检定周期一般规定为一年，特别重要而且使用频率特别高的，检定周期可规定为6个月甚至3个月不等。

B类计量器具，是较重要的计量器具，如用于检测较易控制公差的较大尺寸的卡尺等。其检定周期一般为一年或更长。

C类计量器具，是不太重要的计量器具，如用于控制设备的非关键的电压、电流、压空等的仪表，其对产品质量或设备安全没有影响。其检定周期一般为三年或长期有效。

计量器具除了按规定的检定周期检定外，更为重要的是，在日常使用过程中，应留意计量器具的实际状况，发现有任何不准确的情况，都应及时重新检定，并对可能受到影响的产品质量采取倒追复验的措施进行确认。

第四节　质量管理小组活动

学习目标：掌握质量管理小组活动的步骤。

1962年，日本首创了质量管理小组（QC小组），并把广泛开展QC小组活动作为全面质量管理的一项重要工作。之后，在中国、韩国、泰国等70多个国家和地区也开展了这一活动。

质量管理小组(Quality Control Circle,QCC,中文简称 QC 小组)是“在生产或工作岗位上从事各种劳动的职工,围绕企业的经营战略、方针目标和现场存在的问题,以改进质量、降低消耗、提高人的素质和经营效益为目的组织起来,运用质量管理的理论和方法开展活动的小组。”

质量管理小组是职工参与全面质量管理特别是质量改进活动中的一种非常重要的组织形式。开展 QC 小组活动能够体现现代管理以人为本的精神,调动全体员工参与质量管理、质量改进的积极性和创造性,可为企业提高质量、降低成本、创造效益。

一、选课题

QC 小组活动要取得成功,选题恰当非常重要。为做到有的放矢并取得成果,选择课题应该注意以下几个方面:

(1) 选题要有依据,注意来源。QC 小组选题应以企业方针目标和中心工作为依据,注意现场关键和薄弱环节,解决实际问题。

(2) 选题要具体明确,避免空洞模糊。具体明确的选题,可使小组成员有统一认识,目标明确。

(3) 选题要小而实,避免大而笼统。

(4) 选题要先易后难,避免久攻不下。先易后难是解决问题的一般规律,这样可以鼓舞士气,并促使较难的问题向容易的方面转化,对坚持开展活动有促进作用。

二、调查现状

选题确定后,应从调查现状开始活动。通过调查现状,掌握必要的材料和数据,进一步发现问题的关键和主攻方向,同时也为确定目标值打下基础。

三、设定目标值

目标值能为 QC 小组活动指出明确的方向和具体目标,也为小组活动效果的检查提供依据。设定目标时应注意:

(1) 目标值应与课题一致。课题所要解决的问题应在目标值中得到体现。

(2) 目标值应明确集中。QC 小组活动每次的目标值最好定 1 个,最多不超过 2 个。

(3) 目标值应切实可行。QC 小组应对课题进行可行性分析,使确定的目标值既有高水准又能切实可行。

四、分析原因

QC 小组进行现状调查,并初步找到主要质量问题所在后,可按人、机、料、法、环、测等 6 大因素进行分析,从中找出造成质量问题的原因。

五、确定主要原因

通常在原因分析阶段,会发现可能影响问题的原因有很多条,其中有的确实是影响问题的主要原因,有的则不是。这一步骤就是要对诸多原因进行鉴别,把确定影响问题的主要原因找出来,将目前状态良好、对存在问题影响不大的原因排除掉,以便为制定对策提供依据。

一般来讲，要因需从因果图、系统图或关联图的末端因素中予以设别。确认要因常用的方法有：

(1) 现场验证。即将可疑的原因到现场通过试验，取得数据来证明。

(2) 现场测试、测量。现场测试、测量是到现场通过亲自测试、测量、取得数据，与标准进行比较，看其符合程度来证明。

(3) 调查分析。有些因素不能用试验或测量的方法取得数据，则可设计调查表，进行现场调查、分析，取得数据来确认。

六、确定对策

分析原因并确定主要原因后，要针对不同原因采取不同的对策，并对照目标值采取相应的措施以达到预期目的。制定对策，通常要回答 5W1H：(1) Why(为什么)，回答为什么要制定此对策；(2) What(做什么)，回答需要做些什么；(3) Where(在哪里)，回答应在哪里进行；(4) Who(谁)，回答由谁来做；(5) When(何时)，回答何时进行和完成；(6) How(怎样)，回答怎样来进行和完成。

七、实施对策

实施对策是 QC 小组活动实质性的具体步骤，这一环节做得好才能使小组活动有意义，否则会使选题等前期工作失去作用。

八、检查效果

检查的目的是确认实施的效果，通过活动前后的对比分析活动的效果。如果采用排列图对比时，主要项目的频数急剧减少，排列次序后移，总频数也相应减少，说明对策措施有效。如果各项目和频数虽然都有少量变化，但排列次序未变，说明对策措施效果不明显。如果虽然主要项目后移，次要项目前移，而总频数无多大变化，则说明几个项目之间存在着相互影响，有些措施可能有副作用。如果出现活动结果未达到预期目标值，也是正常和允许的，但是应进一步分析原因，再次从现状调查开始，重新设定目标值，开始一轮 PDCA 循环。

九、巩固措施

巩固措施是指把活动中有效的实施措施纳入有关技术和管理文件之中，其目的是防止质量问题再次出现。

十、总结回顾及今后打算

QC 小组活动一个周期后，要认真进行总结。总结可从活动程序、活动成果和遗留问题等方面进行。

第十六章　培训与指导

学习目标：学习培训方案的编制。掌握指导中、高级工的理论知识、相关知识培训内容，掌握对中、高级工进行岗位操作技能培训内容。

第一节　培训指导的方式

一、备课

技师一般具有较高的专业理论基础，良好的专业操作技能和工作经验，或具有某些方面的技能特长，是企业中从事生产和将先进技术转换成现实生产力的重要力量。技师负有对中级工和高级工的理论培训、操作技能培训和指导的责任，并在不同程度上承担着生产现场的管理工作。

技师在给不同等级的工人讲课前，必须通过本教程中讲到的根据不同等级相应的专业知识准备培训讲义。但本教程的内容也是有限的，因此，备课时，应该结合本行业、本企业现状出发，对不同学习阶段的知识进行必要的扩展。培训内容还可以涵盖企业文化、价值观及相关的管理制度等。

二、培训指导的方式

技师对较低技术级别的工人培训与指导的方式有多种，可结合生产和工作的实际灵活采用，并在此基础上不断创新，创造出更多行之有效的方法。除了讲课以外，在实际工作当中应该建立“师徒关系”，即一名技师带一名或几名新工人，在实践中传授技术的方法。

第二节　培训方案

培训方案是培训目标、培训内容、培训指导者、受训者、培训日期和时间、培训场所与设备以及培训方法的有机结合。培训需求分析是培训方案设计的指南，一份详尽的培训分析需求就勾画出培训方案的大概轮廓，下面就培训方案组成要素进行具体分析。

一、培训目标的设置

培训目标是培训方案的导航灯。应明确了解员工未来需要从事某个岗位，若要从事这个岗位的工作，现有员工的职能和预期职务之间存在一定的差距，消除这个差距就是我们的培训目标。有了明确的培训总体目标和各层次的具体目标，对于培训指导者来说，就确定了施教计划，积极为实现目的而教学；对于受训者来说，明了学习目的之所在，才能少走弯路，朝着既定的目标而不懈努力，达到事半功倍的效果。

培训之后，可对照此目标进行效果评估。

二、培训内容的选择

一般来说，培训内容包括三个层次，即知识、技能和素质培训。

1. 知识培训

这是组织培训中的第一个层次。知识培训有利于理解概念，增强对新环境的适应能力，减少企业引进新技术、新设备、新工艺的障碍和阻挠。同时，要系统掌握一门专业知识，则必须进行系统的知识培训，如要成为“X”型人才，知识培训是其必要途径。虽然知识培训简单易行，但容易忘记，组织仅停留在知识培训层次上，效果不好是可以预见的。

2. 技能培训

这是组织培训的第二个层次，这里技能指使某些事情发生的操作能力，技能一旦学会，一般不容易忘记。招收新员工，采用新设备，引进新技术都不可避免要进行技能培训。因为抽象的知识培训不能立即适应具体的操作，无论你的员工有多优秀，能力有多强，一般来说都不可能不经过培训就能立即操作得很好。

3. 素质培训

这是组织培训的最高层次，此处“素质”是指个体能否正确的思维。素质高的员工应该有正确的价值观，有积极的态度，有良好的思维习惯，有较高的目标。素质高的员工，可能暂时缺乏知识和技能。但他会为实现目标有效地、主动地学习知识和技能；而素质低的员工，即使掌握了知识和技能，但他可能不用。

上面介绍了三个层次的培训内容，究竟选择哪个层次的培训内容，是由不同的受训者具体情况而决定的。一般来说，管理者偏向于知识培训与素质培训，而一般职员倾向于知识培训和技能培训，它最终是由受训者的“职能”与预期的“职务”之间的差异决定的。

三、谁来指导培训

培训资源可分为内部、外部资源。在众多的培训资源中，选择何种资源，最终要由培训内容及可利用资源来决定。

1. 内部资源

包括组织的领导，具备特殊知识和技能的员工。

组织内的领导是比较合适的人选。首先，他们既具有专业知识又具有宝贵的工作经验；其次，他们希望员工获得成功，因为这可以表明他们自己的领导才能；最后，他们是在培训自己的员工，所以肯定能保证与培训有关。无论采取哪种培训方式，组织的领导都是重要的内容培训资源。具备特殊知识和技能的员工也可以指导培训，当员工培训员工时，由于频繁接触，一种团队精神便在组织中自然形成，而且，这样做也锻炼了培训指导者本人的领导才能。

2. 外部资源

是指专业培训人员、学校、公开研讨或学术讲座等。

当组织业务繁忙，组织内部分不出人手来设计和实施员工的培训方案，那么就要求诸于外部培训资源。工作出色的员工并不一定能培训出一个同样出色的员工，因为教学有其自身的一些规律，外部培训资源恰好大多数是熟悉成人学习理论的培训人员。外部培训人员可以根据组织来量体裁衣，并且可以比内部培训资源提供更新的观点，更开阔的视野。但外部资源也有其不足之处，一方面，外部人员需要花时间和精力用于了解组织的情况和具体的培训需求，这将提高培训成本；另一方面，利用于外部人员培训，组织的领导对具体的培训过程不负责责任，对员工的发展逃避责任。

外部资源和内部资源各有优缺点，但比较之下，还是首推内部培训资源，只是在组织业务确实繁忙，分不开人手时，或确实内部资源缺乏适当人选时，才可以选择外部培训资源，但尽管如此，也要把外部资源与内部资源结合使用才最佳。

四、确定受训者

岗前培训是向新员工介绍组织规章制度、文化以及组织的业务和员工。新员工来到公司，面对一个新环境，他们不太了解组织的历史和组织文化，运行计划和远景规划、公司的政策、岗位职责，不熟悉自己的上司、同僚及下属，因此新员工进入公司或多或少都会产生一些紧张不安。为了使新员工消除紧张情绪，使其迅速适应环境，企业必须针对上面各个岗位进行岗前培训，由岗前培训内容决定了的受训者只能是组织的新员工，对于老员工来说，这些培训毫无意义。

对于即将升迁的员工及转换工作岗位的员工，或者不适应当前岗位的员工，他们的职能与既有的职务或预期的职务出现了差异，职务大于职能，对他们就需要进行培训。对他们可采用在岗培训或脱产培训，而无论采用哪种培训方式，都是以知识培训、技能培训和素质培训确定了不同受训者。在具体培训的培训需求分析后，根据需要会确定具体的培训内容，根据需求分析也确定了哪些员工缺乏哪些知识和技能，培训内容与缺乏的知识及技能相吻合即为本次受训者。

五、培训日期的选择

培训日期的选择，什么时候需要就什么时候培训，这道理是显而易见的，但事实上，做到这一点并不容易，却往往步入一些误区，下面做法就是步入误区。许多公司往往是在时间比较方便或培训费用比较便宜的时候进行培训。如许多公司把计划定在生产淡季以防止影响生产，却因为未及时培训造成了大量次品、废品或其他事故，代价更高；再如有些公司把培训定在培训费用比较便宜的时候，而此时其实不需要进行培训，却不知在需要培训时进行再培训却需要付出更高的培训成本。员工培训方案的设计必须做到何时需要何时培训，通常情况下，有下列四种情况之一就应该进行培训。

1. 新员工加盟组织

大多数新员工都要通过培训熟悉组织的工作程序和行为标准，即使新员工年进入组织时已拥有了优异的工作技能。他们必须了解组织运作中的一些差别，很少有员工刚进入组织就掌握了组织需要的一切技能，

2. 员工即将晋升或岗位轮换

虽然员工为组织的老员工，对于组织的规章制度、组织文化及现任的岗位职责都十分熟悉，但晋升到新岗位或轮换到新岗位，从事新的工作，则产生新的要求，尽管员工在原有岗位上干得很出色，对于新岗位准备得却不一定充分，为了适应新岗位，则要求对员工进行培训。

3. 由于环境的改变，要求不断地培训老员工

由于多种原因，需要对老员工进行不断培训。如引进新设备，要求对老员工培训技术；

购进新软件要求员工学会安装和使用。为了适应市场需求的变化，组织都在不断调整自己的经营策略，每次调整后，都需要对员工进行培训。

4. 满足补救的需要

由于员工不具备工作所需要的基本技能，从而需要培训进行补救。在下面两种情况下，必须进行补救培训。

(1) 由于劳动力市场紧缺或行政干预或其他各方面原因，不得不招聘不符合需求的职员；

(2) 招聘时看起来似乎具备条件，但实际使用上表现却不尽如人意。

第三节 中、高级工的理论知识培训

一、中级工理论知识内容

(1) 样品的接收登记及暂存；
(2) 测试材料、试剂、标准物质及工器具的准备；
(3) 测试工作所需溶液的配置方法；
(4) 装置、器具的清洗、干燥方法；
(5) 计量器具受控状态的确认方法；
(6) 标准物质的使用方法；
(7) 使用标准物质或标准器具对测试设备进行校准或确认；
(8) 辅助设备、装置的检查确认；
(9) 仪器设备的工作原理、检查及调试；
(10) 特种设备使用管理规定；
(11) 样品的外观(完整性及表面状态)、尺寸的检查测量；
(12) 测试检验样品的取样方法；
(13) 腐蚀实验样品进行表面去污、装炉、出炉工作处理；
(14) 使用给定的分散介质进行粉末样品的分散处理；
(15) 粉末的混料及压制成型；
(16) 制备核燃料芯体及颗粒、锆合金、不锈钢等原材料及焊件金相检验样品；
(17) 制备热膨胀、比热、热导、弹性模量测量样品；
(18) 制备核燃料粉末性能检验样品；
(19) 粉末样品的流动性、粒度、比表面积测定方法；
(20) 粉末样品的松装密度、振实密度的测定方法；
(21) 粉末样品的可压可烧性能测定方法；
(22) 核燃料芯体及颗粒的密度、几何尺寸及外观缺陷的检测知识；
(23) 核燃料粉末及芯体、颗粒样品的化学计量比的测定方法；
(24) 核燃料芯体及颗粒的热稳定性能测试知识；
(25) 室温热导、膨胀、比热或弹性模量测量；
(26) 核材料、焊接样品的常温力学性能测试；

(27) 核材料、焊接样品的腐蚀性能测试；

(28) 核燃料芯体及颗粒及结构材料的微观结构及缺陷的检测知识，典型组织金相照片的制备方法；

(29) 原始记录的填写和分类保管；

(30) 使用原始数据进行计算和数据修约；

(31) 根据规程、标准或技术条件对结果进行评判；

(32) 出具测试报告；

(33) 剩余样品和废料的处置；

(34) 仪器设备的维护程序；

(35) 现场及工器具的清理。

二、高级工理论知识内容

(1) 计量器具受控状态的确认方法；

(2) 标准物质的使用方法；

(3) 使用标准物质或标准器具对测试设备进行校准或确认；

(4) 辅助设备、装置的检查确认；

(5) 仪器设备的工作原理、检查及调试；

(6) 样品图的绘制知识；

(7) 样品的取样方法；

(8) 分散介质的性能与使用；

(9) 金相样品的镶嵌和磨制方法；

(10) 合金渗氢方法；

(11) 粉末的混料与压制成型；

(12) 制备核燃料粉末性能检验样品；

(13) 测量系统受控状态的确认及校准知识；

(14) 高温力学性能测定方法；

(15) 核材料抗爆破性能测试方法；

(16) 燃料芯体承载性能测试方法；

(17) 粉末及核燃料芯体样品的化学计量比的测定方法；

(18) 核燃料芯体及结构材料的微观结构及缺陷的检测知识；

(19) 粉末样品的松装密度、振实密度的测定方法；

(20) 粉末样品的可压可烧性能测定方法；

(21) 核燃料芯体的密度、几何尺寸及外观缺陷的检测知识；

(22) 燃料芯体的热稳定性能测试知识；

(23) 核材料、焊接样品的腐蚀性能测试方法；

(24) 合金氢化物取向因子测定方法；

(25) 不锈钢晶间腐蚀检测方法；

(26) 室温热导、膨胀、比热或弹性模量测量方法；

(27) 数理统计基础，平均值、标准偏差及相对标准偏差的计算；

(28) 核燃料元件检验技术指标;
(29) 根据规程、标准或技术条件对结果进行评判;
(30) 记录、测试报告的审核方法;
(31) 测试结果的可靠性及误差分析;
(32) 控制图的绘制和使用知识。

第四节 中、高级工操作技能的培训

一、对中级工的操作技能培训内容

(1) 判断测量设备、计量器具是否处于受控状态;
(2) 使用标准物质或标准器具校准测量设备;
(3) 设备启动前的状态检查;
(4) 按说明书或规程操作检验设备;
(5) 高温氢气炉应急处理;
(6) 样品的取样方法;
(7) 镶嵌和磨制金相样品;
(8) 合金渗氢试验样品处理方法;
(9) 粉末的混料与压制成型;
(10) 制备核燃料粉末性能检验样品;
(11) 测量系统受控状态的确认及校准;
(12) 力学性能测定;
(13) 核材料抗爆破性能测试;
(14) 燃料芯体承载性能测试;
(15) 核燃料粉末及芯体样品的化学计量比的测定;
(16) 核燃料芯体及颗粒及结构材料的微观结构及缺陷的检测;
(17) 粉末样品的松装密度、振实密度的测定;
(18) 粉末样品的可压可烧性能测定;
(19) 核燃料芯体及颗粒的密度、几何尺寸及外观缺陷的检测;
(20) 燃料芯体的热稳定性能测试;
(21) 核材料、焊接样品的腐蚀性能测试;
(22) 合金氢化物取向因子测定;
(23) 不锈钢晶间腐蚀检测;
(24) 室温热导、膨胀、比热容或弹性模量测量;
(25) 根据测试结果计算平均值、标准偏差及相对标准偏差;
(26) 根据规程、标准或技术条件对结果进行评判;
(27) 记录、测试报告的审核;
(28) 剩余样品和废料的处置;
(29) 仪器设备的维护程序;

(30) 现场及工器具的清理。

二、指导高级工的操作技能内容

(1) 测量设备、计量器具受控状态的判断方法;
(2) 标准物质或标准器具校准测量设备使用方法;
(3) 设备启动前的状态检查;
(4) 按说明书或规程操作;
(5) 绘制样品示意图;
(6) 编制样品的取样方法;
(7) 镶嵌和磨制金相样品;
(8) 给合金渗氢;
(9) 粉末的混料与压制成型;
(10) 制备核燃料粉末性能检验样品;
(11) 测量系统受控状态的确认及校准;
(12) 高温力学性能测定;
(13) 核材料抗爆破性能测试;
(14) 燃料芯体承载性能测试;
(15) 粉末及核燃料芯体样品的化学计量比的测定;
(16) 核燃料芯体及结构材料的微观结构及缺陷的检测;
(17) 粉末样品的松装密度、振实密度的测定;
(18) 粉末样品的可压可烧性能测定;
(19) 核燃料芯体的密度、几何尺寸及外观缺陷的检测;
(20) 燃料芯体的热稳定性能测试;
(21) 核材料、焊接样品的腐蚀性能测试;
(22) 合金氢化物取向因子测定;
(23) 不锈钢晶间腐蚀检测;
(24) 根据测试结果计算平均值、标准偏差及相对标准偏差;
(25) 根据规程、标准或技术条件对结果进行评判;
(26) 记录、测试报告的审核;
(27) 测试结果的可靠性及误差分析;
(28) 控制图的绘制和使用。

第四部分　核燃料元件性能测试高级技师技能

第十七章　分析与检测

第一节　抽样检验

学习目标：通过学习抽样检验的知识，了解抽样检验的特点及抽样检验的分类，知道抽样检验的名称术语，知道抽样检验中的两类错误，了解计数抽样检验的主要特点，并能够将计数抽样检查的一般原理用于核燃料元件测试的质量控制过程。

一、抽样检验的基本概念

1. 抽样检验

抽样检验是按照规定的抽样方案，随机地从一批或一个生产过程中抽取少量个体(作为样本)进行的检验。其目的在于判定一批产品或一个过程是否可以被接收。

抽样检验的特点：检验对象是一批产品，根据抽样结果应用统计原理推断产品批的接收与否。不过经检验的接收批中仍可能包含不合格品，不接收批中当然也包含合格品。

抽样检验一般用于下述情况：

(1) 破坏性检验。

(2) 批量很大，全数检验工作量很大的产品的检验。

(3) 测量对象是散料或流程性材料。

(4) 其他不适于使用全数检验或全数检验不经济的场合。

2. 抽样检验的分类和名称术语

(1) 抽样检验的分类

按检验特性值的属性可以将抽样检验分为计数抽样检验和计量抽样检验两大类。计数抽样检验又包括计件抽样检验和计点抽样检验，计件抽样检验是根据被检样本中的不合格产品数，推断整批产品的接收与否；而计点抽样检验是根据被检样本中的产品包含的不合格数，推断整批产品的接收与否。计量抽样检验是通过测量被检样本中的产品质量特性的具体数值并与标准进行比较，进而推断整批产品的接收与否。

(2) 名词术语

根据GB/T 2828.1,介绍抽样检验中若干常用的名词与术语。

1) 检验

为确定产品或服务的各特性是否合格,测定、检查、试验或度量产品或服务的一种或多种特性,并且与规定要求进行比较的活动。

2) 技术检验

关于规定的一个或一组要求,或者仅将单位产品划分为合格或不合格,或者仅计算单位产品中不合格的检验。

技术检验既包括产品是否合格的检验,又包括每百单位产品不合格数的检验。

3) 单位产品

可单独描述和考察的事物。

例如:

① 一个有形的实体;一定量的材料。

② 一项服务,一次活动或一个过程;一个组织或个人。

③ 上述项目的任何组合。

4) 不合格

不满足规范的要求。

注1:在某些情况下,规范与使用方要求一致;在另一些情况下它们可能不一致,或更严,或更宽,或者不完全知道或不了解两者间的精确关系。

注2:通常按不合格的严重程度将它们分类,例如:

① A类 认为最被关注的一种类型的不合格。在验收抽样中,将给这种类型的不合格指定一个很小的AQL值。

② B类 认为关注程度比A类稍低的一种类型的不合格。如果存在第三类(C类)不合格,可以给B类不合格指定比A类不合格大但比C类不合格小的AQL值,其余不合格依此类推。

注3:增加特性和不合格分类通常会影响产品的总接收概率。

注4:不合格分类的项目、归属于哪个类和为各类选择接收质量限,应适合特定情况的质量要求。

5) 缺陷

不满足预期的使用要求。

6) 不合格品

具有一个或一个以上不合格的产品。

注:不合格品通常按不合格的严重程度分类,例如:

① A类 包含一个或一个以上A类不合格,同时还可能包含B类和(或)C类不合格的产品。

② B类 包含一个或一个以上B类不合格,同时还可能包含C类等不合格,但不包含A类不合格的产品。

7) 批

汇集在一起的一定数量的某种产品、材料或服务。

注:检验批可由几个投产批或投产批的部分组成。

8）批量

批中产品的数量。

9）样本

取自一个批并且提供有关该批的信息的一个或一组产品。

10）样本量

样本中产品的数量。

11）抽样方案

所使用的样本量和有关批接收准则的组合。

注1:一次抽样方案是样本量、接收数和拒收数的组合。二次抽样方案是两个样本量、第一样本的接收数和拒收数及联合样本的接收数和拒收数的组合。

注2:抽样方案不包括如何抽出样本的规则。

12）抽样计划

抽样方案和从一个抽样方案改变到另一抽样方案的规则的组合。

13）接收质量限 AQL

当一个连续系列批被提交验收抽样时,可允许的最差过程平均质量水平。

14）使用方风险质量

对抽样方案,相应于某一规定使用方风险的批质量水平或过程质量水平。

注:使用方风险通常规定为10%。

15）极限质量 LQ

对一个被认为处于孤立状态的批,为了抽样检验,限制在某一低接收概率的质量水平。它是对生产方的过程质量提出的要求,是容忍的生产方过程平均(不合格品率)的最大值。

二、抽样方案与接收概率

1. 抽样方案

抽样检验的对象是一批产品,一批产品的可接受性,即通过抽样检验判断批的可接收性与否,可以利用批质量指标来衡量。因此,在理论上可以确定一个批接收的质量标准 P_t,若单个交检批质量水平 $P \leqslant P_t$,则这批产品可接收;若 $P > P_t$,则这批产品不予接收。但在实际中,除非进行全检,不可能获得 P 的实际值,因此不能以此来对批的接收性进行判断。

在实际抽样检验过程中,将上述批质量判断规则转换为一个具体的抽样方案。最简单的一次抽样方案由样本量 n 和利用判定批接收与否的接收数 c 组成,记为(n,c)。

抽样方案(n,c)实际上是对交检批起到一个评判的作用,它的判断规则是如果交检批质量满足要求,即 $P \leqslant P_t$,抽验方案接收该批产品的可能性就很大,如果批质量不满足要求,就尽可能不接收该批产品。因此使用抽验方案最关键的在于确定质量标准,明确什么样的批质量满足要求,什么样的批质量不满足要求,在此基础上找到合适的抽样方案。

2. 接收概率及可接收性的判定

所谓的接收概率是指批不合格品率为 P 的一批产品按给定的抽检方案检查后能判为合格批而被接收的概率。接收概率是不合格品率的函数,记为 $L(P)$。由于对固定的一批产品用不同的抽检方案检查，其被接收的概率也不会相同，因此，$L(P)$实质是抽检方案验收特性的表示，故又称 $L(P)$为抽样特性曲线，它是我们进行抽样方案分析、比较和选择的依据。

在这里我们仅介绍一般的标准一次抽检方案和二次抽检方案。

(1) 一次抽检方案

标准型一次抽样检查的程序如图 17-1 所示。

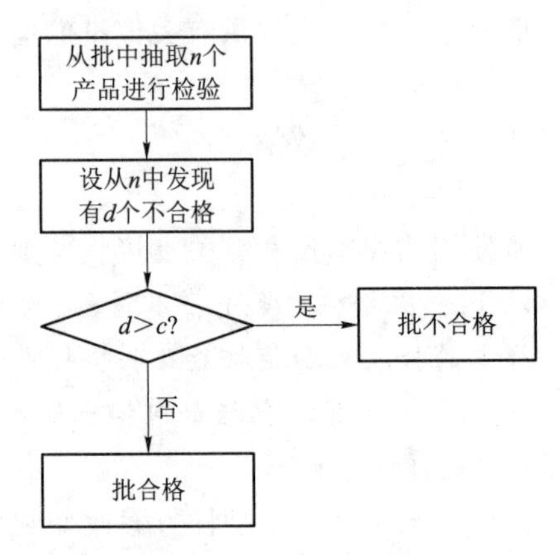

图 17-1　标准型一次抽检方案的程序框图

由图 17-1 可知，这种检查是：从产品批中抽取 n 个产品进行检查，把 n 个产品中检出的不合格品数 d 和判定数 c 比较，满足 $d \leqslant c$ 时，判产品批为合格批；否则，即当 $d > c$ 时，判产品批为不合格批。可见标准型一次抽检方案规定了两个参数，即子样的容量 n 和判定数 c，故通常把它记为(n,c)。很显然，采用(n,c)检查时，产品批被接受的概率为子样不合格品数取值为 $0,1,2,\cdots,c$，这 $c+1$ 种情况出现的概率之和。

根据概率论知识可知，从容量为 N 的且其中有 N_p 个不合格品的产品批中，随机地抽取 n 个产品为子样，则子样中不合格品数唯一服从超几何分布的随机变量。所以对该批产品采用(n,c)方案检查时，接收概率可利用超几何分布来计算。

(2) 二次抽检方案

二次抽样对批质量的判断允许最多抽两个样本。在抽检过程中，如果第一样本中的不合格(品)数 d_1不超过第一个接收数 c_1，则判断批接收；如果 d_1 等于或大于第一个拒收数 c_1+1，则不接收该批。如果 d_1大于 c_1，但小于 c_1+1，则继续抽第二个样本。设第二个样本中不合格(品)数为 d_2，当 d_1+d_2小于等于第二接收数 c_2时，判断该批产品接收；如果 d_1+d_2大于或等于第二拒收数 c_2+1，则判断该批产品不接收。

3. 抽样特性曲线

当用一个确定的抽检方案对产品批进行检查时，产品批被接收的概率是随产品批的批不合格品率 p 变化而变化的，它们之间的关系可以用一条曲线来表示，这条曲线称为抽样特性曲线，简称为 OC 曲线。

(1) 抽样特性曲线的性质

1) 抽样特性曲线和抽样方案是一一对应关系，也就是说有一个抽样方案就有对应的一条 OC 曲线；相反，有一条抽样特性曲线，就有与之对应的一个抽检方案。

2) OC 曲线是一条通过(0,1)和(1,0)两点的连续曲线。

3) OC 曲线是一条严格单调下降的函数曲线，即对于 $p_1 < p_2$，必有 $L(p_1) > L(p_2)$。

(2) OC 曲线与(n,c)方案中参数的关系

由于 OC 曲线与抽样方案是一一对应的，故改变方案中的参数必导致 OC 曲线发生变化。但如何变化呢？它们之间的变化有什么关系呢？下面分三种情况进行讨论。

1) 保持 n 固定不变，令 c 变化，则如果 c 增大，则曲线向上变化，方案放宽；如果 c 减小，则曲线向下变形，方案加严。

2）保持 c 不变，令 n 变化，则如果 n 增大，则曲线向下变形，方案加严；反之 n 减小，则曲线向上变形，方案放宽。

3）n，c 同时发生变化，则如果 n 增大而 c 减小时，方案加严；若 n 减小而 c 增大时，则方案放宽；若 n 和 c 同时增大或减小时，对 OC 曲线的影响比较复杂，要看 n 和 c 的变化幅度各有多大，不能一概而论。如果 n 和 c 尽量减少时，则方案加严；对于 n 和 c 不同量变化的情况，只要适当选取它们各自的变化幅度，就能使方案在 $(0, p_t)$ 和 $(p_t, 1)$ 这两个区间的一个区间上加严，而另一个区间上放宽，这一点对我们是很有用的。

4. 百分比抽样的不合理性

我国不少企业在抽样检查时仍沿用百分比抽检法，所谓百分比抽检法，就是不论产品的批量大小，都规定相同的判定数，而样本也是按照相同的比例从产品批中抽取。即如果仍用 c 表示判定数，用 k 表示抽样比例系数，则抽样方案随交检批的批量变化而变化，可以表示为 $(kN|c)$。通过 OC 曲线与抽样方案变化的关系很容易弄清楚百分比抽检的不合理性。因为，对一种产品进行质量检查，不论交检产品批的批量大小，都应采取宽严程度基本相同的方案。但是采用百分比抽检时，不改变判定数 c，只根据批量不同改变样本容量 n，因而对批量不同的产品批采用的方案的宽严程度明显不同，批量大则严，批量小则宽，故很不合理。百分比抽检实际是一种直觉的经验做法，没有科学依据，因此应注意纠正这种不合理的做法。

5. 抽检方案优劣的判别

既然改变参数，方案对应的 OC 曲线就随之改变，其检查效果也就不同，那么什么样的方案检查效果好，其 OC 曲线应具有什么形状呢？下面就来讨论这一问题。

（1）理想方案的特性曲线

在进行产品质量检查时，总是首先对产品批不合格品率规定一个值 p_0 来作为判断标准，即当批不合格品率 $p \leqslant p_0$ 时，产品批为合格，而当 $p > p_0$ 时，产品批为不合格。因此，理想的抽样方案应当满足：当 $p \leqslant p_0$ 时，接收概率 $L(p)=1$，当 $p > p_0$ 时，$L(p)=0$。其抽样特性曲线为两段水平线，如图 17-2 所示。

理想方案实际是不存在的，因为，只有进行全数检查且准确无误才能达到这种境界，但检查难以做到没有错检或漏检的，所以，理想方案只是理论上存在的。

（2）线性抽检方案的 OC 曲线

所谓线性方案就是 $(1|0)$ 方案，因为 OC 曲线是一条直线而得名的，如图 17-3 所示。

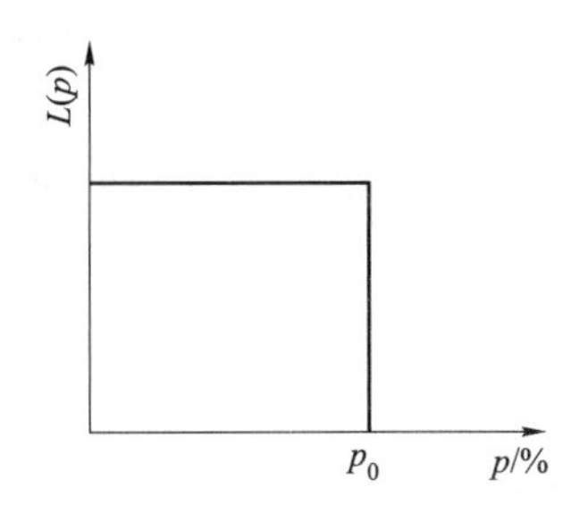

图 17-2 理想方案的特性曲线

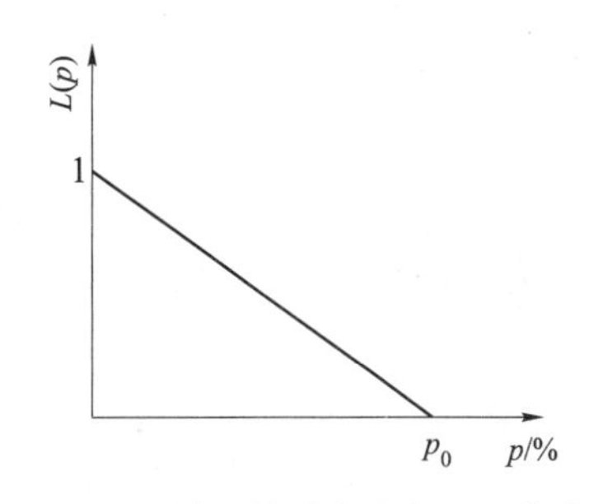

图 17-3 线性抽检方案的 OC 曲线

由图 17-3 可见,线性抽检方案是从产品批中随机地抽取 1 个产品进行检查,若这个产品不合格,则判该批产品不合格,若这个产品合格,则判该批产品合格。

因为它和理想方案的差距太大,所以,这种方案的检查效果是很差的。

理想方案虽然不存在,但这并不妨碍把它作为评价抽检方案优劣的依据,一个抽检方案的 OC 曲线和理想方案的 OC 曲线接近程度就是评价方案检查效果的准则。为了衡量这种接近程度,通常是首先规定两个参数 p_0 和 p_1($p_0<p_1$),p_0 是接收上限,即希望对 $p\leqslant p_0$ 的产品批以尽可能高的概率接收;p_1 是拒收下限,即希望对 $p\geqslant p_1$ 的产品批以尽可能高的概率拒收。若记 $\alpha=1-L(p_0)$,$\beta=L(p_1)$,则可以通过这四个参数反映一个抽检方案和理想方案的接近程度,当固定 p_0,p_1 时,α、β 越小的方案就越好;同理若对固定的 α、β 值,则 p_0 和 p_1 越接近越好;当 α 和 $\beta\to 0$,$p_0\to p_1$ 时,则抽检方案就趋于理想方案。

6. 抽样检验的两类错误

抽样检查是一个通过子样来估计母体的统计推断过程,因此就可能出现两类错误判断,即可能把合格的产品批错判为不合格的产品批,这种错判称为第一类错误;还有可能把不合格的产品批判为合格品,后一类错误称为第二类错误。

同前面一样,继续规定 $p\leqslant p_0$ 的产品批为质量好的产品批,$p\geqslant p_1$ 的产品批为质量很差的产品批。由于存在着两类错判,所以就不能强求对 $p\leqslant p_0$ 的产品批一定要接收,而只能以高的概率接收,也就是说不能排除拒收这些产品的可能性,这一可能性的大小用 $\alpha=1-L(p_0)$ 来表示,称为第一类错判率,因这类错判会给生产方带来损失,因此 α 又称为生产者风险率。同样也不能强求对 $p\geqslant p_1$ 的产品一定拒收,而只能要求以高的概率拒收,即不能排除接收这样产品批的可能性,这种可能性的大小用 $\beta=(p_1)$ 表示,称为第二类错判率。由于第二类错判率表示给使用方带来的损失的大小,所以又称 β 为使用者风险率。实际工作中,通常取 $\alpha=0.01$,0.05 或 0.1,取 $\beta=0.05$,0.1 或 0.2。

p_0、p_1、α 和 β 都是抽样检查的重要参数,对一个确定方案,可以通过这几个参数去进行分析评价。

三、计数抽样检验

1. 概念和特点

计数抽样检验是根据过去的检验情况,按一套规则随时调整检验的严格程度,从而改变也即调整抽样检验方案。

计数调整型抽样方案不是一个单一的抽样方案,而是由一组严格度不同的抽样方案和一套转移规则组成的抽样体系。

因此,计数调整型方案的选择完全依赖于产品的实际质量,检验的宽严程度就反映了产品质量的优劣,同时也为使用方选择供货方提供依据。

以国家标准 GB/T 2828.1—2003 为代表的计数调整型抽样检验的主要特点是:

(1) 主要适用于连续批检验

连续批抽验检验是一种对所提交的一系列批的产品的检验。如果一个连续批在生产的同时提交验收,在后面的批生产前,前面批的检验结果可能是有用的,检验结果在一定程度上可以反映后续生产的质量。当前面批的检验结果表明过程已经变坏,就有理由使用转移规则来执行一个更为严格的抽样程序；反之若前面的检验结果表明过程稳定或有好转，则有理由维持或放宽抽样程序。GB/T 2828.1 是主要为连续批而设计的抽样体系。

与此相对应的是孤立批的抽样检验，在某种情形，GB/T 2828.1 也用于孤立批的检验，但一般地，对孤立批检验应采用 GB/T 2828.2。

(2) 关于接收质量限(AQL)及其作用

在 GB/T 2828.1 中接收质量限 AQL 有特殊意义，起着极其重要的作用。接收质量限是当一个连续批被提交验收抽样时，可允许的最差过程平均质量水平。它反映了使用方对生产过程质量稳定性的要求，即要求在生产连续稳定的基础上的过程不合格率的最大值。如规定 AQL＝1.0%，是要求加工过程在稳定的基础上最大不合格品率不超过 1.0%。而且 AQL 在这个指标和过程能力也是有关的，如要求产品加工过程能力指数 C_p 为 1.0，则要求过程不合品率为 0.27%，此时设计抽样方案可规定 AQL 为 0.27%。

接收质量限 AQL 可由不合格品百分数或每百单位产品不合格数表示，当不合格品百分数表示质量水平时，AQL 值不超过 10%；当以每百单位产品不合格数表示质量水平时，可使用的 AQL 值最高可达每百单位产品中有 1 000 个不合格。

在 GB/T 2828.1 中 AQL 的取值从 0.01～1 000 共有 31 个级别，如果 AQL 的取值与表中所给数据不同，就不能使用该抽样表。因此在选取 AQL 值时应和 GB/T 2828.1 抽样表一致。

2. 不合格品数计数抽样方案

以 N 表示总体大小，n 表示样本大小，A_c 表示合格判定数，R_e 表示不合格判定数，且 $R_e=A_c+1$。则不合格品数计数抽样一次方案表示为 (N,n,A_c) 或 (n,A_c)

例如从批量为 $N=2\ 000$ 个产品的检验批中，随机抽取 $n=50$ 个作为样本进行检查，按标准的规定：样本的不合格品数少于或等于 $A_c=1$ 时，判为批合格；不合格品数等于或多于 $R_e=2$ 时，则判批为不合格，拒收这批产品。则该方案表示为(2 000,50,1)或(50,1)。

3. 缺陷数计数抽样方案

以 N 表示总体大小，n 表示样本大小，A_c 表示合格判定的累计总缺陷数，R_e 表示不合格判定的累计总缺陷数，且 $R_e=A_c+1$。则缺陷数计数抽样一次方案表示为 (N,n,A_c) 或 (n,A_c)。

例如从批量为 $N=2\ 000$ 个产品的检验批中，随机抽取 $n=50$ 个作为样本进行检查，按标准的规定：样本的累计总缺陷数少于或等于 $A_c=60$ 时，判为批合格；累计总缺陷数等于或多于 $R_e=61$ 时，则判批为不合格，拒收这批产品。则该方案表示为(2 000,50,60)或(50,60)。

4. 二次计数抽样方案

以 N 表示总体大小，n_1 表示第一次抽样的样本大小，n_2 表示第二次抽样的样本大小，A_{c1} 表示第一次抽样时的合格判定数，A_{c2} 表示第二次抽样时的合格判定数，R_{e1} 表示第一次抽样时的不合格判定数，R_{e2} 表示第一次抽样时的不合格判定数，且 $R_{e1}>A_{c1}+1$，$R_{e2}=A_{c2}+1$。则缺陷数计数抽样方案表示为 $(N,n_1,A_{c1},R_{e1};n_2,A_{c2},R_{e2})$ 或 $(n_1,A_{c1},R_{e1};n_2,A_{c2},R_{e2})$

例 17-1：以 r_1 表示表示第一次抽样的样本中的不合格数，r_2 表示表示第二次抽样的样本中的不合格数,$A_{c1}=1$,$R_{e1}=4$,$A_{c2}=3$,$R_{e2}=4$。当 $r_1 \leqslant A_{c1}=1$ 时,判批合格,$r_1 > R_{e1}=4$ 时,判批不合格;当 $A_{c1} < r_1 < R_{e1}$ 时,进行第二次抽样,检得 r_2。当 $r_1+r_2 \leqslant A_{c2}=3$ 时,判批合格,$r_1+r_2 > R_{e2}=4$ 时,判批不合格。

5. 多次计数抽样方案

多次计数抽样方案:抽三个或三个以上的样本才能对批质量做出判断的抽样方案。

多次计数抽样方案与二次抽样方案相似,只是抽样检验次数更多而已。

第二节 实验室间测量数据比对的统计处理和能力评价

学习目标:通过学习知道实验室间比对等相关的术语和定义,了解实验室间比对的统计处理和能力评价方法,了解数据直方图等的应用。

一、术语和定义

本节列出的以下术语和定义来自 GB/T 27043、GB/T 28043、ISO/IEC 指南 99。

(1) 实验室间比对(interlaboratory comparison)

按照预先规定的条件,由两个或多个实验室对相同或类似的物品进行测量或检测的组织、实施和评价。

(2) 能力验证(proficiency testing)

利用实验室间比对,按照预先制定的准则评价参加者的能力。

(3) 指定值(assigned value)

对能力验证物品的特定性质赋予的值。

(4) 能力评定标准差(standard deviation for proficiency assessment)

根据可获得的信息,用于评价能力验证结果分散性的度量。

注 1:标准差只适用于比例尺度和定距尺度的结果。

注 2:并非所有的能力验证计划都根据结果的分散性进行评价。

(5) z 比分数(z-score)

由能力验证的指定值和能力评定标准差计算的实验室偏倚的标准化度量。

注:z 比分数有时也称为 z 值或 z 分数。

(6) 离群值(outlier)

一组数据中被认为与该组其他数据不一致的观测值。

注:离群值可能来源于不同的总体,或由于不正确的记录或其他粗大误差的结果。

(7) 稳健统计方法(robust statistical method)

对给定概率模型假定条件的微小偏离不敏感的统计方法。

二、统计处理

1. 总则

实验室间的结果可以以多种形式出现,并构成各种统计分布。分析数据的统计方法应与数据类型及其统计分布特性相适应。分析这些结果时,应根据不同情况选择适用的统计方法。各种情况下优先使用的具体方法，可参见 GB/T 28043。对于其他方法，只要具有统计依据并向参加者进行了详细描述，也可使用。无论使用哪一种方法对参加者的结果进行评价，一般包括以下几方面内容：

（1）指定值的确定；

（2）能力统计量的计算；

（3）评价能力。

必要时，考虑被测样品的均匀性和稳定性对能力评定的影响。

2. 统计设计

应根据数据的特性（定量或定性，包括顺序和分类）、统计假设、误差的性质以及预期的结果数量，制定符合计划目标的统计设计。在统计设计中应考虑下列事项：

（1）实验室间比对中每个被测量或特性所要求或期望的准确度（正确度和精密度）以及测量不确定度。

（2）达到统计设计目标所需的最少参加者数量；当参加者数量不足以达到目标或不能对结果进行有意义的统计分析时，应将评定参加者能力的替代方法的详细内容提供给参加者。

（3）有效数字与所报告结果的相关性，包括小数位数。

（4）需要检测或测量的待检样品数量，以及对每个被测样品进行重复测量的次数。

（5）用于确定能力评定标准差或其他评定准则的程序。

（6）用于识别和（或）处理离群值的程序。

（7）只要适用，对统计分析中剔除值的评价程序。

3. 指定值及其不确定度的确定

（1）指定值的确定有多种方法，以下列出最常用的方法。在大多数情况下，按照以下次序，指定值的不确定度逐渐增大。

1）已知值——根据特定能力验证物品配方（如制造或稀释）确定的结果。

2）有证参考值——根据定义的检测或测量方法确定（针对定量检测）。

3）参考值——根据对比对样品和可溯源到国家标准或国际标准的标准物质/标准样品或参考标准的并行分析、测量或比对来确定。

4）由专家参加者确定的公议值——专家参加者（某些情况下可能是参考实验室）应当具有可证实的测定被测量的能力，并使用已确认的、有较高准确度的方法，且该方法与常用方法有可比性。

5）由参加者确定的公议值——使用 GB/T 28043 和 IUPAC 国际协议等给出的统计方法，并考虑离群值的影响。例如，以参加者结果的稳健平均值、中位值（也称为中位数）等作为指定值。

（2）对上述每类指定值的不确定度，可参照 GB/T 28043 等所描述的方法进行评定。此外，ISO/IEC 指南 98-3 中给出了确定不确定度的其他信息。

（3）指定值的确定应确保公平地评价参加者，并尽量使检测或测量方法间吻合一致。只要可能，应通过选择共同的比对小组以及使用共同的指定值达到这一目的。

（4）对定性数据（也称为“分类的”或“定名的”值）或半定量值（也称为“顺序的”值），其指定值通常需要由专家进行判断或由制造过程确定。某些情况下,可使用大多数参加者的结果(预先确定的比例,如80%或更高)来确定公议值。该比例应基于能力验证计划的目标和参加者的能力和经验水平来确定。

(5) 离群值可按下列方法进行统计处理:

1) 明显错误的结果,如单位错误、小数点错误、计算错误或者错报为其他能力验证物品的结果,应从数据集中剔除,单独处理。这些结果不再计入离群值检验或稳健统计分析。明显错误的结果应由专家进行识别和判断。

2) 当使用参加者的结果确定指定值时,应使用适当的统计方法使离群值的影响降到最低,即可以使用稳健统计方法或计算前剔除离群值。

3) 如果某结果作为离群值被剔除,则仅在计算总计统计量时剔除该值。但这些结果仍应当在能力验证计划中予以评价。

(6) 需考虑的其他事项:

理想情况下,如果指定值由参加者公议确定,应当有确定该指定值正确度和检查数据分布的程序。例如,可采用将指定值与一个具备专业能力的实验室得到的参考值进行比较等方法确定指定值的正确度。

通常,正态分布是许多数据统计处理的基础。正态分布的特点是单峰性、对称性、有界性和抵偿性。作为一个多家实验室能力比对计划的结果,由于参加者的测试方法、测试条件往往各不相同,而且能力验证结果的数量也是有限的,所以在许多情况下能力验证的结果呈偏态分布。对能力验证的结果只要求近似正态分布,尽可能对称,但分布应当是单峰的,如果分布中出现双峰或多峰,则表明参加者之间存在群体性的系统偏差,这时应研究其原因,并采取相应的措施。例如,可能是由于使用了产生不同结果的两种检测方法造成的双峰分布。在这种情况下,应对两种方法的数据进行分离,然后对每一种方法的数据分别进行统计分析。数据直方图和尧敦(Youden)图等可以显示结果的分布情况。

4. 能力统计量的计算

(1) 定量结果

1) 能力验证结果通常需要转化为能力统计量,以便进行解释和与其他确定的目标作比较。其目的是依据能力评定准则来度量与指定值的偏离。所用统计方法可能从不做任何处理到使用复杂的统计变换。

注:"能力统计量"也称为"性能统计量"。

2) 能力统计量对参加者应是有意义的。因此,统计量应适合于相关检测,并在某特定领域得到认同或被视为惯例。

3) 按照对参加者结果转化由简至繁的顺序,定量结果的常用统计量如下:

① 差值 D 的计算

$$D=x-X$$

式中:x——参加者结果;

X——指定值。

② 百分相对差 $D\%$ 的计算

$$D\%=\frac{D}{X}\times 100$$

③ z 比分数的计算

$$z=\frac{x-X}{\sigma}\times 100$$

式中：σ 为能力评定标准差。可由以下方法确定：

——与能力评价的目标和目的相符，由专家判定或规定值；

——由统计模型得到的估计值(一般模型)；

——由精密度试验得到的结果；

——由参加者结果得到的稳健标准差、标准化四分位距、传统标准差等。

具体方法参见 GB/T 28043 等。

4) 需要考虑的其他事项

① 通过参加者结果与指定值之差完全可以确定参加者的能力，对于参加者也是最容易理解的。差值($x-X$)也称为“实验室偏倚的估计值”。

② 百分相对差不依赖于指定值的大小，参加者也很容易理解。

③ 对于高度分散或者偏态的结果、顺序响应量、数量有限的不同响应量，百分位数是有效的。但该方法仍应慎用。

④ 根据检测的特性，优先或需要使用变换结果。例如，稀释的结果呈现几何尺度，需做对数变换。

⑤ 如果 σ 由公议(参加者结果)确定，σ 的值应可靠，即基于足够多次的观测以降低离群值的影响。

三、能力评定

1. 用于能力评定的方式

(1) 专家公议，由顾问组或其他有资格的专家直接确定报告结果是否与预期目标相符合；专家达成一致是评估定性测试结果的典型方法。

(2) 与目标的符合性，根据方法性能指标和参加者的操作水平等预先确定准则。

(3) 数值的统计判定：这里的评价准则适用于各种结果值。一般将 z 比分数分为：

① $|z|\leqslant 2$ 表明“满意”，无需采取进一步措施；

② $2<|z|<3$ 表明“有问题”，产生警戒信号；

③ $|z|\geqslant 3$ 表明“不满意”，产生措施信号。

2. 使用 GB/T 28043 等描述的图形来显示参加者能力

可用如直方图、误差条形图、顺序 z 比分数图等来显示：

(1) 参加者结果的分布；

(2) 多个被测量样品结果间的关系；

(3) 不同方法所得结果分布的比较。

有时，能力验证计划中某些参加者的结果虽为不满意结果，但可能仍在相关标准或规范规定的允差范围之内，鉴于此，在能力验证计划中，对参加者的结果进行评价时，通常不作“合格”与否的结论，而是使用“满意/不满意”或“离群”的概念。

四、实验室间能力比对计划结果示例

实验室间比对计划可以设计为使用单一样品，有时，为了查找造成结果偏离的误差原因，也可以采用样品对。样品对可以是完全相同的均一样品对，也可以是存在轻微差别的分割水平样品对。均一样品对，其结果预期是相同的。分割水平样品对，其两个样品具有类似水平的被测量，其结果稍有差异。对双样品设计能力验证计划，可按照相关方法对结果进行统计处理，统计处理是基于结果对的和与差值。

以中位值和标准化四分位距法为例。

假设结果对是从样品对 A 和 B 两个样品中获得的。

首先按下式计算每个参加者结果比对的标准化和(用 S 表示)和标准化差(用 D 表示)，即：$S=\dfrac{A+B}{\sqrt{2}}$，$D=\dfrac{A-B}{\sqrt{2}}$(保留 D 的符号)。

通过计算每个参加者结果对的标准化和以及标准化差，可以得出所有参加者的 S 和 D 的中位值和标准化四分位距，即 med(S)、NIQR(S)、med(D)、NIQR(D)。

根据所有参加者的 S 和 D 的中位值和 NIQR，可以计算两个 z 比分数，即实验室间 z 比分数(ZB)和实验室内 z 比分数(ZW)，即：

$$ZB=\frac{S-\mathrm{med}(S)}{\mathrm{NIQR}(S)} \tag{17-1}$$

$$ZW=\frac{D-\mathrm{med}(D)}{\mathrm{NIQR}(D)} \tag{17-2}$$

$$\mathrm{IQR}=Q_3-Q_1 \tag{17-3}$$

$$\mathrm{NIQR}=0.741\ 3\times\mathrm{IQR} \tag{17-4}$$

式中：S——标准化和；

D——标准化差；

med——中位值；

Q_1——第一四分位值；

Q_3——第三四分位值；

IQR——四分位距；

NIQR——标准四分位距；

0.741 3——转化系数。

ZB 和 ZW 的判定准则同 z 比分数。ZB 主要反映结果的系统误差，ZW 主要反映结果的随机误差。对于样品对，$ZB\geqslant3$ 表明该样品对的两个结果太高，$ZB\leqslant-3$ 表明其结果太低，$ZW\geqslant3$ 表明其两个结果间的差值太大。

表 17-1 为某种铀产品中 U 的测定结果和统计处理结果。样品 A 和 B 为一对分割水平样品。表中给出了结果数、中位值、NIQR、稳健变异系数(稳健 CV)、最小值、最大值和极差等统计量。

表 17-1　U_3O_8中铀含量的测定结果和统计处理

实验室编号	U_3O_8-A	U_3O_8-B	S	ZB	D	ZW
01	84.340	84.310	119.253 6	0.68	0.021 2	−0.69
02	84.354	84.250	119.221 0	−0.02	0.073 5	0.88
03	84.355	84.251	119.222 4	0.02	0.07	0.88
04	84.165	84.161	119.024 5	−4.23	0.002 8	−1.24
05	84.254	84.236	119.140 4	−1.74	0.012 7	−0.95
06	84.285	84.279	119.192 7	−0.62	0.004 2	−1.20
07	84.187	84.477	119.263 5	0.89	−0.205 1	−7.50
08	84.397	84.332	119.309 4	1.88	0.046 0	0.05
09	84.380	84.170	119.182 8	−0.83	0.148 5	3.14
10	84.308	84.159	119.124 2	−2.09	0.105 4	1.84
11	84.350	84.270	119.232 3	0.23	0.056 6	0.37
12	84.330	84.410	119.317 2	2.05	−0.056 6	−3.03
13	84.320	84.260	119.204 1	−0.38	0.042 4	−0.05
14	84.360	84.260	119.232 3	0.23	0.070 7	0.80
结果数	14	14	14		14	
中位值	84.335	84.260	119.221 7		0.0442	
NIQR	0.0474	0.0465	0.046 65		0.033	
稳健 CV/%	0.06	0.06	0.04		75.20	
最小值	84.165	84.159	119.024		−0.205	
最大值	84.397	84.477	119.317		0.148	
极差	0.232	0.318	0.293		0.354	

图 17-4 和图 17-5 为根据表 17-1 制作的 z 比分数序列图。图中按照大小的顺序显示出每个实验室的 z 比分数（ZB 和 ZW），并标有实验室的代码，使每个实验室能够很容易地与其他实验室的结果进行比较。

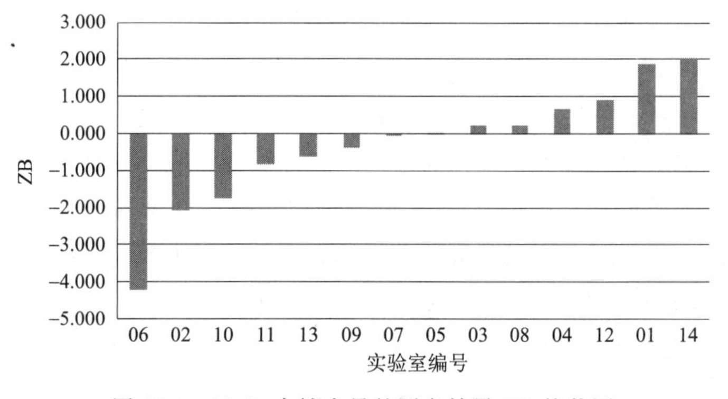

图 17-4　U_3O_8中铀含量的测定结果 ZB 柱状图

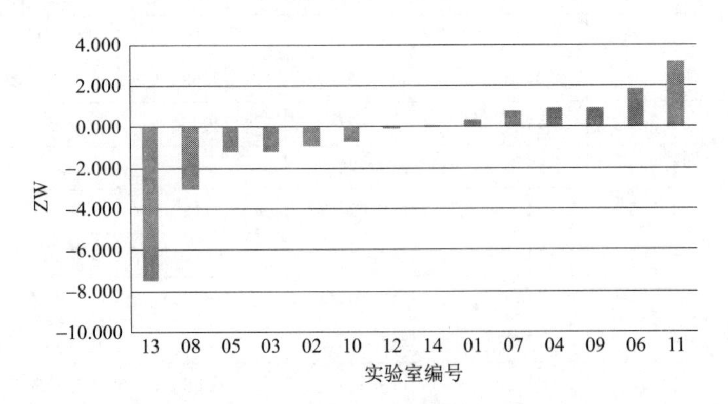

图 17-5　U_3O_8中铀含量的测定结果 ZW 柱状图

第三节　相关反应堆基础知识

学习目标：通过学习了解核反应堆的分类，了解核反应堆的组成及工作原理。

一、反应堆及其分类

利用易裂变核素发生可控的自持核裂变链式反应的装置称为裂变反应堆，简称反应堆。尽管反应堆种类繁多，具体构造上又有较大差别，但从总体上均可分为反应堆本体和回路系统两部分。一般来说，反应堆的本体由堆芯、控制棒组件、反应堆容器及控制棒驱动机构、反射层和屏蔽层等几部分组成。以热中子反应堆为例，堆芯集中了按一定方式排列的核燃料组件、慢化剂、冷却剂和堆内构件，自持裂变式反应就在此区进行。

1. 按引起裂变的中子能量分类

(1) 热中子反应堆。引起核燃料裂变的中子能量在 0.025 3 eV 左右。目前大多数核电厂所用的反应堆都属于这种类型。

(2) 快中子反应堆。

(3) 中能中子反应堆。

2. 按核反应堆的用途分类

(1) 生产堆。生产易裂变材料和热核材料、同位素，如通过$^{238}U+n \rightarrow {}^{239}Pu$ 核反应生产^{239}Pu 等，或用于工业规模辐照的反应堆。

(2) 实验堆。主要包括零功率装置、实验研究堆和原型堆等。

(3) 动力堆。主要用来发电或作为舰船动力以及工业提供热源的反应堆。我国大亚湾核电站、秦山核电站和田湾核电站的反应堆就属于这种范畴。

3. 按冷却剂类型分类

(1) 压水堆。轻水作为冷却剂、慢化剂。燃料一般采用低富集度的二氧化铀。轻水慢化，水的导热性能好。平均燃耗深，负温度系数，比较安全可靠。高压(14～16 MPa)使得在 300 ℃左右不沸腾。在技术上，压水堆比较成熟，是核电站系列化、大型化、商品化最多的堆型。

（2）沸水堆。与压水堆一样，冷却剂为水，但允许沸腾，压力低。通过一回路冷却水的汽化，直接进入汽轮机-发电机组，而省去一个回路（一回路与二回路合二为一）。

（3）重水堆。重水兼作慢化剂。由于重水的慢化性能好，热中子吸收截面小，故燃料可用天然铀。

（4）石墨水冷堆。石墨慢化、轻水冷却的反应堆。

（5）气冷堆。一般用二氧化碳、氦气作为冷却剂，石墨作为慢化剂。燃耗深，转换比高，体积大。根据堆型的不断改进，主要有石墨气冷堆、改进型气冷堆、高温气冷堆。

（6）钠冷堆。没有慢化剂，金属钠作为冷却剂。

二、核反应堆的组成及工作原理

尽管核反应堆可按用途、构型划分为多种不同种类，但无论是哪种核反应堆，它们都有一个共同的组成。以目前建造得最多的热中子反应堆为例，它主要由核燃料元件、慢化剂、冷却剂、堆内构件、控制棒组件、反射层、反应堆容器、屏蔽层构成。其中前四类部件是核反应堆的心脏，组成“堆芯”；因核裂变反应就在该区域内发生，故堆芯也常称为活化区。堆外还有发电和安全的辅助设施，如蒸汽发生器或中间热交换器、汽轮发电机或涡轮机、凝汽器、泵以及各种连接管道等。

压水堆核电站的结构布置如图 17-6 所示，它由一（次水）回路和二（次蒸汽和水）回路组成，两个回路在蒸汽发生器会合。

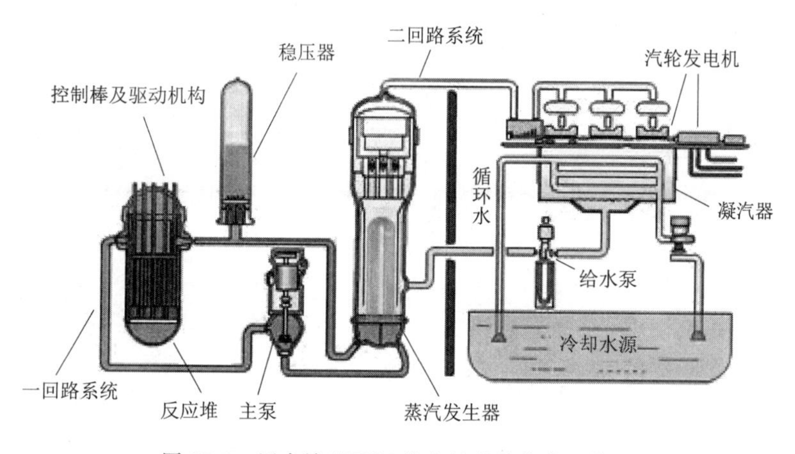

图 17-6　压水堆（PWR）核电站的结构布置简图

一座电功率为 1 000 MW 的压水堆堆芯由约 160 个燃料组件组成，组件长为 4 m，排在直径为 3.4 m 的下部支撑构件上。燃料组件内的燃料棒按（14×14）～（17×17）正方形排列，由定位格架和骨架固定，燃料棒外径约为 9.5 mm。燃料装量约为 70 余吨。轻水是压水堆的慢化剂和冷却剂，它在一回路系统内不发生沸腾的条件下运行。整个堆芯被包容在高 13 m、直径 4.5 m，重量约为 400 t 的压力容器内。反应堆的功率控制由约 50 个从顶部引入的控制棒组件和一回路冷却剂水中的可溶性硼酸来实现。每个控制棒组件内有 20 个控制棒，它控制反应堆的启动和停堆，而硼酸则用于控制长期的反应性变化。

被核裂变能量加热的一回路冷却水通过蒸汽发生器的传热管,把热量传给二次侧,则产生温度为287 ℃,压力为7 MPa的饱和蒸汽。一台热功率1 000 MW的蒸汽发生器约有4 000根传热管,饱和蒸汽进入汽轮机膨胀做功,带动发电机发电,而乏汽则通过凝汽器转变为液态凝结水再返回蒸汽发生器重复使用。

第十八章　技术管理与创新

学习目标：掌握标准物质制备方法，能参与技术革新和攻关。

第一节　标准物质的制备

学习目标：通过学习知道标准物质的制备程序，能够制备内部标准物质(或标准样品)。

标准物质是一种应用广泛、种类繁多的实物标准，是使用者直接使用的计量标准。因此在制备标准物质时应注意以下方面：

一、候选物的选择

由于标准物质可用于校准仪器、评价测量方法和给物质赋值，因此候选物的选择应满足适用性、代表性及容易复制的原则。

候选物的基体应和使用的要求相一致或尽可能接近，这样可以消除方法基体效应引入的系统误差。如：富集度标准棒的制备，要求标准棒的制造工艺应符合燃料棒的制造工艺要求。

候选物的均匀性、稳定性以及待定特性量的量值范围应适合该标准物质的用途。只有物质是均匀的才能保证在不同空间测量的一致性和可比性。只有物质是稳定的才能保证在不同时间测量的一致性和可比性。

系列化标准物质特性量的量值分布梯度应能满足使用要求，以较少品种覆盖预期的范围。

候选物应有足够的数量，以满足在有效期间使用的需要。

二、标准物质的制备

根据候选物的性质，选择合理的制备程序、工艺，并防止外来污染、易挥发成分的损失以及待定特性量的量值变化。在研制八氧化三铀中杂质元素系列标准物质中，为了防止外来污染，研磨过程中，为了避免铁、铬的污染，在球磨时采用玛瑙罐和玛瑙球进行球磨。

对待定特性量不易均匀的候选物，在制备过程中除采取必要的均匀措施外，还应进行均匀性初检。

候选物的待定特性量有不易稳定趋向时，在加工过程中应注意研究影响稳定性的因素，采取必要的措施改善其稳定性，选择合适的贮存环境也是保持稳定性的重要措施。如二氧化铀芯块中铀含量标准物质，应贮存在惰性气氛中以防止氧化。

包装样品的物料应选择材质纯、水溶性小、器壁吸附性和渗透性小，密封性好的容器。容器器壁要有足够的厚度。对于气体标准物质钢瓶容器的选择以及容器内壁的处理具有重要意义，例如一氧化碳和氮的混合气在内衬石蜡的不锈钢瓶中可长期保持稳定，而二氧化硫和氮的混合气却必须保存在铝钢瓶中。最小包装单元中标准物质的实际质量或体积与标称的质量或体积应符合规定的允差要求。

当候选物制备量大,为便于保存和便于发现产生的问题,可采取分级分装,如几十千克的大桶、几千克的大瓶、几十克的小瓶等。最小包装单元应以适当方式编号并注明制备或分装日期。

标准物质的制备常有以下 4 种方式:

(1) 从生产物料中选择,如富集度标准棒中的 UO_2芯块选取化学成分、密度、几何尺寸等与 UO_2芯块产品技术要求一致;

(2) 用纯物质配制,化学气体的标准物质,是用高纯气中加入一种或几种特定成分气体的方法配制;

(3) 直接选用高纯物质作标准物质,例如用经提纯后的高纯八氧化三铀,作为铀含量标准物质;

(4) 特殊的制备,如八氧化三铀中杂质元素系列标准物质,需在八氧化三铀基体中加入所需杂质元素。

三、标准物质的均匀性

标准物质均匀性是标准物质最基本的属性,它是用来描述标准物质特性空间分布特征的。均匀性的定义是:物质的一种或几种特性具有相同组分或相同结构的状态,通过检验具有规定大小的样品,若被测量的特性值均在规定的不确定度范围内,则该标准物质对这一特性来说是均匀的。从这一定义可以看出,不论制备过程中是否经过均匀性初检,凡成批制备并分装成最小包单元的标准物质必须进行均匀性检验。对于分级分装的标准物质,凡由大包装分装成最小包装单元时,都需要进行均匀性检验。

1. 最小取样量的确定

物质的均匀性是个相对概念。当取样量很少时,物质的特性量可能呈现不均匀,当取样量足够多时,物质的均匀程度能够达到预期要求,就可认为是均匀的。一旦最小取样量确定,该标准物质定值和使用时都应保证用量不少于该最小取样量。一般来说,取样量越少物质也能均匀,就表明该标准物质性能优良。当一种标准物质有多个待定特性量时,以不易均匀待定特性量的最小取样量表示标准物质的最小取样量或分别给出每个特性量的最小取样量。

2. 取样方式的选择

在均匀性检验的取样时,应从待定特性量值可能出现差异的部位抽取,取样点的分布对于总体样品应有足够的代表性。例如对粉状物质应在不同部位取样(如每瓶的上部、中部、下部取样);对于溶液可在分装最小包装单元的初始、中间和终结阶段取样。当引起待定特性量值的差异原因未知或认为不存在差异时,这时均匀性检验则采用随机取样,可使用随机数表决定抽取样品的号码。

3. 取样数目的决定

抽取单元数目对样品总体要有足够的代表性。抽取单元数取决于总体样品的单元数和对样品的均匀程度的了解。当总体样品的单元数较多时,抽取单元也相应增多。当已知总体样品均匀性良好时，抽取单元数可适当减少。抽取单元数以及每个样品的重复测量次数还应适合所采用的统计检验模式的要求。以下取样数目可供参考：

当总体单元数少于500个时，抽取单元数不少于15个；当总体单元数大于500个时，抽取单元数不少于25个；对于均匀性好的样品，当总体单元数少于500个时，抽取单元数不少于10个；当总体单元数大于500个时，抽取单元数不少于15个。

若记 N 为总体单元数，也可按 $3\sqrt[3]{N}$ 来计算出抽取样品数。

4. 均匀性检验项目的选择

一般来说对将要定值的所有特性量都应进行均匀性检验。对具有多种待定特性量值的标准物质，应选择有代表性的和不容易均匀的待定特性量进行检验。

5. 测量方法的选择

选择检验待定特性量是否均匀所使用的分析方法(也可能是物理方法)除了要考虑最小取样量大小外，还要求该分析方法不低于所有定值方法的精密度和具有足够灵敏度。由于均匀性检验取样数目比较多，为防止测系误差对样品均匀性误差的干扰，应注意在重复性的实验条件下做均匀性检验，推荐以随机次序进行测定以防止系统的时间变化干扰均匀性评价。如果待定特性量的定值不是和均匀性检验结合进行的话，作为均匀性检验的分析方法，并不要求准确计量物质的特性量值，只是检查该特性量值的分布差异，所以均匀性检验的数据可以是测量读数，不一定换算成特性量的量值。

6. 测量结果的评价

选择合适的统计模式进行均匀性检验结果的统计检验。检验结果应能给出以下信息：

(1) 检验单元内变差与测量方法的变差并进行比较，确认在统计学上是否显著；

(2) 检验单元间变差与单元内变差并进行比较，确认在统计学上是否显著；

(3) 判断单元内变差以及单元间变差统计显著性是否适合于该标准物质的用途。

一般来说有以下三种情况：

① 相对于所用测量方法的测量随机误差或相对于该特性量值不确定度的预期目标而言，待测特性量的不均匀性误差可忽略不计，此时认为该标准物质均匀性良好。

② 待测特性量的不均匀性误差明显大于测量方法的随机误差并是该特性量预期不确定度的主要来源，此时认为该物质不均匀。在这种情况下，这批标准物质应该弃去或者重新加工，或对每个成品进行单独定值。

③ 待定特性量的不均匀性误差与方法的随机误差大小相差较大，且与不确定度的预期目标相比较又不可忽略，此时应将不均匀性误差记入定值的总的不确定度内。

四、标准物质的稳定性

标准物质的稳定性是指在规定的时间间隔和环境条件下，标准物质的特性量值保持在规定范围内的性质。可见标准物质的稳定性是用来描述标准物质的特性量值随时间变化的。规定的时间间隔愈长，表明该标准物质的稳定性愈好。这个时间间隔被称为标准物质的有效期或在颁布和出售标准物质时应明确给出标准物质的有效期。

使用者在规定的有效期内，按规定的条件保存和使用标准物质，才能保证校准的测量仪器、评价的测量方法或确定的其他材料的特性量值准确。

1. 影响标准物质稳定性的因素

标准物质的稳定性是有条件的、相对的。影响标准物质稳定性的因素：

(1) 标准物质本身的性质

不同标准物质的稳定性是不同的。一般来说，钢铁标准物质比生物标准物质稳定。标准物质的浓度也影响其稳定性。浓度高的标准物质比浓度低的标准物质稳定，所以一般溶液标准物质都配制成浓度较高的储备液，使用者可根据具体情况进行必要的稀释。

(2) 标准物质加工制备过程的影响

在加工、研磨、粉碎等过程中，由于样品温度升高、吸收水分及氧化等因素会引起标准物质稳定性能的改变，故选择合适的制备工艺、限定制备状态是十分必要的。

(3) 标准物质贮存容器的影响

标准物质贮存容器的材质、密封性能对标准物质的稳定性也产生影响，例如，贮存不同液体标准物质所用容器是不同的。一般对于 Ag、As、Cd 和 Pb 等单元素溶液标准物质，采用玻璃安瓶密封；对于 F^-、Cl^- 和 SO_4^{2-} 等溶液标准物质，采用聚乙烯塑料瓶贮存。贮存气体标准物质所用的钢瓶，存在钢瓶内壁吸附、解吸及组分气体在高压下与共存成分起化学反应而使特性量值随时间发生变化的问题，因此，对于不同的气体标准物质应使用不同材质的钢瓶。

(4) 外部条件的影响

标准物质的稳定性受物理、化学、生物等因素的制约，例如，光、热、温度、吸附、蒸发、渗透等物理因素，化合、分解等化学因素，生化反应、生霉等生物因素都影响标准物质的稳定性，而且这些不同的影响因素之间又相互影响。

2. 保证标准物质稳定性的措施

(1) 标准物质候选物的选择

为保证标准物质具有良好的稳定性，在标准物质研制的初始阶段，应选择具有长时间稳定性能的材料作为标准物质的候选物；正确选择标准物质的候选物是研制标准物质成功最根本的保证之一。

(2) 标准物质制备工艺的研究

在标准物质加工制备过程中、应注意控制温度、湿度及污染等因素对标准物质稳定性的影响。一般来说，颗粒细的标准物质比颗粒粗的标准物质容易氧化，在制备铀含量标准物质时，为了防止二氧化铀的氧化，将二氧化铀中铀含量标准物质制备成块状，并在装有标准物质的容器中，充入惰性气体，以减少氧化的可能性。

(3) 标准物质贮存容器和保存条件的选择

应选择合适的贮存容器贮存标准物质，例如，选择材质纯、水溶性小、器壁吸附性和渗透性小、密封性好的容器贮存标准物质。在使用新钢瓶贮存气体标准物质时，必须对钢瓶内壁进行去锈、镜面研磨等内壁处理，使内壁尽可能光滑。在某些情况下，还要进行衬蜡、涂防氧化漆等防锈处理。对曾经贮存过其他气体的钢瓶，应事先把钢瓶内残留的其他气体全部放出，并进行必要的处理，防止其他气体对配制气体标准物质的干扰。

应通过条件实验选择切实可行的保存条件，例如，低温、低湿环境是保存生物标准物质的最佳条件，一般来说，标准物质应在干燥、阴凉、通风、干净的环境中保存。

3. 标准物质的稳定性监测

标准物质的稳定性监测是一个长期的过程。监测的目的是为了给出该标准物质确切的有效期。标准物质稳定性监测中应注意的几个问题：

(1) 应在规定的贮存或使用条件下，定期地对标准物质进行待定特性量值的稳定性试验。

(2) 标准物质稳定性监测的时间间隔可以按先密后疏的原则安排，在有效期内，应有多个时间间隔的监测数据。

(3) 当标准物质有多个待定特性量值时，应选择那些易变的和有代表性的待定特性量值进行稳定性监测。

(4) 选择不低于定值方法精密度和具有足够灵敏度的测量方法对标准物质进行稳定性监测，并注意每次实验时，操作及实验条件的一致。

(5) 考察标准物质稳定性所用样品应从分装成最小包装单元的样品中随机抽取，抽取的样品数目对于总体样品应有足够的代表性。

4. 标准物质的稳定性评价

当按时间顺序进行的测量结果在测量方法的随机不确定度范围内波动，则该特性量值在试验的时间间隔内是稳定的。该试验间隔可作为标准物质的有效期、在标准物质发放和使用期间要不断积累稳定性监测数据，以延长有效期。当按时间顺序进行的测量结果出现逐渐下降或逐渐升高并超出不确定度规定的范围时，该标准物质应停止使用。

五、标准物质的定值

标准物质的定值是对标准物质特性量赋值的全过程。标准物质作为计量器具的一种，它能复现、保存和传递量值，保证在不同时间与空间量值的可比性与一致性。要做到这一点就必须保证标准物质的量值具有溯源性。即标准物质的量值能通过连续的比较链以给定的不确定度与国家的或国际的基准联系起来。要实现溯源性就必须要对标准物质研制单位进行计量认证，保证研制单位的测量仪器进行计量校准，要对所用的分析测量方法进行深入的研究，定值的测量方法应在理论上和实践上经检验证明是准确可靠的方法，应对测量方法、测量过程和样品处理过程所固有的系统误差和随机误差如溶解、消化、分离、富集等过程中被测样品的沾污和损失，测量过程中的基体效应等进行仔细研究，选用具有可溯源的基准试剂，要有可靠的质量保证体系。要对测量结果的不确定度进行分析，要在广泛的范围内进行量值比对，要经国家计量主管部门的严格审查等。

1. 定值方式的选择

以下 4 种方式可供标准物质定值时选择：

(1) 用高准确度的绝对或权威测量方法定值

绝对(或权威)测量方法的系统误差是可以估计的，相对随机误差的水平可忽略不计。测量时，要求有两个或两个以上分析者独立地进行操作，并尽可能使用不同的实验装置，有条件的要进行量值比对。

(2) 用两种以上不同原理的已知准确度的可靠方法定值

研究不同原理的测量方法的精密度，对方法的系统误差进行估计，采用必要的手段对方法的准确度进行验证。

(3) 多个实验室合作定值

参加合作的实验室应具有标准物质定值的必备条件,并有一定的技术权威性。每个实验室可以采用统一的测量方法,也可以选该实验室确认为最好的方法。合作实验室的数目或独立定值组数应符合统计学的要求。定值负责单位必须对参加实验室进行质量控制和制订明确的指导原则。

(4) 当已知有一种一级标准物质,欲研制类似的二级标准物质时,可使用一种高精密度方法将欲研制的二级标准物质与已知的一级标准物质以直接的方式而得到欲研制标准物质的量值。此时该标准物质的不确定度应包括一级标准物质给定的不确定度以及用此方法对一级标准物质和该标准物质进行测定时的重复性。

2. 对特性量值测量时的影响参数和影响函数的研究

对标准物质定值时必须确定操作条件对特性量值及其不确定度的影响大小,即确定影响因素的数值,可以用数值表示或数值因子表示。如标准毛细管熔点宜用熔点标准物质,其毛细管熔点及其不确定度受升温速率的影响,因此定值要给出不同升温速率下的熔点及其不确定度。

有些标准物质的特性量值可能受到测量环境条件的影响。影响函数就是其特性量值与影响量(温度、湿度、压力等)之间关系的数学表达式。

3. 定值数据的统计处理

(1) 当用绝对或权威测量方法定值时,测量数据可按如下程序处理:

1) 对每个操作者的一组独立测量结果,在技术上说明可疑值的产生并予剔除后,可用格拉布斯(Crubbs)法或狄克逊(Dixon)法从统计上再次剔除可疑值。当数据比较分散或可疑值比较多时,应认真检查测量方法、测量条件及操作过程。列出每个操作者测量结果:原始数据、平均值、标准偏差、测量次数。

2) 对两个(或两个以上)操作者测定数据的平均值和标准偏差分别检验是否有显著性差异。

3) 若检验结果认为没有显著性差异,可将两组(或两组以上)数据合并给出总平均值和标准偏差。若检验结果认为有显著性差异,应检查测量方法,测量条件及操作过程,并重新进行测定。

(2) 当用两种以上不同原理的方法定值,测量数据可按如下程序处理:

1) 对两个方法(或多个)的测量结果分别按(1)中的 1)步骤进行处理。

2) 对两个(或多个)平均值和标准偏差按(1)中的 2)步骤进行检验。

3) 若检验结果认为没有显著性差异,可将两个(或多个)平均值求出总平均值,将两个(或多个)标准偏差的平方和除以方法个数,然后开方求出标准偏差。若检验结果有显著性差异应检查测量方法、测量条件及操作过程式。或可考虑用不等精度加权方式处理。

(3) 当用多个实验室合作定值时,测量数据可按如下程序处理:

1) 对各个实验室的测量结果分别按(1)中的 1)步骤进行处理。

2) 汇总全部原始数据,考察全部测量数据分布的正态性。

3) 在数据服从正态分布或近似正态分布的情况下,将每个实验室所测数据的平均值视为单次测量构成一组新的测量数据。用格拉布斯法或狄克逊法从统计上剔除可疑值。当数据比较分散或可疑值比较多时,应认真检查每个实验室所使用的测量方法、测量条件及操作过程。

4）用科克伦(Cochran)法检查各组数据之间是否等精度。当数据是等精度时,计算出总平均值和标准偏差。当数据不等精度时可考虑用不等精度加权方式处理。

5）当全部原始数据服从正态分布或近似正态分布情况下,也可视其全部为一组新的量数据,按格拉布斯法或狄克逊法从统计上剔除可疑值,再计算全部原始数据的总平均值和标准偏差。

6）当数据不服从正态分布时,应检查测量方法和找出各实验室可能存在的系统误差,对定值结果的处理持慎重态度。

4. 定值不确定度的估计

特性量的测量总平均值即为该特性量的标准值。标准值的不确定度由三个部分组成:第一部分是通过测量数据的标准偏差、测量次数及所要求的置信水平按统计方法计算出。第二部分是通过对测量影响参数和影响函数的分析,估计出其大小。第三部分是物质不均匀性和物质在有效期内的变动性所引起的不确定度。

5. 定值结果的表示

定值结果一般表示为:标准值±不确定度。

要明确指出不确定度的含义并指明所选择的置信水平,不确定度可以用标准不确定度表示,也可用扩展不确定度表达。

不确定度一般保留一位有效数字,最多只保留两位有效数字。标准值的最后一位与不确定度相应的位数对齐来决定标准值的有效数字位数。

第二节　科技文献检索

学习目标:通过学习了解科技文献的检索意义及作用,掌握查找文献的方法。

文献检索(Literature Review)就是从众多的文献中查找并获取所需文献的过程。“文献”是指具有历史价值和资料价值的媒体材料,通常这种材料是用文字记载形式保存下来的。“检索”是寻求、查找并索取、获得的意思。

一、文献检索的意义

人类的知识是逐渐积累的,前人的经验可供后人借鉴。任何研究都是在前人的理论或研究成果的基础上,有所发明,有所创造,有所进步。无论什么研究,它的具体实施和研究成果总是同占有什么样的文献资料联系在一起的,研究成果的价值往往与研究人员占有资料的数量和质量相关。很难想象在没有文献资料情况下进行的研究会是怎样。

通常,研究者在确定研究问题之前,需要概览文献资料,以此发现值得研究的问题;在选定研究问题之后,则需要广泛收集与问题有关的文献资料,仔细阅读,作一番整理归纳,进而设计研究的方法和程序。总之,在教育研究过程中文献检索是必不可少的步骤,它不仅在确定课题和研究设计时被运用,而且贯穿于研究的全过程。当课题尚未确定时,研究者常常从泛泛地浏览文献开始;当研究课题初步确定后,研究者必须按照课题的目的、要求搜集和查阅有关文献;甚至在研究实施过程中,在分析研究结果、撰写研究报告时,仍需反复核查文献,分析评论文献,关注文献资料的进展情况。

二、文献检索的作用

1. 可以从整体上了解研究的趋向与成果

在一个学术领域,会有许多研究成果;对一个研究问题,前人可能已有深入探讨。只有通过对相关文献的充分阅览,才能了解研究问题的发展动态,把握需要研究的内容,吸取前人研究的经验教训,避免重复前人已经做过的研究,避免重蹈前人失败的覆辙。

2. 可以澄清研究问题并界定变量

一个研究问题可能会涉及许多可供探讨的变量,但不是所有的变量都值得研究。如果研究者广泛阅览有关文献,就能从理论或实践的角度,审视各个变量的价值,从而作出取舍。文献检索可以了解问题的分歧所在,进一步确定研究问题的性质和研究范围。检索阅览文献除了可以借鉴他人的研究成果,获得研究问题的背景,还可以在有关文献中找到研究变量的参考定义,发现变量之间的联系,澄清研究问题。

3. 可以为如何进行研究提供思路和方法

研究设计的安排,研究方法的运用,关系到课题研究的质量和成败。通过对研究文献的阅览,可以从别人的研究设计和方法中得到启发和提示,可以在模仿或改造中培养自己的创意。可以为自己的研究提供构思框架和参考内容,避免重蹈别人的覆辙。

4. 可以综合前人的研究信息,获得初步结论

阅览文献可以为课题研究提供理论和实践的依据,最大限度地利用已有的知识经验和科研成果。可以通过综合分析,理出头绪,寻求新的理论支持,构建初步的结论,作为进一步研究的基础。

三、文献资料的类型

1. 按照文献资料的性质、内容、加工方式和可靠性程度分类

(1) 一次文献

指未经加工的原始文献,是直接反映事件经过和研究成果,产生新知识、新技术的文献。一次文献的形式主要有:调查报告、实验报告、科学论文、学位论文、专著、会议文献、专利、档案等,也包括个人的日记、信函、手稿和单位团体的会议记录、备忘录、卷宗等。由于这类文献是以事件或成果的直接目击者身份或以第一见证人身份出现,因此具有较高的参考价值。

(2) 二次文献

又称检索性文献,指对一次文献加工、整理、提炼、压缩后得到的文献,是关于文献的文献。二次文献的形式主要有:辞典、年鉴、参考书、目录、索引、文摘、题录等。二次文献是一种派生的文献,它本身不直接产生新知识、新技术,它的目的是使原始文献简明、浓缩,并系统化、条理化,为方便查找一次文献提供线索。

(3) 三次文献

又称参考性文献,指在对一次文献、二次文献的加工、整理、分析、概括后撰写的文献,是研究者对原始资料综合加工后产生的文献。三次文献的形式主要有:研究动态、研究综述、专题评述、进展报告、数据手册等。三次文献也是一种派生的文献,它覆盖面广,浓缩度高,信息量大,便于研究人员在较短的时间里了解某一研究领域最重要的原始文献和研究概况。

虽然一次文献最有价值,离事实最近,最真实可靠,但对文献资料的检索往往是通过二次文献、三次文献进行。一般根据二次文献、三次文献所提供的线索再去查找所需的一次文献。

2. 按照文献载体形式分类

(1) 文字型文献

以纸为媒介,用文字(包括各种专用的符号和代码)表达内容,通过铅印、油印、胶印等方式记录、保存信息的文献。这类文献数量巨大,是信息的主要载体。

(2) 音像型文献

以声频、视频等为媒介,来记录、保存、传递信息的文献。主要有图片、胶片、唱片、电影、电视、幻灯、录音、录像等,这类文献形象直观,易于传播。

(3) 机读型文献

以磁盘、光盘为媒介,来记录、保存、传递信息的文献,由于阅读这类文献需要通过计算机,故名机读型文献。机读型文献存储密度高,易于复制,并且检索速度快。

四、文献检索的要求与过程

文献检索就是根据研究目的查找所需文献的过程。任何人在检索过程中都希望尽快地检索出自己所需文献,以满足研究需求。

1. 文献检索的基本要求

文献检索的基本要求可以概括为准、全、高、快四个字,“准”是指文献检索要有较高的查准率,能准确查到所需的有关资料;“全”是指文献检索要有较高的查全率,能将需要的文献全部检索出来;“高”是指检索到的文献专业化程度要高,并能占有资料的制高点;“快”是指检索文献要快捷、迅速、有效率。

2. 文献检索的基本过程

就文献检索的实际操作来说,方式方法是多种多样的,主要有常规检索法和跟踪检索法。常规检索法指利用题录、索引、文摘等检索工具查找所需文献的方法,它可以采用按时间顺序由远及近地进行检索,也可以逆着时间顺序由近及远地进行检索。顺查法适用于主题复杂、范围较大、时间较长的课题研究。逆查法适用于检索最新的课题。

跟踪检索法是以著作和论文最后的参考文献或参考书目为线索,跟踪查找有关主题文献的方法。这种方法不需要检索工具,针对性较强,能以滚雪球的方式扩大检索范围,获取文献方便迅速。此法一般在检索工具缺乏的情况下使用,更多地为在教育教学实践第一线的老师所采用。

在具体文献检索过程中,研究者需要考虑以下几个方面的问题:

(1) 明确检索方向和要求

文献检索,首先要回答的问题是:需要检索什么信息?即研究者要明确研究的方向和要求,确定所需文献的主题范围、时间跨度、地域界限、载体类型等。研究方向越明确,要求越具体,检索的针对性越强,效率也越高。

(2) 确定检索工具和信息源

接下来研究者要考虑的问题是:到哪里去检索信息?通常要求研究者根据现有条件,在自己所熟悉的检索工具(书目、期刊指南、索引、文摘等)和自己能把握的信息源(图书杂志、大众媒体、磁盘、光盘、计算机网络等)中查找文献。这时所要确定的是检索工具和信息源。

(3) 确定检索途径和方法

再接下来要考虑的问题是:用什么途径和方法去检索信息?这时研究者可根据既定的文献标识,如作者名、文献名、文献代码、图书分类体系、主题词等进行检索。

(4) 对检索到文献的加工处理

最后,研究者面临的问题是:检索到文献后如何加工处理这些信息?一般来说根据检索线索,获得了所需文献,文献检索便告一段落,但一个完整的检索过程还应包括对检索到的文献的加工处理,涉及内容有:对文献的分类整理,筛选鉴定,剔除重复和价值不大的文献,核对重要文献的出处来源;对研究可能要用到的文献作好摘要、笔记或卡片,以备后用;有些重大的研究课题还要求写出文献综述或评论;最后还需列出参考书目。文献检索的基本过程见图 18-1。

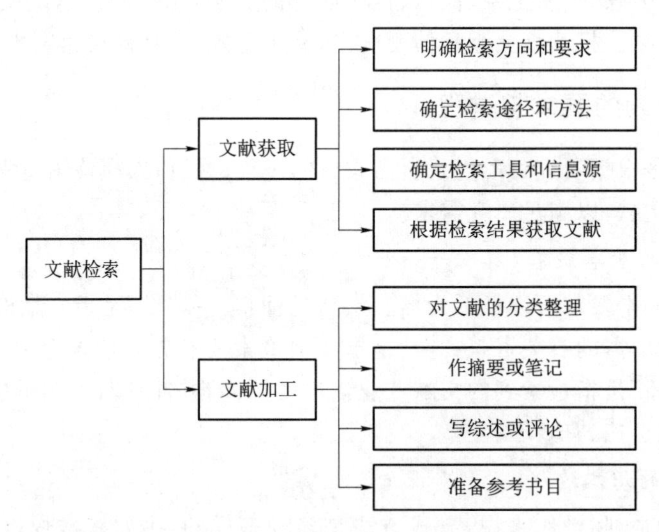

图 18-1　文献检索基本过程图

图书馆是文献资源最集中的地方。一般综合性图书馆都有大量的第二手资料,二手资料通常并不提供第一手资料。因此,最好的方法就是从二手资料入手来查找文献资料。图书馆中经常用到的第二手资料主要有:专业辞典、年鉴、研究评论、研究手册、专著、报纸杂志的文章等。

在查阅了第二手资料之后,为了不被浩繁的文献所淹没,不为加工处理后的文献所迷惑,研究者必须回过头来查找第一手资料。通常,第一手资料的主要来源有:期刊文章、会议出版物、学位论文、专题著作、学术报告等。

当然,图书馆系统还有专门查找第一手资料的检索工具,如索引、书目、文摘、数据库等。

五、查阅文献的方法

在了解、分析文献的类型及其检索工具之后，紧随其后的问题是如何应用各种检索工具，从文献的"海洋"中，快速、准确地找到自己所需的文献、知识和信息，这的确不是一件容易的事。查阅文献需要一定的理论指导，也要掌握一定的方法，并通过查阅实践，取得经验，查阅的目的不同，其查阅方法就不一样，检索的手段也可以是卡片、工具书、磁盘或多媒体检索系统等。这里介绍一些查阅方法，供读者参考。

1. 人工快速查阅法

以查阅化学文献为例，一般遇到以下几种情况，可以采用快速查阅：

(1) 查找合适的分析方法，但不求最新、最好；

(2) 查找一种元素或化合物的性质、反应、衍生物等；

(3) 查找一种化合物的光谱、质谱或 NMR 的数据和图谱等；

(4) 查找某种试剂的制备方法或纯化方法等；

(5) 查找试剂、仪器零部件和仪器的出产厂家等。

这些都是较简单的查阅目的，可以应用有关的工具书、参考书和手册等快速查看。

手工检索通常是根据文献的信息特征，利用一定的检索工具进行检索。文献的特征由外表特征和内容特征两个方面构成，外表特征有作者名、书名、代码，内容特征有分类体系和主题词(见图 18-2)。

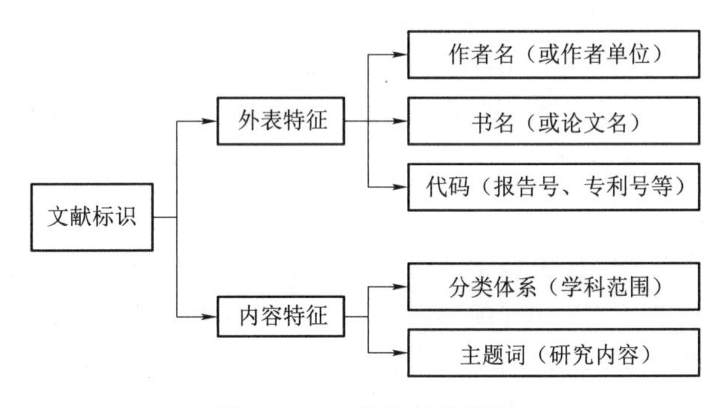

图 18-2　文献特征分类图

2. 系统查阅法

当围绕一项专题研究或了解某一个领域的发展前景和研究前沿寻找研究课题，需要系统查阅有关的文献，应用系统查阅法。

(1) 系统查阅前的准备工作。在进行系统查阅文献之前，如果对有关专题的基本原理、技术和方法尚不熟悉，则应先阅读有关的教科书、专著或全书等，打好基础。没有一定的基础，应用检索工具就很困难。只有具备有关专题必要的基础知识，查阅文献时才能心中有数，筛选掉一些不必要查阅的文献，或省略一些没有必要查阅的范围等等。

(2) 利用有关专题的综述、专著和进展报告。文献综述、专著和专题进展报告是由某一领域的专家在阅读大量有关文献的基础上，经过分析、概括、归纳、评价之后写出的论文、报告或专著。从这些二级文献中可以了解有关专题的发展水平、趋势和存在的问题。

这些文献中都引用大量的参考文献，从中可以找到很多有价值的文献，并了解到文献发表的主要期刊、在某领域研究的最活跃的学者或研究小组、学术团体。在这个基础上,可以省去很多时间,更加明确自己查阅的方向、范围和年限。

(3) 多种检索工具配合使用。文献调查使用某一种检索工具往往是不够的,以分析化学工作者为例,最常使用的索引是分析化学文摘(AA)。因为使用AA查阅的速度较快,但它收录的文献不如CA(化学文摘)全面。因此,在查阅AA的文献之后,再查阅CA的文献,这样可以减少遗漏。若查阅的目的仅是查找某种分析方法,如色谱法可以使用专业文摘索引。由于专业文摘索引很多,可以选择一种为主,再配合使用其他专业文摘索引,必要时再配合使用AA和CA。

(4) 收集和利用最新文献。从文摘和索引查到的文献并不是最新的文献。因此,在系统查阅文献时,还应注意查阅有关专业的核心期刊的最新卷或期,以便掌握最新的文献。同时配合使用CT、CC和CAC&IC等较及时的检索工具,以便扩大检索最新文献的面(CT-Chemical Title,化学题录索引,CC-Current Contents,当今目录,CAC&IC-Current Abstracts of Chemistry and Index Chemicus,当今化学文摘与索引)。

(5) 顺查法与逆查法结合使用。顺查法是由远而近,从早期文献查到最近文献;逆查法则由近及远,从近期文献开始往前追查。前一种方法与事物的发展或某学科领域的发展过程一致,由小到大,有利于了解专题的发展过程,但效率不高。后一种方法,从近期文献可以找到早期文献的线索,再从其中选择有代表性的早期文献,效率较高。因此倒查较逆查法使用更普遍。两者如何配合使用,这要由读者自己根据实际情况作出安排。

(6) 查阅与分析思考相结合。查阅文献的目的是为了吸取前人或他人的研究成果和经验,有时更重要的目的是从文献中发现问题或不足,以便在自己工作中改进并创新。因此,在查阅文献的过程中,要注意分析、思考,以使去粗取精,去伪存真,把握重点,有效地利用文献。

3. 计算机查阅法

现在许多较大型的图书馆、信息中心以及信息经纪商(如联机信息服务商)可以为用户提供各种类型的信息咨询服务,如开展导读、专题文献联机检索、数据咨询、编制专题书目、研究动态信息和原文提供服务等。采用计算机检索,可以在几分钟内完成一个课题的全面检索,不仅节省时间和免去人工检索的辛苦,而且在查阅范围、查全率和查准率方面都比人工检查优越得多。但计算机文献检索需要有人的指挥和配合,否则收不到预期的效果;对于文献的分析和利用,目前计算机还做不到,只有研究人员才有这种能力。

(1) 计算机检索服务方式

1) 定题情报检索(selective dissemination of information,SDI)。SDI服务是针对某一个检索课题,利用计算机定期地在新到的文献检索磁带上进行检索然后将结果提供给用户。我国已引进许多种检索磁带并开展“定题情报提供”服务。这种SDI服务分为两类:标准SDI,用户委托SDI。

标准SDI是在广泛调查用户的信息需求的情况,选择覆盖面较广的检索课题,建立通用型的检索提问文档,向用户征订,把检索结果定期提供给用户。根据用户自己确定的检索课题,建立专用的检索提问文档,定期或一次性地提供给用户检索结果,这就是用户委托SDI。

2) 追溯检索(restrospective search,RS)。RS服务是根据用户的要求,对专题文献进行彻底、详细的追溯检索,把与专题有关的文献目录甚至包括一些必要原文提供给用户的服务方式。当用户要开展某一项新的研究课题或新工程设计等以及发表论文和申请专利之前需要 RS 服务。

3）数据(事实)咨询服务。用户在遇到新概念、缩写词或符号不清楚其含义,或想了解某单位或个人的背景材料时,需要某方面的数据或某种资料来源,数据(事实)咨询服务可以解决问题。但是,如果检索磁盘中没有用户需的数据或事实,那么计算检索不能解答,在这种情况下,只有依靠有关的专家来解答。

4）国际联机检索。目前世界上最大的联机情报检索系统有三家。DIALOG 系统设立在美国加利福尼亚州,存储 260 多个文档,专业面很广,包括自然科学、社会科学、经济和商业各个领域。ORBIT 系统是美国系统发展公司(SDC)建立,存储 80 多个文档,其中"WPI"文档是有权威性的自建文档,它的文档与 DIALOG 系统重复。ESAIRS 系统是欧洲空间组织情报检索中心建立的,存储 80 多个文档。我国有十多个部委、科学院、研究所和大学的图书馆相继设立了国际联机终端与上述三个系统联网。利用国际联机终端,可以及时解决某些课题急需的信息或文献,时效性好。但国际联机的费用较高,凡是国内已引进的文档磁带可供检索的话,一般不用国际联机检索。

(2) 计算机检索方法

计算机检索只能用一定的程序进行,用户必须与检索服务人员配合编制检查方案和程序。

1）选择检索文档。当用户确定检索的课题之后,要选择检索的文档。计算机检索服务部门都有"文档一览表",各种文档也配合有书本检索工具,用户必须和服务员一起选择合适的检索文档,这是计算机检索的首要步骤。

2）选择检索词。检索词是与检索课题有关的各种主题词,选择得是否合适将直接影响检索结果的质量。

3）编写检索式。编写检索式主要是把检索词用布尔逻辑算符、位置逻辑算符和限制符号等组配成计算机能执行的检索程序。

检索式的编写因课题的不同性质和检索要求,有不同的检索途径。化学文献的检索式有两种主要类型。

从普通主题出发检索,可使用《Index Guide》(索引指南)和《CA Headings List》(CA 主题词表),把非规范化的名称和关键词转换成规范的主题词,然后再编检索式。

从化学物质出发检索,可使用化合物的国际化学命名法规定。要检索化合物的全称,最好使用 CA 化合物的登录号,编写检索式。因为登录号是唯一识别号,专指性强,检索命中率高。化合物的登录号可以从《Index Guide》找到。然后,再由化合物名称或登录号为检索词编写检索工。

六、选择检索的方法和编写检索式知识

不论是手工检索或计算机检索,选择检索词是很重要的环节。在计算机检索时,用户应有编写检索式的知识,以便与专业检索人员配合,更好地完成检查任务。因此,扼要地介绍一下检索词的选择方法和检索式的编写知识是很必要的。

1. 选择检索词的方法

检索是索引的标引词。某一领域中,一切可以用来描述信息内容和信息要求的词汇或符号及其使用规则构成的供标引或检索的工具,都是检索词或标引词。有些标引词如分子式、著作者和专利号等是专一性的,不存在选择的问题。主题索引和关系词索引是计算机检索服务中使用的索引,在确定检索课题或领域之后,就要选择检索词,可以帮助人们按照不同的检索目的选择检索词。

目前国际上把检索词的逻辑关系归纳为三种:等级关系(即包含与被包含,上位与下位关系);等同关系(即词义相同或相近关系);类缘(相关)关系(即上面两种关系之外的逻辑关系,如交叉关系、反对关系等)。按照检索词的逻辑关系,可有如下几种选择检索词的方法:

(1) 上取法。按检索词的等级关系向上取一些合适的上位词。此法又称扩展法。

(2) 下取法。按检索词的等级关系向下取一些合适的下位词。

(3) 旁取法。从等同关系的词中取同位词或相关词。

(4) 邻取法。浏览邻近的词,选取一些含义相近的词作为补充检索词。

(5) 追踪法。通过审阅已检出的文献,从其中选择可供进一步检索的其他检索词。

(6) 截词法。截去原检索词的词缀(前缀或后缀),仅用其词干或词根作为检索词,又称词干检索法。

2. 编写检索式的方法

检索式用于计算机检索系统,有以下几种不同的检索式构造方法可供不同检索要求的用户选择。

(1) 专指构造法。在检索式中使用的检索词是专一性的,以提高检索式的查准率。

(2) 详尽构造法。将检索问题中包含的全部(或绝大部分)要选的检索词都列入检索式中,或在原检索式中再增加一些检索词进一步检索。

(3) 简略构造法。减少原检索式所含的检索要素或检索词再进一步检索。

(4) 平行构造法。将同义词或其他具有并列关系的平行词编入检索式,使检索范围拓宽。

(5) 精确构造法。减少检索式中平等词的数量,保留精确的检索词,使检索式精确化。

(6) 非主题限定法。对文献所用的语言、发表时间和类型等非主题性限制,缩小检索的范围。

(7) 加权法。分别给编入检索式中的每一个词一个表示重要性大小的数值(即权重)限定,检索时对含有这些加权词的文献进行加权计算,总权重的数值达到预定的阈值的文献才命中。

在编写检索式时各种算符的灵活运用也很重要,应在实际检索中注意积累经验。

3. 检索手段的选择

检索手段有人工检索和计算机检索两类。计算机检索又分为联机检索和脱机光盘检索两种。人工检索,费用低并且灵活性高,但速度慢。联机检索速度快、效率高,但费用高,又不如人工检索灵活。脱机检索比人工检索快,比联机检索便宜,但效率低些。用户可以根据检索的目的要求和条件选择合适的检索手段,有时可以三种方法配合使用,充分利用各种检索手段的优势。

第三节　常用统计技术

学习目标：通过学习知道正态分布检验的方法，并会对测量数据进行正态性检验；会用单因子方差分析法对样品的均匀性进行检验。

一、正态分布及正态性检验

在理化检验及分析工作中，往往会获得大量数据。如何正确表述分析结果，如何评价结果的可靠程度，依赖于分析数据的正确处理。

在数据处理中首先要解决真值的最佳估计值以及确定估计值的不确定度，而解决这些问题的最基本手段是应用统计学原理。

使用数据处理与统计检验方法的前提条件是处理的这组数据必须服从正态分布规律。

1. 正态分布

如果用一个量 ζ 来描述试验结果，ζ 取什么值不能预先断言，是随试验结果的不同而变化的，则称 ζ 为随机变量，记 $P(\zeta<x)$ 为 ζ 小于 x 的事件的概率，而

$$F(x)=P(\zeta<x)=\int_{-\infty}^{x}f(x)\mathrm{d}x \tag{18-1}$$

$F(x)$ 为随机变量的分布函数，$f(x)$ 为 ζ 的分布密度

若随机变量 ζ 的分布函数可表示为：

$$F(x)=\int_{-\infty}^{x}\frac{1}{\sqrt{2\pi}\sigma}\mathrm{e}^{\frac{(x-\mu)2}{2\sigma^2}}\mathrm{d}x \tag{18-2}$$

则称 ζ 服从正态分布，记为 $N(\mu,\sigma)$。其中 μ 称为 ζ 的数学期望或均值，它表征了随机变量的平均特性。σ^2 称为 ζ 的方差，它表征了随机变量取值的分散程度。

若记 $\delta=\zeta-\mu$，则误差 δ 服从均值为 0，方差为 σ^2 的正态分布，即服从 $N(0,\sigma)$，

可推导出误差正态分布曲线的数学表达式

$$f(\delta)=\frac{1}{\sqrt{2\pi}\sigma}\mathrm{e}\,\frac{-\delta^2}{2\sigma^2} \tag{18-3}$$

式中：$f(\delta)$ 为分布密度。

在进行数据处理和统计检验时，往往是基于该数据服从正态分布，因此对原始独立测定数据进行正态性检验就显得十分必要。下面介绍几种比较常用的正态性检验方法。

2. 正态性检验

检验偏离正态分布有多种方法。在 GB/T 4882—2001《数据的统计处理和解释 正态性检验》中有图方法、用偏态系数和峰态系数检验、回归检验和特征函数检验。

如果没有关于样本的附加信息可以利用，则建议先做一张正态概率图。也就是正态概率纸画出观测值的累积分布函数，正态概率纸上的坐标轴系统使正态分布的累积分布函数呈一条直线。它让人们立即看到观测的分布是否接近正态分布。有了这种进一步的信息，可决定是进行一个有方向检验，还是进行回归检验或特征函数检验，或者不再检验。另外，这样的图示虽然不能作为一个严格的检验，但它提供的直观信息，对于任何一种偏离正态分布的检验都是一种必要的补充。

(1) 图方法

在正态概率纸上画出观测值的累积分布函数。这种概率纸,一个坐标轴(纵轴)的刻度是非线性的,它是按标准正态分布函数的值刻画的,对具体数据则标出其累积相对频率的值。另一个坐标轴刻度是线性的,顺序标出 X 的值。正态变量 X 观测值的累积分布函数应近似一条直线。

有时这两个坐标轴被相互对调。另外,如果对变量 X 作了一个变换,线性刻度可以变成对数、平方、倒数或其他刻度。

图 18-3 给出了一张有注释的正态概率纸。在纵轴上累积相对频率的值是百分数,而横轴是线性刻度。

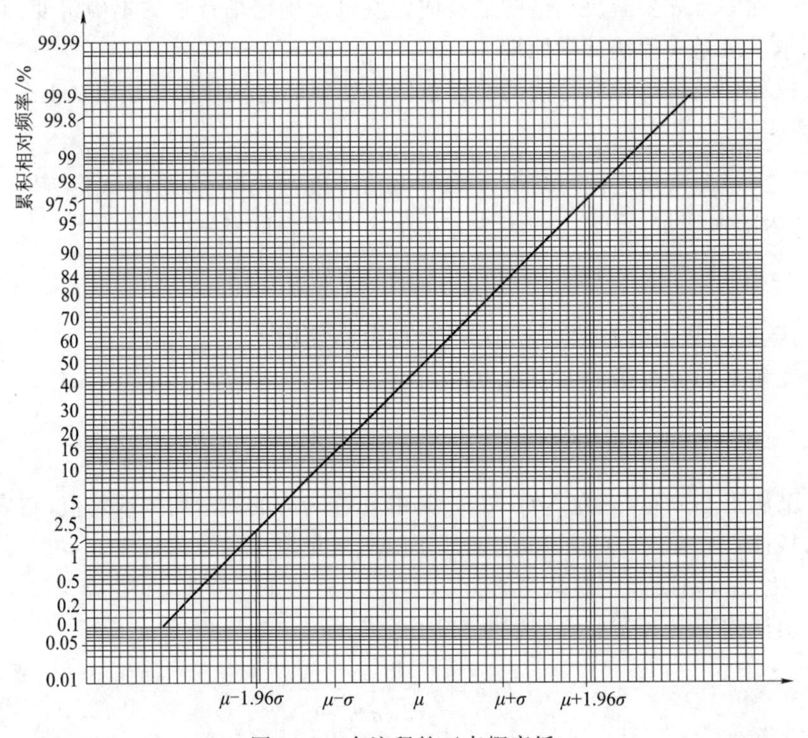

图 18-3 有注释的正态概率纸

如果在正态概率纸上所绘的点散布在一条直线附近,则它对样本来自正态分布提供了一个粗略的支持。而当点的散布对直线出现系统偏差时,这个图可提示一种可供考虑的分布类型。

这种方法的重要性在于它容易提供对正态分布偏离的类型的视觉信息。

必须注意,这样一张图从严格意义上来说并不是一个检验偏离正态分布的方法。在小样本场合,表示的曲线可能呈现为正态分布,但是,在大样本场合,一些不显眼的曲线也可能是非正态分布的显示。

(2) 用偏态系数和峰态系数检验数据正态性

设对某量进行测定,得到一组独立测量结果:x_1、x_2、…、x_n($x_1 \leqslant x_2 \leqslant \cdots \leqslant x_n$),可计算得

$$m_2=\sum_{i=1}^{n}\frac{(x_i-\overline{x})^2}{n} \tag{18-4}$$

$$m_3=\sum_{i=1}^{n}\frac{(x_i-\overline{x})^3}{n} \tag{18-5}$$

$$m_4=\sum_{i=1}^{n}\frac{(x_i-\overline{x})^4}{n} \tag{18-6}$$

式中：$\overline{x}=\sum_{i=1}^{n}\frac{x_i}{n}$。

称 $A=\frac{|m_3|}{\sqrt{(m_2)^3}}$为偏态系数，用于检验不对称性；

$B=\frac{|m_4|}{\sqrt{(m_2)^2}}$为峰态系数，用于检验峰的锐度。

当 A 和 B 分别小于相应的临界值 A_1 和落入区间 $B_1-B'_1$ 中，则测量数据服从正态分布。A_1 和 $B_1-B'_1$ 的值与要求的置信概率(或称置信度)P 和测量次数 n 有关。其值分别见表 18-1 和表 18-2。当用测量数据计算的 $A<A_1$、$B<B_1-B'_1$ 时，数据服从正态分布。

表 18-1　不对称性检验的临界值 A_1

n	P		n	P	
	0.95	0.99		0.95	0.99
8	0.99	1.42	45	0.56	0.82
9	0.97	1.41	50	0.53	0.79
10	0.95	1.39	60	0.49	0.72
12	0.91	1.34	70	0.46	0.67
15	0.85	1.26	80	0.43	0.63
20	0.77	1.15	90	0.41	0.60
25	0.71	1.06	100	0.39	0.57
30	0.66	0.98	125	0.35	0.51
35	0.62	0.92	150	0.32	0.46
40	0.59	0.87	175	0.30	0.43

表 18-2　峰值检验的临界值 $B_1-B'_1$

n	P	
	0.95	0.99
7	1.41～3.55	1.25～4.23
8	1.46～3.70	1.31～4.53
9	1.53～3.86	1.35～4.82
10	1.56～3.95	1.39～5.00
12	1.64～4.05	1.46～5.20
15	1.72～4.13	1.55～5.30
20	1.82～4.17	1.65～5.36

续表

n	P	
	0.95	0.99
25	1.91～4.16	1.72～5.30
30	1.98～4.11	1.79～5.21
35	2.03～4.10	1.84～5.13
40	2.07～4.06	1.89～5.04

(3) 夏皮罗－威尔克法检验数据正态性

同样将数据由小到大的顺序排列。

夏皮罗－威尔克法检验的统计量是

$$w=\left\{\sum a_k[x_{n+1-k}-x_k]\right\}^2/\sum_{k-1}^{n}(x_k-\overline{x})^2 \tag{18-7}$$

式中,分子的下标的 k 值,对测量次数 n 是偶数时,则为 $1\sim n/2$,比如 $n=100$,k 为 1～50;n 是奇数时,则 $1\sim(n-1)/2$,比如 $n=99$,k 为 1～49。

式中,a_k 是与 n 及 k 有关的特定值,见表 18-3。

表 18-3　系数 a_k 的值

k \ n	—	2	3	4	5	6	7	8	9	10
1		0.707 1	0.707 1	0.687 2	0.664 6	0.643 1	0.623 3	0.605 2	0.588 8	0.573 9
2		—	—	0.167 7	0.241 3	0.280 6	0.303 1	0.316 4	0.324 4	0.329 1
3	—	—	—	—	—	0.087 5	0.140 1	0.174 3	0.197 6	0.214 1
4		—	—	—	—	—	—	0.056 1	0.094 7	0.122 4
5		—	—	—	—	—	—	—	—	0.039 9

k \ n	11	12	13	14	15	16	17	18	19	20
1	0.560 1	0.547 5	0.535 9	0.525 1	0.515 0	0.505 6	0.496 8	0.488 6	0.480 8	0.473 4
2	0.331 5	0.332 5	0.332 5	0.331 8	0.330 6	0.329 0	0.327 3	0.325 3	0.323 2	0.321 1
3	0.226 0	0.234 7	0.241 2	0.246 0	0.249 5	0.252 1	0.254 0	0.255 3	0.256 1	0.256 5
4	0.142 9	0.158 6	0.170 7	0.180 2	0.187 8	0.193 9	0.198 8	0.202 7	0.205 9	0.208 5
5	0.069 5	0.092 2	0.109 9	0.124 0	0.135 3	0.144 7	0.152 4	0.158 7	0.164 1	0.168 6
6	—	0.030 3	0.053 9	0.072 7	0.088 0	0.100 5	0.110 9	0.119 7	0.127 1	0.133 4
7	—	—	—	0.024 0	0.043 3	0.059 3	0.072 5	0.083 7	0.093 2	0.101 3
8	—	—	—	—	—	0.019 6	0.035 9	0.049 6	0.061 2	0.071 1
9	—	—	—	—	—	—	—	0.016 3	0.030 3	0.042 2
10	—	—	—	—	—	—	—	—	—	0.014 0

当 $w<w(n,P)$ 时,则测定数据为正态分布,$w(n,P)$ 是与测量次数及置信概率 P 有关的数值,其值见表 18-4。

表 18-4 $w(n,P)$的值

n	P		n	P		n	P		n	P	
	0.99	0.95		0.99	0.95		0.99	0.95		0.99	0.95
3	0.753	0.767	15	0.835	0.881	27	0.894	0.923	39	0.917	0.939
4	0.687	0.748	16	0.844	0.887	28	0.896	0.924	40	0.919	0.940
5	0.686	0.762	17	0.851	0.892	29	0.898	0.926	41	0.920	0.941
6	0.713	0.788	18	0.858	0.897	30	0.900	0.927	42	0.922	0.942
7	0.730	0.803	19	0.863	0.901	31	0.902	0.929	43	0.923	0.943
8	0.749	0.818	20	0.868	0.905	32	0.904	0.930	44	0.924	0.944
9	0.764	0.829	21	0.873	0.908	33	0.906	0.931	45	0.926	0.945
10	0.781	0.842	22	0.878	0.911	34	0.908	0.933	46	0.927	0.945
11	0.792	0.850	23	0.881	0.914	35	0.910	0.934	47	0.928	0.946
12	0.805	0.859	24	0.884	0.916	36	0.912	0.935	48	0.929	0.947
13	0.814	0.866	25	0.888	0.918	37	0.914	0.936	49	0.929	0.947
14	0.825	0.874	26	0.891	0.920	38	0.916	0.938	50	0.930	0.947

(4) 达戈斯提诺法检验数据正态性

将数据由小到大顺序排列。检验的统计量为：

$$\gamma=\sqrt{n}\left[\frac{\sum\left[\left(\frac{n+1}{2}-k\right)(x_{\mu+1+k}-x_k)\right]}{n^2\sqrt{m_2}}-0.282\,094\,79\right]/0.029\,985\,98 \quad (18\text{-}8)$$

式中，m_2 含义见前述公式，n 为测定次数。

下标 k 值，对 n 是偶数时，则为 $1\sim n/2$；n 是奇数时，则 $1\sim(n-1)/2$。

统计量 γ 值的判据是：当置信概率为 95%时，γ 应落在 a-a 区间内。当置信概率为 99%时应落在 b-b 区间内，测定数据为正态分布。区间值见表 18-5。

表 18-5 达戈斯提诺法检验临界区间

n	区间	
	$a-a(P=0.95)$	$b-b(P=0.99)$
50	−2.74～1.06	−3.91～1.24
60	−2.68～1.13	−3.81～1.34
70	−2.64～1.19	−3.73～1.42
80	−2.60～1.24	−3.67～1.48
90	−2.57～1.28	−3.61～1.54
100	−2.54～1.31	−3.57～1.59
150	−2.45～1.42	−3.41～1.75
200	−2.39～1.50	−3.30～1.85
250	−2.35～1.54	−3.23～1.93
300	−2.32～1.53	−3.17～1.98
350	−2.29～1.61	−3.13～2.03
400	−2.27～1.63	−3.09～2.06

二、方差分析

方差分析是通过质量特性数据差异的分析与比较,寻找影响质量的重要因子。方差分析是常用的统计技术之一。实际中有时会遇到需要多个总体均值比较的问题,下面是一个例子。

例 18-2:现有甲、乙、丙三个车间生产同一种零件,为了解不同车间的零件的强度有无明显差异,现分别从每一个车间随机抽取 4 个零件测定其强度,数据如表 18-6 所示,试问这三个车间零件的平均强度是否相同?

表 18-6 三个车间的零件强度

车间	零件强度			
甲	103	101	98	110
乙	113	107	108	116
丙	82	92	84	86

在这个问题中,我们遇到需要比较 3 个总体平均值的问题。如果每个总体的分布都服从正态分布,并且各个总体的方差相等,那么比较各个总体平均值是否一致的问题可以用方差分析来解决。

1. 几个概念

称上述从每个车间随机抽取 4 个零件测定其强度为试验,在该试验中考察的指标是零件的强度,不同车间的零件强度不同,因此可以将车间看成影响指标的一个因素,不同的车间便是该因素的不同状态。

为了方便起见,将在试验中会改变状态的因素称为因子,常用大写字母 A、B、C 等表示。在例 18-2 中,车间便是一个因子,用字母 A 表示。

因子所处的状态称为因子水平,用因子的字母加下标来表示,譬如因子 A 的水平用 $A_1, A_2, \cdots$表示。在例 18-2 中因子 A 有 3 个水平,分别记为 A_1、A_2、A_3。

试验中所考察的指标通常用 Y 表示,它是一个随机变量。

如果一个试验中所考察的因子只有一个,那么这是单因子试验问题。一般对数据做以下一些假设:假定因子 A 有 r 个水平,在每个水平下指标的全体都构成一个总体,因此共有 r 个总体。假定第 i 个总体服从均值为 μ_i、方差为 σ^2 的正态分布,从该总体获得一个样本量为 m 的样本为 $y_{i1}, y_{i2}, \cdots, y_{im}$,其观察值便是我们观测到的数据,$i=1,2,\cdots,r$,最后假定各样本是相互独立的。

数据分析主要是要检验如下假设:

$$H_0: \mu_1 = \mu_2 = \cdots = \mu_r \qquad H_1: \mu_1, \mu_2, \cdots, \mu_r \text{不全相等}$$

检验这一假设的统计技术便是方差分析。

当 H_0 不真时,表示不同水平下的指标的均值有显著差异,此时称因子 A 是显著的;否则称因子 A 不显著。

综上所述,方差分析是在相同方差假定下检验多个正态均值是否相等的一种统计分析方法。具体地说,该问题的基本假设是:

(1) 在水平 A_i 下，指标服从正态分布；

(2) 在不同水平下，方差 σ^2 相等；

(3) 数据 y_{ij} 相互独立。方差分析就是在这些基本假设下对上述一对假设（H_0 对 H_1）进行检验的统计方法。

如果在一个试验中所要考察的影响指标的因子有 2 个，则是一个两因子试验的问题，它的数据分析可以采用两因子方差分析方法。

2. 单因子方差分析

以均匀性检验为例。单因子方差分析法是通过组间方差和组内方差的比较判断各组测量值之间有无系统误差，即方差分析的方法，如果二者的比值小于统计检验的临界值，则认为样品是均匀的。

为检验样品的均匀性，设抽取了 m 个样品，用高精度分析方法，在相同条件下得到 m 组等精度测量数据如下：

$x_{11}, x_{12}, \cdots, x_{1n_1}$，平均值 $\overline{x}_1$；

$x_{21}, x_{22}, \cdots, x_{2n_2}$，平均值 $\overline{x}_2$；

$\vdots$

$x_{m1}, x_{m2}, \cdots, x_{mn_m}$，平均值 $\overline{x}_m$。

全部数据的总平均值 $\overline{\overline{x}} = \dfrac{\sum_{i=1}^{m} \overline{x}_i}{m}$

测试总次数 $$N = \sum_{i=1}^{m} n_i$$

引起数据差异的原因有如下两个：

组间平方和 $$Q_1 = \sum_{i=1}^{m} n_i \left(\overline{x}_i - \overline{\overline{x}}\right)^2$$

组内平方和 $$Q_2 = \sum_{i=1}^{m} \sum_{j=1}^{n_i} \left(x_{ij} - \overline{x}_i\right)^2$$

自由度 $$\upsilon_1 = m - 1$$

$$\upsilon_2 = N - m$$

作统计量 F

$$F = \frac{Q_1/\upsilon_1}{Q_2/\upsilon_2}$$

根据自由度（υ_1, υ_2）及给定的显著水平 α，可由 F 表查得 $F_{\alpha(\upsilon_1, \upsilon_2)}$ 数值。若 $F < F_{\alpha(\upsilon_1, \upsilon_2)}$，则认为组内与组间无显著性差异，样品是均匀的。

第十九章　实验室管理

第一节　质量管理知识

学习目标：通过学习质量管理知识，知道质量、全面质量管理、质量改进、质量检验等相关的概念及定义，知道质量检验的基本要点、必要性及主要功能等，了解检验的分类。了解CNAS认可作用与意义及实验室能力认可准则的构成要素，并能够将知识融会贯通运用于生产中。

一、术语和定义与原则

1. 术语和定义

(1) 质量

质量包括产品质量和工作质量。它是反映实体满足明确和隐含需要的能力的特性总和。"实体"是指产品(含有形产品和无形产品)、过程、服务，以及它们的组合。

(2) 产品质量

产品的适用性，是产品在使用过程中满足用户要求的程度。

(3) 工作质量

是与产品质量有关的工作对于产品质量的保证程度。它是提高产品质量，增加企业效益的基础和保证。

(4) 质量管理

对确定和达到质量要求所必需的职能和活动的管理。

(5) 质量保证

为使人们确信某一产品、过程或服务质量能满足规定的质量要求所必需的有计划、有系统的全部活动。

(6) 质量保证体系

通过一定的活动、职责、方法、程序、机构等把质量保证活动加以系统化、标准化、制度化，形成的有机整体。它的实质是责任制和奖惩。它的体现就是一系列的手册、程序、汇编、图表等。

(7) 程序

为进行某项活动或过程所规定的途径。

(8) 文件

信息及其承载媒体。

(9) 质量手册

规定组织质量管理体系的文件。

(10) 质量计划

对特定的项目、产品、过程或合同,规定由谁及何时应使用哪些程序和相关资源的文件。

2. 质量管理原则

为了成功地领导和运作一个组织,需要采用一种系统和透明的方式进行管理。针对所有相关方的需求,实施并保持持续改进其业绩的管理体系,可使组织获得成功。质量管理是组织各项管理的内容之一。

八项质量管理原则已得到确认,最高管理者可运用这些原则,领导组织进行业绩改进:

(1) 以顾客为关注焦点

组织依存于顾客。因此,组织应当理解顾客当前和未来的需求,满足顾客要求并争取超越顾客期望。

(2) 领导作用

领导者确立组织统一的宗旨及方向。他们应当创造并保持使员工能充分参与实现组织目标的内部环境。

(3) 全员参与

各级人员都是组织之本,只有他们的充分参与,才能使他们的才干为组织带来收益。

(4) 过程方式

将活动和相关的资源作为过程进行管理,可以更高效地得到期望的结果。

(5) 管理的系统方法

将相互关联的过程作为系统加以识别、理解和管理,有助于组织提高实现目标的有效性和效率。

(6) 持续改进

持续改进总体业绩应当是组织的一个永恒目标。

(7) 基于事实的决策方法

有效决策是建立在数据和信息分析的基础上。

(8) 与供方互利的关系

组织与供方是相互依存的,互利的关系可增强双方创造价值的能力。

这八项质量管理原则形成了 ISO 9000 族质量管理体系标准的基础。

二、质量管理体系

1. 质量管理体系的理论说明

质量管理体系能够帮助组织增强顾客满意。

顾客要求产品具有满足其需求和期望的特性,这些需求和期望在产品规范中表述,并集中归结为顾客要求。顾客要求可以由顾客以合同方式或由组织自己确定。在任一情况下,产品是否可接受最终由顾客确定。因为顾客的需求和期望是不断变化的,以及竞争的压力和技术的发展,这些都促使组织持续地改进产品和过程。

质量管理体系方法鼓励组织分析顾客要求,规定相关的过程,并使其持续受控,以实现顾客能接受的产品。质量管理体系能提供持续改进的框架,以增加顾客和其他相关方满意的机会。质量管理体系还就组织能够提供持续满足要求的产品,向组织及其顾客提供信任。

2. 质量管理体系过程方法

建立和实施质量管理体系的方法包括以下步骤：

(1) 确立顾客和其他相关方的需求和期望；

(2) 建立组织的质量方针和质量目标；

(3) 确定实现质量目标必需的过程和职责；

(4) 确定和提供实现质量目标必需的资源；

(5) 规定测量每个过程的有效性和效率的方法；

(6) 应用这些测量方法确定每个过程的有效性和效率；

(7) 确定防止不合格并消除产生原因的措施；

(8) 建立和应用持续改进质量管理体系的过程。

上述方法也适用于保持和改进现有的质量管理体系。

采用上述方法的组织能对其过程能力和产品质量树立信心，为持续改进提供基础，从而增进顾客和其他相关方满意并使组织成功。

任何使用资源将输入转化为输送的活动或一组活动可视为一个过程。

为使组织有效运行，必须识别和管理许多相互关联和相互作用的过程。通常，一个过程的输出将直成为下一个过程的输入。系数地识别和管理组织所应用的过程，特别是这些过程之间的相互作用，称为“过程方法”。

国家标准 GB/T 19001：2008《质量管理体系 要求》(等同采用 ISO 9001：2008)。由 ISO 9001 族标准表述的，以过程为基础的质量管理体系模式如图 19-1 所示。该图表明在向组织提供输入方面相关方起重要作用。监视相关方满意程度需要评价有关相关方感受的信息，这种信息可以表明其需求和期望已得到满足的程度。图 19-1 中的模式没有表明更详细的过程。

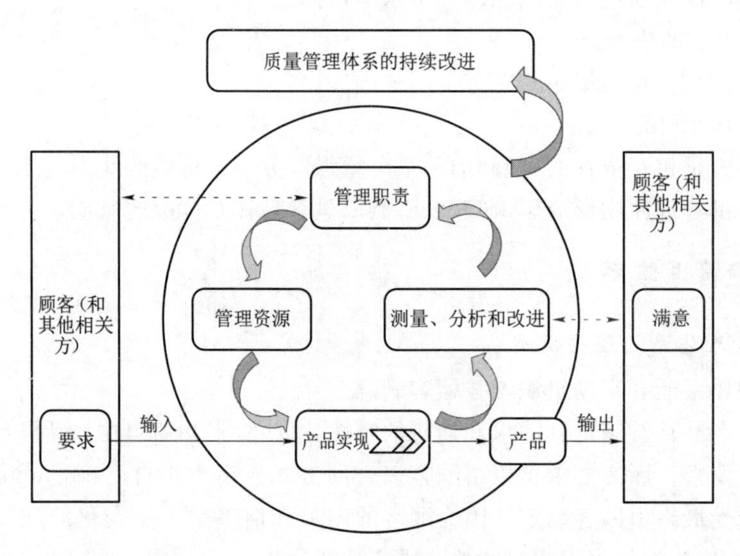

图 19-1 以过程为基础的质量管理体系模式

3. 质量方针和质量目标

建立质量方针和质量目标为组织提供了关注的焦点。两者确定了预期的结果，并帮助组织利用其资源达到这些结果。质量方针为建立和评审质量目标提供了框架。质量目标需要与质量方针和持续改进的承诺相一致,其实现需是可测量的。质量目标的实现对产品质量、运行有效性和财务业绩都有积极影响,因此对相关方的满意和信任也产生积极影响。

4. 最高管理者在质量管理体系中的作用

最高管理者通过其领导作用及各种措施可以创造一个员工充分参考的环境,质量管理体系能够在这种环境中有效运行。最高管理者可以运用质量管理原则作为发挥以下作用的基础:

(1) 制定并保持组织的质量方针和质量目标;

(2) 通过增强员工的意识、积极性和参与程度,在整个组织内促进质量方针和质量目标的实现;

(3) 确保整个组织关注顾客要求;

(4) 确保实施适宜的过程以满足顾客和其他相关方要求并实现质量目标;

(5) 确保建立、实施和保持一个有效的质量管理体系以实现这些质量目标;

(6) 确保获得必要资源;

(7) 定期评审质量管理体系;

(8) 决定有关质量方针和质量目标的措施;

(9) 决定改进质量管理体系的措施。

5. 文件要求

质量管理体系文件应包括:

(1) 形成文件的质量方针和质量目标;

(2) 质量手册;

(3) 要求形成文件的程序和记录;

(4) 组织确定的为确保其过程有效策划、运行和控制所需的文件,包括记录。

燃料元件制造厂应对下列文件进行控制:

(1) 设计文件;

(2) 采购文件;

(3) 质保大纲及质保大纲程序;

(4) 用于加工、修改、安装、试验和检查等活动的细则和程序;

(5) 指导或记载实施情况的文件;

(6) 专题报告;

(7) 不符合项报告。

在各种活动实施前必须编制所需文件,文件的编制、审核和批准部门和人员应按各自的责任和规定要求编制、审核和批准文件,只有经过审核和批准的文件才能生效。所形成的文件必须有编号、版次、文件名称及编审批人员签字。

6. 人员配备与培训

基于适当的教育、培训、技能和经验。从事影响产品要求符合性工作的人员应是能够胜任的。适当时,提供培训或采取其他措施以获得所需的能力。

7. 采购控制

组织应确保采购的产品符合规定的采购要求。对供方及采购产品的控制类型和程度应取决于采购产品对随后的产品实现会最终产品的影响。组织应根据供方按组织的要求提供产品的能量评价和选择供方。应制定选择、评价和重新评价的准则。

核燃料元件制造应根据所需原材料、零部件与有关服务的要求，建立如下的采购活动控制措施：

(1) 采购计划的制订。

(2) 采购文件的制订。

(3) 对供方的评价和选择。

(4) 对所购物项和服务的控制。

8. 监视和测量设备的控制

组织应确定需实施的监视和测量以及所需的监视和测量设备，为产品符合确定的要求提供证据。建立过程，以确保监视和测量活动可行并与监视和测量的要求向一致的方式实施。

9. 测量、分析和改进

应策划并实施以下方面所需的监视、测量分析和改进过程：

(1) 证明产品要求的符合性；

(2) 确保质量管理体系的符合性；

(3) 持续改进质量管理体系的有效性。

10. 持续改进

组织应利用质量方针、质量目标、审核结果、数据分析、纠正措施和预防措施以及管理评审，持续改进质量管理体系的有效性。

三、质量检验

1. 质量检验基本知识

(1) 质量检验的定义

1) 对产品而言，是指根据产品标准或检验规程对原材料、中间产品、成品进行观察，适当时进行测量或试验，并把所得到的特性值和规定值作比较，判定出各个物品或成批产品合格与不合格的技术性检查活动。

2) 质量检验就是对产品的一个或多个质量特性进行观察、测量、试验，并将结果和规定的质量要求进行比较，以确定每项质量特性合格情况的技术性检查活动。

(2) 质量检验的基本要点

1) 产品为满足顾客要求或预期的使用要求和政府法律、法规的强制性规定，都要对其技术性能、安全性能、互换性能及对环境和人身安全、健康影响的程度等多方面的要求做出规定，这些规定组成对产品相应质量特性的要求。不同的产品会有不同的质量特性要求，同一产品的用途不同，其质量特性要求也会有所不同。

2) 对产品的质量特性要求一般都转化为具体的技术要求在产品技术标准(国家标准、行业标准、企业标准)和其他相关的产品设计图样、作业文件或检验规程中明确规定，成为质量检验的技术依据和检验后比较检验结果的基础。经对照比较，确定每项检验的特性是否符合标准和文件规定的要求。

3）产品质量特性是在产品实现过程形成的，是由产品的原材料、构成产品的各个组成部分（如零、部件）的质量决定的，并与产品实现过程的专业技术、人员水平、设备能力甚至环境条件密切相关。因此，不仅要对过程的作业（操作）人员进行技能培训、合格上岗，对设备能力进行核定，对环境进行监控，明确规定作业（工艺）方法，必要时对作业（工艺）参数进行监控，而且还要对产品进行质量检验，判定产品的质量状态。

4）质量检验是要对产品的一个或多个质量特性，通过物理的、化学的和其他科学技术手段和方法进行观察、试验、测量，取得证实产品质量的客观证据。因此，需要有适用的检测手段，包括各种计量检测器具、仪器仪表、试验设备等等，并且对其实施有效控制，保持所需的准确度和精密度。

5）质量检验的结果，要依据产品技术标准和相关的产品图样、过程（工艺）文件或检验规程的规定进行对比，确定每项质量特性是否合格，从而对单件产品或批产品质量进行判定。

6）质量检验要为判断产品质量符合性和适用性及决定产品质量重大决策提供正确、可靠依据，这就要保证产品质量检验结果的正确和准确。依据不正确、不准确甚至错误的检验结果就可能导致判断和决策的错误，甚至会使生产者蒙受重大的损失，因此生产者必须重视对检验结果的质量控制。

（3）质量检验的必要性

1）产品生产者的责任就是向社会、向市场提供满足使用要求和符合法律、法规、技术标准等规定的产品。但交付（销传、使用）的产品是否满足这些要求，需要有客观的事实和科学的证据证实，而质量检验就是在产品完成、交付使用前对产品进行的技术认定，并提供证据证实上述要求已经得到满足，确认产品能交付使用所必要的过程。

2）在产品形成的复杂过程中，由于影响产品质量的各种因素（人、机、料、法、环）变化，必然会造成质量波动。为保证产品质量，产品生产者必须对产品从投入到实现的每一过程的产品进行检验，严格把关，才能使不合格的产品不转序、不放行、不交付；以确保产品最终满足使用的要求，确保消费者的合法利益，维护生产者信誉和提高社会效益。

3）因为产品质量对人身健康、安全，对环境污染，对企业生存、消费者利益和社会效益关系十分重大，因此，质量检验对于任何产品都是必要的，而对于关系健康、安全、环境的产品就尤为重要。

（4）质量检验的主要功能

1）鉴别功能

根据技术标准、产品图样、作业（工艺）规程或订货合同的规定，采用相应的检测方法观察、试验、测量产品的质量特性，判定产品质量是否符合规定的要求，这是质量检验的鉴别功能。鉴别是“把关”的前提，通过鉴别才能判断产品质量是否合格。不进行鉴别就不能确定产品的质量状况，也就难以实现质量“把关”。鉴别主要由专职检验人员完成。

2）“把关”功能

质量“把关”是质量检验最重要、最基本的功能。产品实现的过程往往是一个复杂过程，影响质量的各种因素（人、机、料、法、环）都会在这一过程中发生变化和波动，各过程（工序）不可能始终处于等同的技术状态，质量波动是客观存在的。因此，必须通过严格的质量检验，剔除不合格品并予以“隔离”，实现不合格的原材料不投产，不合格的产品组成部分及中间产品不转序、不放行,不合格的成品不交付(销售、使用),严把质量关,实现“把关”功能。

3) 预防功能

现代质量检验不单纯是事后“把关”,还同时起到预防的作用。检验的预防作用体现在以下几个方面:

① 通过过程(工序)能力的测定和控制图的使用起预防作用。

无论是测定过程(工序)能力或使用控制图,都需要通过产品检验取得批数据或一组数据,但这种检验的目的,不是为了判定这一批或一组产品是否合格,而是为了计算过程(工序)能力的大小和反映过程的状态是否受控。如发现能力不足,或通过控制图表明出现了异常因素,需及时调整或采取有效的技术、组织措施,提高过程(工序)能力或消除异常因素,恢复过程(工序)的稳定状态,以预防不合格品的产生。

② 通过过程(工序)作业的首检与巡检起预防作用。

当一个班次或一批产品开始作业(加工)时,一般应进行首件检验,只有当首件检验合格并得到认可时,才能正式投产。此外,当设备进行了调整又开始作业(加工)时,也应进行首件检验,其目的都是为了预防出现成批不合格品。而正式投产后,为了及时发现作业过程是否发生了变化,还要定时或不定时到作业现场进行巡回抽查,一旦发现问题,可以及时采取措施予以纠正。

③ 广义的预防作用。

实际上对原材料和外购件的进货检验,对中间产品转序或入库前的检验,既起把关作用,又起预防作用。前过程(工序)的把关,对后过程(工序)就是预防,特别是应用现代数理统计方法对检验数据进行分析,就能找到或发现质量变异的特征和规律。利用这些特征和规律就能改善质量状况,预防不稳定生产状态的出现。

④ 报告功能

为了使相关的管理部门及时掌握产品实现过程中的质量状况,评价和分析质量控制的有效性,把检验获取的数据和信息,经汇总、整理、分析后写成报告,为质量控制、质量改进、质量考核以及管理层进行质量决策提供重要信息和依据。

2. 质量检验的步骤

(1) 检验的准备

熟悉规定要求,选择检验方法,制定检验规范。首先要熟悉检验标准和技术文件规定的质量特性和具体内容,确定测量的项目和量值。为此,有时需要将质量特性转化为可直接测量的物理量;有时则要采取间接测量方法,经换算后才能得到检验需要的量值。有时则需要有标准实物样品(样板)作为比较测量的依据。要确定检验方法,选择精密度、准确度适合检验要求的计量器具和测试、试验及理化分析用的仪器设备。确定测量、试验的条件,确定检验实物的数量,对批量产品还需要确定批的抽样方案。将确定的检验方法和方案用技术文件形式做出书面规定,制定规范化的检验规程(细则)、检验指导书,或绘成图表形式的检验流程卡、工序检验卡等。在检验的准备阶段,必要时要对检验人员进行相关知识和技能的培训和考核,确认能否适应检验工作的需要。

(2) 获取检测的样品

样品是检测的客观对象,质量特性是客观存在于样品中的,样品的符合性已是客观存在的,排除其他因素的影响后,可以说样品就客观地决定了检测结果。

获取样品的途径主要有两种：一种是送样，即过程(工艺)、作业完成前后，由作业者或管理者将拟检材料、物品或事项送达及通知检验部门或检验人员进行检测。另一种方法是抽样，即对检验的对象按已规定的抽样方法随机抽取样本，根据规定对样本全部或部分进行检测，通过样本的合格与否推断总体的质量状况或水平。

(3) 样品和试样的制备

有些产品或材料(物质)的检测，必须事先制作专门测量和试验用的样品或试样，或配制一定浓度比例、成分的溶液。这些样品、试样或试液就是检测的直接对象，其检验结果就是拟检产品或材料的检验结果。

样品或试样的制作是检验和试验方法的一部分，要符合有关技术标准或技术规范规定要求，并经验证符合要求后才能用于检验和试验。

(4) 测量或试验

按已确定的检验方法和方案，对产品质量特性进行定量或定性的观察、测量、试验，得到需要的量值和结果。测量和试验前后，检验人员要确认检验仪器设备和被检物品试样状态正常，保证测量和试验数据的正确、有效。

(5) 记录和描述

对测量的条件、测量得到的量值和观察得到的技术状态用规范化的格式和要求予以记载或描述，作为客观的质量证据保存下来。质量检验记录是证实产品质量的证据，因此数据要客观、真实，字迹要清晰、整齐，不能随意涂改，需要更改的要按规定程序和要求办理。质量检验记录不仅要记录检验数据，还要记录检验日期、班次，由检验人员签名，便于质量追溯，明确质量责任。

(6) 比较和判定

由专职人员将检验的结果与规定要求进行对照比较，确定每一项质量特性是否符合规定要求，从而判定被检验的产品是否合格。

(7) 确认和处置

检验有关人员对检验的记录和判定的结果进行签字确认。对产品(单件或批)是否可以“接受”“放行”做出处置。

3. 质量检验的分类

(1) 按检验阶段分类：进货检验、过程检验、最终检验

(2) 按检验场所分类：固定场所检验、流动检验(巡回检验)。

(3) 按检验产品数最分类：全数检验、抽样检验。

(4) 按检验执行人员分类：自检、互检、专检。

(5) 按检验目的分类：生产检验、验收检验、监督检验、仲裁检验。

(6) 按检验地位分类：第一方检验、第二方检验、第三方检验。

(7) 按检验技术分类：理化检验(包括物理和化学检验)、感官检验(包括分析感官检验、嗜好型感官检验)、生物检验(微生物检验、动物毒性试验)、在线检测。

(8) 按检验对产品损害程度分类：破坏性检验、非破坏性检验。

四、实验室认可体系基础知识

1. CNAS认可的作用与意义

中国合格评定国家认可委员会（China National Accreditation Service for Conformity Assessment，CNAS），是根据《中华人民共和国认证认可条例》的规定，由国家认证认可监督管理委员会批准设立并授权的唯一国家认可机构，统一负责实施对认证机构、实验室和检查机构等相关机构的认可工作。CNAS秘书处设在中国合格评定国家认可中心，中心是CNAS的法律实体，承担开展认可活动所引发的法律责任。CNAS的宗旨是推进我国合格评定机构按照相关的标准和规范等要求加强建设，促进合格评定机构以公正的行为、科学的手段、准确的结果有效地为社会提供服务。

认可定义为："正式表明合格评定机构具备实施特定合格评定工作的能力的第三方证明"。

实验室、检查机构获得CNAS认可后：

（1）表明认证机构符合认可准则要求，并具备按相应认证标准开展有关认证服务的能力；实验室具备了按相应认可准则开展检测和校准服务的技术能力；检查机构具备了按有关国际认可准则开展检查服务的技术能力。

（2）增强了获准认可机构的市场竞争能力，赢得政府部门、社会各界的信任。

（3）取得国际互认协议集团成员国家和地区认可机构对获准认可机构能力的信任。

（4）有机会参与国际和区域间合格评定机构双边、多边合作交流。

（5）获准认可的认证机构可在获认可业务范围内颁发带有CNAS国家认可标志和国际互认标志（仅限QMS、EMS）的认证证书；获准认可的实验室、检查机构可在认可的范围内使用CNAS认可标志和ILAC国际互认联合标志。

（6）列入获准认可机构名录，提高知名度。

实验室认可益处：由于CNAS实施的实验室认可工作是利用国际上最新的对实验室运行的要求来运作的，因此一个实验室按该要求去建立质量管理体系，并获得认可，可提高自身的管理水平，得到公众和社会的接受，提高在经济和贸易中的竞争能力，更好地得到客户的信任。

2. 实验室质量管理体系的通用要求

CNAS-CL01《检测和校准实验室能力认可准则》。本准则等同采用ISO/IEC 17025：2005《检测和校准实验室能力的通用要求》。本准则包含了检测和校准实验室为证明其按管理体系运行、具有技术能力并能提供正确的技术结果所必须满足的所有要求。同时，本准则已包含了ISO 9001中与实验室管理体系所覆盖的检测和校准服务有关的所有要求，因此，符合本准则的检测和校准实验室，也是依据ISO 9001运作的。

《检测和校准实验室能力认可准则》由如下25个要素构成：

（1）管理要素

1）组织；

2）管理体系；

3）文件控制；

4）要求、标书和合同的评审；

5）检测和校准的分包；

6）服务和供应品的采购；

7）服务客户；

8）投诉；

9）不符合检测和/或校准工作的控制；

10）改进；

11）纠正措施；

12）预防措施；

13）记录的控制；

14）内部审核；

15）管理评审。

（2）技术要求

1）总则；

2）人员；

3）设施和环境条件；

4）检测和校准方法及方法的确认；

5）设备；

6）测量溯源性；

7）抽样；

8）检测和校准物品的处置；

9）检测和校准结果质量的保证；

10）结果报告。

第二节 检验或校准操作规范的编写

学习目标：通过学习熟悉编制检验规程及校准规范的基本步骤及要求，会编制本专业的检验规程和校准规范。

一、编制检验规程的过程

（1）读文件清单。根据已批准的适用文件清单，确定和领取所需要的相关文件，如核燃料组件总体设计书、相关标准、具体技术条件、图纸等。

（2）读总体设计书。学习和理解核燃料组件总体设计书的相关要求，如对某一零部件或某类零部件的总体要求，包括材料性能、焊接性能、未注尺寸的公差要求、适用的相关标准、清洁度要求、外观缺陷（印迹、划伤、机械损伤）等。

（3）收集、学习和理解相关标准，为将相关要求落实到检验规程做准备。

（4）学习和理解具体技术条件。

（5）学习和理解相关的图纸，掌握结构、熟悉每一项技术指标和技术要求。

（6）确定检验项目。检验项目应包括总体设计书、相关标准、技术条件、图纸等文件的指标和要求。

(7) 确定检验步骤。检验步骤应体现检验效率和降低劳动强度。

(8) 设计和验证检验方法。确定检验方法主要体现对设备及仪器的选择和优化,及使用检验的方法。特别强调,应核实现场是否具备所选的仪器设备和实施相应检验所需具备的检验环境。

(9) 编制检验规程。按照要求的格式,把已确定的检验项目、检验步骤、检验方法、检验频率、验收准则(必要时)等内容编写进检验规程中。

(10) 审核检验规程。编制的检验规程应交本部门有相关资历的人员或质量管理部有相关资历的人员审核,并答复他们提出的审核意见单。

(11) 批准检验规程。经审核通过的检验规程,交由质量管理部相关负责人批准。至此,完成检验规程的编制任务。经批准的检验规程方可下发给生产岗位用于指导检验。

二、检验规程或校准规范内容的构成

1. 检验规程内容构成

检验规程内容主要有以下内容构成,也可根据实际情况调整。

(1) 适用范围。说明规程的适用范围。

(2) 引用文件或依据文件。注明编制规程所引用的文件或进行检验结果判定所依据的文件。

(3) 方法提要(可选项)。对检验的原理或方法进行简要说明。

(4) 设备与材料。列出主要的检验设备、工装、材料和试剂的名称、规格或型号等。

(5) 检验步骤。可采用流程图、表格与文字叙述相结合的方式,直观、准确和简洁地描述完成检验的步骤及要求。

(6) 结果处理(可选项)。规定对检验结果进行处理的要求或方法。

(7) 方法精密度(或不确定度)(可选项)。规定对方法精密度(或不确定度)的要求。

(8) 记录归档。明确记录归档要求。

(9) 附录。检验所产生的记录表格或其他。

检验规程内容主要由以下内容构成,也可根据实际情况调整。

2. 校准规范内容构成

当无国家、地方、行业检定规程及非标测量设备,又有自编校准规范的要求时,可按照下述内容来编写。

(1) 目的及概述。主要说明自编校准规范编制的原因、用途、主要原理、结等。

(2) 适用范围。说明校准规范适用的领域或对象,必要时可以写明其不适用的领域或对象。

(3) 引用文件。注明正文与附录所引用的依据标准、技术条件。

(4) 术语和定义。

(5) 计量特性和技术要求。主要说明被校准对象开展工作的基本要求(如外观及附件的要求、工作正常性要求、环境适应性要求等)和校准对象各参数的测量范围,各技术指标的要求(如示值误差、分辨率、重复性等)以及校准与相关技术要求的关系(如校准与技术条件、技术图纸的关系)。

(6) 校准条件。主要说明校准的环境条件(如环境温度、相对湿度、大气压强等),校准用设备(说明其名称、测量范围、不确定度规定或允许误差极限或准确度等级等具体技术指标)。

(7) 校准项目和方法。

(8) 校准结果处理和校准周期。

(9) 校准记录归档。规定校准所采用的校准记录格式。

(10) 附录。校准规范正文所提及内容的附加说明。

第三节　培训与指导

学习目标:高级技师作为教师,应语言表达清晰准确,有亲和力,认真耐心,责任心强。熟练掌握核燃料元件性能测试的各种实际操作技能,具备必要的创新技能和开发能力。熟练掌握中级工、高级工、技师、高级技师应掌握的全部专业基础知识,除了掌握本教材内容外,还应积极学习本专业的相关国际标准,追踪国内国外测试技术发展走向和研究成果,了解先进的测量设备,为学员讲解测试技术的新动向。

一、简介

培训是指各个组织为适应业务及培育人才的需要,用补习、进修、考察等方式,进行有计划的培养和训练,使其适应新的要求不断更新知识,拥有旺盛的工作能力,更能胜任现职工作,及将来能担当更重要职务,适应新技术革命必将带来的新知识结构、技术结构、管理结构和干部结构等方面的深刻变化。总之现代培训指的是员工通过学习,使其在知识、技能、态度上不断提高,最大限度地使员工的职能与现任或预期的职务相匹配,进而提高员工现在和将来的工作绩效。

培训理论随着管理科学理论的发展,大致经过了传统理论时期的培训(1900—1930)、行为科学时期(1930—1960)、系统理论时期的培训(1960—)三个发展阶段。进入 20 世纪 90 年代以后,组织培训可以说已是没有固定模式的独立发展阶段,现代组织要真正搞好培训教育工作,则必须了解当今的培训发展趋势,使培训工作与时代同步,当今世界的培训发展趋势可以简单归纳为以下几点:

其一,员工培训的全员性。培训对象上至领导下至普通的员工,这样通过全员性的职工培训极大地提高了组织员工的整体素质水平,有效地推动了组织的发展。同时,管理者不仅有责任要说明学习应符合战略目标,要收获成果,而且也有责任来指导评估和加强被管理人员的学习。另外,培训的内容包括生产培训、管理培训、经营培训等组织内部的各个环节。

其二,员工培训的多样性。单凭学校正规教育所获得的知识是不能迎接社会挑战的,必须实行终身教育,不断补充新知识、新技术、新经营理论。

其三,员工培训的计划性。即组织把员工培训已纳为组织的发展计划之内,在组织内设有职工培训部门,负责有计划,有组织的员工培训教育。

其四,员工培训的国家干预性。西方一些国家不但以立法的形式规定参加在职培训是公职人员的权利与义务,而且以立法的形式筹措培训经费。

二、教学计划制订原则

1. 适应性原则

专业设计要主动适应行业发展的需要。教师在广泛调查相关行业现状和发展趋势的基础上,根据其对技能人才规格的需求,积极引入行业标准,确定专业的发展方向和人才培养目标,构建"知识-能力-素质"比例协调、结构合理的课程体系,使教学计划具有鲜明的时代特征,逐步形成能主动适应社会发展需求的专业群。

2. 发展性原则

教学计划的制订必须体现技能人才的教育方针,努力使全体学员实现"理论扎实,实操技能达标"的要求,同时要使学员具有一定的可持续发展的能力,充分体现职业教育的本质属性。

3. 应用性原则

制订专业教学计划应根据培养目标的规格设计课程,课程内容应突出以培养技术应用能力为主旨。基础理论课以必需、够用为度,以讲清概念、强化应用为教学重点;专业课程要加强针对性和实用性,同时要使学员具有一定的自主学习能力和实操能力。

4. 整合性原则

制订专业教学计划要充分考虑校内外可利用的教学资源的合理配置。选修课程在教学计划中要占一定的比例。各门课程的地位、边界、目标清晰,衔接合理,教学内容应有效组合、合理排序,可根据自身的优势,在教学内容、课程设计和教学要求上有所侧重,发挥特色。

5. 柔性化原则

各专业教学计划应根据社会发展和行业发展的实际,在保持核心课程相对稳定的基础上及时调整专业课程的设计或有关的教学内容,对行业要求变化具有一定的敏感性,及时体现科技发展的最新动态和成果,妥善处理好行业需求的多样性、多变性和教学计划相对稳定性的关系。

6. 实践性原则

制订专业教学计划要充分重视职业技能教育更注重学员技能培养的特点,加强实践环节的教学。实践教学学时应达到规定的比例,实验教学要减少演示性和验证性实验,增加实习实训学时,实践课程可单独设计,使学员获得较系统的职业技能训练,具有较强的实践能力。

7. 产学研相结合原则

产学研结合是培养技能型人才的基本途径,教学计划的制订和实施应主动争取企事业单位参与,各专业教学计划应通过专业建设指导委员会的讨论和论证,使教学计划既符合教育教学规律又能体现生产单位工作的实际需要。

三、培训方案

培训方案是培训目标、培训内容、培训指导者、受训者、培训日期和时间、培训场所与设备以及培训方法的有机结合。培训需求分析是培训方案设计的指南,一份详尽的培训分析需求就大致勾画出培训方案的轮廓,在前面培训需求分析的基础上,下面就培训方案组成要素进行具体分析。

1. 培训目标的设置

培训目标的设置有赖于培训需求分析,在培训需求分析中我们讲到了组织分析,工作分析和个人分析,通过分析,我们明确了解员工未来需要从事某个岗位,若要从事这个岗位的工作,现有员工的职能和预期职务之间存在一定的差距,消除这个差距就是我们的培训目标。有了目标,才能确定培训对象、内容、时间、教师、方法等具体内容,并可在培训之后,对照此目标进行效果评估。培训目标是宏观上的、抽象的,它需要员工通过培训掌握一些知识和技能,即希望员工通过培训后了解什么,能够干什么,有哪些改变?这些期望都以培训需求分析为基础的,通过需求分析,明了员工的现状,知道员工具有哪些知识和技能,具有什么样职务的职能,而企业发展需要具有什么样的知识和技能的员工,预期中的职务大于现有的职能,则需要培训。明了员工的现有职能与预期中的职务要求二者之间的差距,即确定了培训目标,把培训目标进行细化,明确化,则转化为各层次的具体目标,目标越具体越具有可操作性,越有利于总体目标的实现。

培训目标是培训方案的导航灯。有了明确的培训总体目标和各层次的具体目标,对于培训指导者来说,就确定了施教计划,积极为实现目的而教学;对于受训者来说,明了学习目的之所在,才能少走弯路,朝着既定的目标而不懈努力,达到事半功倍的效果。相反,如果目的不明确,则易造成指导者、受训者偏离培训的期望,造成人力、物力、时间和精力的浪费,提高了培训成本,从而可能导致培训的失败。培训目标与培训方案其他因素是有机结合的,只有明确了目标才能科学设计培训方案其他的各个部分,使设计科学的培训方案成为可能。

2. 培训内容的选择

在明确培训目的和期望达到的结果后,接下来就需要确定培训中所应包括的传授信息了,尽管具体的培训内容千差万别,但一般来说,培训内容包括三个层次,即知识、技能和素质培训,究竟该选择哪个层次的培训内容,应根据各个培训内容层次的特点和培训需求分析来选择。

知识培训,这是组织培训中的第一个层次。员工只要听一次讲座,或看一本书,就可能获得相应的知识。在学校教育中,获得大部分的就是知识。知识培训有利于理解概念,增强对新环境的适应能力,减少企业引进新技术、新设备、新工艺的障碍和阻挠。同时,要系统掌握一门专业知识,则必须进行系统的知识培训。

技能培训,这是组织培训的第二个层次,这里技能指使某些事情发生的操作能力,技能一旦学会,一般不容易忘记。招收新员工,采用新设备,引进新技术都不可避免要进行技能培训。因为抽象的知识培训不能立即适应具体的操作,无论员工有多优秀,能力有多强,一般来说都不可能不经过培训就能立即操作得很好。

素质培训,这是组织培训的最高层次,此处"素质"是指个体能否正确的思维。素质高的员工应该有正确的价值观,有积极的态度,有良好的思维习惯,有较高的目标。素质高的员工,可能暂时缺乏知识和技能。但他会为实现目标有效地、主动地学习知识和技能;而素质低的员工,即使掌握了知识和技能,也可能不用。

上面介绍了三个层次的培训内容,究竟选择哪个层次的培训内容,是由不同的受训者具体情况而决定的。一般来说,管理者偏向于知识培训与素质培训,而一般职员倾向于知识培训和技能培训,它最终是由受训者的“职能”与预期的“职务”之间的差异决定的。

第四节 实验室规划设计

学习目标:通过学习了解实验室设计的要求,知道规划设计实验室,了解实验室的一般布局要求。

一、实验室设计的要求

建化验室时,地址应选择远离灰尘、烟雾、噪声和震动源的环境中,不应建在交通要道、锅炉房、机房近旁,位置最好是南北朝向。化验室应用耐火或不易燃烧材料建成,注意防火性能,地面不采用水磨石,窗户要能防尘,室内采光要好。门应向外开,大的实验室应设两个出口,以便在发生事故时,人员容易撤离。化验室应有防火与防爆设施。

化验室用房大致分为三类:化学分析室、精密仪器室、辅助室(办公室、储藏室、天平室及钢瓶室等)。

二、实验室的一般布局

1. 化学分析室

化学分析室最常见的布局如图 19-2 所示。在化学分析室中要进行样品的化学处理和分析测定,常用一些电器设备及各种化学试剂,有关化学分析室的设计除应按上述要求外,还应注意以下几点。

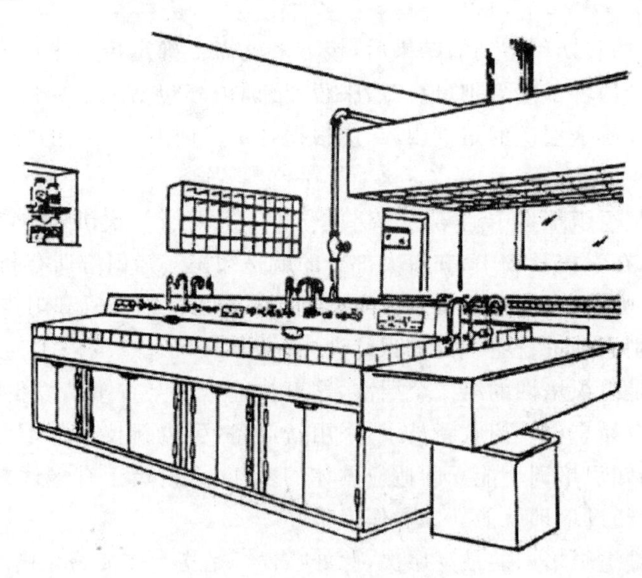

图 19-2 化学分析室

(1) 供水和排水,供水要保证必要的水压、水质和水量,水槽上要多装几个水龙头,室内总闸门应设在显眼易操作的地方,下水道应采用耐酸碱腐蚀的材料,地面要有地漏。

(2) 供电,化验室内供电功率应根据用电总负荷设计,并留有余地,应有单相和三相电源,整个实验室要有总闸,各个单间应有分闸。照明用电与设备用电应分设线路。日夜运行的电器,如电冰箱应单独供电。烘箱、高温炉等高功率的电热设备应有专用插座、开关及熔断器。化验室照明应有足够亮度,最好使用日光灯。在室内及走廊要安装应急灯。

(3) 通风设施,化验过程中常常产生有毒或易燃的气体,因此化验室要有良好的通风条件。通风设施通常有三种。

① 采用排风扇全通风,换气次数通常为每小时五次。

② 在产生气体的上方设置局部排气罩。

③ 通风柜是化验室常用的局部排风设备。通风柜内应有热源、水源、照明装置等。通风柜采用防火防爆的金属材料或塑料制作,金属上涂防腐涂料,管道要能耐酸碱气体的腐蚀,风机应有减小噪声的装置并安装在建筑物顶层机房内,排气管应高于屋顶 2 m 以上。一台排风机连接一个通风柜为好。

(4) 实验台,台面应平整、不易碎,耐酸、碱及有机溶剂腐蚀,常用木材、塑料或水磨石预制板制成。通常木制台面上涂以大漆或三聚氰胺树脂、环氧树脂漆等。

(5) 供煤气,有条件的化验室可安装管道煤气。

2. 精密仪器室

(1) 精密仪器价值昂贵、精密,多由光学材料和电器元件构成。因此要求精密仪器具有防火、防潮、防震、防腐蚀、防电磁干扰、防尘、防有害气体侵蚀的功能。室温尽可能维持恒定或一定范围,如 15～30 ℃,湿度在 60%～80%。要求恒温的仪器应安装双层窗户及空调设备。窗户应有窗帘,避免阳光直接照射仪器。

(2) 使用水磨石地面与防静电地面,不宜使用地毯,因易积聚灰尘及产生静电。

(3) 大型精密仪器应有专用地线,接地电阻要小于 4 Ω,切勿与其他电热设备或水管、暖气管、煤气管相接。

(4) 放置仪器的桌面要结实、稳固,四周要留下至少 50 cm 的空间,以便操作与维修。

(5) 原子吸收、发射光谱仪与高效液相色谱仪都应安装排风罩。室内应有良好通风。高压气体钢瓶,应放于室外另建的钢瓶室。

(6) 根据需要加接交流稳压器与不间断电源。

(7) 在精密仪器室就近设置相应的化学处理室。

3. 辅助室

试剂材料储藏室用于存放少量近期要用的化学药品,且要符合化学试剂的管理与安全存放条件。一般选择干燥、通风的房屋,门窗应坚固,避免阳光直接照射,门朝外开,室内应安装排气扇,采用防爆照明灯具。少量的危险品,可用铁皮柜或水泥柜分类隔离存放。

易燃液体储藏室室温一般不许超过 28 ℃,爆炸品不许超过 30 ℃。少量危险品可用铁板柜或水泥柜分类隔离贮存。室内设排气降温风扇,采用防爆型照明灯具。备有消防器材。

4. 天平室

分析天平应安放在专门的天平室内,天平室以面北底层房间为宜。室内应干燥洁净,室内温度应符合天平对环境温度的要求。室内应宽敞、整洁,并杜绝有害于天平的气体和蒸汽进入室内,窗上设置帷帘。天平室应尽可能远离街道、铁路及空气锤等机械,以避免震动。

天平应安放在天平台上,台上最好设有防震、防碰撞和防冲击的专用装置,或在台上铺放多层叠放的弹性橡胶布(板)以减轻振动,台板用表面光滑的金属、大理石、石板等坚硬材料制成。

一般化验室在分析天平的玻璃罩内应附一个盛放蓝色硅胶的干燥杯以保持天平箱的干燥。硅胶吸湿后呈玫瑰红色,可于 110～130 ℃时烘干脱水再用。对称量准确度要求极高的实验室,玻璃罩内则不宜放置干燥剂,以免由吸湿所形成的微细气流移动而影响称量的准确性。若天平室内潮湿,可在室内放置石灰和木炭并定期更换。

第二十章　科技报告编写规则

第一节　科技报告的组成

学习目标：了解科技报告的基本特征及分类，知道科技报告的组成，能够编写本专业的科技报告。

一、科技报告的基本特征及分类

1. 科技报告的基本特征

科技论文是在科学研究、科学实验的基础上，对自然科学和专业技术领域里的某些现象或问题进行专题研究，运用概念、判断、推理、证明或反驳等逻辑思维手段，分析和阐述，揭示出这些现象和问题的本质及其规律性而撰写成的论文。科技论文区别于其他文体的特点，在于创新性科学技术研究工作成果的科学论述，是某些理论性、实验性或观测性新知识的科学记录、是某些已知原理应用于实际中取得新进展、新成果的科学总结。因此，完备的科技论文应该具有科学性、首创性、逻辑性和有效性，这也就构成了科技论文的基本特征。

科学性——这是科技论文在方法论上的特征，它不仅仅描述的是涉及科学和技术领域的命题，而且更重要的是论述的内容具有科学可信性，是可以复现的成熟理论、技巧或物件，或者是经过多次使用已成熟能够推广应用的技术。

首创性——这是科技论文的灵魂，是有别于其他文献的特征所在。它要求文章所揭示的事物现象、属性、特点及事物运动时所遵循的规律，或者这些规律的运用必须是前所未见的、首创的或部分首创的，必须有所发现，有所发明，有所创造，有所前进，而不是对前人工作的复述、模仿或解释。

逻辑性——这是文章的结构特点。它要求科技论文脉络清晰、结构严谨、前提完备、演算正确、符号规范，文字通顺、图表精制、推断合理、前呼后应、自成系统。

有效性——指文章的发表方式。当今只有经过相关专业的同行专家的审阅，并在一定规格的学术评议会上答辩通过、存档归案；或在正式的科技刊物上发表的科技论文才被承认为是完备和有效的。这时，不管科技论文采用何种文字发表，它表明科技论文所揭示的事实及其真谛已能方便地为他人所应用，成为人类知识宝库中的一个组成部分。

2. 科技论文的分类

从不同的角度对科技论文进行分类会有不同的结果。从目前期刊所刊登的科技论文来看主要涉及以下5类：

第一类是论证型——对基础性科学命题的论述与证明，或对提出的新的设想原理、模型、材料、工艺等进行理论分析，使其完善、补充或修正。如维持河流健康生命具体指标的确定，流域初始水权的分配等都属于这一类型。从事专题研究的人员写这方面的科技论文多些。

第二类是科技报告型——科技报告是描述一项科学技术研究的结果或进展,或一项技术研究试验和评价的结果,或论述某项科学技术问题的现状和发展的文件。记述型文章是它的一种特例。专业技术、工程方案和研究计划的可行性论证文章,科技报告型论文占现代科技文献的多数。从事工程设计、规划的人员写这方面的科技论文多些。

第三类是发现、发明型——记述被发现事物或事件的背景、现象、本质、特性及其运动变化规律和人类使用这种发现前景的文章。阐述被发明的装备、系统、工具、材料、工艺、配方形式或方法的功效、性能、特点、原理及使用条件等的文章。从事工程施工方面的人员写这方面的稿件多些。

第四类是设计、计算型——为解决某些工程问题、技术问题和管理问题而进行的计算机程序设计,某些系统、工程方案、产品的计算机辅助设计和优化设计以及某些过程的计算机模拟,某些产品或材料的设计或调制和配制等。从事计算机等软件开发的人员写这方面的科技论文多些。

第五类是综述型——这是一种比较特殊的科技论文(如文献综述),与一般科技论文的主要区别在于它不要求在研究内容上具有首创性,尽管一篇好的综述文章也常常包括某些先前未曾发表过的新资料和新思想,但是它要求撰稿人在综合分析和评价已有资料基础上,提出在特定时期内有关专业课题的发展演变规律和趋势。它的写法通常有两类:一类以汇集文献资料为主,辅以注释,客观而少评述。另一类则着重评述。通过回顾、观察和展望,提出合乎逻辑的、具有启迪性的看法和建议。从事管理工作的人员写这方面的科技论文较多。

二、科技报告的定义及组成

GB/T 7713.3《科技报告编写规则》中科技报告定义:科学技术报告的简称,是用于描述科学或技术研究的过程、进展和结果,或描述一个科学或技术问题状态的文献。

描写科技报告的数据,用于实现检索、管理、使用、保存等功能称为元数据。科技报告应包含三类必备的元数据:描述元数据,如责任者、题名、关键词等;结构元数据,如图表、目次清单等;管理元数据,如软件类型、版本等。

国家标准 GB/T 7713.3 中将科技报告分为 3 个组成部分:① 前置部分;② 主体部分;③ 结尾部分。各组成部分的具体结构及相关的元数据信息见表 20-1。

表 20-1 科技报告构成元素表

	组成	状态	功 能
前置部分	封面	必备	提供题名、责任者描述元数据信息
	封二	必备	可提供权限等管理元数据信息
	题名页	必备	提供描述元数据信息
	摘要页	必备	提供关键词等描述元数据信息
	目次页	必备	结构元数据
	图和附表清单	图表较多时使用	结构元数据
	符号、缩略语等注释表	符号较多时使用	结构元数据
	序或前言	可选	描述元数据
	致谢	可选	内容

续表

	组成	状态	功　　能
主体部分	引言(绪论)	必备	内容
	正文	必备	内容
	结论	必备	内容
	建议	可选	内容
	参考文献	有则必备	结构元数据
结尾部分	附录	有则必备	结构元数据
	索引	可选	结构元数据
	辑要页	可选	提供描述和管理元数据信息
	发行列表	进行发行控制时使用	管理元数据
	封底	可选	可提供描述元数据等信息

本节根据 GB/T 7713.3 的内容，重点介绍科技报告主要包含的要素：题目，作者，单位，摘要，关键词，引言或前言，正文，结论，参考文献。

1. 前置部分

(1) 封面

科技报告应有封面。封面应提供描述科技报告的主要元数据信息，一般主要有下列内容：

1) 题目

题目一定要恰当、简明。避免出现题名大、内容小，题名繁琐、冗长，主题不鲜明；不注意分寸，有意无意地拔高等问题；

题目应该避免不常见的缩写词，题目不宜超过 20 个字；题目语意未尽，可以采用副标题补充说明论文中的内容。

2) 作者(或责任者)

科技报告封面题目下面署名作者。作者只限于那些对于选定研究课题和制订研究方案、直接参加全部或主要部分研究工作并做出主要贡献以及参加撰写论文并能对内容负责的人，按贡献大小排列名次。其他参加者可作为参加工作的人员列入致谢部分。

3) 完成机构(或完成单位)

科技报告主要完成者所在单位的全称。作者单位应写出完整的、正规的名称，一般不用缩写。如果有两个以上单位，应按作者所在单位按顺序号分别标明。

4) 完成日期

科技报告撰写完成日期，可置于出版日期之前，宜遵照 YYYY-MM-DD 日期格式著录。

(2) 摘要

科技论文应有中文摘要，若需要也可有英文摘要。摘要应具有独立性和自含性，即不读论文的全文，就能获得必要的信息。摘要是简明、确切、完整记述论文重要内容的短文。应包括目的、方法、结果和结论等，应明确解决什么问题，突出具体的研究成果，特别是创新点。摘要应尽量避免采用图、表、化学结构式、引用参考文献、非公知公用的符号和术语等。

论文摘要控制在 200～300 字，应避免简单重复论文的标题，要用第三人称叙述，不用

“本文”“作者”“文章”等词作摘要的主语。

(3) 关键词

关键词是从论文的题目、层次标题、摘要和正文中精选出来的,能反映论文主要概念的词和词组。严格遵守一词一义原则,关键词控制在3～5个。

2. 主体部分

(1) 引言(绪论)

引言(绪论)应简要说明相关工作背景、目的、范围、意义、相关领域的前人工作情况、理论基础和分析、研究设想、方法、实验设计、预期结果等。但不应重述或解释摘要。不对理论、方法、结果进行详细描述,不涉及发现、结论和建议。

引言作为论文的开端,主要是作者交代研究成果的来龙去脉,即回答为什么要研究相关的课题,目的是引出作者研究成果的创新论点,使读者对论文要表达的问题有一个总体的了解,引起读者阅读论文的兴趣。包括学术背景、应用背景、创新性三部分。

短篇科技报告也可用一段文字作为引言。

(2) 正文内容

正文是科技报告的核心部分,应完整描述相关工作的理论、方法、假设、技术、工艺、程序、参数选择等,本领域的专业读者依据这些描述应能重复调查研究过程。应对使用到的关键装置、仪器仪表、材料原料等进行描述和说明。

正文内容一般按提出观点,分析交代论据,得出结果和结论思路写作。可以分为:理论分析,分析交代论据,结果和讨论四部分来进行写作。

正文的层次结构应符合逻辑规律,要衔接自然、完整统一,可采用并列式、递进式、总分式等结构形式。

(3) 结论

结论是整篇文章的最后总结。论文结论部分要做到概括准确、结构严谨,明确具体、简短精练,客观公正、实事求是。

结论不是科技论文的必要组成部分。主要是回答“研究出什么”(What)。它应该以正文中的试验或考察中得到的现象、数据和阐述分析作为依据,由此完整、准确、简洁地指出:一是由研究对象进行考察或实验得到的结果所揭示的原理及其普遍性;二是研究中有无发现例外或本论文尚难以解释和解决的问题;三是与先前已经发表过的(包括他人或著者自己)研究工作的异同;四是本论文在理论上与实用上的意义与价值;五是对进一步深入研究本课题的建议。如果不能导出应有的结论,可以通过讨论提出建议意见、研究设想、仪器设备改进意见、尚待解决的问题等。

(4) 参考文献

论文中引用的文献、资料必须进行标注,文中标注应与参考文献一一对应。应著录最新、公开发表的文献,参考文献的数量不宜太少。内容顺序为:序号、作者姓名、文献名称、出版单位(或刊物名称)、出版年、版本(年、卷、期号)、页号等。

3. 结尾部分

(1) 附录

附录可汇集以下内容:

——编入正文影响编排，但对保证正文的完整性又是必需的材料；

——某些重要的原始数据、数学推导、计算程序、图、表或设备、技术等的详细描述。

——对一般读者并非必要但对本专业同行具有参考价值的材料。

(2) 索引

索引应包括某一特点主题及其在报告中出现的位置信息，例如，页码、章节编码或超文本链接等。可根据需要编制分类索引、著者索引、关键词索引等。

第二节 科技报告格式要求

学习目标：通过学习了解科技报告的格式要求，能够正确编写科技报告中的图、表、公式等。

一、编号

1. 章节编号

科技报告可根据需要划分章节，一般不超过 4 级，分为章、条、段、列项。其第一层次为章，章下设条，条下可再设条，依次类推。

章必须设标题，标题位于编号之后。章以下编号的层次为“条”，第一层次的条(例如 1.1)，可以细分为第二层的条(例如 1.1.1)。章、条的编号顶格排，编号与标题或文字之间空一个字的间隙。段的文字空两个字起排，回行时顶格排。前言或引言不编号。

第三层次按数字编号加小括号编写，例如：(1)、(2)、……，第四层次按字母编号加小括号编写，例如：(a)、(b)、……第三和第四层次采用居左缩进两个字符。

2. 图、表、公式编号

图、表、公式等一律用阿拉伯数字分别依序连续编号。可以按出现先后顺序统一编号，如：图 1，表 2，式(3)等，也可分章依序编号，如：图 2-1，表 3-1，或式(3-1)等，但全文应一致。

3. 附录编号

附录宜用大写拉丁字母依序连续编号，编号置于“附录”两字之后。如：附录 A、附录 B 等。附录中章节的编排格式与正文章节的编排格式相同，但必须在其编号前冠以附录编号。如，附录 A 中章节的编号用 A1，A2，A3，……表示。

附录中的图、表、公式、参考文献等一律用阿拉伯数字分别依序连续编号，并在数字前冠以附录编号，如：图 A1；表 B2；式(B3)等。

二、图示和符号资料

1. 表

每个表在条文中均应明确提及，并排在有关条文的附近。不允许表中有表，也不允许将表再分为次级表。表均应编号。用阿拉伯数字从 1 开始对开始表连续编号，并独立于章和图的编号。只有一个表也应标明“表 1”。表必须有表题和表头。表号后空一个字接排表题，两者排在表的上方居中位置。如果表中内容不能在同一页中排列，则以“续表 X”排列，表头不变。

表头设计要简洁、清晰、明了。栏中使用的单位应标注在该栏表头名称的下方。如果所有单位都相同,应将计量单位写在表的右上角。表格中某栏无内容填写时,以短横线表示。表格中相邻参数的数字或文字内容相同时,不得使用“同上”或“同左”等,应以通栏形式表示。表格中系列参数的极限偏差,如不同,应另辟一栏分别填写在基本值后面,如相同,应辟一通栏填写。表格采用三线表形式,可适当添加必要的辅助线,以构成各种各样的三线表格,其中表格首尾主线线宽 1.5 磅,辅助线宽 0.5 磅。表注应在表的下方与表对齐,居左空两个字,六号宋体字。

表号与表题之间空一个汉字,表题段前段后间距 0.5 行,表后正文段前间距 0.5 行。

2. 图

图应包括曲线图、构造图、示意图、框图、流程图、记录图、地图、照片等。

图应能够被完整而清晰地复制或扫描。图要清晰、紧凑、美观,考虑到图的复制效果和成本等因素,图中宜尽量避免使用颜色。每个图在条文中均应明确提及,并排在相关条文附近。

图宜有图题,置于图的编号之后。图的编号和图题应置于图的下方。图均应用阿拉伯数字从 1 开始连续编号。并独立于章、条和表的编号。只有一幅图也应标明“图 1”。只能对图进行一个层次的细分,例如:图 1a,图 1b。必须设图题。图号后空一个字接排图题,两者排在图的下方居中位置。图注应区别于条文中的注,图注应位于图与图题之间,图注应另起行左缩进两个字符。图中只有一个注时,应在注的第一行文字前标明“注”。当同一图中有多个注时,应在“注”后用阿拉伯数字从 1 开始连续编号,例如:注:1－×××;2－×××。每个图中的注应各自单独编号。图中坐标要标注计量单位、符号等。

图号与图题之间空一个字符,图题段前段后间距 0.5 行。

3. 公式

科技报告中有多个公式时应用带括号的阿拉伯数字从 1 开始连续编号,编号应位于版面右端。公式与编号之间可用“……”连接。

每个公式在条文中均应明确提及,并排在有关条文之后。公式应另起一行居中排,较长的公式尽可能在等号处换行,或者在“＋”、“－”等符号处换行。上下行尽量在“＝”处对齐。

公式下面符号解释中的“式中:”居左起排,单独占一行。符号按先左后右,先上后下的顺序分行空两个字排,再用破折号与解释的内容连接,破折号对齐,换行时与破折号后面的文字对齐。解释量和数值的符号时应标明其计量单位。

公式中分数线的横线,长短要分清,主要的分数线应与等号取平。

参考文献

[1] GBT 4882—2001 数据的统计处理和解释 正态性检验. 北京:中国标准出版社,2001.

[2] GB/T 7713.3—2009 科技报告编写规则. 北京:中国标准出版社,2009.

[3] GB/T 2828.1—2003 计数抽样检验程序 第一部分:按接收质量限(AQL)检索的逐批检验抽样计划. 北京:中国标准出版社,2003.

[4] GB/T 4883—2008 数据的统计处理与解释 正态分布离群值的判断和处理. 北京:中国标准出版社,2008.

[5] 北京化工大学主编. 化验员读本(第四版). 北京:化学工业出版社,2013.

[6] 全浩,韩永志. 标准物质及其应用技术. 北京:中国标准化出版社,2003.

[7] 陈宝山,刘成新主编. 轻水堆燃料元件. 北京:化学工业出版社,2007.

[8] 李文琰主编. 核材料导论. 北京:化学工业出版社,2007.

[9] 戚维明主编. 全面质量管理. 3 版. 北京:中国科学技术出版社,2011.

[10] 上海市机械制造工艺研究所. 金相分析技术.上海市科学技术文献出版社,1987.

[11] 姚鸿年. 金相研究方法.北京:中国工业出版社,1963.

[12] 杜学礼,潘子昂. 扫描电子显微镜分析技术.北京:化学工业出版社,1986.

[13] 廖乾初,蓝芬兰. 扫描电镜原理及应用技术.北京:冶金工业出版社,1990.

[14] 畅欣,伍志明. 压水堆燃料元件制造文集.北京:原子能出版社,2005.

[15] 刘建章. 核结构材料.北京:化学工业出版社,2007.

[16] 姚德超. 粉末冶金实验技术.北京:冶金工业出版社,1990.

[17] 束德林. 金属力学性能.北京:机械工业出版社,1995.

[18] 任怀亮. 金相实验技术.北京:冶金工业出版社,1997.

[19] 韩德伟,张建新. 金相试样制备与显示技术.长沙:中南大学出版社,2005.

[20] B.C.柯瓦连科著,李春志等译. 金相试剂手册.北京:冶金工业出版社,1973.

[21] A.C.扎依莫夫斯基等著,姚智敏译. 核动力用锆合金.北京:原子能出版社,1988.

[22] 陈鹤鸣等.核反应堆材料腐蚀及其防护.北京:原子能出版社.1984.

[23] T・艾伦著,喇华璞等译.颗粒大小测定(第三版).北京:中国建筑工业出版社,1984.

[24] M.波恩,E.沃尔夫. 光学原理.北京:科学出版社,1981.

[25] 崔忠圻.金属学与热处理.北京:机械工业出版社,1995.

[26] 胡光立,谢希文.钢的热处理.西安:西北工业大学出版社,1993.

[27] 余永宁,刘国权. 体视学.北京:冶金工业出版社,1989.

[28] 罗国勋.质量管理与可靠性.北京:高等教育出版社,2009.

[29] GB/T 8170—2008 数值修约规则与极限数值的表示和判定.北京:中国标准出版社,2008.

[30] GB/T 4457.4—2002 机械制图 图样画法 图线.北京:中国标准出版社,2002.

[31] GB/T 228.1—2010 金属材料 拉伸试验 第 1 部分:室温拉伸试验方法.北京:中国标准

出版社,2011 .

[32] JJG 762—2007 引伸计检定规程.北京:中国计量出版社,2007.

[33] GB/T 11809—2008 压水堆燃料棒焊缝检验方法 金相检验和X射线照相检验.北京:中国标准出版社,2008.

[34] GB/T3375 焊接术语,哈尔滨焊接研究所,1994.

[35] GB/T 4334—2008 金属和合金的腐蚀不锈钢晶间腐蚀试验方法.北京:中国标准出版社,2009.

[36] GB/T 10266—2008 烧结二氧化铀芯块技术条件.北京:中国标准出版社,2008.

[37] EJ/T 689—1992 烧结二氧化铀芯块热稳定性试验方法.北京:中国核工业总公司,1992.

[38] EJ/T 688—1998 烧结二氧化铀芯块微观结构检验方法.北京:中国核工业总公司,1998.

[39] EJ/T 1028—2014 锆及锆合金的高压釜腐蚀试验.北京:国防科技工业局,2014.

[40] JJF 1059.1—2012 测量不确定度评定与表示.北京:中国标准出版社,2013.

[41] ASTM G2 (Reapproved2013) Standard Test Method for Corrosion Testing of Products of Zirconium, Hafnium and Their Alloys in Water at 680℉ or in Steam at 750℉ , West Conshohocken, US, 2013.

[42] ASTM B811-02 Standard Specification for Wrought Zirconium Alloy Seamless Tubes for Nuclear Reactor Fuel Cladding, West Conshohocken, US, 2002.

[43] GB/T 4091—2001 常规控制图.北京:中国标准出版社,2008.

[44] GB/T 19001—2008 质量管理体系 要求.北京:中国标准出版社,2008.

[45] CNAS CL01 检测和校准实验室能力认可准则.北京:中国合格评定国家认可委员会,2006.